普通高等教育“十一五”国家级规划教材
国家精品课程教材

机 械 制 图

U0792208

主　编　孙敬华
副主编　李　明　贾　芸
主　审　邵立康

中国水利水电出版社
www.waterpub.com.cn

内 容 提 要

本书是普通高等教育“十一五”国家级规划教材，是根据教育部对普通高等教育“十一五”国家级规划教材建设要求和高职高专教育教学特点，并按照国家对高职高专人才培养的规格要求编写而成的。本书共十二章，内容包括绪论、制图基本知识与技能、投影基础、基本体及其表面交线、轴测图、组合体、机件的表达方法、标准件和常用件、零件图、装配图、零部件测绘、表面展开图、金属焊接图等。本书采用了最新的《机械制图》和《技术制图》国家标准，总结了多年的教学经验，吸取了丰富的教学改革与课程建设成果，具有鲜明的高职高专教育特色。

本书与配套习题集可作为高职高专院校、成人高等学校机械设计与制造类、机电类和近机类专业《机械制图》课程的教材，也可供中等职业教育机械类专业教学以及有关专业技术人员培训学习参考。

图书在版编目（CIP）数据

机械制图 / 孙敬华主编. -- 北京 : 中国水利水电出版社，2011.8(2022.8重印)
普通高等教育“十一五”国家级规划教材　国家精品课程教材
ISBN 978-7-5084-8950-6

Ⅰ. ①机… Ⅱ. ①孙… Ⅲ. ①机械制图－高等学校－教材 Ⅳ. ①TH126

中国版本图书馆CIP数据核字(2011)第182457号

书　　名	普通高等教育“十一五”国家级规划教材 国家精品课程教材 **机械制图**
作　　者	主编 孙敬华　副主编 李明 贾芸　主审 邵立康
出版发行	中国水利水电出版社 （北京市海淀区玉渊潭南路1号D座 100038） 网址：www.waterpub.com.cn E-mail：sales@mwr.gov.cn 电话：(010) 68545888（营销中心）
经　　售	北京科水图书销售有限公司 电话：(010) 68545874、63202643 全国各地新华书店和相关出版物销售网点
排　　版	中国水利水电出版社微机排版中心
印　　刷	北京市密东印刷有限公司
规　　格	184mm×260mm 16开本 17.5印张 415千字
版　　次	2011年8月第1版 2022年8月第2次印刷
印　　数	3001—5000册
定　　价	**49.00**元

凡购买我社图书，如有缺页、倒页、脱页的，本社营销中心负责调换

版权所有·侵权必究

前言

《机械制图》课程是机械设计与制造类、机电类及近机类各专业一门重要的技术基础课。

教材是组织实施课程教学的重要载体。本书是普通高等教育“十一五”国家级规划教材，是根据教育部对普通高等教育“十一五”国家级规划教材建设要求和高职高专教育教学特点，并参照高职高专教育机械设计与制造类专业《机械制图》课程教学基本要求，由一批既具有丰富理论知识、又具有较强的教学与生产实践经验的教师和工程技术人员编写的。

本书编写具有以下几个特点：

（1）规定性与工具性。认真分析研究了相关专业人才培养方案，明确本课程在专业人才培养中的地位、性质与作用，充分了解课程之间的内在联系，把握课程本质，整合与优化教学内容体系，遵照高职高专教学基本要求，采用最新《机械制图》和《技术制图》国家标准及规范，使得教材既符合规定要求，又体现创新精神，便于组织教学和学生学习，成为教与学的好工具。

（2）思想性与教育性。努力体现思想性与教育性，把培养创新精神、创业能力和提高学生技术应用能力及综合素质结合起来。

（3）知识性与科学性。认真研究中外相关课程，特别是教材改革建设情况，积极学习借鉴国内外优秀教学成果，按照“实际、实用、实践、实效”的原则，注意讲清知识与方法，注重技术应用与能力培养。教学内容组织严谨，逻辑性强。

（4）针对性、应用性与实践性。在认真分析生产管理第一线需要和教学对象实际的基础上，以方法技术学习与技能训练养成为主线，整合与优化相关教学内容体系。教材内容尽量精练、精简，理论以必须、够用为度，加强实践训练，突出制图基本技能与读图能力培养。

（5）渐进性、趣味性与启发性。认真分析教材适用对象，包括学生心理、生理、知识准备以及将来应用等各方面的情况，遵循教育教学规律，教材内容循序渐进；同时提供了丰富的“国家精品课程”网络资源，包括课程教学大纲、教学计划、电子教材、电子教案、多媒体课件、复习思考题、制图练习题、综合作业题、网络自测试题、综合练习与指导、实训任务与指导、机件仿真、网络课堂等，实现了网络学习辅导与互动交流，方便教师教学和学生学习使用，利于发挥教师主导作用和学生主体作用。

参加本书编写的有安徽水利水电职业技术学院孙敬华（绪论、第一章、附录）、安徽电气工程职业技术学院李明（第四章、第五章、第十章）、安徽水利水电职业技术学院贾芸（第七章、第八章、第十二章）、安徽职业技术学院杜兰萍（第六章）、安徽滁州职业技术学院张信群（第九章、第十二章）、安徽水利水电职业技术学院程玉（第二章、第三章）。全书由安徽水利水电职业技术学院孙敬华教授任主编，安徽电气工程职业技术学院李明副教授、安徽水利水电职业技术学院贾芸讲师任副主编，教育部高等学校工程制图教学指导委员会主任委员、中国工程图学会常务理事、制图技术专业委员会主任委员、中国人民解放军炮兵学院邵立康教授任主审。

鉴于编者水平有限，书中难免有错误和不妥之处，恳请读者批评指正。

编　者

2010 年 12 月

目录

绪　论

一、机械制图及其作用

根据投影原理、机械制图国家标准和有关规定，表示机械工程的形状、大小及技术要求的图样，称为机械图样。

人类在近代生产活动中，无论是机器的设计、制造、装配、维修，还是机电、冶金、化工、航空航天、汽车、船舶、桥梁、土木建筑、电气等工程的设计与施工，都必须依赖工程图样才能进行。不同性质的生产部门所使用的工程图样有不同的要求和名称，如机械图样、建筑图样、电气图样、化工图样等。

工程图样是设计、制造、使用和技术交流的重要技术文件，它不仅是生产或施工的依据，也是工程技术人员表达设计意图和交流技术思想的工具，被公认为工程技术界的“语言”。每个工程技术人员，都必须掌握和运用这种“语言”。

《机械制图》课程主要学习机械图样表达的基本知识和规则，学习绘制和阅读机械图样的方法，培养作图与读图基本技能，是一门实践性很强的（专业）技术基础课。本课程不仅为学习专业技术知识提供基础，也是直接服务于生产的一种重要工具。

二、本课程的主要任务

机械制图课程是一门学习如何绘制和阅读机械工程图样的技术基础课。本课程的主要任务是培养学生画图和读图的能力。

（1）学习正投影法的基本原理，培养学生的空间想象和思维能力，为绘制和应用机械图样及其他工程图样打下良好的基础。

（2）培养学生具有绘制和阅读机械工程图样的基本能力，基本掌握中、高级制图员和技术员应具备的制图和读图技能。

（3）掌握《机械制图》和《技术制图》国家标准的基本内容，初步具有查阅标准和技术资料的能力。

（4）使学生能够正确、熟练地使用常用的绘图工具；具有一定的徒手画图能力；同时为学习计算机绘图（CAD）打下基础。

（5）培养认真负责的工作态度和严谨细致的工作作风。

三、本课程特点与学习方法

本课程是一门理论性、实践性和应用性很强的课程，学习时应注意以下几点：

（1）在听课和复习过程中，要重点掌握正投影法的基本理论和基本方法，学习时不能死记硬背，要通过由空间到平面、由平面到空间的一系列循序渐进的学习训练，不断提高空间思维能力和表达能力。

（2）本课程的特点是实践性较强，其主要内容需要通过一系列的练习和作业才能掌握。因此，及时完成规定的练习和作业，是学好本课程的重要环节。只有通过反复实践，才能不断提高画图与读图的能力。

（3）要重视学习和严格遵守制图方面的国家标准和行业标准，对常用的标准应该牢记并能熟练地运用。

四、我国工程图学发展简史

中国是世界文明古国之一，在工程图学方面有着悠久的历史。在天文图、地理图、建筑图、机械图等方面都有过杰出的成就，既有文字记载，也有实物考证，得到举世公认。

两千多年前，我国已有记载的图样史料。如春秋时代的一部技术经典著作《周礼考工记》中，已有画图工具“规”、“矩”、“绳”、“墨”、“悬”、“水”的记载。以后各个朝代都有相应的发展，在当时的一些著作中均有记载。如公元1100年宋代李诫所著的《营造法式》中，不仅有轴测图，还采用正投影、透视图等方法绘图，其中有建筑立面图、平面图和详图等。这充分说明，在八百多年前，我国的工程制图技术已达到很高的水平。

在新中国成立前，由于我国处在半封建、半殖民地的社会，工业和科学技术发展缓慢，没有中国自己的标准，德、美、法、日等外国标准均有使用，非常混乱，致使工程图学停滞不前。

新中国成立后，工农业生产得到很快恢复和发展，建立了自己的工业体系，结束了旧中国遗留下来的混乱局面，为我国的科学技术和文化教育事业开辟了广阔的前景，工程图学也得到了前所未有的发展。

国家十分重视标准化工作，把标准化作为一项重要的技术经济政策。1956年原第一机械工业部颁布了第一个部颁标准《机械制图》，结束了新中国成立前遗留下来的机械制图的混乱局面。1959年国家科学技术委员会颁布了第一个国家标准《机械制图》，在全国范围内统一了工程图样的表达方法，标志着我国工程图学进入了一个新的阶段。

随着我国工业技术的发展，自行设计和制造的水平不断提高，对技术规定也要不断修改和完善，先后于1970年、1974年修订了国家标准《机械制图》。1978年我国正式加入国际标准化组织ISO。为了更好地进行国际技术交流和进一步提高标准化水平，我国明确提出“采用ISO标准并贯彻于技术领域各个环节”的要求。1984年、1993年先后又对《机械制图》国家标准进行了较大的修订。为了适应各行业及国际间的技术交流，自1988年起，我国已开始制订和发布了技术制图方面的国家标准，同时陆续发布了一系列机械制图、建筑制图、电气制图等专业制图国家标准，使我国的制图标准体系达到了国际先进水平，对工程制图及工业生产起了极大的促进作用。

计算机技术的飞速发展有力推动了制图技术的自动化。计算机绘图是利用计算机及绘图软件，对图样进行绘制、编辑、输出及图库管理的一种方法和技术。与传统的手工绘图相比，计算机绘图具有效率高、速度快、创新迅速、绘图精确等特点，因此在机械、航空航天、船舶、建筑、水利、电子、气象和管理等领域得到了广泛应用，必将进一步促进工程图学理论和技术的新发展。

第一章　制图基本知识与技能

【内容提要】

本章主要介绍国家标准《技术制图》与《机械制图》中的一些基本规定；常用的几何作图方法；平面图形尺寸分析、线段分析和基本作图步骤；绘图仪器、工具的使用方法。

【目标要求】

(1) 熟悉国家标准《技术制图》与《机械制图》中有关图纸幅面和格式、比例、字体、图线及尺寸标注等规定。

(2) 掌握几何作图方法。在绘制平面图形的过程中，能正确地进行线段分析，掌握正确的几何作图方法步骤。

(3) 基本掌握尺规绘图和徒手草图技能。基本做到绘制出的图样布局合理、线型均匀、字体工整、图面整洁，各项内容基本符合国家标准的要求。

工程图样作为现代工业生产的重要资料，具有严格的标准性及规范性。掌握制图的基本知识与技能，是培养画图与读图能力的基础。

第一节　制图国家标准的基本规定

《技术制图》国家标准是一项基础技术标准，该标准普遍适用于工程中的各种图样。《机械制图》国家标准是一项机械专业制图标准，该标准适用于机械图样，它们是图样绘制和使用的准绳，必须严格遵守。

"GB/T"是推荐性国家标准代号，简称"国标"。例如GB/T14689—1993，其中"14689"是标准顺序号，"1993"是表示该标准发布的年份。

本节摘要介绍制图国家标准中的图纸幅面、比例、字体、图线的基本规定。

一、图纸幅面及格式（GB/T14689—2008）

1. 图纸幅面

(1) 基本图纸幅面共有五种，分别用A0、A1、A2、A3、A4表示。A1幅面是A0幅面的一半，其他幅面依此类推，如图1-1所示，图纸幅面大小尺寸见表1-1。

(2) 必要时可选择加长幅面，其尺寸必须由基本图纸幅面的短边成整数倍增加后得出。

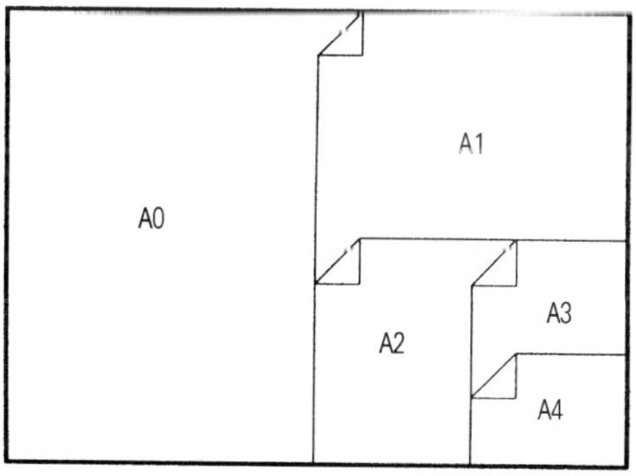

图1-1　基本图纸幅面的大小关系

表 1-1　　图纸幅面与尺寸的关系

幅面代号	$B\times L$	e	c	a
A0	841×1189	20	10	25
A1	594×841			
A2	420×594	10		
A3	297×420		5	
A4	210×297			

2. 图框格式

在图纸上必须用粗实线画出图框，其格式分为不留装订边和留有装订边两种，但同一产品的图样只能采用同一种格式。图 1-2 为不留装订边的图框格式，图 1-3 为留有装订边的图框格式。

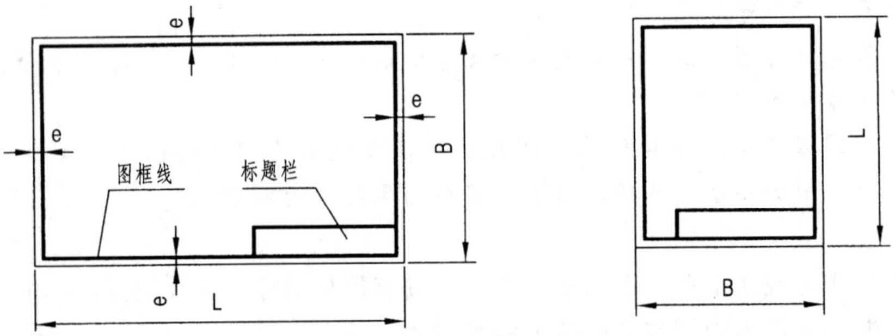

图 1-2　不留装订边的图框格式

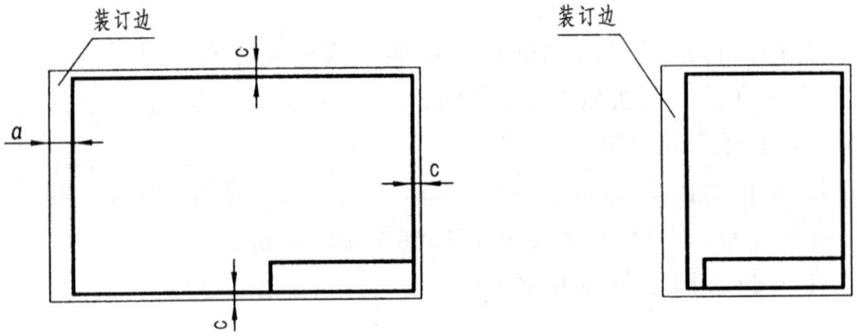

图 1-3　留有装订边的图框格式

3. 对中符号和读图方向符号

(1) 对中符号。为了使图样复制或缩微摄影时定位方便，在图框各边长的中点处分别用粗短线画出对中符号。当对中符号画在标题栏里时，伸入标题栏里的线段省略不画，如图 1-4 所示。

(2) 方向符号。使用预制的图样时，为了明确画图和读图时的图纸方向，应在图纸的下方对中符号处画一方向符号，如图 1-4 所示。

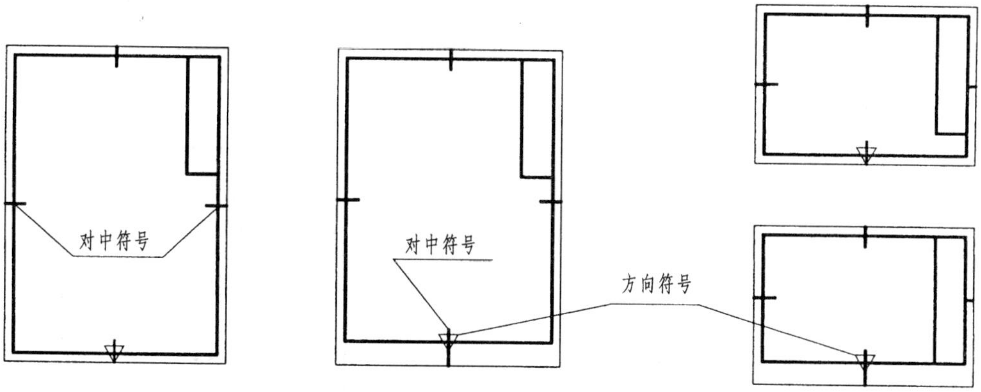

图 1-4　对中符号和方向符号

4. 标题栏

每张图样中应有标题栏，一般画在图框线内的右下角处。标题栏是由名称及代号区、签字区、更改区等组成，其格式和尺寸由 GB/T10609.1—2008 所规定。学生制图作业中的标题栏可采用简化的格式，如图 1-5 所示。

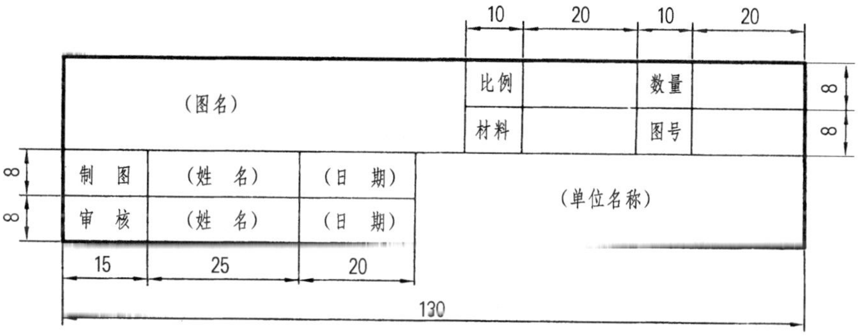

图 1-5　简化标题栏格式

二、比例（GB/T14690—1993）

比例是指图样中图形与其实物相应要素的线性尺寸之比。比例有：原值比例，标注为 1∶1；放大比例，标注如 2∶1、3∶1 等；缩小比例，标注如 1∶2、1∶3 等。画图时，应从表 1-2 中所规定的比例系列中选用适当比例。

表 1-2　　常用的比例系列

种　类	第　一　系　列	第　二　系　列
原值比例	1∶1	
放大比例	2∶1　5∶1　(1×10^n)∶1　(2×10^n)∶1　(5×10^n)∶1	2.5∶1　4∶1　(2.5×10^n)∶1　(4×10^n)∶1
缩小比例	1∶2　1∶5　1∶10^n　1∶(2×10^n)　1∶(5×10^n)	1∶1.5　1∶2.5　1∶3　1∶4　1∶6　1∶(1.5×10^n)　1∶(3×10^n)　1∶(4×10^n)　1∶(6×10^n)

注　n 为整数。

选用比例应尽量采用原值比例，在同一张图样中应采用相同的比例。图样无论采用放大或缩小比例，图形中所标注的尺寸均为机件的实际大小尺寸，与图样比例无关，如图1－6所示。

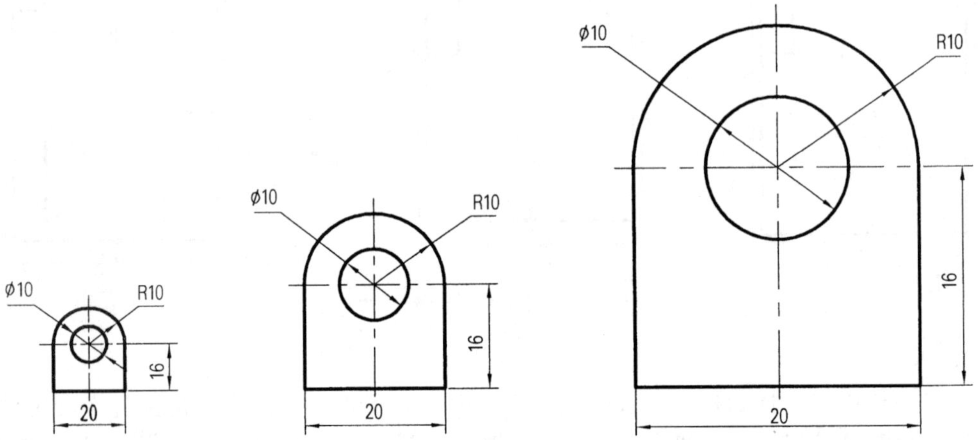

1∶2(缩小比例)　　1∶1(原值比例)　　2∶1(放大比例)

图1－6 图形比例与尺寸的关系

三、字体（GB/T14691—1993）

1. 基本要求

图样中所书写的汉字、数字和字母，都必须做到“字体工整、笔画清楚、间隔均匀、排列整齐”。字体的号数即为字体的高度（用 h 表示），规定有八种基本字号：1.8、2.5、3.5、5、7、10、14、20（单位：mm）。如果需要写更大的字，字高应按$\sqrt{2}$的比率递增。

2. 字体写法

（1）汉字。汉字应写成长仿宋字体，并采用国家正式公布的简化字，汉字的字号一般不小于3.5号，其字宽一般为$h/\sqrt{2}$。

长仿宋字的书写要领是：横平竖直、注意起落、结构匀称、排列整齐。如图1－7所示为汉字写法示例。

长仿宋字写法示例：

7号字体

工程字体笔画清楚间隔均匀排列整齐书写认真

5号字体

工程字体笔画清楚间隔均匀排列整齐书写认真

3.5号字体

工程字体笔画清楚间隔均匀排列整齐书写认真

图1－7 长仿宋字写法示例

（2）数字和字母。工程图样中数字有阿拉伯数字和罗马数字两种，字母有拉丁字母和希腊数字两种。数字和字母分 A 型和 B 型。A 型的笔画宽度比 B 型细，为了与汉字协调，一般采用 A 型字体。数字和字母可写成直体字和斜体字两种形式，斜体字的字头向右倾斜，与水平线为 75°，如图 1－8 所示为数字和字母写法示例。

拉丁字母写法示例：

图 1－8　数字和字母写法示例

四、图线（GB/T14665—2012 和 GB/T4457.4—2002）

1. 图线的型式及应用

图样中的图形是由图线组成的，画图时应采用国家标准规定的图线型式和画法。机械图样中规定了九种图线，图线的型式和应用如表 1－3 所示。

表 1-3　　图线的型式和应用

名称	线　型	宽度	主　要　用　途
粗实线		d	可见轮廓线
细实线		$d/2$	尺寸线、尺寸界线、剖面线、过渡线
细虚线		$d/2$	不可见轮廓线、不可见过渡线
细点画线		$d/2$	轴线、对称线、中心线
细双点画线		$d/2$	相邻辅助零件轮廓线、轨迹线 极限位置轮廓线
粗点画线		d	限定范围的表示线
波浪线		$d/2$	断裂处的边界线 视图和剖视的分界线
双折线		$d/2$	断裂处的分界线
粗虚线		d	允许表面处理的表示线

2. 图线的宽度

图线宽度分为粗、细两种，粗线的宽度（d）可按图形大小在 0.13、0.18、0.25、0.35、0.5、0.7、1.0、1.4、2.0（单位：mm）系列中选择，该系列公比为$\sqrt{2}$。粗线宽度一般采用 0.5、0.7，细线宽度为粗线宽度的 1/2。

3. 图线的画法

在同一张图纸中，同类型图线的宽度应基本一致，虚线、点画线、双点画线中的线段长度和间隔大小应大致相等。画相交图线时应注意的问题见表 1-4 所示。

表 1-4　　图线相交时画法正误对比

说　明	图例：正　确	图例：错　误
点画线应以长画相交。点画线的起始与终了应为长画	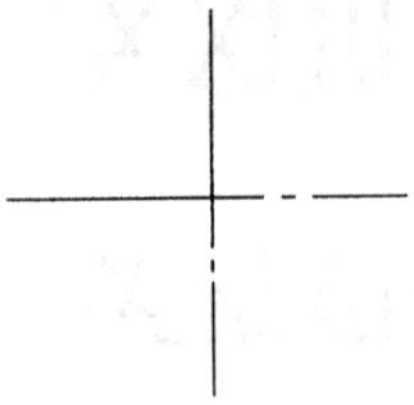	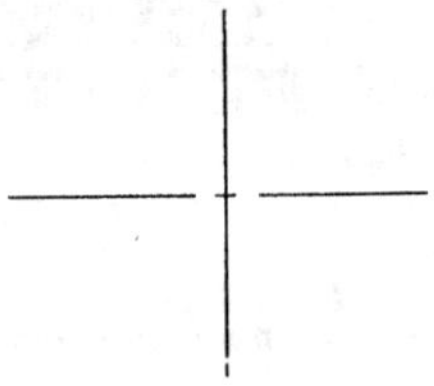
中心线应超出图形轮廓线外约 3～5mm，较小的图形轮廓的中心线可用细实线代替	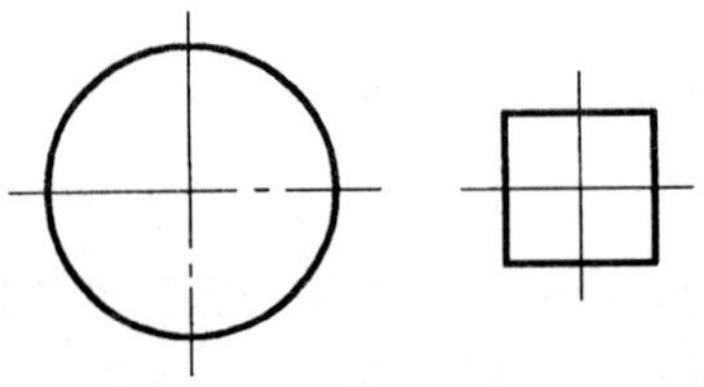	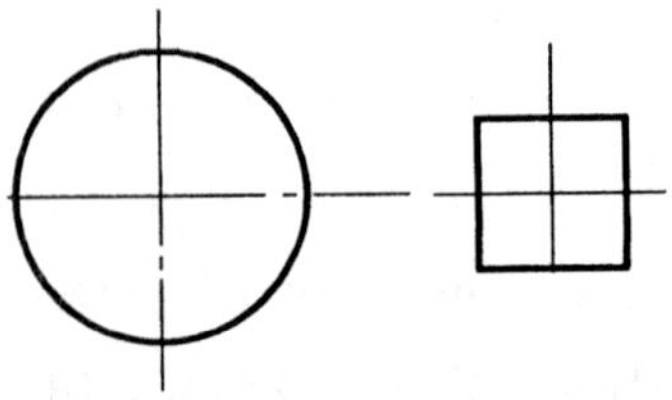

续表

说　明	图　例	
	正　确	错　误
虚线与虚线、虚线与实线相交时应以线段相交，不能留有空隙	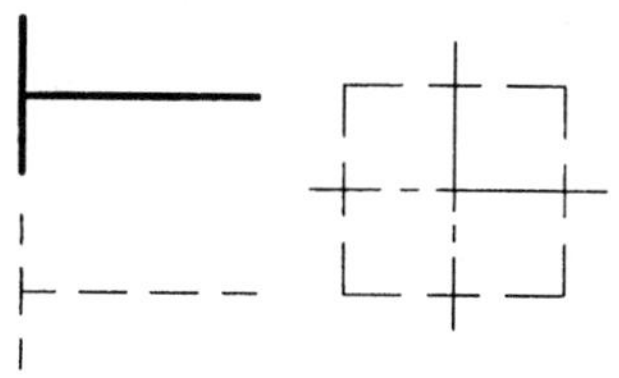	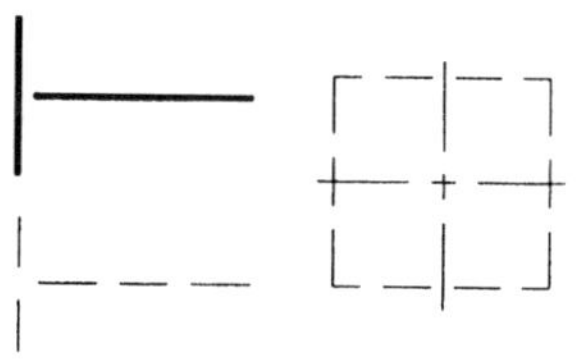

图线应用示例如图 1-9 所示。

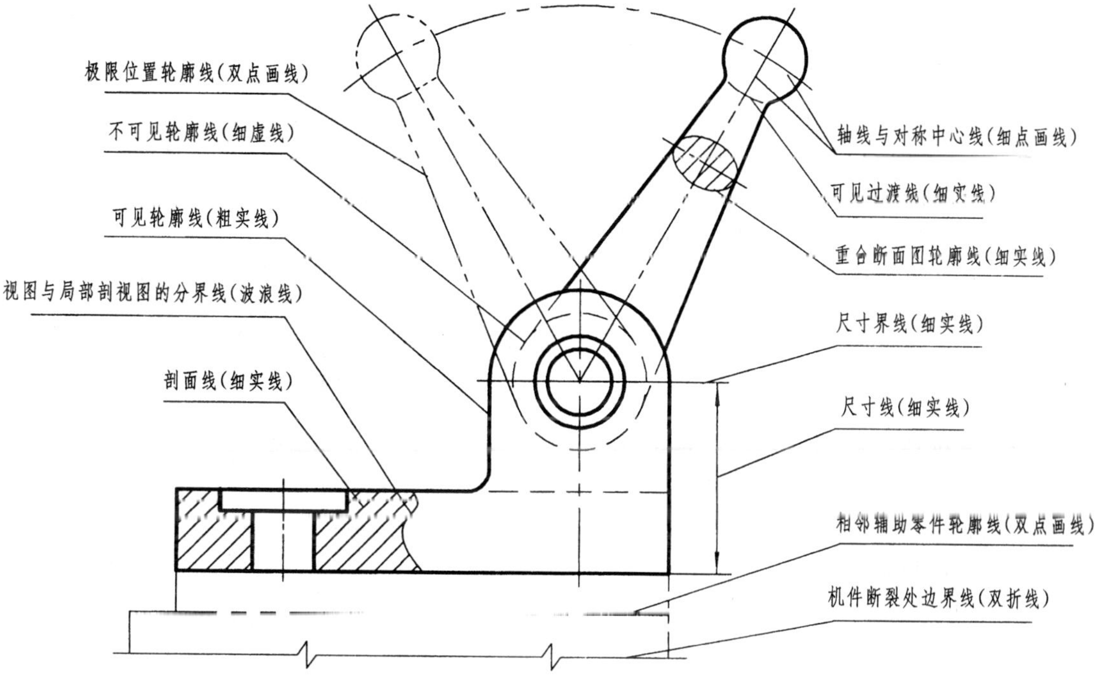

图 1-9　图线应用示例

第二节　尺　寸　注　法

图形只能表示物体的形状，而其大小是由标注的尺寸确定，因此尺寸是图样中的重要内容之一，是制造加工机件的直接依据。国家标准专门对尺寸注法作了有关规定（GB/T4458.4—2003），标注尺寸时必须严格遵守国家标准关于尺寸注法的规定。

一、标注尺寸的基本规定

（1）机件的实际大小应以图样中的尺寸数值为依据，与图形的比例大小及画图的准确度无关。

(2) 图样中的尺寸一般以 mm 为单位，可不需注写单位符号或名称。如果用其他单位，则必须注写相应的单位符号或者名称。

(3) 图样中所标注的尺寸，为该图样所示机件的最后完工尺寸，否则要另加说明。

(4) 机件的每一个尺寸，一般只标注一次，并应标注在反映机件形状结构最明显的图形上。

(5) 标注尺寸时，对一些常见结构和特殊结构应使用符号表示，常见结构和特殊结构符号如表 1-5 所示。

表 1-5　常见结构和特殊结构的符号

名称	符号	名称	符号	名称	符号
直径	ϕ	正方形	□	沉孔	⌴
半径	*R*	45°倒角	*C*	埋头孔	⌵
球直径	*S*ϕ	厚度	*t*	均布	EQS
球半径	*SR*	深度	↧		

二、尺寸的组成

一个完整的尺寸由尺寸界线、尺寸线和尺寸数字三个要素组成，如图 1-10 所示。

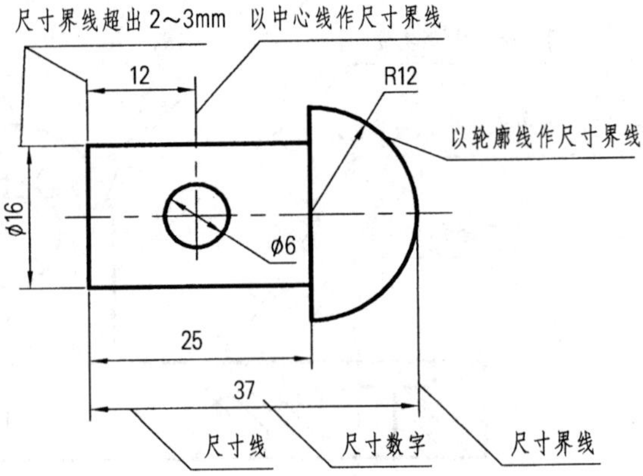

图 1-10　尺寸三要素

1. 尺寸界线

尺寸界线是表示所注尺寸的一个界定范围，用细实线画出，并由图形的轮廓线、轴线或对称中心线处引出，也可直接利用轮廓线。尺寸界线一般应与尺寸线垂直，并超出尺寸线约 2～3mm。

2. 尺寸线

尺寸线是表示尺寸的度量方向，用细实线画出。尺寸线不允许用其他图线代替，也不能与其他图线重合或画在其他图线的延长线上。

尺寸线的终端画有起止符号。起止符号有箭头和斜线两种画法。机械图样尺寸线起止符号一般采用箭头形式。建筑图样尺寸线起止符号一般用斜线。斜线用中粗短线段画出，其倾斜方向与尺寸界线成顺时针 45°。箭头和斜线的画法如图1-11所示。

3. 尺寸数字

尺寸数字的方向应按规定注写。线性尺寸成水平方向的，尺寸数字一般注写在水平方向尺寸线的上方中间处，字头朝上。线性尺寸成垂直方向的，尺寸数字一般注写在垂直方向尺寸线的左方中间处，字头朝左。倾斜方向尺寸线的尺寸数字，标注时应保持数字字头朝上和在尺寸线上方的位置上。在垂直线逆时针方向 30°的范围里一般不标注尺寸，当无法避免时，可采用其他标注方法，如图 1-12 所示。

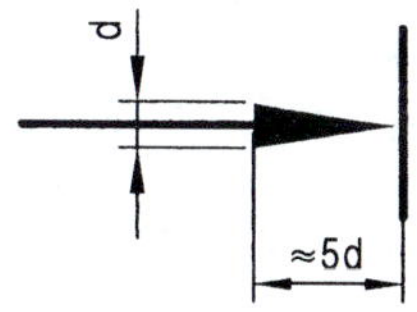

(a)箭头形式

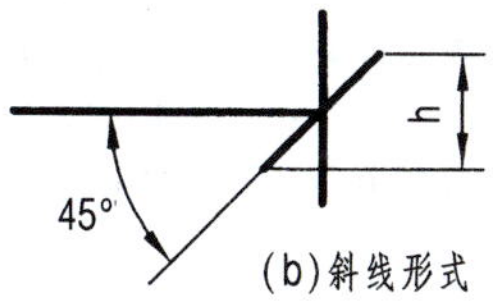

(b)斜线形式

图 1－11　尺寸线终端的起止符号

d—粗实线宽度；*h*—字体高度

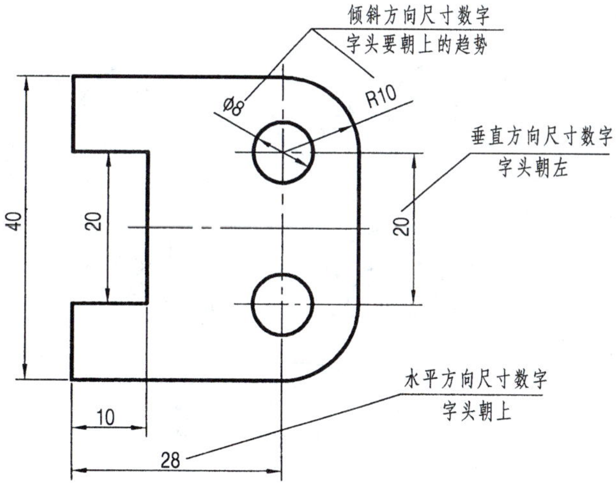

图 1－12　线性尺寸数字注写方向和位置

三、常见尺寸标注方法

常见尺寸的规定注法和标注方式如表 1－6 所示。

表 1－6　　常见尺寸的规定注法和标注方式示例

标注内容	注　法　示　例	注　法　说　明
线性尺寸注法	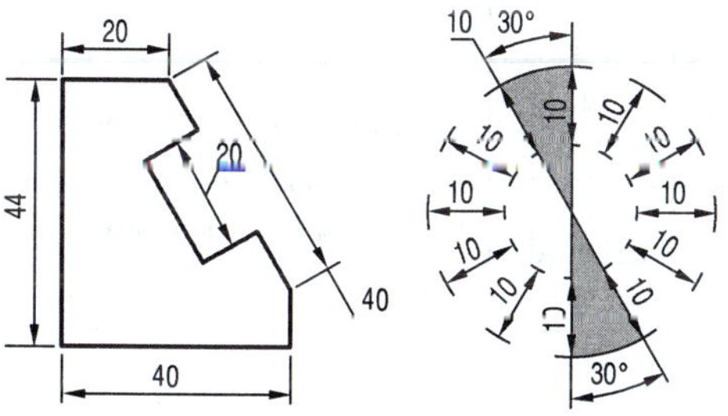	水平方向尺寸线的数字一般注写在尺寸线上方中间处，字头朝上。垂直方向尺寸线的数字注写在尺寸线左方中间处，字头朝左。倾斜方向尺寸线的数字注写在尺寸线上方的位置上，字头有朝上的趋势。当不便注写时，可在尺寸线的延长线上或用指引线注写，如左图所示。尽量避免在右图所示的 30°范围内注写数字
角度和弧长注法	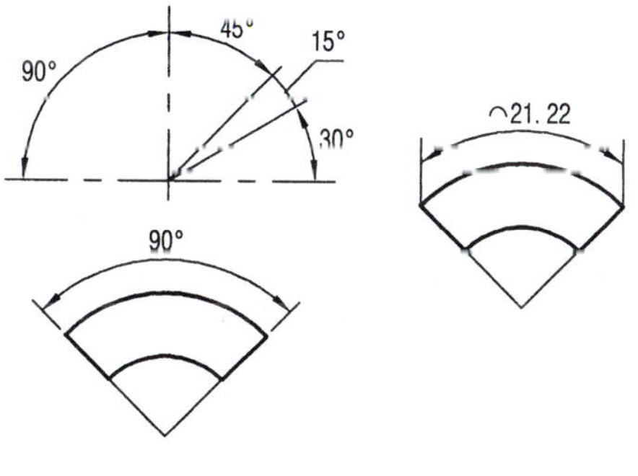	角度的尺寸界线应沿径向引出，尺寸线是圆弧，圆心是角顶点。角度数字规定水平注写在尺寸线的中间或中断处，也可引出注写，如左面两图所示。 弧长的尺寸线是该圆弧的同心圆弧，尺寸界线平行于该圆弧所对圆心角的角平分线，如右图所示

续表

标注内容	注　法　示　例	注　法　说　明
直径注法	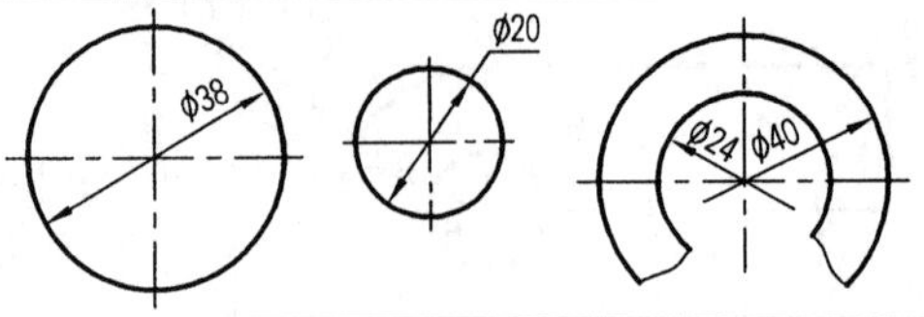	圆的直径标注应在数字前加注“ϕ”，常见标注方法如左面两图所示。 大于半圆时应标注直径，标注方法如右图所示
半径注法	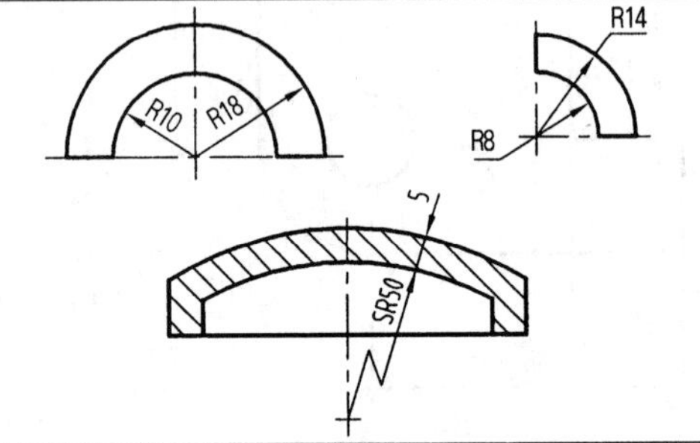	圆的半径标注应在数字前加注“R”，小于半圆时应标注半径，常见标注方法如上方两图所示。 大半径的圆弧时可采用折线注法，折线应平行于尺寸线，尺寸线应向心。标注球面半径应在数字前加“S”，标注方法如下图所示
小尺寸注法	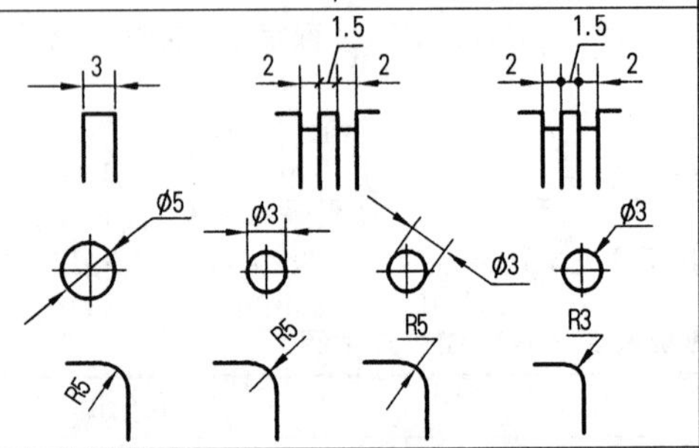	当尺寸界线之间没有足够位置画尺寸箭头及注写数字时，可把箭头和数字放在尺寸界线的外侧。连续标注的小尺寸中间无法画箭头时，可用斜线或小圆点代替，标注方法如图所示
对称 图形注法	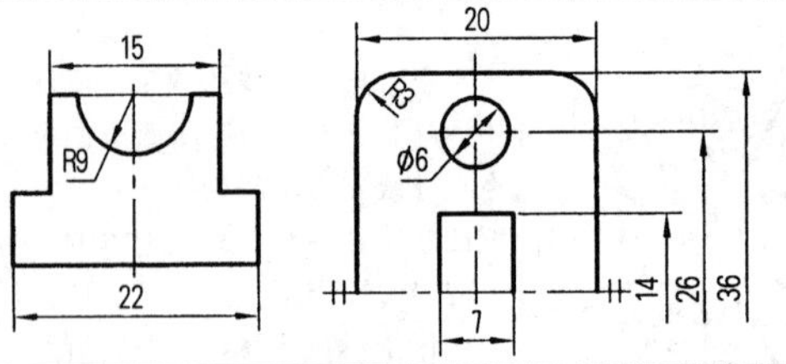	对称图形的尺寸标注如左图所示。 对称图形如果只画出一半或一大半时，尺寸线应超过图形对称线，在有尺寸界线的一端画出箭头，另一端省略不画，如右图所示
均布孔的 注法	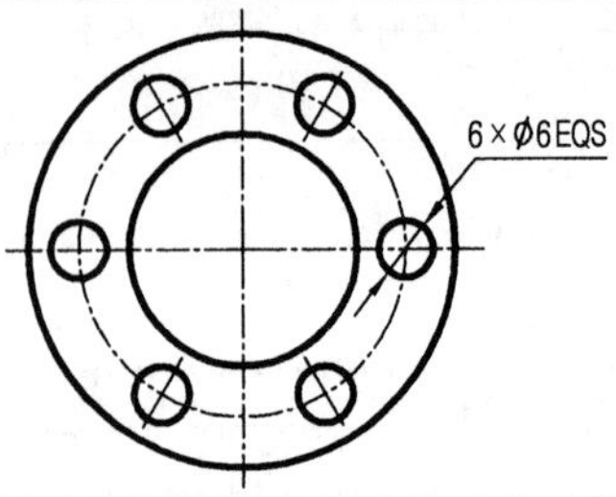	机件上均匀分布的孔或其他相同结构要素在尺寸数字后加注“EQS”表示，标注方法如左图所示
薄片厚度与 正方形注法	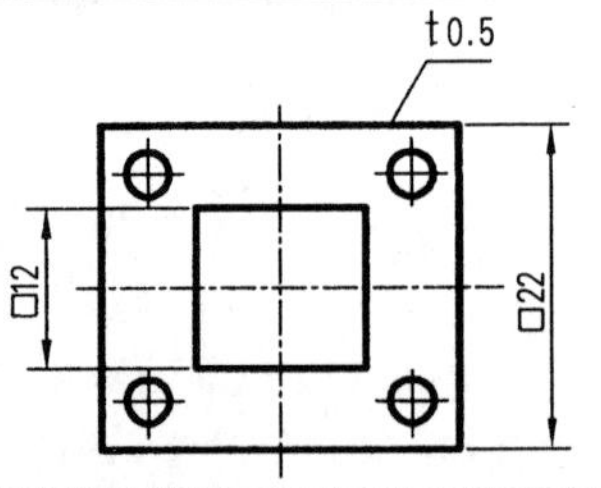	薄片状的机件，其厚度尺寸在数字前加注“t”表示。正方形尺寸在数字前加注“□”表示，标注方法如左图所示

第三节　绘图工具及其使用方法

使用绘图工具画工程图样的方法称作尺规绘图。尺规绘图是工程技术人员必备的基本技能，而正确使用绘图工具是保证画图质量和速度的前提，因此要熟练使用绘图工具。

一、图板

图板是用来铺放和固定图纸的工具。图板的两个短边称为导边（工作边），丁字尺必须靠紧着导边上下滑动，如图 1－13 所示。

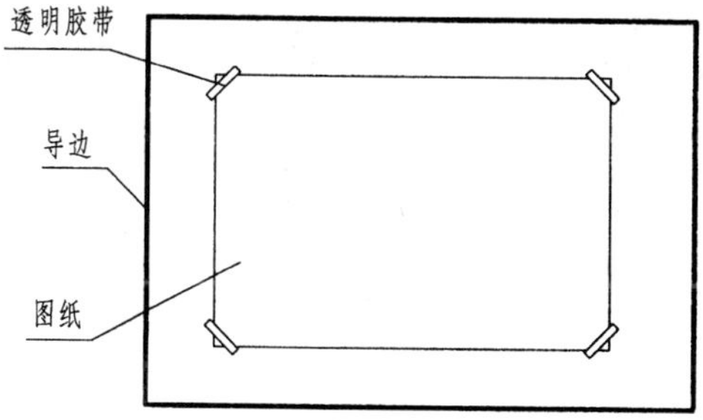

图 1－13　图板及图纸铺放

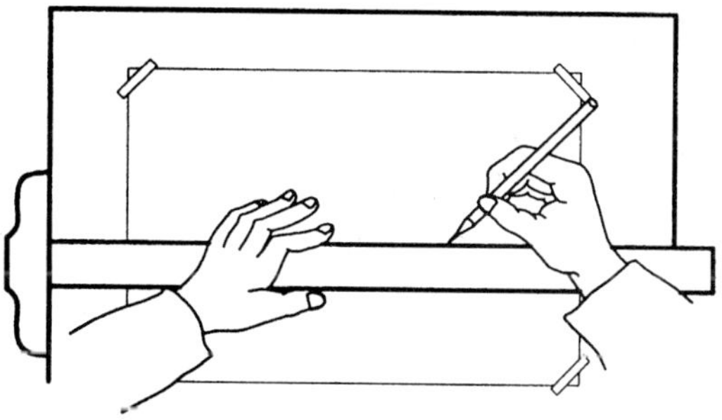

图 1－14　丁字尺的使用

二、丁字尺

丁字尺主要是用来画水平线的。丁字尺由尺头和尺身组成，使用时将尺头紧靠在图板的导边上，用左手推动尺头上下滑动，由左向右画水平线，如图 1－14 所示。

三、三角板

三角板由 45°和 60°（30°）两块组成，与丁字尺配合使用时，可以画垂直线，15°、75°、105°的倾斜线，以及平行线和垂直相交线，如图 1－15 所示。

(a)画角度线　(b)画平行线　(c)画垂直相交线

图 1－15　用三角板画直线的方法

四、圆规与分规

圆规是用来画圆和圆弧的。圆规附件有钢针插脚、铅芯插脚、加长插杆等。

圆规上固定的针脚是用来固定圆心的，应使用带有肩台的一端。画圆时应保持圆规两脚与图纸基本垂直，用手转动圆规手柄，沿顺时针方向匀速转动画圆。圆规的两脚都有活动关节，用来调整两脚与图纸表面的垂直度。

分规是用来度量尺寸和等分线段的。圆规的活动插脚换成钢针插脚也可作为分规使用，圆规和分规使用方法如图 1－16 所示。

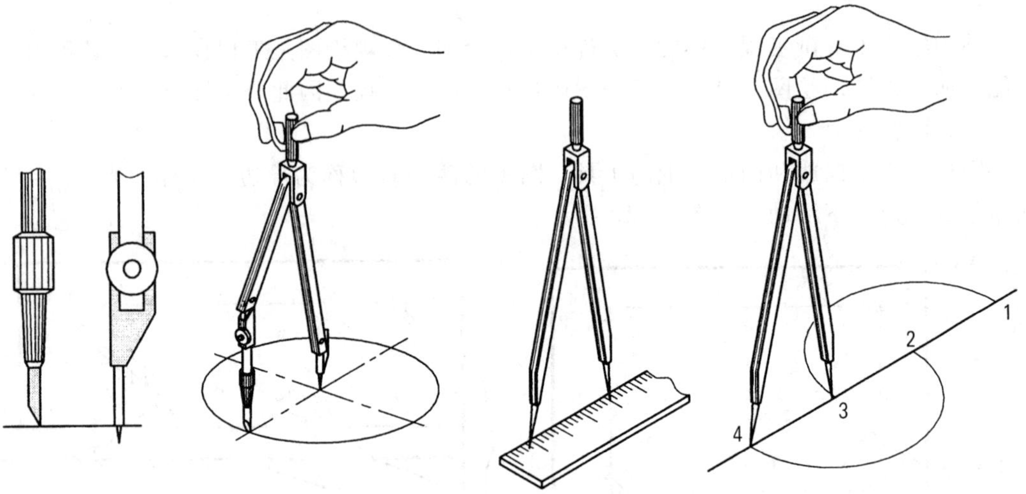

(a)圆规的用法　　(b)分规的用法

图 1－16　圆规和分规的使用方法

五、铅笔

绘图铅笔的铅芯硬度用“B”和“H”表示。“B”表示软性铅芯，有“B、2B、3B”等型号，B 前面数字越大，表示铅芯越软。“H”表示硬性铅芯，有“H、2H、3H”等型号，H 前面数字越大，表示铅芯越硬。常用 B 或 HB 画粗实线，用 H 或 2H 画细实线和画底稿图。

写字或画细实线的铅笔铅芯应削成尖锐的圆锥形，描画粗实线的铅笔铅芯应削成斜头棱柱形，也可削成圆锥形状。圆规上铅笔插脚的铅芯应选择稍软一些，并削成斜头圆柱形，斜面朝外，铅芯画钝了时便于磨削，各种铅芯削法如图 1－17 所示。

(a)圆锥形　　(b)棱柱形　　(c)锲形

图 1－17　铅笔铅芯的削法

六、其他用具

除上述绘图工具外，还需要备有刀片、橡皮、固定图纸用的透明胶带、磨铅芯用的细砂纸、修改线条用的擦图片、绘制非圆曲线的曲线板、绘制常用符号和标准图例的模板等用具。

第四节 几何图形画法

工程图样的形状虽各不相同，但都是由各种基本的几何图形所组成的，因此，绘制工程图样应首先掌握这些基本几何图形的画法。本节主要介绍线段等分、圆周等分、圆弧连接、椭圆画法、斜度和锥度以及平面图形画法。

一、等分作图

1. 等分直线段

等分直线段采用的是平行线法，如图 1-18 所示。已知线段 AB，欲将线段 AB 分为四等份，可先通过 A 点作任意直线 AC，并在 AC 线段上任意作出四个等分点 1、2、3、4；然后连接 4B 两点，并依次过 1、2、3 点作 4B 的平行线，分别与 AB 线段相交得 1′、2′、3′点，即为所求 AB 线段上的三个四等分点。

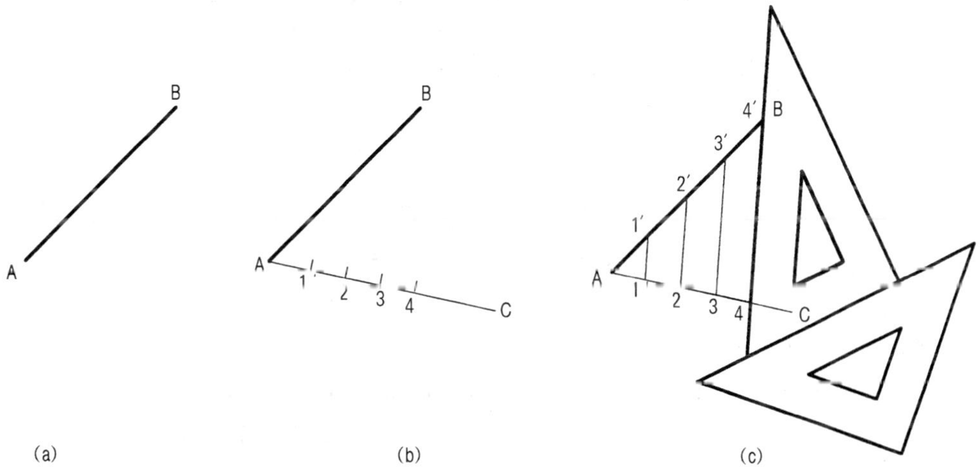

图 1-18 等分线段画法

2. 等分圆周作正五边形

如图 1-19 所示，已知一圆周，以 A 为圆心、AO 为半径画圆弧交圆周得 EF 两点，连接 EF 交 AC 中心线得 G 点。以 G 点为圆心、GB 为半径画圆弧再交 AC 中心线得 H 点。BH 即为五边形一边长，以 BH 长度量圆周得五个等分点，依次连接五个等分点即为正五边形。

3. 六等分圆周作正六边形

六等分圆周作正六边形有圆规法和三角板法两种，如图 1-20 所示。

二、圆弧连接

用圆弧光滑地连接相邻两个线段的形式称为圆弧连接。要保证圆弧连接的准确和光

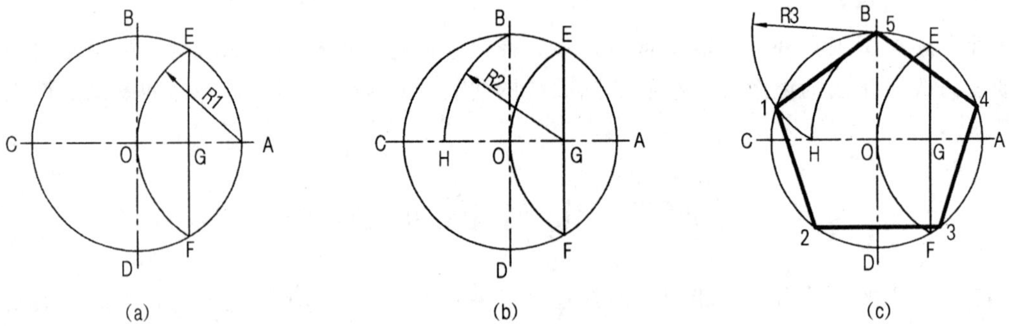

图 1-19　正五边形画法

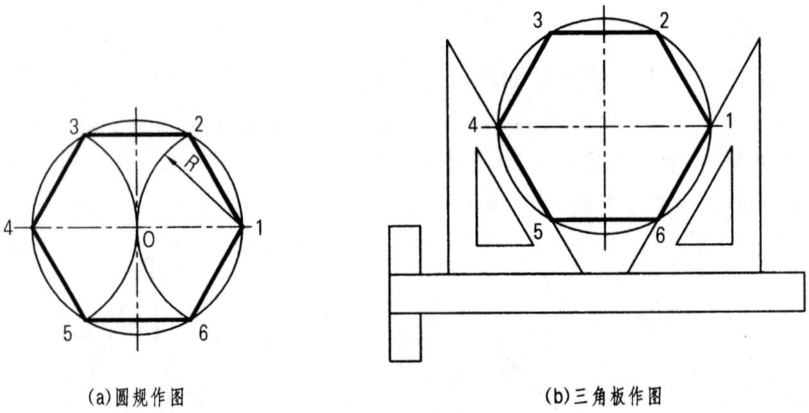

图 1-20　正六边形画法

滑，必须准确求出连接圆弧的圆心和相切点这两个要素。

圆弧连接有三种基本形式。

1. 圆弧连接两条直线

用半径为 R 的连接圆弧与直线连接时，圆心是在距离直线为 R 的平行线上，由圆心作直线的垂线，其垂足即为相切点。依据这一原理，圆弧连接两条直线的画法如图 1-21 所示。

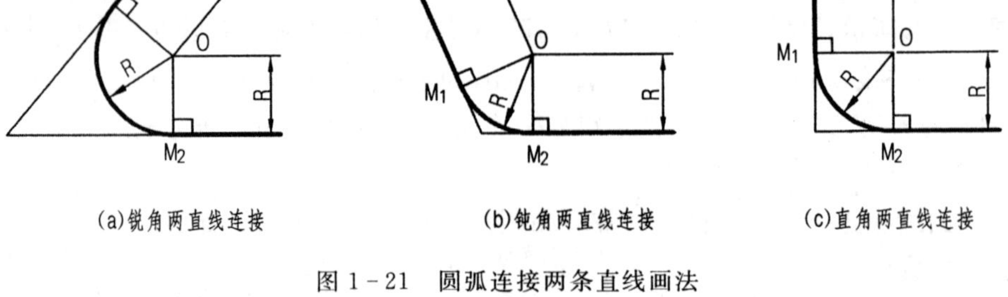

图 1-21　圆弧连接两条直线画法

（1）先求连接圆弧的圆心。根据已知条件作与已知两直线分别相距为 R 的平行线，两平行线的交点即为连接圆弧的圆心 O。

（2）再求连接圆弧与两直线的相切点。从圆心 O 分别作已知两直线的垂线，其垂足即为两个相切点 M_1、M_2。

（3）以 O 为圆心，R 为半径，在 M_1、M_2 之间画圆弧，即完成两直线的圆弧连接。

2. 圆弧连接两圆弧

圆弧连接两圆弧有外切两圆弧和内切两圆弧两种形式。

（1）外切两圆弧。画法如图 1－22 所示。

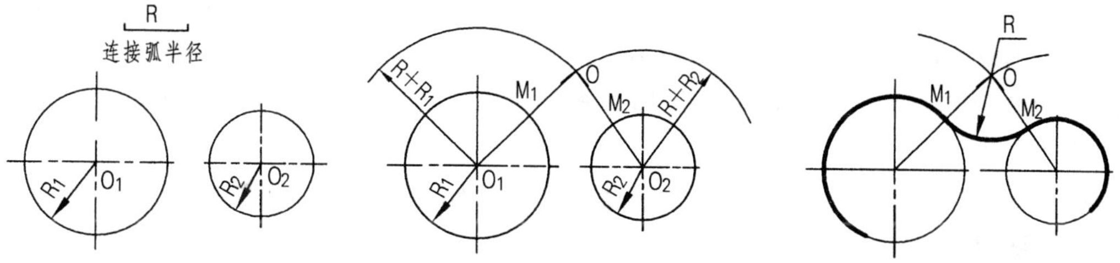

(a)已知条件　(b)求连接弧圆心 O 和连接点（切点）M1、M2　(c)以 O 为圆心，M1、M2 为半径画出连接弧

图 1－22　外切两圆弧连接画法

1）先求连接圆弧的圆心。以 O_1 为圆心，$R+R_1$ 为半径画辅助圆弧，再以 O_2 为圆心，$R+R_2$ 为半径画辅助圆弧，两辅助圆弧的交点即为连接圆弧的圆心 O。

2）再求连接圆弧与两已知圆弧的相切点。连接 OO_1、OO_2 与已知圆弧的交点，即为相切点 M_1、M_2。

3）以 O 为圆心，R 为半径，在 M_1、M_2 之间画圆弧，即完成外切两圆弧连接。

（2）内切两圆弧。画法如图 1－23 所示。

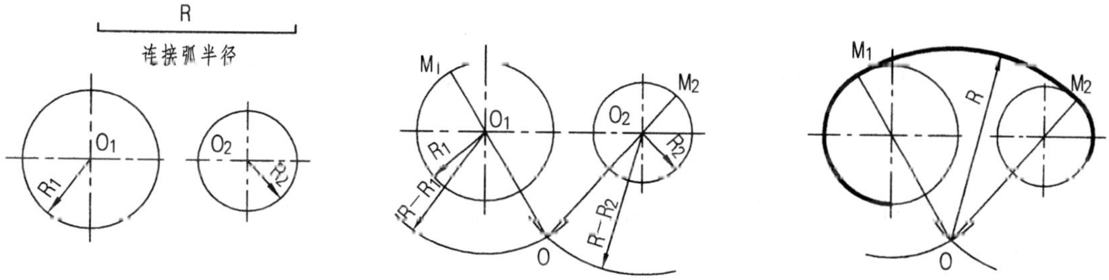

(a)已知条件　(b)求连接弧圆心 O 和连接点（切点）M1、M2　(c)以 O 为圆心，M1、M2 为半径画出连接弧

图 1－23　内切两圆弧连接画法

1）先求连接圆弧的圆心。以 O_1 为圆心，$R-R_1$ 为半径画辅助圆弧，再以 O_2 为圆心，$R-R_2$ 为半径画辅助圆弧，两辅助圆弧的交点即为连接圆弧的圆心 O。

2）再求连接圆弧与已知圆弧的相切点。连接 OO_1、OO_2 与已知圆弧（外侧弧）的交点，即为相切点 M_1、M_2。

3）以 O 为圆心，R 为半径，在 M_1、M_2 之间画圆弧，即完成内切两圆弧连接。

3. 圆弧连接直线和圆弧

如图 1－24 所示为圆弧连接直线和圆弧的形式，画法如下：

（1）先求连接圆弧的圆心。作相距已知直线为 R 的平行线，再以 O_1 为圆心，$R+R_1$ 为半径画辅助圆弧，平行线与辅助圆弧的交点即为连接圆弧的圆心 O。

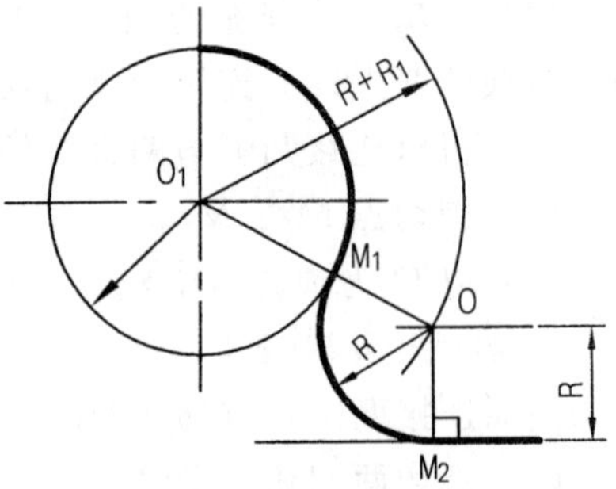

图 1－24　圆弧连接直线和圆弧的画法

（2）再求连接圆弧与已知直线和圆弧的相切点。从圆心 O 作已知直线的垂线，其垂足即为相切点 M_1，连接 OO_1 与已知圆弧相交的交点即为相切点 M_2。

（3）以 O 为圆心，R 为半径，在 M_1、M_2 之间画圆弧，即完成直线与圆弧的连接。

三、椭圆画法

椭圆画法很多，一般采用长短轴法画椭圆，画法如图 1－25 所示。

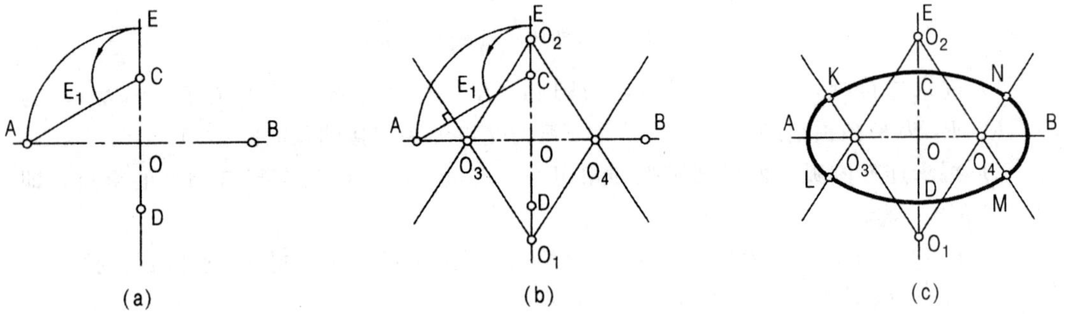

图 1－25　用长短轴法画椭圆

（1）根据已知条件画出长轴 AB 和短轴 CD，连接 AC。以 O 为圆心、OA 为半径画弧，与 CD 相交得 E。

（2）以 C 为圆心、CE 为半径画弧与 AC 相交得 E_1。

（3）做线段 AE_1 的中垂线，与长轴 AB 相交得圆心 O_1，与短轴 CD 相交得 O_2，并作出 O_1、O_2 的对称点 O_3、O_4。

（4）连接 O_1O_3、O_1O_4、O_2O_3、O_2O_4，分别以 O_1、O_2、O_3、O_4 为圆心，以 O_1A、O_3B、O_2C、O_4D 为半径画弧至 K、L、M、N 点连接起来即得椭圆。

四、斜度和锥度

1. 斜度

斜度是指一直线对另一直线或一平面对另一平面的倾斜程度。斜度的符号为“∠”，其符号倾斜方向应与所标注的直线或平面倾斜方向一致，在图样中以 $1:n$ 的形式标注。图 1－26 所示为斜度 1∶6 的作图方法。

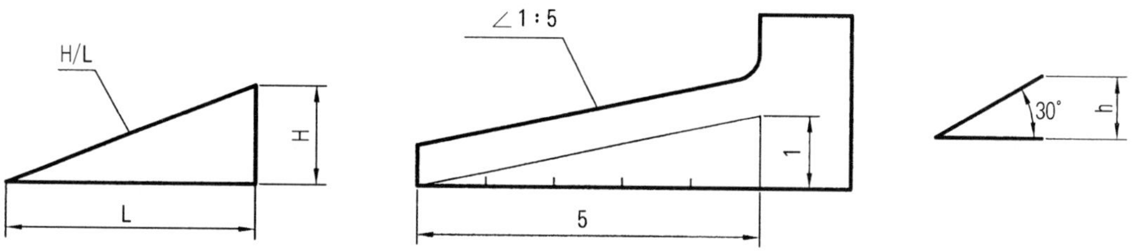

(a)斜度　　(b)斜度画法与标注　　(c)斜度符号

图 1-26　斜度画法与标注

h—字体高度

2. 锥度

锥度是指正圆锥的底圆直径与圆锥高度之比。锥度的符号为“▷”，其锥度符号方向与所标注的锥度方向应一致。在图样中以 1∶n 的形式标注。图 1-27 所示为锥度 1∶5 的作图方法。

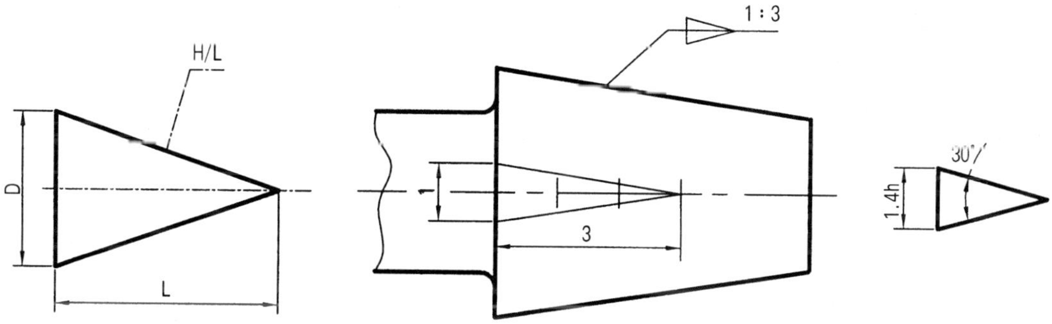

(a)锥度　　(b)锥度画法与标注　　(c)锥度符号

图 1-27　锥度画法与标注

五、平面图形画法

1. 平面图形的分析

平面图形由许多不同的线段连接而成，这些线段之间的相对位置和连接关系由给出的尺寸来确定。因此画平面图形时，只有通过对线段、尺寸和连接关系的分析，才能确定平面图形的画法步骤。

（1）尺寸分析。平面图形中的尺寸，按其作用可分为两类，即定形尺寸和定位尺寸：

1）定形尺寸。用于确定线段的长度、直径、半径和角度大小的尺寸称为定形尺寸，如图 1-28 所示手柄图形中ϕ20、16、ϕ5、R15、R12、R10、R50 都是定形尺寸。

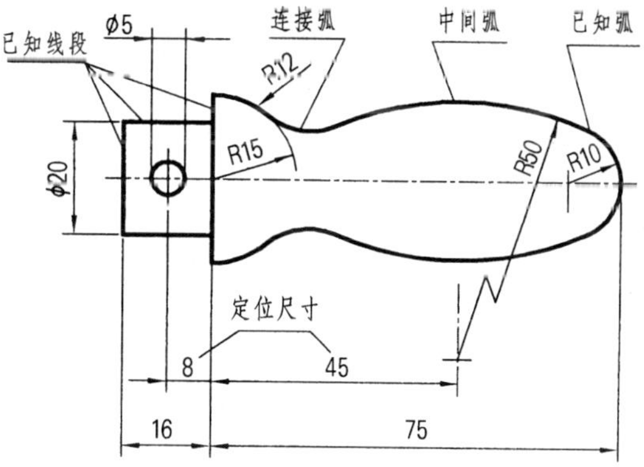

图 1-28　手柄图形的尺寸和线段分析

2）定位尺寸。用于确定线段之间相对位置的尺寸称为定位尺寸，如图 1－26 所示手柄图形中的尺寸 8 确定了ϕ5 的圆心位置；尺寸 45 确定了 R50 圆心的水平方向位置，这些都是定位尺寸。

（2）线段分析。平面图形中的线段，按其给定的尺寸是否完整，可分为已知线段、中间线段和连接线段三类：

1）已知线段。定形、定位尺寸都标注齐全的线段称为已知线段，如图 1－28 所示手柄图形中ϕ20、16、ϕ5、R10、R15 所画出的线段。

2）中间线段。定形尺寸齐全，但定位尺寸不全的线段称为中间线段，如图 1－28 所示手柄图形中 R50 圆弧。

3）连接线段。只有定形尺寸，没有定位尺寸的线段称为连接线段，如图 1－28 所示手柄图形中 R12 圆弧。

2. 平面图形的画法与尺寸标注

（1）平面图形的画法。在画图时，由于平面图形中的已知线段尺寸齐全，可以按照尺寸大小直接画出来；中间线段虽然定位尺寸不全，但它的一端总是和已知线段相连接，便可利用圆弧连接的方法画出来；连接线段由于缺少定位尺寸，必须借助于与它相连接的两端线段画好以后，再按照圆弧连接的方法画出来。所以，画平面图形时，必须先画尺寸基准线，再画出已知线段，接下来画出中间线段，最后画出连接线段，图 1－29 所示为手柄图形的画法步骤。

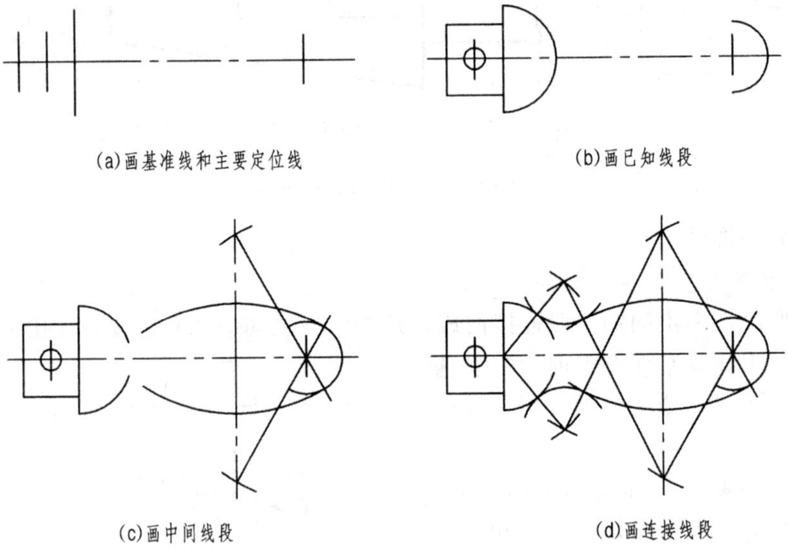

(a)画基准线和主要定位线　(b)画已知线段　(c)画中间线段　(d)画连接线段

图 1－29　手柄图形画法步骤

（2）平面图形的尺寸标注。标注尺寸首先要遵守国家标准有关尺寸注法的基本规定，通常先标注定形尺寸，再标注定位尺寸。通过几何作图方法作出的线段，一般只标注定形尺寸。尺寸标注完成以后要检查是否有遗漏或重复尺寸。标注尺寸要清晰，排列整齐，同一个图样中的尺寸标注类型要一致，如表 1－7 所示平面图形尺寸标注示例。

表 1-7　　平面图形尺寸标注示例

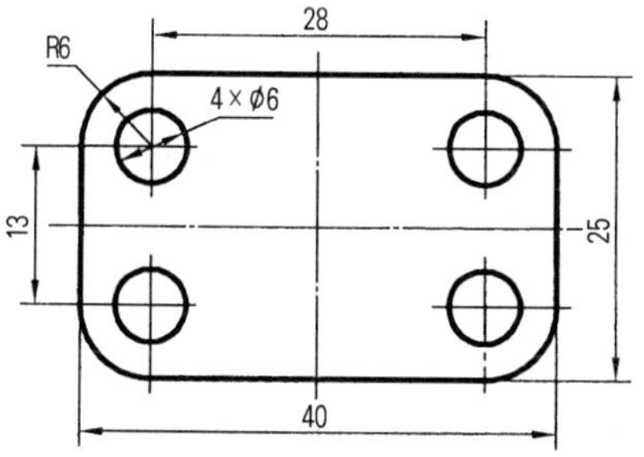

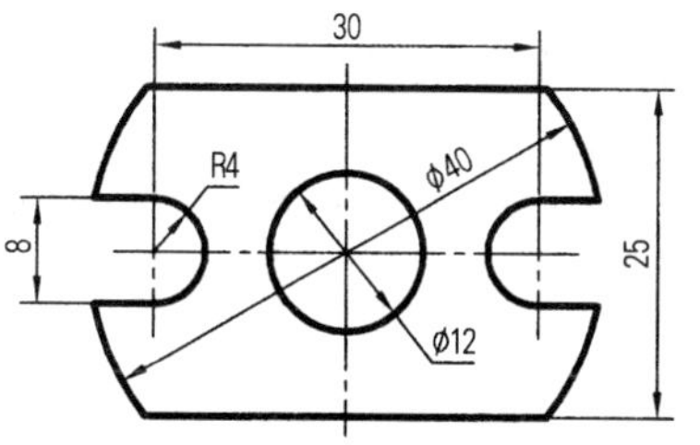

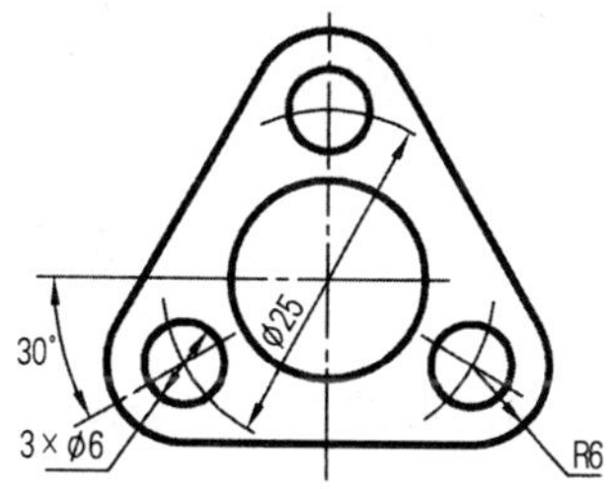

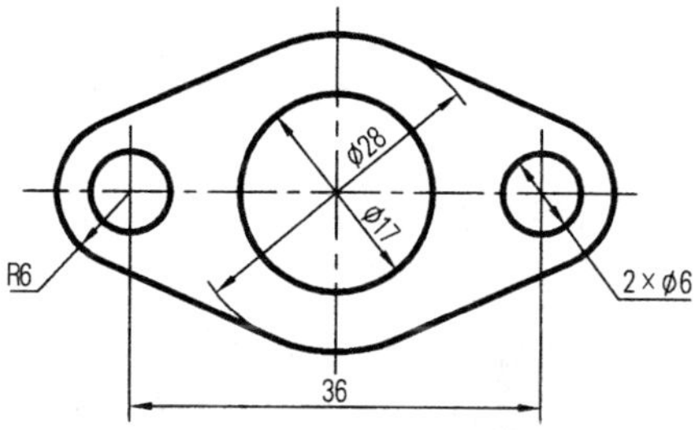

六、绘图的方法步骤

1. 尺规绘图

要把图样绘制得又快又好，除了必须熟悉国家标准关于制图的规定，掌握几何作图方法和正确使用绘图工具外，还需要掌握尺规绘图的方法步骤：

（1）准备。

1）准备好图板、丁字尺、三角板、圆规、图纸、铅笔、橡皮等绘图工具与用品。

2）根据绘制图形的大小及复杂程度选取比例，确定图纸幅面。

3）用橡皮擦拭图纸，以确定图纸正反面（反面易起毛）。

4）把图纸正面朝上，用胶带纸固定在图板的左上方，注意放正且使图纸下边缘到图板的下边距离大于丁字身的宽度。

（2）画底稿。打底稿一般用 H 铅笔，画的要准、细、轻，按先画主要轮廓，后画细部结构的顺序进行，具体如下：

1）画图框线和标题栏。首先按国家标准规定画出图框线，然后按规定画出标题栏。

2）布图。按图形的大小及标注尺寸所需的位置，将图形均匀布置。画出各图形的基准线，以确定图形位置。基准线即图形的主要对称中心线、轴线和较大轮廓线。

3）画图形。按先画已知线段，再画中间线段，最后画连接线段的步骤画出各平面图形。

4）画尺寸界线与尺寸线（可一步到位）。

5）检查修改。校对图形，改正错误，擦除辅助作图线，清理底稿。

（3）描深。

1）选用适当的铅笔和铅芯型式，将各种图线按规定描深。一般用稍硬铅芯铅笔描深细实线，用软芯铅笔描深粗实线。

2）描深顺序一般为：先描曲线（圆或圆弧等），再描直线；先描水平线（自上而下），再描垂直线（自左到右），最后描倾斜线。

3）描深的同类图线应基本一致。

（4）标注尺寸文字。按制图标准有关规定注写尺寸数字和文字说明，最后填写标题栏。

一张高质量的图样应做到：作图准确、布图匀称、图线规范、尺寸排列整齐、文字书写规整。

2. 徒手画图

作为工程技术人员，不仅要具备尺规绘图的能力，还要具备一定的徒手画图技能。所谓徒手画图，顾名思义即不用绘图工具，只用手持铅笔，目测尺寸绘制图样的方法，这样的图又叫草图。绘制草图在机器测绘、讨论设计方案和技术交流中应用广泛，是一项重要的基本技能。

草图同样要求做到内容完整、图形正确、图线清晰、布图匀称、尺寸准确、字体工整，同时画图速度要快。

初学徒手画图最好在方格纸上，以便控制图线的平直和图形的大小，经过一定的训练后，最后能在图纸上画出比例匀称、图面工整的草图。

徒手画图运笔力求自然，能看清笔尖前进的方向，并随时留意线段的终点，以便控制图线。在画图线时，手腕尽要能悬空，用小指接盘纸面；画短线或小圆时，多用手腕动作；画长线或大圆时多用手臂动作。

复习·思考·检测（单选）

1. 国家标准中优先采用的基本图纸幅面有（　　）。

（A）3 种　　（B）4 种　　（C）5 种　　（D）6 种

2. A0 图纸幅面是 A4 图纸幅面的（　　）。

（A）4 倍　　（B）8 倍　　（C）16 倍　　（D）32 倍

3. 必要时允许使用规定的加长幅面，加长幅面的尺寸是按基本图纸幅面（　　）增加后得出。

（A）长边的整数倍　　（B）短边的整数倍数

（C）短边的 2 倍　　（D）短边的整数倍增加

4. 国家标准中规定标题栏正常情况下应画在图框线内的（　　）。

（A）左上角　　（B）右上角　　（C）左下角　　（D）右小角

5. 用下列比例分别画同一个机件，所绘图形最小的比例是（　　）。

（A）1∶1　　（B）1∶5　　（C）2∶1　　（D）1∶2

6. 工程图样中的汉字一般应写成（　　）。

（A）宋体　　（B）楷体　　（C）长仿宋体　　（D）都可以

7. 在机械制图中，依实际需要所采用的线宽是（　　）。

（A）粗、中两种宽度　　（B）粗、细两种宽度

（C）中、细两种宽度　　（D）粗、中、细三种

8. 图线相交时应画成（　　）。

（A）实部与实部相交　　（B）实部与虚部相交

（C）虚部与虚部相交　　（D）都可以

9. 在尺寸标注中，尺寸线为（　　）。

（A）粗实线　　（B）细实线　　（C）细点画线　　（D）细虚线

10. 一个完整的尺寸所包含的三个基本要素是（　　）。

（A）尺寸界线、尺寸线和箭头　　（B）尺寸界线、尺寸数字和箭头

（C）尺寸界线、尺寸线和尺寸数字　　（D）尺寸线、箭头和尺寸数字

11. 图样上标注的尺寸数字表示（　　）。

（A）画图的尺寸　　（B）机件的实际尺寸

（C）随比例变化的尺　　（D）图线的长度尺寸

12. 标注角度的尺寸时，角度数字应（　　）。

（A）水平方向注写　　（B）竖直方向注写

（C）与线性尺寸数字的方向一致注定　　（D）向心方向注写

13. 绘图铅笔的铅芯硬度用“B”和“H”表示，下面最硬的铅笔是（　　）。

（A）2B　　（B）HB细实线　　（C）H细点画线　　（D）2H

14. 绘制连接圆弧图时，应（　　）。

（A）确定切点的位置

（B）确定连接圆弧的圆心

（C）先定连接圆弧的圆心再定切点

（D）确定连接圆弧的大小

15. 在标注锥度时，锥度符号的方向应与所标注的锥度方向（　　）。

（A）一致　　（B）相反　　（C）倾斜　　（D）任意

16. 平面图形的分析包括（　　）。

（A）尺寸分析和线段分析

（B）图形分析和线型分析

（C）画法分析和线型分析

（D）线段分析、尺寸分析和连接关系分析

17. 平面图形中的尺寸分为（　　）。

（A）定形尺寸和圆弧尺寸　　（B）定位尺寸和直线尺寸

（C）定形尺寸和定位尺寸　　（D）圆弧尺寸和直线尺寸

18. 绘制平面图形时，应首先绘制（　　），再绘（　　），最后绘（　　）。

（A）连接线段　　（B）中间线段　　（C）已知线段　　（D）基准线

19. 平面图形的尺寸标注通常先标注（　　），再标注（　　）。

（A）定形尺寸　　（B）定位尺寸　　（C）总体尺寸　　（D）其他尺寸

20. 绘制草图时，目测绘图比例应（　　）。

（A）尽量准确　　（B）不考虑其准确度

（C）可大可小　　（D）精确

第二章　投　影　基　础

【内容提要】

本章主要介绍机械图样的绘图原理。讲解投影概念、正投影规律与性质、三视图的形成与投影规律、三视图的作图方法；讲解点、直线、平面在三投影面体系中的投影及其投影特性。

【目标要求】

(1) 建立投影法的概念，掌握正投影法的基本原理和基本性质。

(2) 掌握三视图的形成及投影规律，并能运用正投影法绘制简单立体的三视图。

(3) 掌握点、直线、平面在三投影面体系中的投影特性。

(4) 掌握在直线、平面上取点以及平面上取直线的基本作图方法。

机械图样是用正投影法绘制的，正投影法能够准确表达物体的形状，而且度量性好，作图方便，因此得到了广泛的应用。理解和掌握正投影法的基本原理，是学习本门课程的一项重要内容。本章从立体出发，着重研究构成立体的基本几何元素——点、直线、平面的投影规律及作图问题，为学习后面的内容奠定基础。

第一节　投影法和视图的基本概念

一、投影法的概念

在日常生活中，人们看到太阳光或灯光照射物体时，在地面或墙壁上出现物体的影子，这就是一种投影现象。人们对这类现象进行了长期的观察和研究，建立了投影法。把光线称为投射线（或叫投影线），地面或墙壁称为投影面，影子称为物体在投影面上的投影。

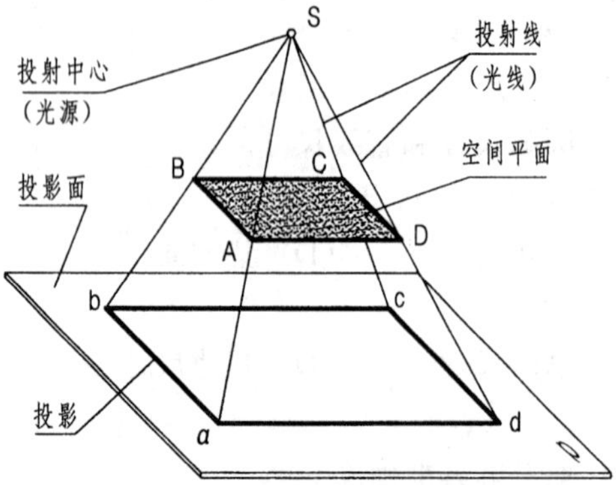

图 2-1　中心投影法

如图 2-1 所示，将□ABCD 放在平面 P 和光源 S 之间，自 S 分别向 A、B、C、D 引直线并延长之，使它与平面 P 交于 a、b、c、d。平面 P 称为投影面，S 称为投射中心，SAa、SBb、SCc、SDd 称为投射线，□abcd 即是空间□ABCD 在平面 P 上的投影。

人们把这种投射线通过物体，向选定的面投射，并在该面上得到图形的方法称为投影法。根据投影法得到的图形，称为投影。

由此可看出，要获得投影，必须具备光源、物体、投影面这三个基本条件。

二、投影法的种类及应用

投影法分为中心投影法和平行投影法两种。

1. 中心投影法

投射线汇交于一点的投影法称为中心投影法，如图 2－1 所示。由图可见，空间四边形 ABCD 比其投影 abcd 四边形小。所以，中心投影法所得投影不能反映物体的真实形状和大小，因此在机械图样中很少使用。工程上常用这种方法绘制建筑物的透视图。

2. 平行投影法

若将图 2－1 的投射中心 S 移至无穷远处，则投射线近乎互相平行，如图 2－2 所示。这种投射线互相平行的投影法称为平行投影法。

根据投影线与投影面是否垂直，平行投影法又可以分为两种：

（1）正投影法——投影线与投影面相垂直的平行投影法，如图 2－2（a）所示。

（2）斜投影法——投影线与投影面相倾斜的平行投影法，如图 2－2（b）所示。

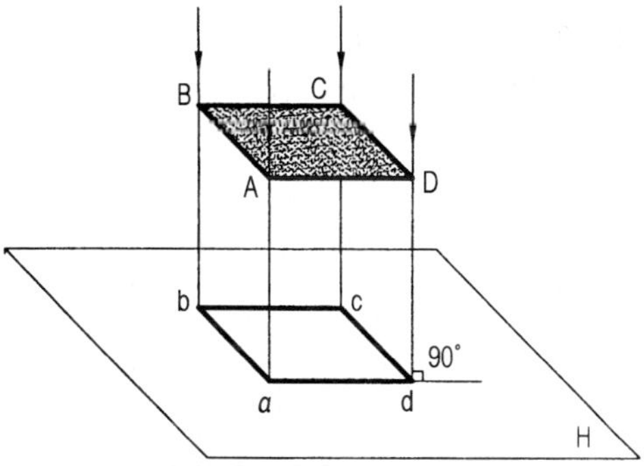

(a)正投影法

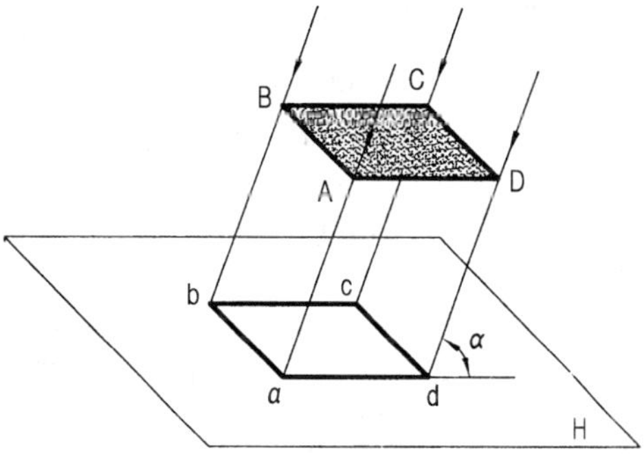

(b)斜投影法

图 2－2　平行投影法

采用正投影法，度量性好，作图简便，容易表达空间物体的形状和大小，在工程上应用较广。机械图样一般都是采用正投影法绘制的，正投影法是机械制图的主要理论基础。

为了叙述方便，以后把正投影简称为投影。

二、正投影的基本性质

（1）真实性：当直线或平面与投影面平行时，直线的投影为反映空间直线实长的直线段，平面投影为反映空间平面实形的图形，正投影这种特性称为真实性，如图 2－3（a）所示。

（2）积聚性：当直线或平面与投影面垂直时，直线的投影积聚成一点，平面的投影积聚成一条直线，正投影的这种特性称为积聚性，如图 2－3（b）所示。

（3）类似性：当直线或平面与投影面倾斜时，直线的投影为小于空间直线实长的直线段，平面的投影为小于空间实形的类似形，正投影的这种特性称为类似性，如图 2－3（c）所示。

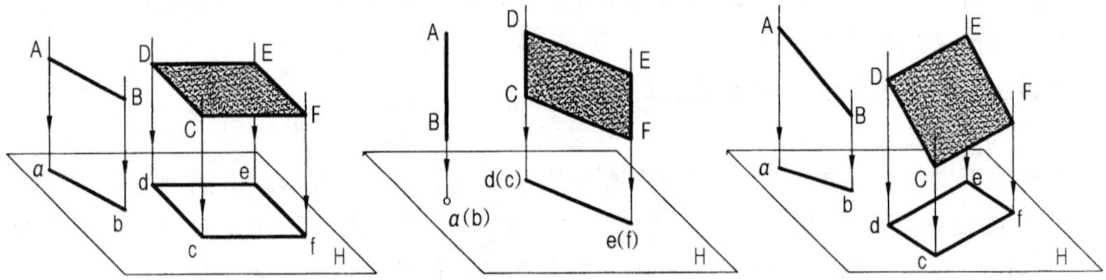

(a)真实性　　(b)积聚性　　(c)类似性

图 2-3　平面与直线的正投影特性

四、视图的基本概念

用正投影法绘制物体的图形时，可把人的视线假想成相互平行且垂直投影面的一组投射线，进而将物体在投影面上的投影称为视图。并规定：绘制视图时，可见的棱边线和可见的轮廓线用粗实线绘制，不可见的棱边线和不可见的轮廓线用细虚线绘制。

从图 2-4 中可以看出，这个视图只能反映物体的长度和高度，没有反映出物体的宽度。因此，在一般情况下，一个视图不能完全确定物体的形状和大小。如图 2-5 所示，两个物体的结构形状不同，但其视图相同。

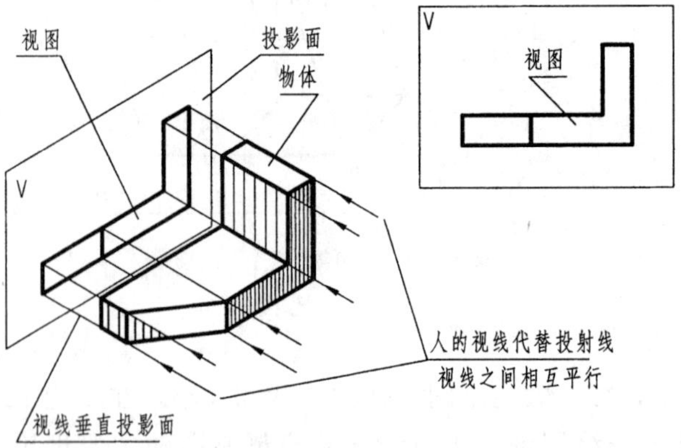

图 2-4　视图的概念

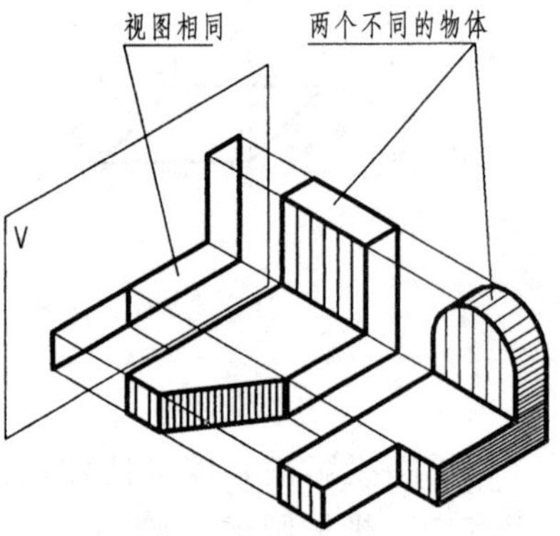

图 2-5　一个视图不能确定物体的形状

五、三视图的形成

将物体置于三个相互垂直的投影面体系内，然后从物体的三个方向进行观察，就可以在三个投影面上得出三个视图，如图 2-6 所示。

三投影面体系由三个相互垂直的正立投影面（简称正面或 V 面）、水平投影面（简称水平面或 H 面）、侧立投影面（简称侧面或 W 面）组成。

相互垂直的投影面之间的交线，称为投影轴，它们分别是：

(1) OX 轴（简称 X 轴），是 V 面与 H 面的交线，它代表长度方向。

(2) OY 轴（简称 Y 轴），是 H 面与 W 面的交线，它代表宽度方向。

(3) OZ 轴（简称 Z 轴），是 V 面与 W 面的交线，它代表高度方向。

三个投影轴相互垂直，其交点称为原点，用 O 表示。

由前向后投射在正面所得的视图，称为主视图；由上向下投射在水平面所得的视图，称为俯视图；由左向右投射在侧面所得的视图，称为左视图。这三个视图统称为三视图。

为把三个视图画在同一张图纸上，必须将相互垂直的三个投影面展开在一个平面上。展开方法如图 2－6 所示，规定：V 面保持不动，将 H 面绕 OX 轴向下旋转 90°，将 W 面绕 OZ 轴向右旋转 90°，就得到展开后的三视图，如图 2－7 所示。实际绘图时，应去掉投影面边框和投影轴，如图 2－8 所示。

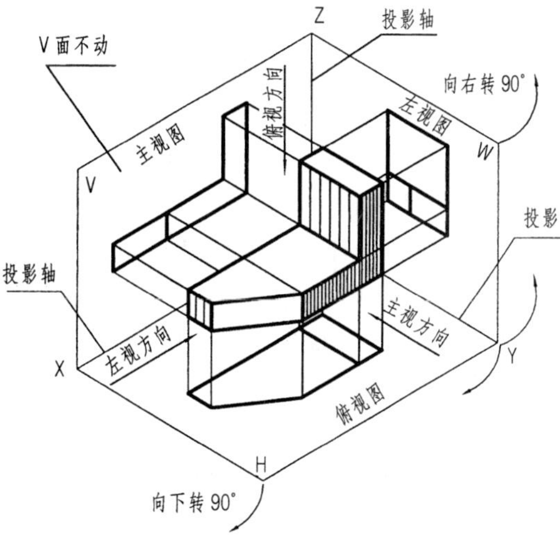

图 2－6　三视图的形成

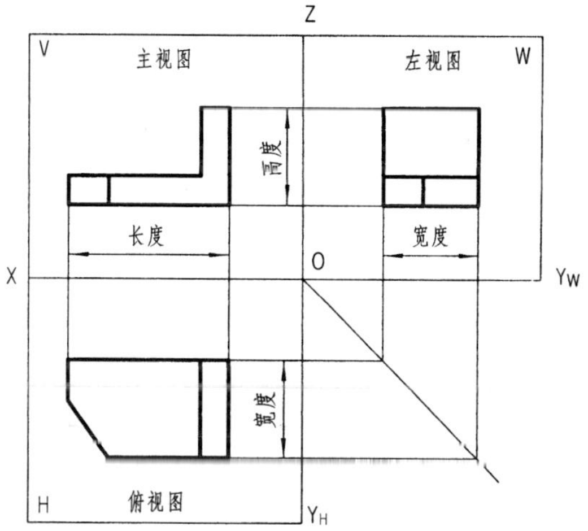

图 2－7　投影面的展开

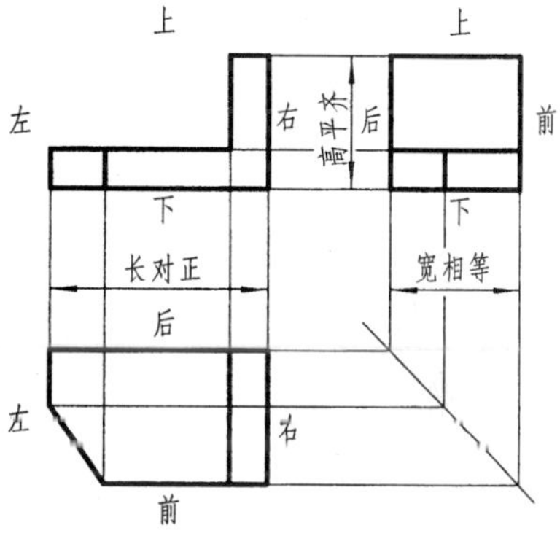

图 2－8　三视图

由此可知，三视图之间的相对位置是固定的，即：以主视图为准，俯视图在它的正下方，左视图在它的正右方，这时各视图的名称不需标注。

六、三视图之间的对应关系

1. 三视图的投影规律

从图 2－7 中可以看出，每一个视图只能反映出物体两个方向的尺度，即：

主视图——反映物体的长度（X）和高度（Z）；

俯视图——反映物体的长度（X）和宽度（Y）；

左视图——反映物体的高度（Z）和宽度（Y）。

从图 2－8 中可以得出三视图之间的投影规律（简称三等规律），即：

主、俯视图——长对正；

主、左视图——高平齐；

俯、左视图——宽相等。

应当指出，无论是整个物体或物体的局部，其三面投影都必须符合“长对正，高平齐，宽相等”的“三等”规律。

2. 三视图与物体的方位关系

物体在三投影面体系内的位置确定后，它的前后、左右和上下的位置关系也就在三视图上明确地反映出来，物体有左右、前后、上下六个方位。从三视图中可以看出，每一个视图只能反映物体的四个方位，即：

主视图——反映物体的上、下和左、右；

俯视图——反映物体的左、右和前、后；

左视图——反映物体的上、下和前、后。

画图与看图时，要特别注意俯视图和左视图的前、后对应关系，即：俯、左视图远离主视图的一边，表示物体的前面；靠近主视图的一边，表示物体的后面。

一般只有将三视图中任意两视图组合起来看，才能完全看清物体的上、下、左、右、前、后六个方位的相对位置。其中物体的前后位置在左视图中最容易弄错。左图中的左、右反映了物体的后面和前面，不要误认为是物体的左面和右面。

七、三视图的作图方法和步骤

根据物体（或轴测图）画三视图时，应先选好主视图的投射方向，然后摆正物体（使物体的主要表面尽量平行于投影面），再根据图纸幅面和视图的大小画出三视图的定位基准线。三视图的具体作图步骤如图 2-9 所示。

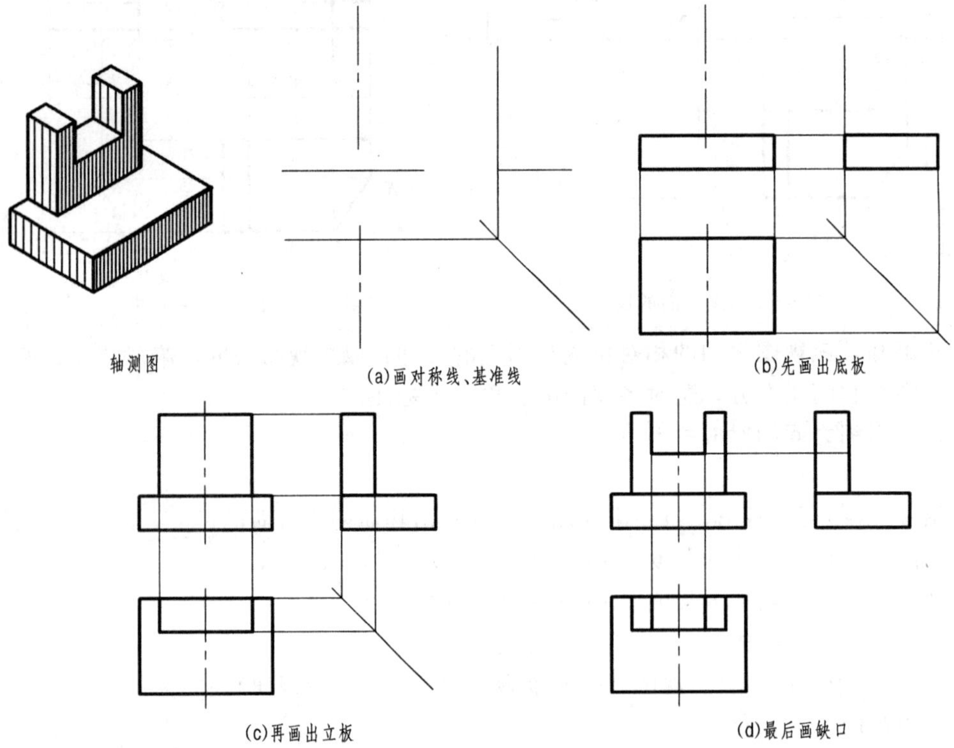

图 2-9　三视图的作图步骤

第二节　点　的　投　影

点、直线、平面是构成物体表面的最基本的几何要素。为了快速而正确地画出物体的三视图，必须首先掌握点的投影规律。

一、点的投影规律

如图 2－10 所示，将空间点 S 置于三个相互垂直的投影面体系中，分别作垂直于 V 面、H 面、W 面的投射线，得到点 S 的正面投影 s'、水平面投影 s 和侧面投影 s''。

规定：空间点用大写拉丁字母表示，如 A、B、C、…；水平面投影用相应的小写字母表示，如 a、b、c、…；正面投影用相应的小写字母加一撇表示，如 a'、b'、c'、…；侧面投影用相应的小写字母加两撇表示，如 a''、b''、c''、…。

如将投影面按箭头所指的方向摊平在一个平面上，便得到点 S 的三面投影。图中，s_X、s_Y、s_Z 分别为点的投影连线与投影轴 X、Y、Z 的交点。

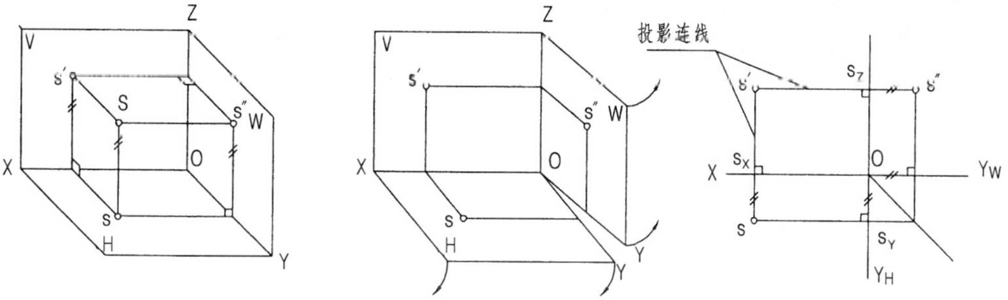

点的空间位置　　投影面的展开　　点的三面投影

图 2－10　点的投影规律

通过点的三面投影的形成过程，可总结出点的投影规律：

（1）点的两面投影的连线，必定垂直于相应的投影轴。即：

$ss' \perp X$ 轴，$s's'' \perp Z$ 轴，$ss_Y \perp Y$ 轴，$s''s_Y \perp Y$ 轴。

（2）点的投影到投影轴的距离，等于空间点到相应的投影面的距离，即：

$s's_X = s''s_Y =$ S 点到 H 面的距离 Ss；

$ss_X = s''s_Z =$ S 点到 V 面的距离 Ss'；

$ss_Y = s's_Z =$ S 点到 W 面的距离 Ss''。

二、点的投影与直角坐标的关系

三投影面体系可以看成是空间直角坐标系，即把投影面作为坐标面，投影轴作为坐标轴，三个轴的交点 O 即为坐标原点。

如图 2－11 所示，空间点 A 到三个投影面的距离就是空间点到坐标面的距离，也就是点 A 的三个坐标，即：点 A 的 X 坐标＝点 A 到 W 面的距离 Aa''；点 A 的 Y 坐标＝点 A 到 V 面的距离 Aa'；点 A 的 Z 坐标＝点 A 到 H 面的距离 Aa。

三、两点的相对位置

两点在空间的相对位置，可以由两点的坐标关系来确定。两点的左、右相对位置由 X

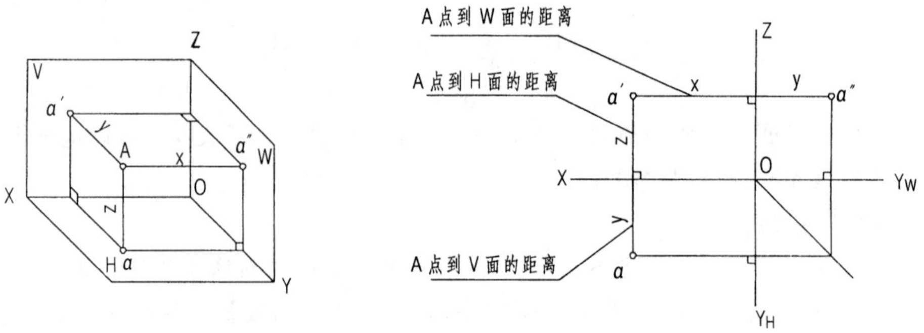

图 2－11 点的投影与坐标的关系

坐标确定，X 坐标值大者在左；两点的前、后相对位置由 Y 坐标确定，Y 坐标值大者在前；两点的上、下相对位置由 Z 坐标确定，Z 坐标值大者在上。

从图 2－12 中可以看出，由于 A 点的 X 坐标大于 B 点的 X 坐标，所以点 A 在点 B 的左方；B 点的 Y 坐标大于 A 点的 Y 坐标，故点 A 在点 B 的后方；B 点的 Z 坐标大于 A 点的 Z 坐标，故点 A 在点 B 的下方，即 A 点在 B 点左、后、下方。

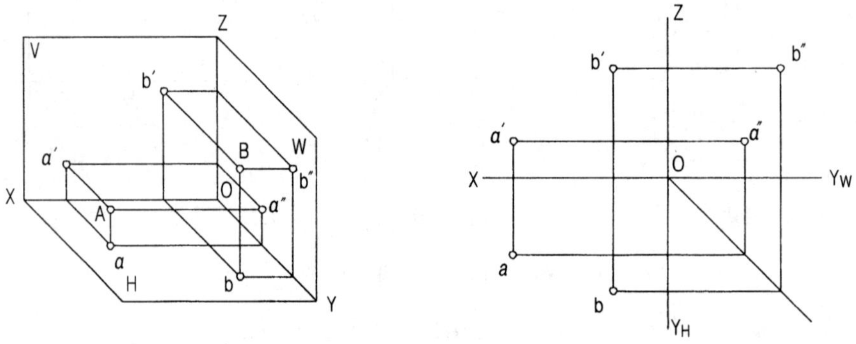

图 2－12 两点的相对位置

位于同一投射线上的两点，由于它们在与投射线垂直的投影面上的投影是重合的，所以叫做重影点。这种点有两对同名坐标相等。重影点的可见性，需根据两点不重影的投影的坐标来判别。即：

对 H 面的重影点从上向下观察，Z 坐标值大者可见；

对 V 面的重影点从前向后观察，Y 坐标值大者可见；

对 W 面的重影点从左向右观察，X 坐标值大者可见。

例如图 2－13 中，E、F 两点的 X、Z 坐标相同（EX＝FX，EZ＝FZ），即 E、F 两点处于对正面的同一条投射线上，E、F 两点的投影 e′、f′重合，但水平投影不重合，且 e 在前、f 在后，即 EY＞FY。所以对 V 面来说，E 可见，F 不可见。

注意：在投影图中，对不可见点的标记，需加圆括号表示。如图 2－13 中，F 点的 V 面投影，加圆括号表示为（f′）。

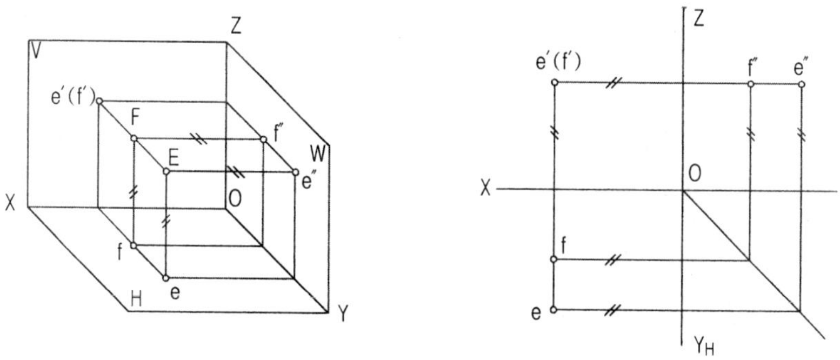

图 2-13 重影点和可见性判别

第三节 直线的投影

一、直线的三面投影

一般说来，直线的投影仍是直线。如图 2-14（a）中的直线 AB，它在 H 面上的投影为直线 ab。特殊情况下，直线 CD 垂直于投影面，直线的投影积聚为一点 c（d）。

求作直线的三面投影时，可分别作出直线的两端点的三面投影，然后将同一投影面上的投影（简称同面投影）用直线连接起来，即得直线的三面投影，如图 2-14 所示。

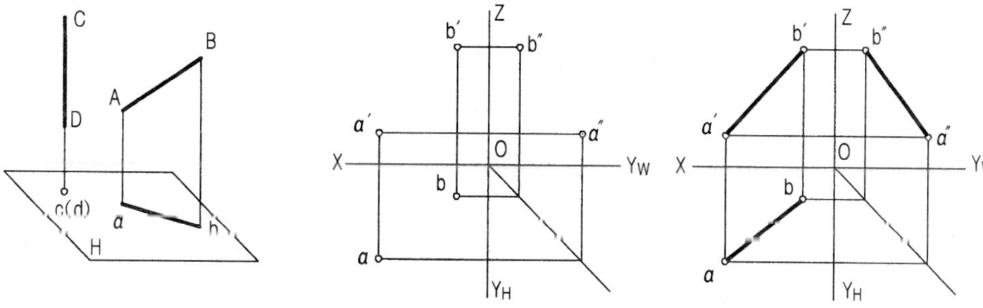

直线的投影　　作出直线两端点的投影　　连接端点即得(一般位置)直线的投影

图 2-14 直线的投影

二、属于直线的点

直线上点的投影有下列从属关系：如果一个点在直线上，则此点的各个投影必在该直线的同面投影上。反之，如果点的各个投影都在直线的同面投影上，则该点一定在该直线上。

如图 2-15 所示，点 K 在直线 AB 上，则 k 在 ab 上，k' 在 $a'b'$ 上，k'' 在 $a''b''$ 上。应指出：如果一点的三面投影中，有一面投影不在直线的同面投影上，则可判定该点必不在该直线上。

三、各种位置直线的投影特性

这里所说的直线位置，指的是直线与投影面之间的关系，共有三种情形，即平行、垂直或倾斜（既不平行也不垂直）。

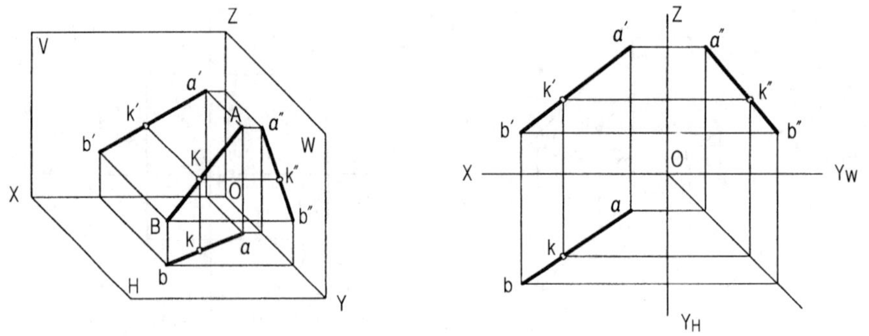

图 2-15 直线上点的投影

1. 投影面平行线

平行于一个投影面而与其他两个投影面倾斜的直线，称为投影面平行线，共有三种，即水平线（∥H 面）、正平线（∥V 面）、侧平线（∥W 面）。

各种投影面平行线的投影特性，列于表 2-1 中。

表 2-1　　投影面平行线的投影特性

名称	水平线（∥H，与 V、W 倾斜）	正平线（∥V、与 H、W 倾斜）	侧平线（∥W，与 H、V 倾斜）
轴测图	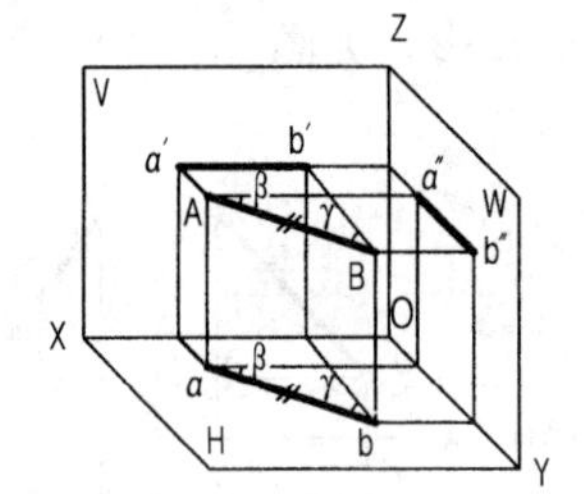	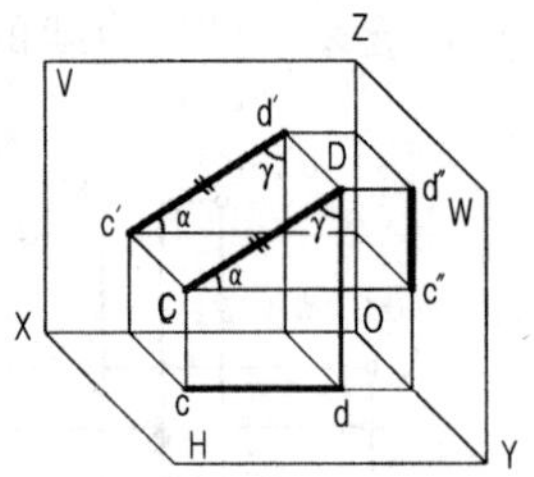	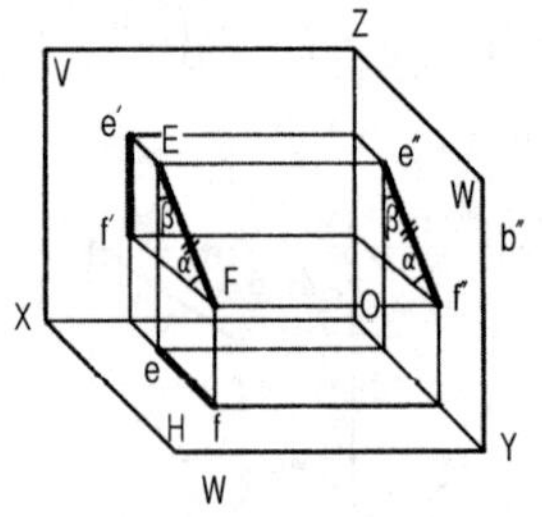
投影	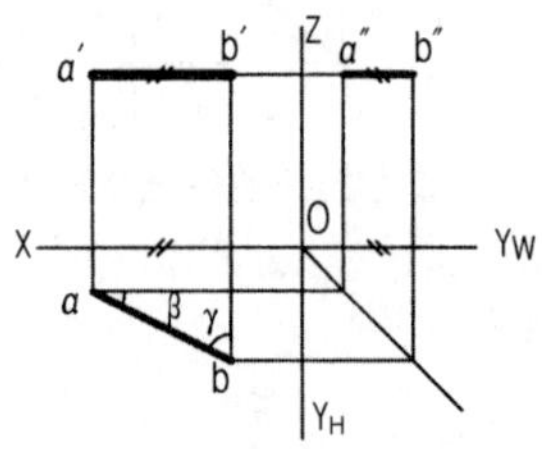	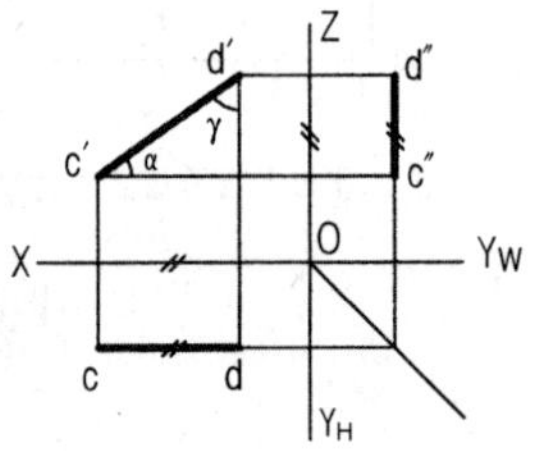	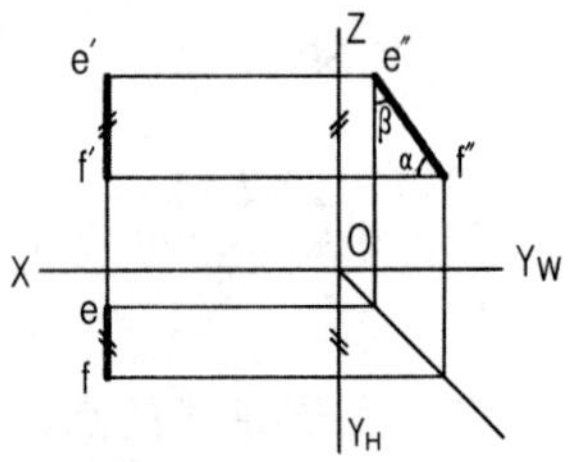
投影特性	（1）水平投影 ab 等于实长；（2）正面投影 a′b′∥OX，侧面投影 a″b″∥OY，且不反映实长；（3）ab 与 OX 和 OY 的夹角 β、γ 等于 AB 对 V、W 面的倾角	（1）正面投影 c′d′等于实长；（2）水平投影 cd∥OX，侧面投影 c″d″∥OZ，且不反映实长；（3）c′d′与 OX 和 OZ 的夹角 α、γ 等于 CD 对 H、W 的倾角	（1）侧面投影 e″f″等于实长；（2）水平投影 ef∥OY，正面投影 e′f′∥OZ，且不反映实长；（3）e″f″与 OY 和 OZ 的夹角 α、β 等于 EF 对 H、V 面的倾角
	（1）直线在所平行的投影面上的投影，均反映实长；（2）其他两面投影平行于相应的投影轴；（3）反映实长的投影与投影轴所夹的角度，等于空间直线对相应投影面的倾角		

2. 投影面垂直线

垂直于一个投影面的直线，称为投影面垂直线。按照所垂直的投影面不同，共有三种，即铅垂线（⊥H 面）、正垂线（⊥V 面）和侧垂线（⊥W 面）。

各种投影面垂直线的投影特性，列于表 2-2 中。

表 2-2　　投影面垂直线的投影特性

名称	铅垂线（⊥H）	正垂线（⊥V）	侧垂线（⊥W）
轴测图	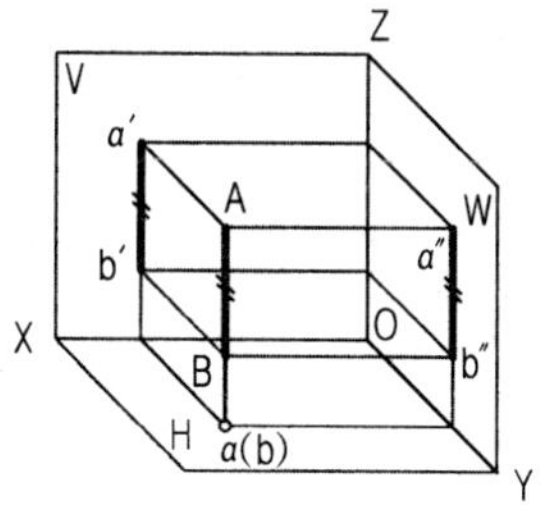	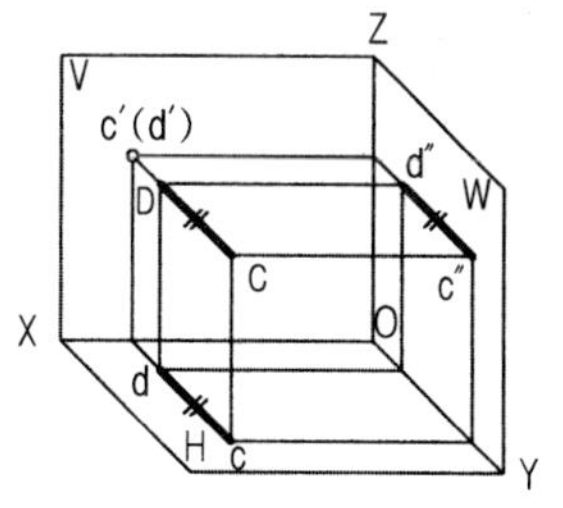	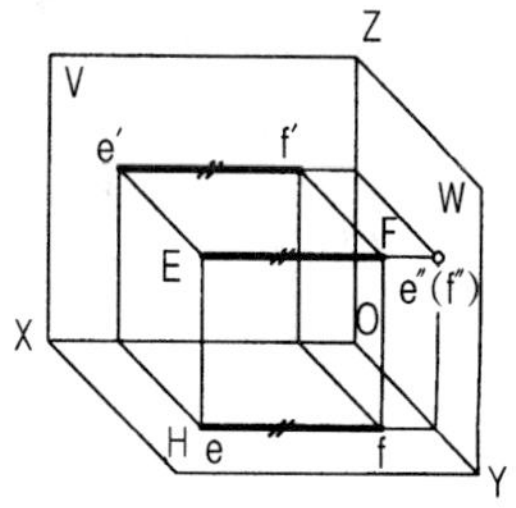
投影	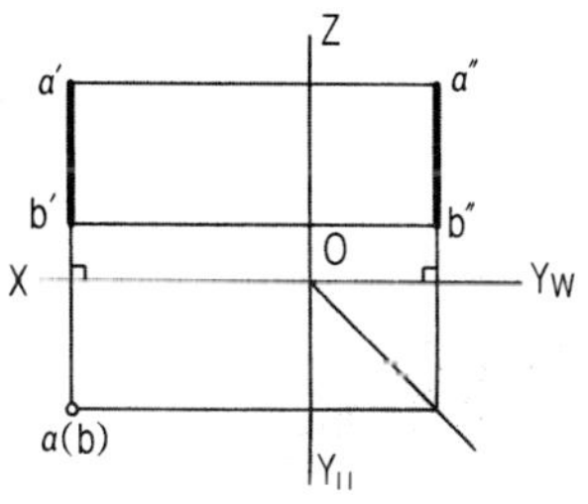	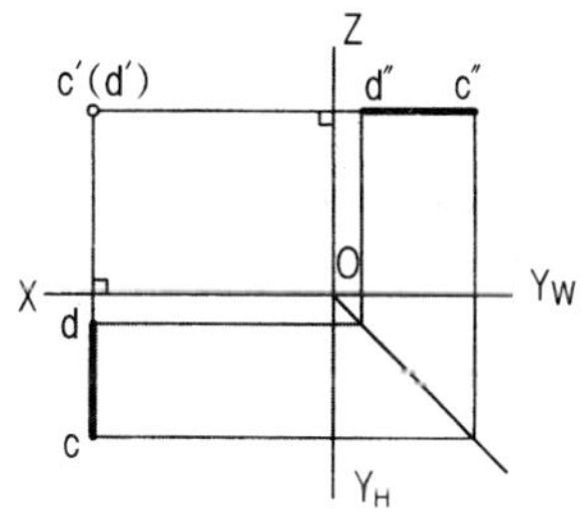	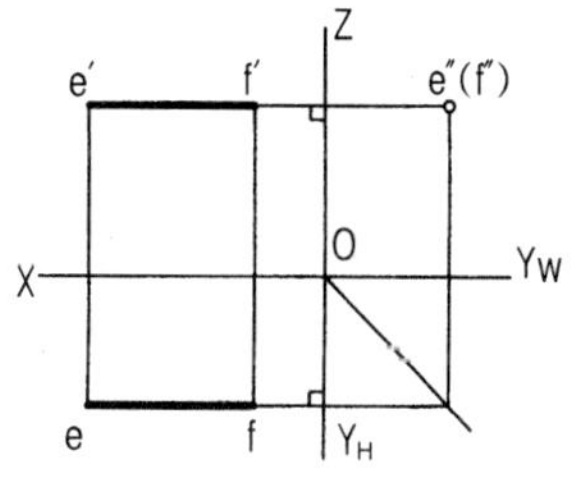
投影特性	（1）水平投影 a（b）积聚成点； （2）a′b′＝a″b″等于实长，且 a′b′⊥OX，a″b″⊥OY	（1）正面投影 c′（d′）积聚成点； （2）cd＝c″d″等于实长，且 cd⊥OX，c″d″⊥OZ	（1）侧面投影 e″（f″）积聚成点； （2）ef＝e′f′等于实长，且 ef⊥OY，e′f′⊥OZ
	（1）直线在所垂直的投影面上的投影，积聚成一点； （2）其他两面投影反映该直线的实长，且分别垂直于相应的投影轴		

3. 一般位置直线

对三个投影面都倾斜的直线，称为一般位置直线，如图 2-16（a）所示，直线 AB 与 H、V、W 面都处于倾斜位置，倾角分别为 α、β、γ。其投影如图 2-16（b）所示。

一般位置直线的投影特性为：

（1）直线的三个投影和投影轴都倾斜，各投影和投影轴所夹的角度不等于空间线段对相应投影面的倾角。

（2）三面投影长度均小于该线的实长。与三个投影面都处于倾斜位置的直线称为一般位置直线。

一般位置直线的投影不反映空间线段的真实长度，也不反映它与各投影面所成夹角的真实大小。但是如果有了空间线段的两个投影，这一线段的空间位置就完全确定了，我们就可以根据这两个投影通过图解法求出线段的实长及其对投影面的倾角。常用的方法是直角三角形法。

图 2-17 表示用直角三角形法求一般位置线段的实长及其对投影面的倾角的原理。AB 为一般位置直线，过端点 A 作直线平行其水平投影 ab 并交 Bb 于 C，得直角

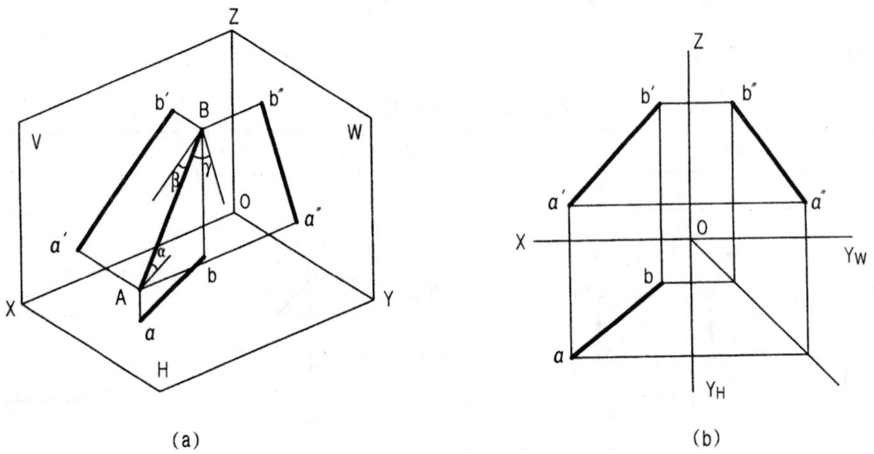

图 2-16　一般位置直线

三角形 ABC。在直角三角形 ABC 中，斜边 AB 就是线段本身，底边 AC 等于线段 AB 的水平投影 ab，对边 BC 等于线段 AB 的两端点到 H 面的距离差（Z 坐标差），也即等于 a′ b′ 两端点到投影轴 OX 的距离差，而 AB 与底边 AC 的夹角即为线段 AB 对 H 面的倾角 α。

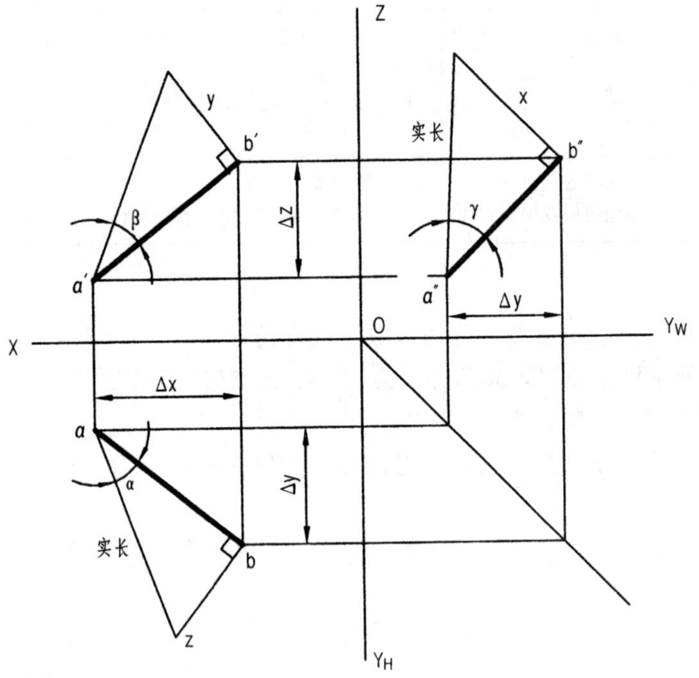

图 2-17　直角三角形法

根据上述分析，只要用一般位置直线在某一投影面上的投影作为直角三角形的底边，用直线的两端点到该投影面的距离差为另一直角边，作出一直角三角形。此直角三角形的斜边就是空间线段的真实长度，而斜边与底边的夹角就是空间线段对该投影面的倾角。这就是直角三角形法。

作图方法与步骤如图 2－18 所示，用线段的任一投影为底边均可用直角三角形法求出空间线段的实长，其长度是相同的，但所得倾角不同。

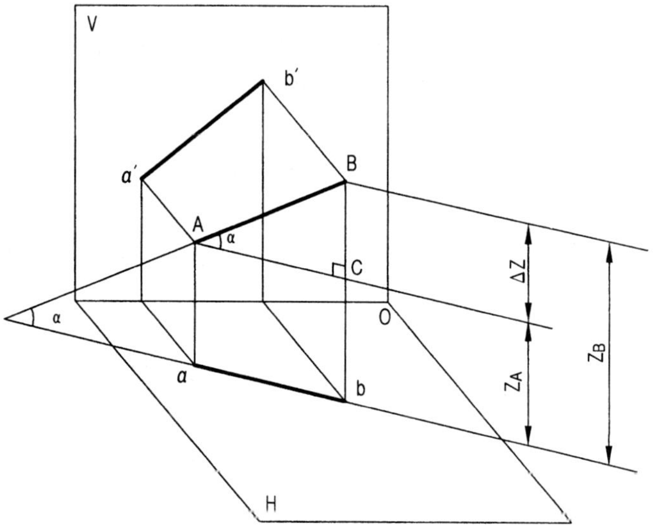

图 2－18　用直角三角形法求线段实长及其与投影面的倾角的原理

在直角三角形法中，直角三角形包含四个因素：投影长、坐标差、实长、倾角。只要知道两个因素，就可以将其余两个求出来。

【例 2－1】　如图 2－19（a）所示，已知直线 AB 的实长 $L=15$mm，及直线 AB 的水平投影 ab 和点 A 的正面投影 a′，试用直角三角形法求出直线 AB 的正面投影 a′b′。

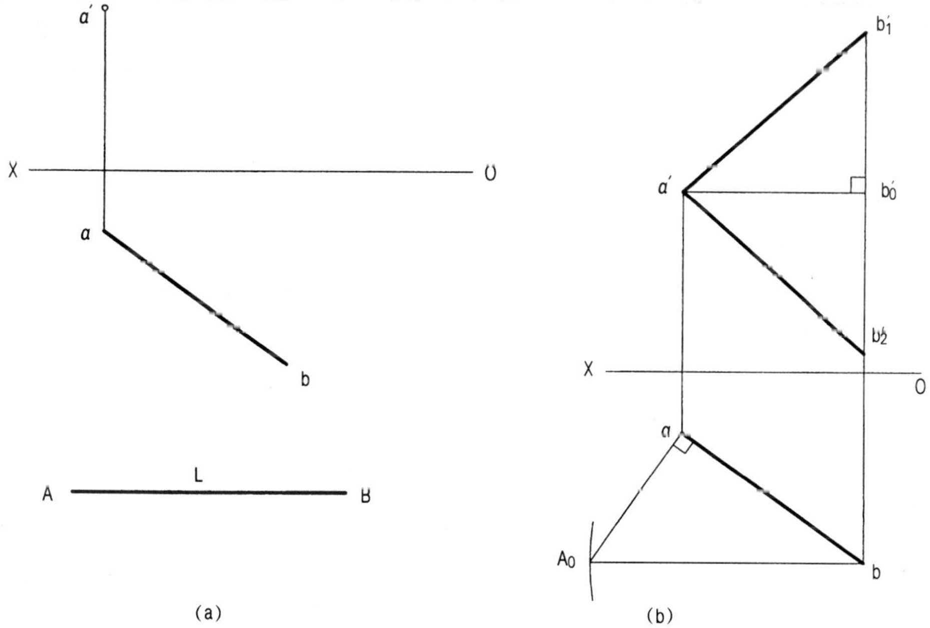

图 2－19　直角三角形法应用示例

分析：用直线 AB 的实长 L 和直线 AB 的水平投影 ab 可以作出直角三角形△abA_0，从而得到 A、B 两点与 H 面的距离差，由距离差即可确定出 b' 的位置，作 a'、b' 连线就是直线 AB 的正面投影。

作图方法与步骤如图 2－19（b）所示：

（1）在 H 面中，自 a 点作直线垂直于 ab，以 b 点为圆心，以直线 AB 的实长 L 为半径作弧与 ab 的垂线交于 A_0，连 bA_0 得直角三角形△abA_0，该直角三角形中的直角边 aA_0 即为 A、B 两点距 H 面的距离差。

（2）过 b 作垂直 OX 轴的投影连线；过 a' 作 OX 轴的平行线，两线相交于 b_0'。由 b_0' 可向上或向下量取 $b_0'b_1'$ 或 $b_0'b_2'$，使之都等于 aA_0，得到 b_1'、b_2' 两点。

（3）连 $a'b_1'$ 和 $a'b_2'$，则 $a'b_1'$ 和 $a'b_2'$ 均可为直线 AB 的正面投影，表明该题有两个解。

第四节 平 面 的 投 影

一、平面的表示法

不属于同一直线的三点可确定一平面。因此平面可以用下列任何一组几何要素的投影来表示，如图 2－20 所示。在投影中，常用平面图形来表示空间的平面。

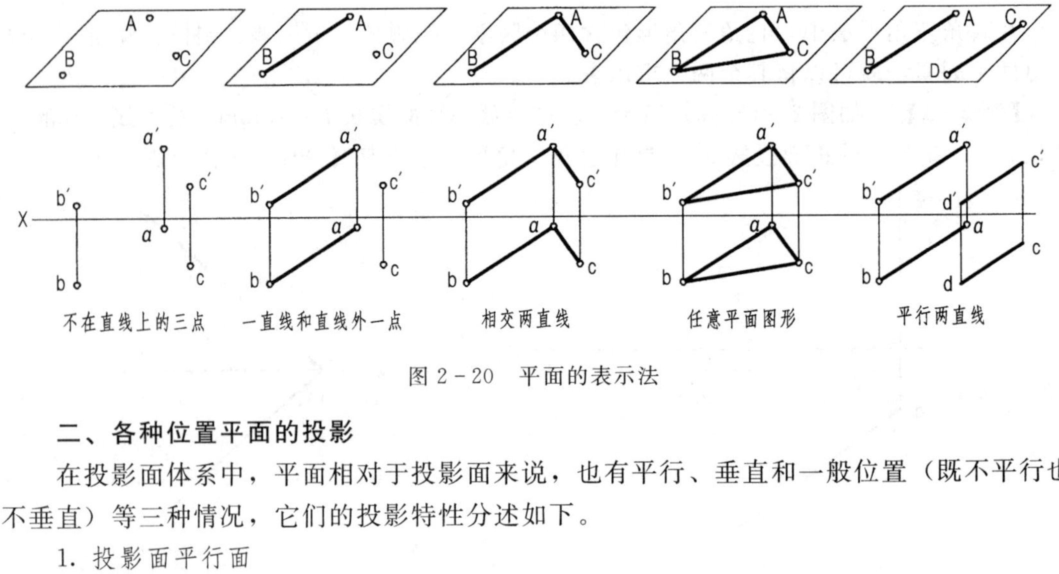

图 2－20 平面的表示法

二、各种位置平面的投影

在投影面体系中，平面相对于投影面来说，也有平行、垂直和一般位置（既不平行也不垂直）等三种情况，它们的投影特性分述如下。

1. 投影面平行面

平行于一个投影面的平面，称为投影面平行面。平行于 H 面的平面，称为水平面；平行于 V 面的平面，称为正平面；平行于 W 面的平面，称为侧平面。

各种投影面平行面的图例及投影特性，列于表 2－3 中。

2. 投影面垂直面

垂直于一个投影面，与其他两个投影面倾斜的平面，称为投影面垂直面。垂直于 H 面的平面，称为铅垂面；垂直于 V 面的平面，称为正垂面；垂直于 W 面的平面，称为侧垂面。

表 2-3　　投影面平行面的投影特性

名称	水平面（//H）	正平面（//V）	侧平面（//W）
轴测图	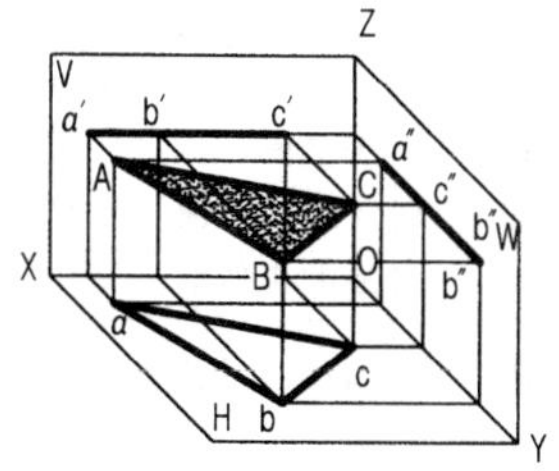	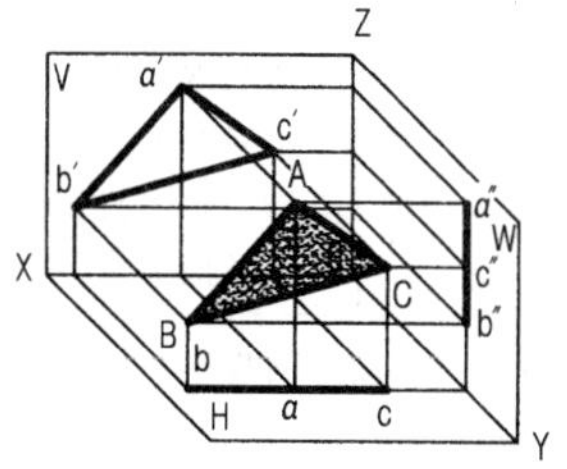	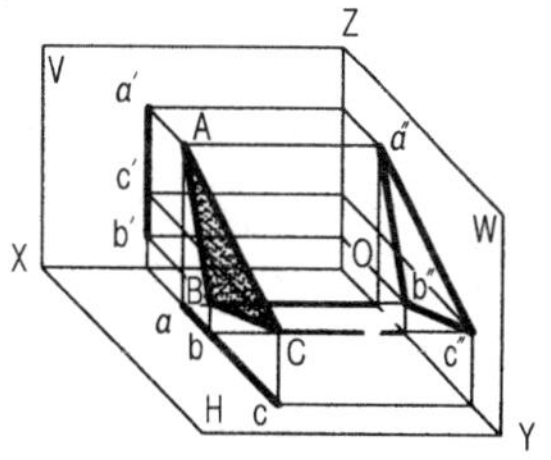
投影	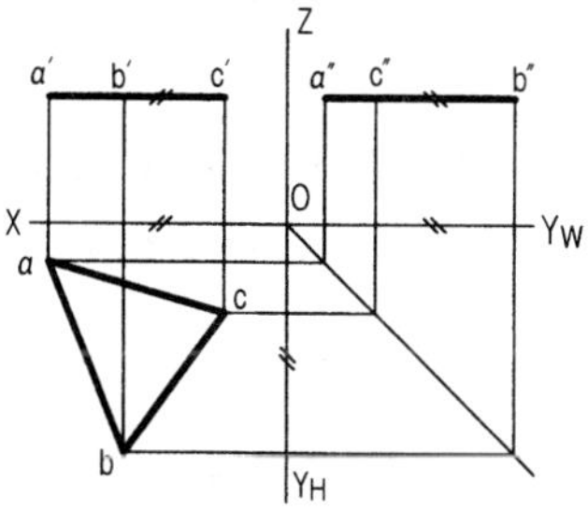	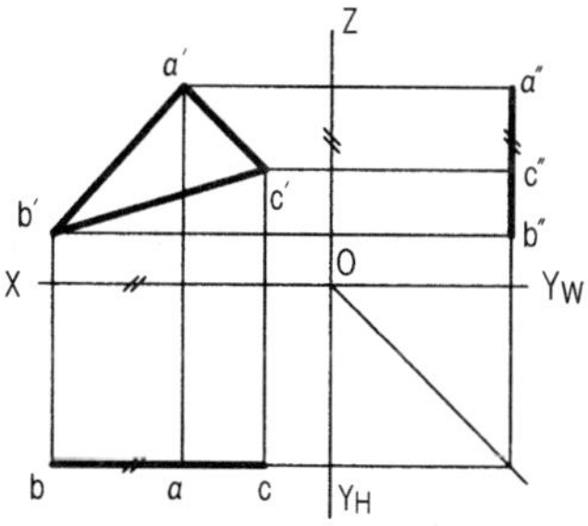	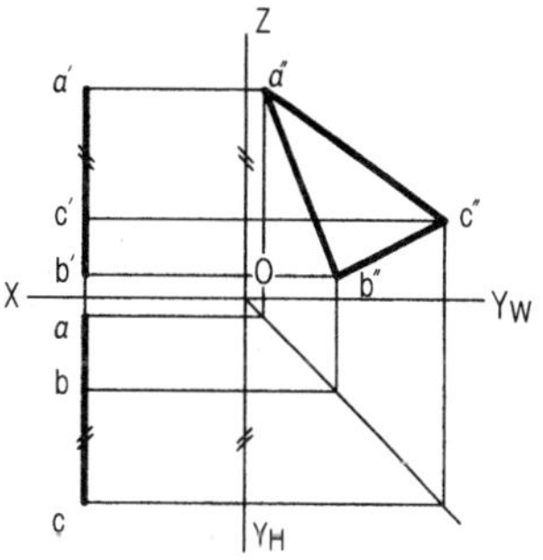
投影特性	（1）水平投影反映实形； （2）正面投影积聚成直线，且平行于 OX 轴；侧面投影积聚成直线，且平行于 OY 轴	（1）正面投影反映实形； （2）水平投影积聚成直线，且平行于 OX 轴；侧面投影积聚成直线，且平行于 OZ 轴	（1）侧面投影反映实形； （2）水平投影积聚成直线，且平行于 OY 轴；正面投影积聚成直线，且平行于 OZ 轴
	（1）平面图形在所平行的投影面上的投影反映实形； （2）其他两面投影积聚成直线，且平行于相应的投影轴		

各种投影面垂直面的图例及投影特性，列于表 2-4 中。

表 2-4　　投影面垂直面的投影特性

名称	铅垂面（⊥H，与 V、W 倾斜）	正垂面（⊥V，与 H、W 倾斜）	侧垂面（⊥W，与 V、H 倾斜）
轴测图	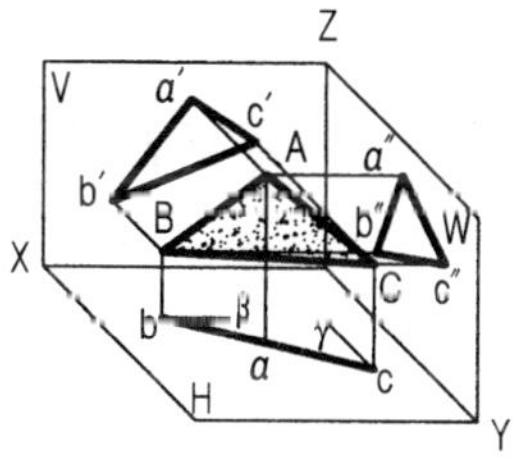	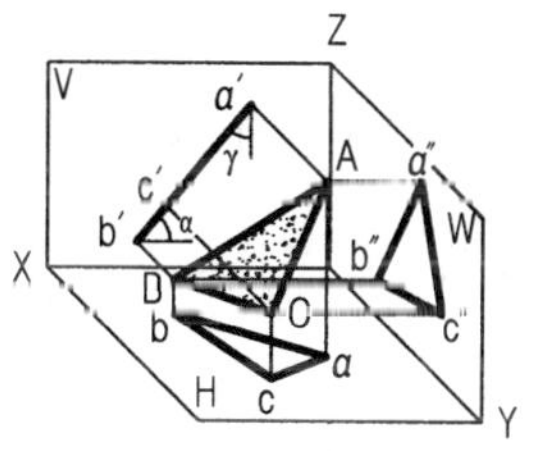	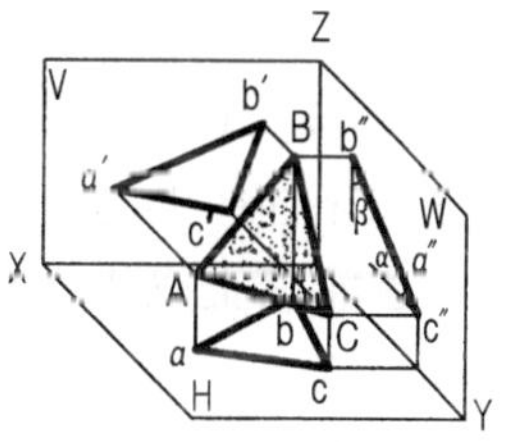
投影	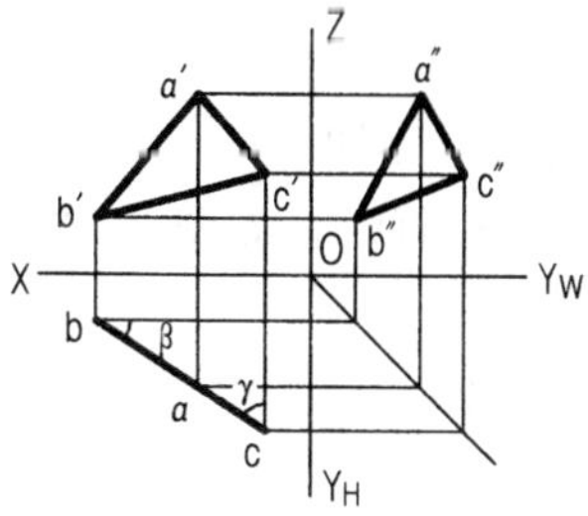	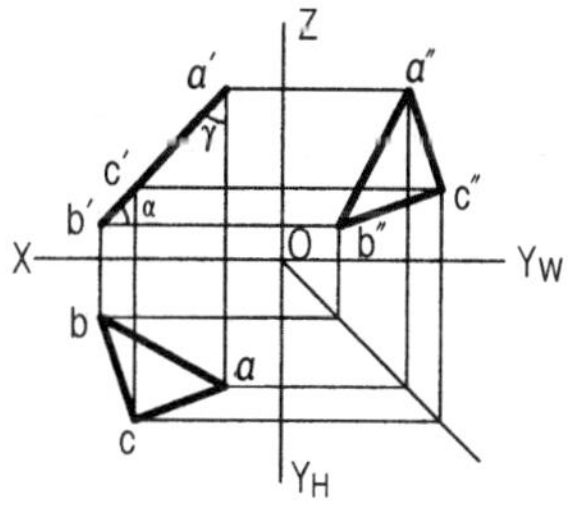	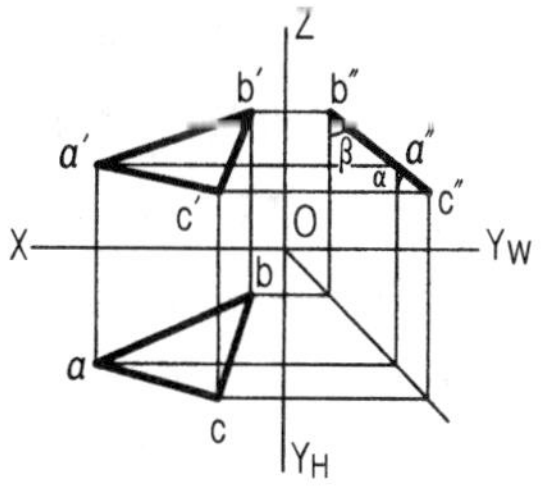

续表

名称	铅垂面（⊥H，与 V、W 倾斜）	正垂面（⊥V，与 H、W 倾斜）	侧垂面（⊥W，与 V、H 倾斜）
投影特性	（1）水平投影积聚成直线，该直线与 X、Y 轴的夹角 β、γ，等于平面对 V、W 面的倾角； （2）正面投影和侧面投影为原形的类似形	（1）正面投影积聚成直线，该直线与 X、Z 轴的夹角 α、γ，等于平面对 H、W 面的倾角； （2）水平投影和侧面投影为原形的类似形	（1）侧面投影积聚成直线，该直线与 Y、Z 轴的夹角 α、β，等于平面对 H、V 面的倾角； （2）正面投影和水平投影为原形的类似形
	（1）平面图形在所垂直的投影面上的投影，积聚成与投影轴倾斜的直线，该直线与投影轴的夹角等于平面对相应投影面的倾角； （2）其他两面投影均为原形的类似形		

3．一般位置平面

对三个投影面都倾斜的平面，称为一般位置平面。如图 2－21 所示，正三棱锥的左侧面与三个投影面均倾斜，是一般位置平面。△SAB 的水平投影 sab、正面投影 s′a′b′、侧面投影 s″a″b″均为三角形。

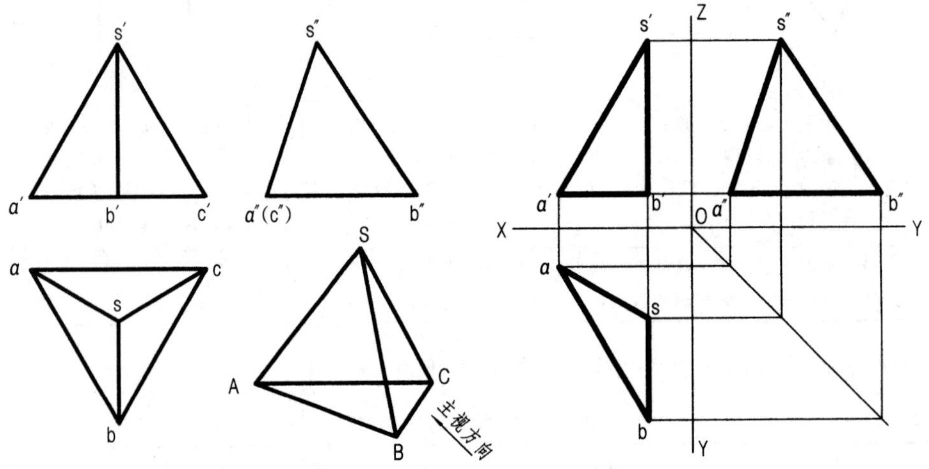

图 2－21　一般位置平面的投影

从图 2－21 中可以看出，一般位置平面的投影特性为：一般位置平面的三面投影，都是小于原平面图形的类似形。

三、平面上直线和点的投影

1．平面上的直线

在平面上取直线的几何条件有两条：

（1）一直线经过平面上的两点。

（2）一直线经过平面上的一点，且平行于平面上的另一已知直线。

【例 2－2】　已知平面△ABC，试作出该平面上的任一直线，如图 2－22 所示。

作法一　过 a′点作任一直线，得点 m′，求出 m，连接 a、m 即为所求。

作法二　在直线 a′b′上任取一点 m′，过 m′点作直线 b′、c′的平行线；求出 m，过 m 点作直线 b、c 的平行线，直线 MN 的投影即为所求。

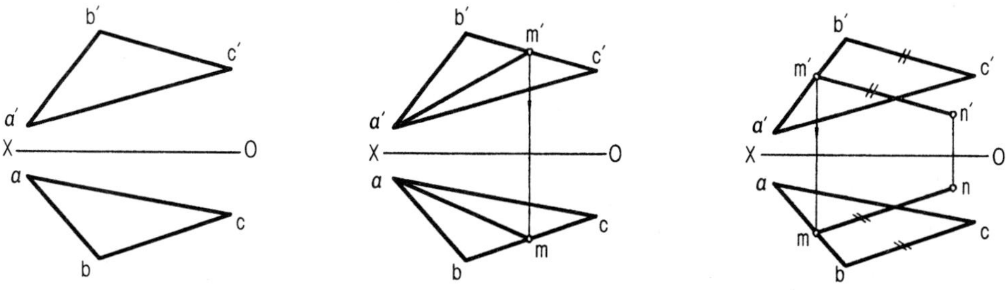

题目：作平面上的任一直线　　作法一：过平面上的两点　　作法二：过平面上一点且平行于另一直线

图 2－22　在平面上取直线

2. 平面上的点

在平面上取点的几何条件是：若点在直线上、直线在平面上，则点一定在该平面上。因此，在平面上取点时，应先在平面上取直线，再在该直线上取点。

【例 2－3】　已知△ABC 上点 E 的正面投影 e′和点 F 的水平面投影 f，求作它们的另一面投影，如图 2－23 所示。

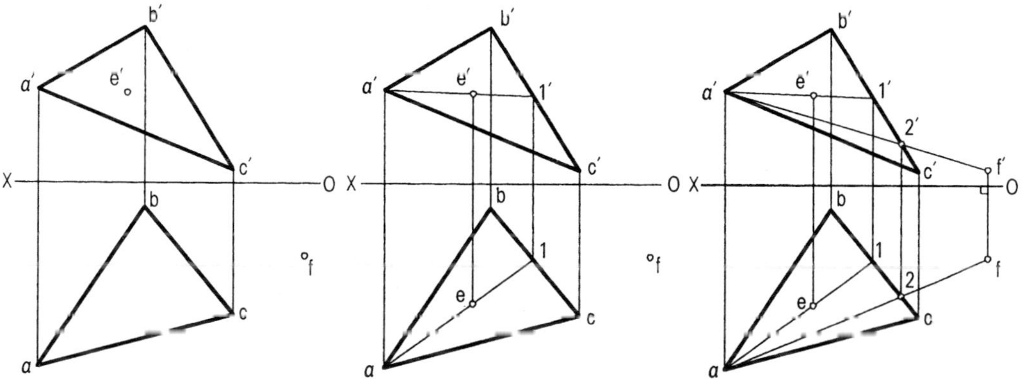

已知条件　　求出 E 点的水平投影　　求出 F 点的正面投影

图 2－23　在平面上取点

作图步骤如下：

（1）过 a′、e′作一条辅助直线，得 1′点；求出 1′的水平面投影 1，连接 a、1；过 e′作 OX 轴的垂线与 a1 相交，交点 e 即为点 E 的水平面投影。

（2）连接 a、f 作辅助直线，得 2 点，求出 2 点的正面投影 2′；过 f 作 OX 轴的垂线与 a′2′的延长线相交，交点即为点 F 的正面投影 f′。

复习·思考·检测（单选）

1. 三视图是（　　）。

（A）中心投影　　（B）斜投影　　（C）单面正投影　　（D）多面正投影

2. 当直线、平面与投影面平行时，其在该投影面上的投影具有（　　）。

(A) 积聚性 (B) 真实性 (C) 类似性 (D) 收缩性

3. 三面投影展开时，规定 H 面展平的方向是（ ）。

(A) H 面保持不动 (B) H 面绕 Y 轴向下转 90°

(C) H 面绕 Z 轴向右转 90° (D) H 面绕 X 轴向下转 90°

4. 物体左视图的投影方向是（ ）。

(A) 由前向后 (B) 由左向右 (C) 由右向左 (D) 由后向前

5. 左视图反映了物体的什么方位（ ）。

(A) 上下 (B) 上下左右 (C) 上下前后 (D) 前后左右

6. 能反映出物体左右前后方位的视图是（ ）。

(A) 左视图 (B) 俯视图 (C) 主视图 (D) 后视图

7. 三视图中“宽相等”是指哪两个视图之间的关系（ ）。

(A) 左视图与俯视图 (B) 主视图和左视图

(C) 主视图和俯视图 (D) 主视图和侧视图

8. 点 S 的 x 坐标，反映了 S 点到（ ）。

(A) H 面的距离 (B) V 面的距离 (C) W 面的距离 (D) 原点 O 的距离

9. 绘制空间点 A 的投影时，V 面投影和 H 面投影相等的坐标是（ ）。

(A) x (B) y (C) z (D) x 和 y

10. 点 A 的 z 坐标为 0，其空间位置在（ ）。

(A) 原点处 (B) Z 轴上 (C) V 面上 (D) H 面上

11. A 点和 B 点到 V、H 面的距离对应相等，这两点为（ ）。

(A) H 面的重影点 (B) V 面的重影点

(C) W 面的重影点 (D) H 面和 W 面的重影点

12. 下列几组点中，在 W 面上为重影点，且 A 点可见的一组点是（ ）。

(A) A（5，10，8），B（10，10，8） (B) A（10，10，8），B（10，10，5）

(C) A（10，30，5），B（5，30，5） (D) A（10，30，8），B（10，20，8）

13. 已知 a′b′//ox，ab 倾斜于 ox，则 AB 直线为（ ）。

(A) 水平线 (B) 正平线 (C) 侧垂线 (D) 一般位置线

14. 已知 c′d′//ox，cd//ox，则 CD 直线为（ ）。

(A) 水平线 (B) 正平线 (C) 侧垂线 (D) 一般位置线

15. 正平线的投影特性是（ ）。

(A) 正面投影反映实长，水平投影平行 Ox 轴，侧面投影平行 Oz 轴

(B) 水平投影反映实长，正面投影平行 Ox 轴，侧面投影平行 Oy 轴

(C) 侧面投影反映实长，水平投影平行 Oy 轴，正面投影平等 Oz 轴

(D) 下面投影反映实长，水平投影平行 Oy 轴，侧面投影平行 Oz 轴

16. 一线正面投影积聚成一点，水平投影和侧面投影等于实长，则该线为（ ）。

(A) 正垂线 (B) 铅垂线 (C) 侧垂线 (D) 正平线

17. 一条正平线与一条一般位置直线垂直，这两直线投影互相垂直的是（ ）。

(A) V 面投影 (B) H 面投影 (C) V、H 面投影 (D) V、H 面投影

18. 正面投影反映实形，其他两投影积聚成直线，且平行于相应投影轴，则该平面为（　　）。

（A）水平面　　（B）正平面　　（C）侧平面　　（D）一般位置平面

19. 正垂面在三投影面体系中，类似性投影在（　　）。

（A）V、H 面上　　（B）V、W 面上

（C）W、H 面上　　（D）V、H、W 面上

20. 在一般位置平面 P 内取一直线 AB，若 a′b′//ox 轴，则 AB 直线是（　　）。

（A）水平线　　（B）侧平线　　（C）正平线　　（D）侧垂线

第三章　基本体及其表面交线

【内容提要】

本章主要介绍基本体及其三视图的画法与识读；基本体表面上点的投影；平面立体截交线的性质与画法，曲面立体截交线的性质与画法，两曲面立体相贯线的性质与画法。

【目标要求】

（1）掌握基本体三视图的画法与识读。

（2）掌握基本体表面上点的投影画法。

（3）掌握平面立体截交线的性质与画法。

（4）掌握曲面立体截交线的性质与画法。

（5）掌握两曲面立体相贯线的性质与画法。

立体可分为平面立体和曲面立体两类。如果立体表面全部由平面所围成，则称为平面立体，最基本的平面立体有棱柱和棱锥等。如果立体表面全部由曲面或曲面和平面所围成，则称为曲面立体，最基本的曲面立体有圆柱、圆锥、圆球等。工程制图中，通常将棱柱、棱锥、圆柱、圆锥、圆球、圆环等简单立体称为基本几何体，简称基本体。

第一节　基本体的投影

一、平面立体的投影及表面取点

在投影图上表示平面立体就是把组成立体的平面表示出来。围成平面立体的各个平面都是多边形，而多边形都是由直线段组成的，直线段又都是由两个端点所确定。因此，画平面立体的投影就可以归结为画多边形的边和各个端点的投影。

1. 棱柱

（1）三棱柱的三视图。图 3－1 表示一个正三棱柱的投影。它的顶面和底面为水平面，三个矩形侧面中，后面是正平面，左右两面为铅垂面，三条侧棱为铅垂线。

画三棱柱的三视图时，先画顶面和底面的投影：在水平面投影中，它们均反映实形（三角形）且重影；其正面和侧面投影都有积聚性，分别为平行于 X 轴和 Y 轴的直线；三条侧棱的水平面投影都有积聚性，为三角形的三个顶点，它们的正面和侧面投影，均平行于 Z 轴且反映了棱柱的高。画完这些面和棱线的投影，即得该三棱柱的三视图。

（2）棱柱表面上的点。求体表面上点的投影，应依据在平面上取点的方法作图。但需判别点的投影的可见性：若点所在表面的投影可见，则点的同面投影也可见；反之为不可见。

注意：对不可见的点的投影，需加圆括号表示。

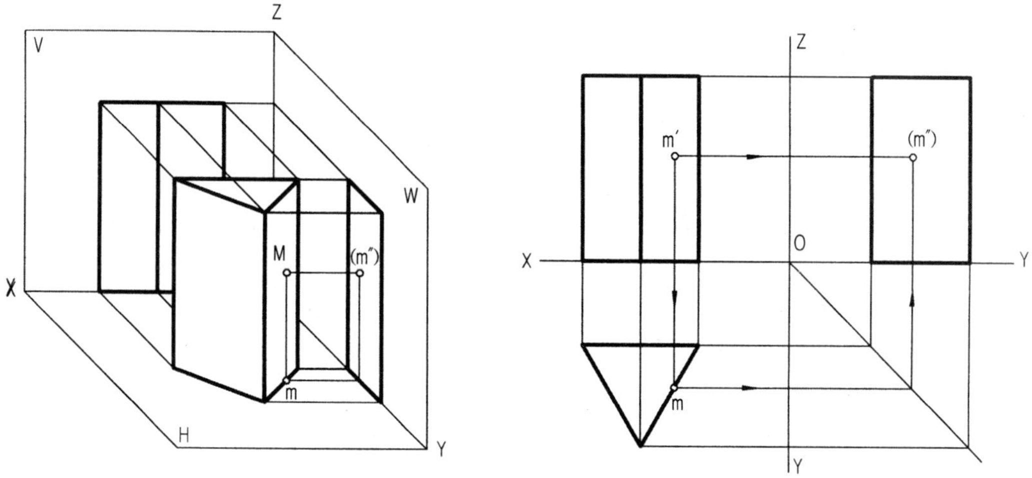

图 3－1　正三棱柱的三视图及其表面上点的求法

如图 3－1 所示，已知三棱柱上一点 M 的正面投影 m′，求 m 和 m″的方法是：按 m′的位置和可见性，可判定点 M 在三棱柱的右侧棱面上。因点 M 所在平面为铅垂面，因此，其水平面投影 m 必落在该平面有积聚性的水平面投影上。根据 m′和 m 即可求出侧面投影 m″。由于点 M 在三棱柱的右侧面上，该棱面的侧面投影不可见，故 m″不可见。

2. 棱锥

（1）棱锥的三视图。图 3－2 表示正三棱锥的投影。它由底面△ABC 和三个棱面△SAB、△SBC 和△SAC 所组成。底面为水平面，其水平面投影反映实形，正面和侧面投影积聚成直线。棱面△SAC 为侧垂面，侧面投影积聚成直线，水平面投影和正面投影都是类似形。棱面△SAB 和△SBC 为一般位置平面，其三面投影均为类似形。棱线 SB 为侧平线，棱线 SA、SC 为一般位置直线，棱线 AC 为侧垂线，棱线 AB、AC 为水平线。它们的投影特性读者可自行分析。

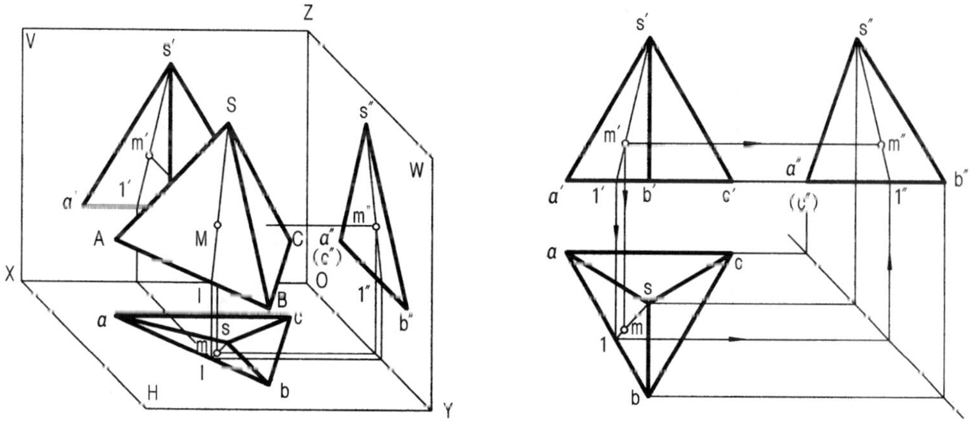

图 3－2　正三棱锥的三视图及其表面上点的求法

画正三棱锥的三视图时，先画出底面△ABC 的各面投影，再画出锥顶 S 的各面投影，连接各顶点的同面投影，即为正三棱锥的三视图。

注意：正三棱锥的左视图并不是等腰三角形。

（2）棱锥表面上的点。正三棱锥的表面有特殊位置平面，也有一般位置平面。特殊位置平面上点的投影，可利用该平面投影的积聚性直接作图；一般位置平面上点的投影，可通过在平面上作辅助线的方法求得。

如图 3－2 所示，已知棱面△SAB 上点 M 的正面投影 m′，试求点 M 的其他两面投影。

棱面△SAB 是一般位置平面，需过锥顶 S 及点 M 作一辅助线 SI（即过 m′作 s′1′，其水平面投影为 s1），然后根据点在直线上的投影特性，求出其水平面投影 m，再由 m′、m 求出 m″。若过点 M 作一水平辅助线，同样可求得点 M 的其他两面投影。

二、曲面立体的投影及表面取点

工程中常见的曲面立体是回转体。曲面立体的曲面是由一条母线（直线或曲线）绕定轴回转而形成的。常见的曲面立体有圆柱、圆锥、圆球等。在投影图上表示曲面立体就是把围成立体的回转面或平面与回转面表示出来。

1. 圆柱

（1）圆柱面的形成。如图 3－3（a）所示，圆柱面可看作一条直线 AB 围绕与它平行的轴线 OO 回转而成。OO 称为轴线，直线 AB 称为母线，母线转至任一位置时称为素线。这种由一条母线绕轴线回转而形成的表面称为回转面；由回转面构成的立体称为回转体。

（2）圆柱的三视图。由图 3－3（b）可以看出，圆柱的主视图为一个矩形线框。其中左右两轮廓线是两组由投射线组成（和圆柱面相切）的平面与 V 面的交线。这两条交线也正是圆柱面上最左、最右素线的投影，它们把圆柱面分为前后两部分，其投影前半部分可见，后半部分不可见，而这两条素线是可见与不可见的分界线。最左、最右素线的侧面投影和轴线的侧面投影重合（不需画出其投影），水平投影在横向中心线和圆周的交点处。矩形线框的上、下两边分别为圆柱顶面、底面的积聚性投影。

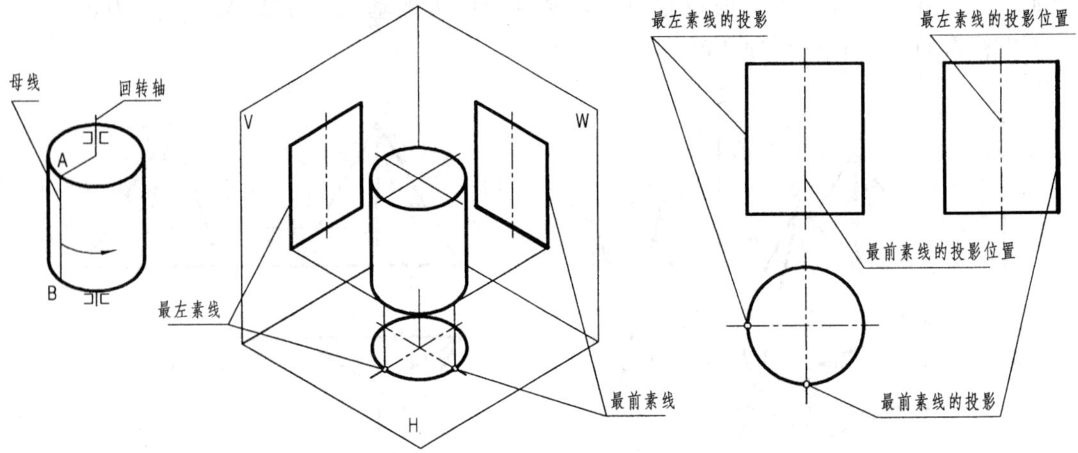

图 3－3　圆柱的形成、视图及其分析

图 3－3（c）为圆柱的三视图。俯视图为一圆线框。由于圆柱轴线是铅垂线，圆柱表面所有素线都是铅垂线，因此，圆柱面的水平投影积聚成一个圆。同时，圆柱顶面、底面的投影（反映实形），也与该圆相重合。画圆柱的三视图时，一般先画投影具有积聚性的

圆，再根据投影规律和圆柱的高度完成其他两视图。

（3）圆柱表面上的点。如图 3－4 所示，已知圆柱面上点 M 的正面投影 m′，求另两面投影 m 和 m″。根据给定的 m′的位置，可判定点 M 在前半圆柱面的左半部分；因圆柱面的水平投影有积聚性，故 m 必在前半圆周的左部，m″可根据 m′和 m 求得。又知圆柱面上点 N 的侧面投影 n″，其他两面投影 n 和 n′的求法和可见性，请读者自行分析。

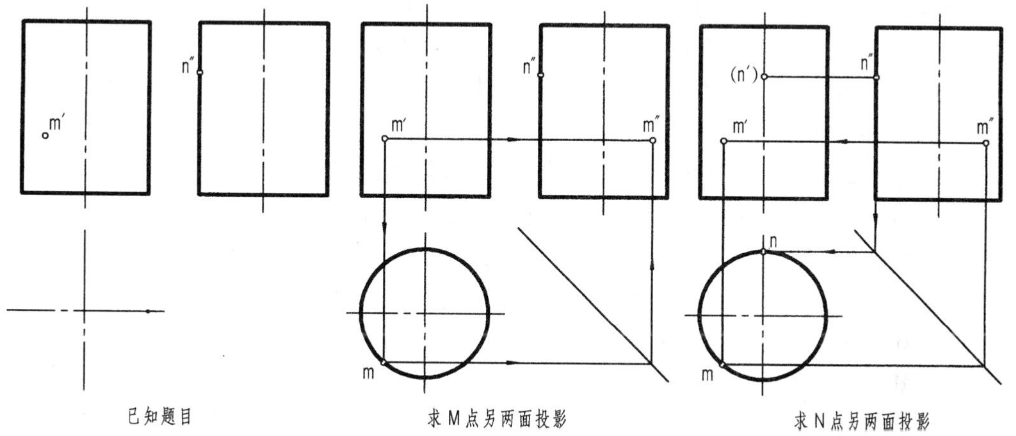

图 3－4　圆柱表面上点的求法

2. 圆锥

（1）圆锥面的形成。圆锥面可看作由一条直母线 SA 围绕和它相交的轴线回转而成，如图 3－5（a）所示。

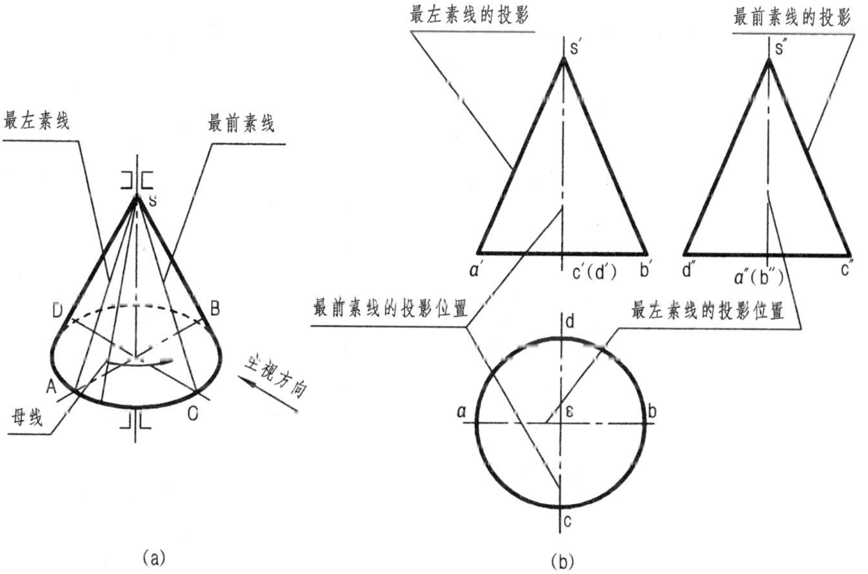

图 3－5　圆锥的形成、视图及其分析

（2）圆锥的三视图。图 3－5（b）为圆锥的三视图。俯视图的圆形，反映圆锥底面的实形，同时也表示圆锥面的投影。俯视图的圆形，反映圆锥底面的实形，同时也表示圆锥面的投影。主、左视图的等腰三角形线框，其下边为圆锥底面的积聚性投影。主视图中三角形的左、右两边，分别表示圆锥面最左素线 SA 和最右素线 SB（反映实长）的投影，它们是圆锥面正面投影可见与不可见部分的分界线；左视图中三角形的两边，分别表示圆锥面最前、最后素线 SC、SD 的投影（反映实长），它们是圆锥面侧面投影可见与不可见部分的分界线。画圆锥的三视图时，先画出圆锥底面的各个投影，再画出锥顶点的投影，然后分别画出特殊位置素线的投影，即完成圆锥的三视图。

（3）圆锥表面上的点。如图 3-6 所示，已知圆锥面上的点 M 的正面投影 m′，求 m 和 m″。根据 M 的位置和可见性，可判定点 M 在前、左圆锥面上，点 M 的三面投影均可见。作图可采用如下两种方法：

1）辅助素线法。过锥顶 S 和点 M 作一辅助素线 SI，即连接 s′m′，并延长到与底面的正面投影相交于 1′，求得 s1 和 s″1″；根据点在直线上的投影规律作出 m 和 m″。

2）辅助圆法。过点 M 在圆锥面上作垂直于圆锥轴线的水平辅助圆（该圆的正面投影积聚为一直线），即过 m′所作的 2′3′。它的水平投影为一直径等于 2′3′的圆，圆心为 s，由 m′作 X 轴的垂线，与辅助圆的交点即为 m。再根据 m′和 m 求出 m″。

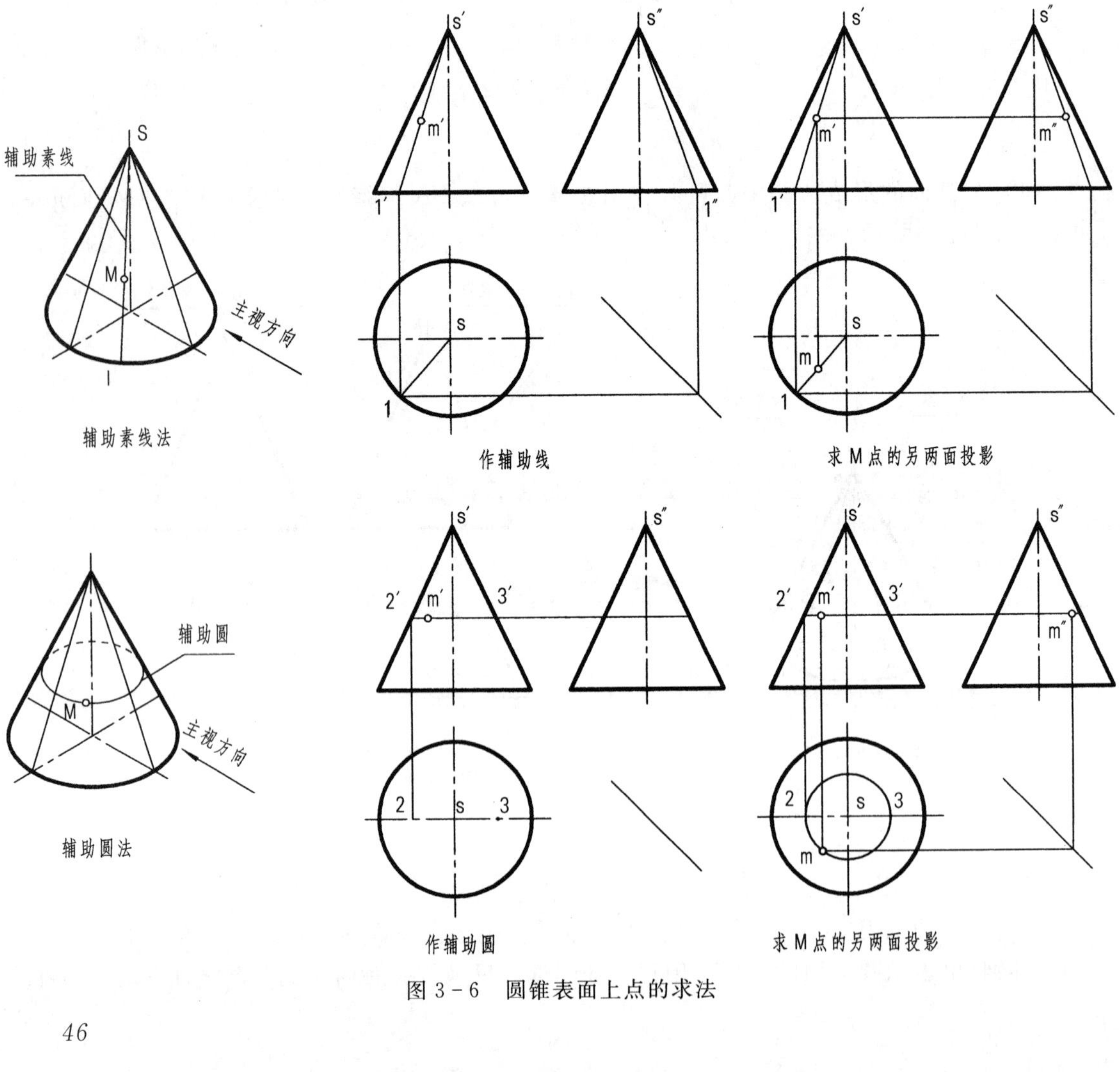

图 3-6　圆锥表面上点的求法

3. 圆球

(1) 圆球面的形成。如图 3－7 (a) 所示，圆球面可看作一个圆（母线），围绕它的直径回转而成。

(2) 圆球的三视图。图 3－7 (b) 为圆球的三视图。它们都是与圆球直径相等的圆，均表示圆球面的投影。球的各个投影虽然都是圆形，但各个圆的意义不同。正面投影的圆是平行于正面的圆素线 A（前、后两半球的分界线，圆球面正面投影可见与不可见的分界线）的投影；按此做类似的分析，水平面投影的圆，是平行于水平面的圆素线 B 的投影；侧面投影的圆，是平行于侧面的圆素线 C 的投影。这三条圆素线的其他两面投影，都与圆的相应中心线重合。

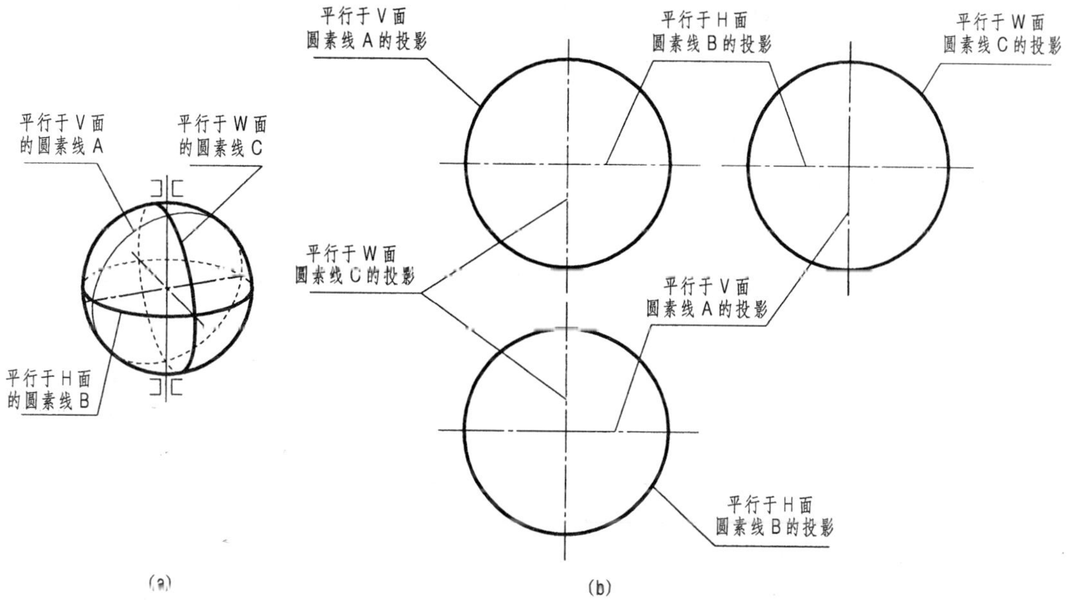

图 3－7　圆球的形成及视图

(3) 圆球表面上的点。如图 3－8 所示，已知圆球面上点 M 的水平投影 m 和点 N 的正面投影 n′，求其他两面投影。根据点的位置和可见性，可判定：点 N 在前、后两半球

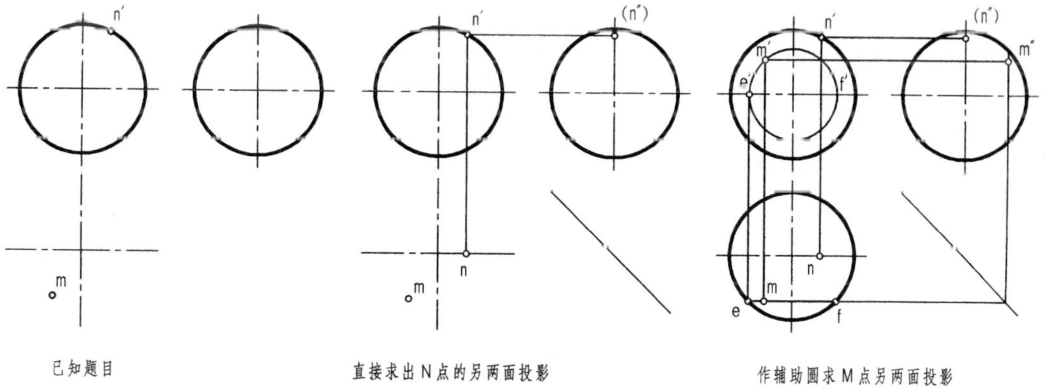

图 3－8　圆球表面上点的求法

的分界线上（点 N 在右半球，其侧面投影不可见），n 和 n″可直接求出；点 M 在前、左、上半球（点 M 的三面投影均为可见），需采有辅助圆法求 m′和 m″，即过点 m 在球面上作一平行于水平面的辅助圆（也可作平行于正面或侧面的圆）。因点在辅助圆上，故点的投影必在辅助圆的同面投影上。作图时，先在水平投影中过 m 作 X 轴的平行线 ef（ef 为辅助圆在水平投影面上的积聚性投影），其正面投影为直径等于 ef 的圆，由 m 作 X 轴的垂线，与辅助圆正面投影的交点即为 m′，再由 m′求得 m″。

三、基本体的尺寸标注

1. 平面立体的尺寸标注

平面立体一般标注长、宽、高三个方向的尺寸，如图 3－9 所示。其中正方形的尺寸可采用如图 3－9（f）所示的形式注出，即在边长尺寸数字前加注“□”符号。图 3－9（d）、（g）中加“（）”的尺寸称为参考尺寸。

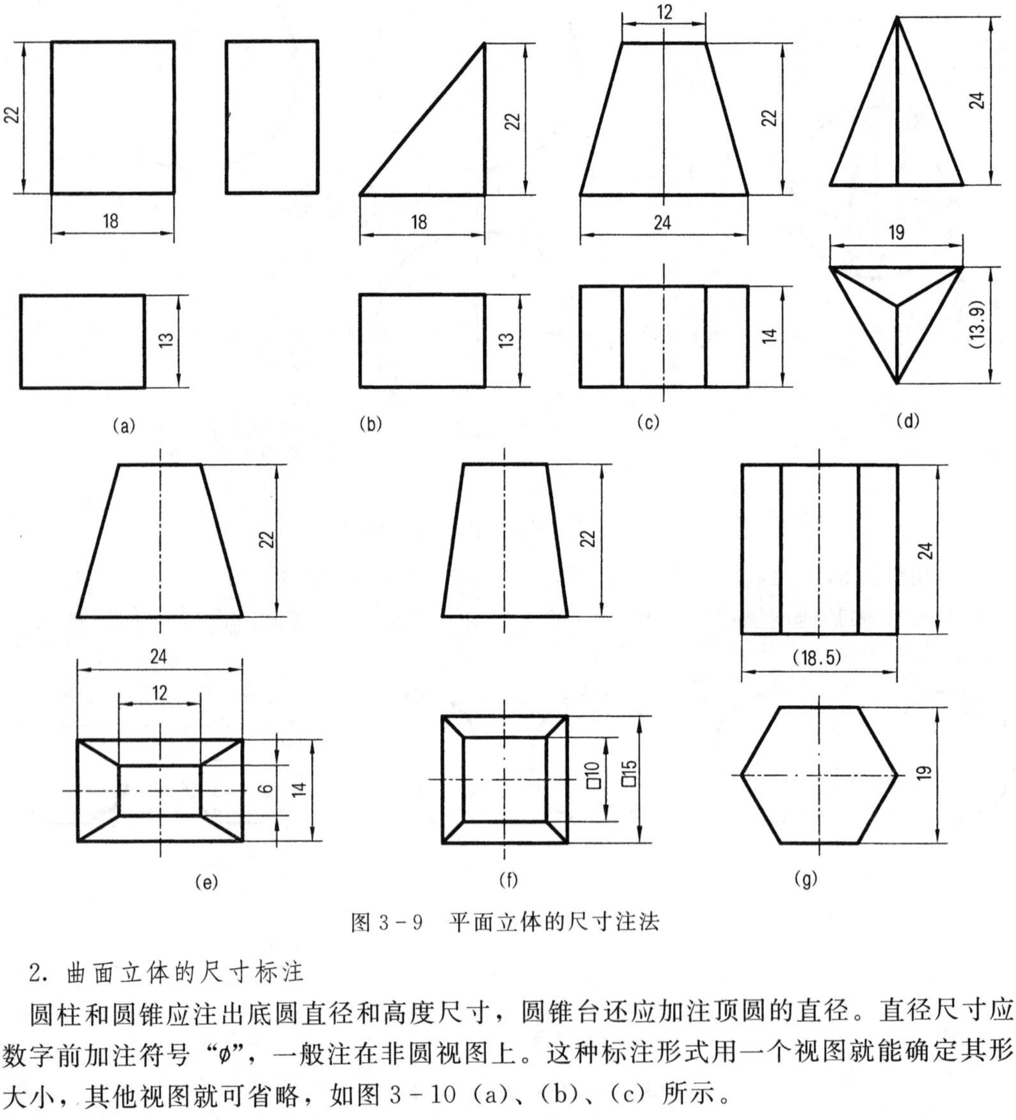

图 3－9　平面立体的尺寸注法

2. 曲面立体的尺寸标注

圆柱和圆锥应注出底圆直径和高度尺寸，圆锥台还应加注顶圆的直径。直径尺寸应在其数字前加注符号“ϕ”，一般注在非圆视图上。这种标注形式用一个视图就能确定其形状和大小，其他视图就可省略，如图 3－10（a）、（b）、（c）所示。

标注圆球的直径和半径时，应分别在“ϕ”、“R”前加注符号“S”，如图 3－10（d）、（e）所示。

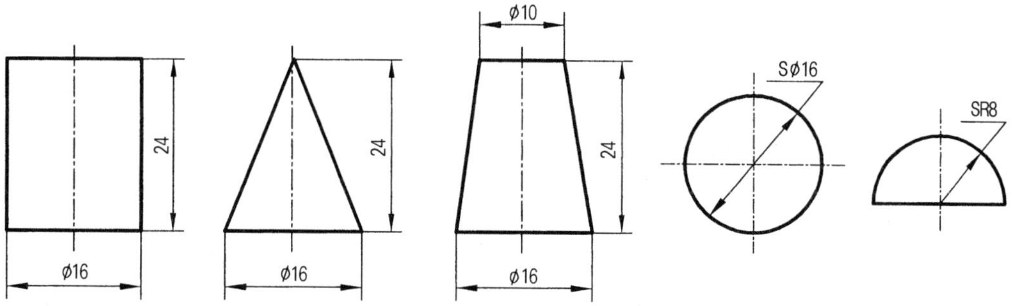

图 3－10 曲面立体的尺寸注法

第二节 平面与立体相交

一、截交线的性质

平面与立体表面相交，可以认为是立体被平面截切，此平面通常称为截平面，截平面与立体表面的交线称为截交线。图 3－11 为平面与立体表面相交示例。

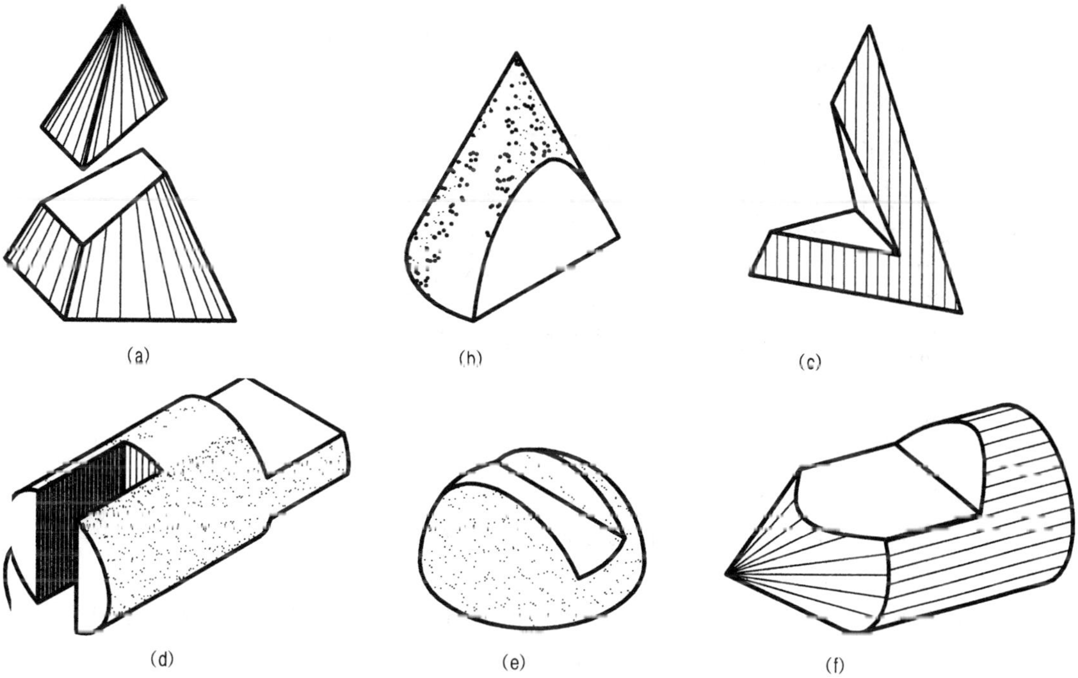

图 3－11 平面与立体表面相交

为了正确分析和表达机件的结构形状，需要了解截交线的性质和画法。由于立体的形状和截平面与立体的相对位置不同，截交线的形状也各不相同。但任何截交线都具有下列两个基本性质：

（1）截交线一定是一个封闭的平面图形。

（2）截交线既在截平面上，又在立体表面上，截交线是截平面和立体表面的共有线。截交线上的点都是截平面与立体表面上的共有点。

因为截交线是截平面与立体表面的共有线，所以求作截交线的实质就是求出截平面与立体表面的共有点。

二、平面与平面立体相交

平面立体的表面是平面图形，因此平面与平面立体的截交线为封闭的平面多边形。多边形的各个顶点是截平面与立体的棱线或底边的交点，多边形的各条边是截平面与平面立体表面的交线。

【例 3-1】　如图 3-12（a）所示，求作正垂面 P 斜切正四棱锥的截交线。

分析：截平面与棱锥的四条棱线相交，可判定截交线是四边形，其四个顶点分别是四条棱线与截平面的交点。因此，只要求出截交线的四个顶点在各投影面上的投影，然后依次连接顶点的同名投影，即得截交线的投影。

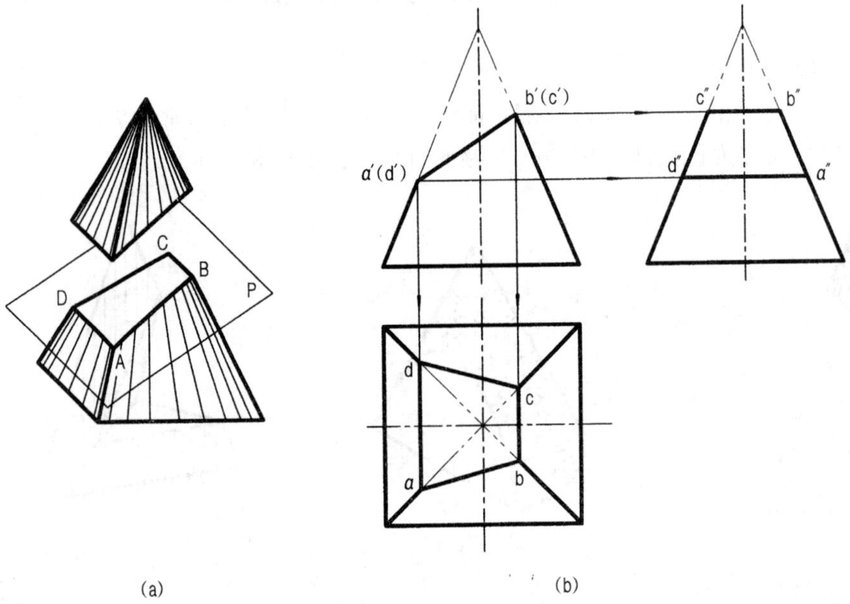

图 3-12　四棱锥的截交线

作图方法与步骤如图 3-12（b）所示：

（1）因为截平面 P 是正垂面，它的正面投影积聚成一条直线，可直接求出截交线各顶点的正面投影 a′、b′、(c′)、(d′)。

（2）根据直线上点的投影规律，求出各顶点的水平投影 a、b、c、d 和侧面投影 a″、b″、c″、d″。

（3）依次连接 a、b、c、d 和 a″、b″、c″、d″，即得截交线的水平投影和侧面投影。

当用两个以上平面截切平面立体时，在立体上会出现切口、凹槽或穿孔等。作图时，只要作出各个截平面与平面立体的截交线，并画出各截平面之间的交线，就可作出这些平面立体的投影。

【例 3-2】　如图 3-13（a）所示，一带切口的正三棱锥，已知它的正面投影，求其另两面投影。

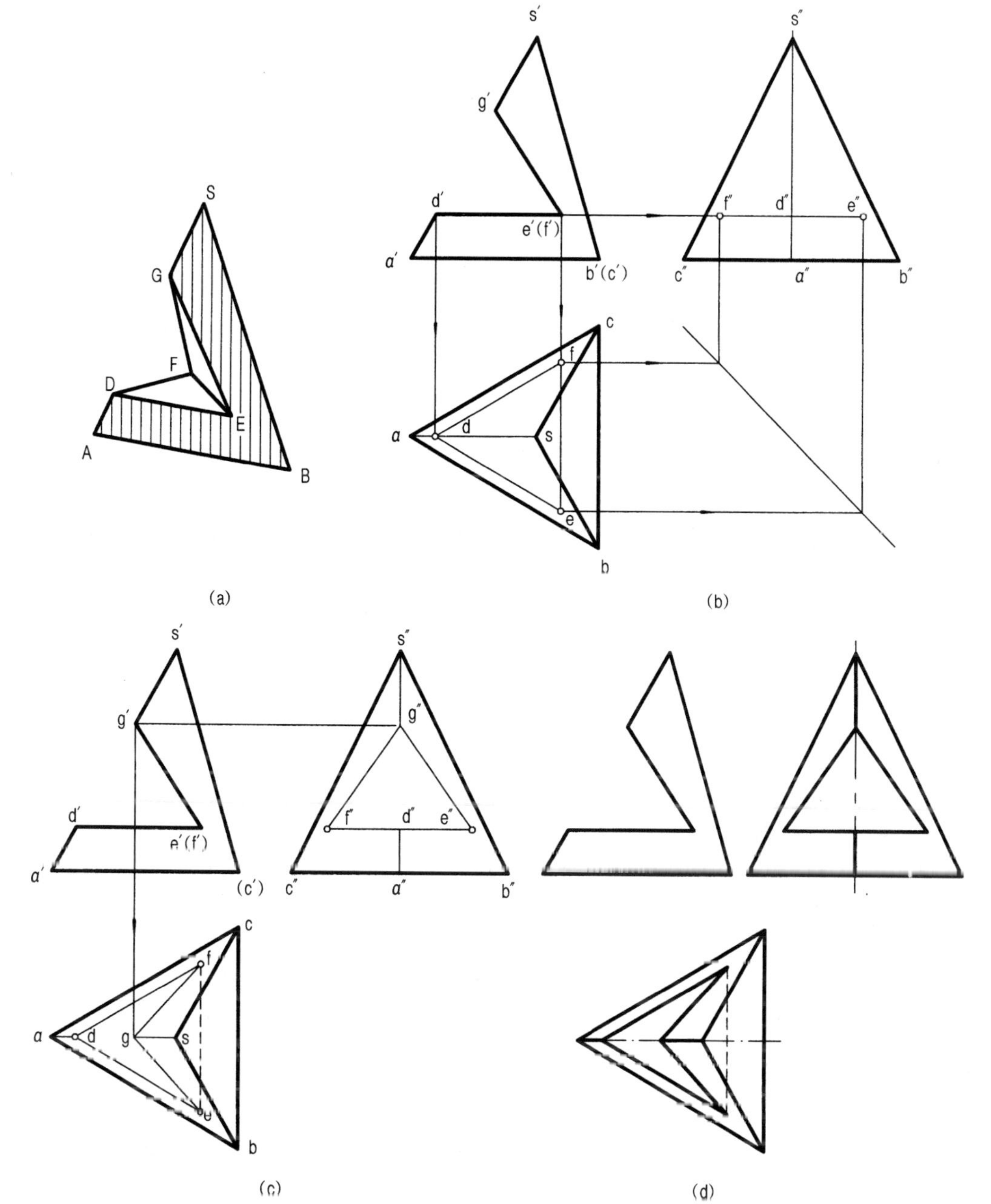

图 3－13　带切口正三棱锥的投影

分析：该正三棱锥的切口由两个相交的截平面切割而形成。两个截平面，一个是水平面，一个是正垂面，它们都垂直于正面，因此切口的正面投影具有积聚性。水平截面与三棱锥的底面平行，因此它与棱面△SAB 和△SAC 的交线 DE、DF 必分别平行与底边 AB 和 AC，水平截面的侧面投影积聚成一条直线。正垂截面分别与棱面△SAB 和△SAC 交于直线 GE、GF。由于两个截平面都垂直于正面，所以两截平面的交线一定是正垂线，作出以上交线的投影即可得出所求投影。

作图方法与步骤如图 3－13（b）、（c）、（d）所示：

（1）由 d′在 as 上作出 d，由 d 分别作 ab、ac 的平行线，再由 e′（f′）在两条平行线上分别作出 e 和 f，连接 de、df，即为 DE、DF 的水平投影。根据投影规律可在侧面上求出 d″e″、d″f″，如图 3－13（b）所示。

（2）由 g′分别在 sa、s″a″上求出 g、g″，然后分别连接 ge、gf、g″e″、g″f″，如图 3－13（c）所示。

（3）连接 ef，由于 ef 被三个棱面的水平投影遮住而不可见，应画成虚线。注意棱线 SA 中间 DG 段被截去，故它的水平投影中只剩 sg、ad，侧面投影中只剩 s″g″、a″d″，如图 3－13（d）所示。

三、平面与曲面立体相交

平面与曲面立体相交产生的截交线一般是封闭的平面曲线，也可能是由曲线与直线围成的平面图形，其形状取决于截平面与曲面立体的相对位置。曲面立体的截交线，就是求截平面与曲面立体表面的共有点的投影，然后把各点的同名投影依次光滑连接起来。

当截平面或曲面立体的表面垂直于某一投影面时，则截交线在该投影面上的投影具有积聚性，可直接利用面上取点的方法作图。

1. 圆柱的截交线

平面截切圆柱时，根据截平面与圆柱轴线的相对位置不同，其截交线有三种不同的形状。如表 3－1 所示。

表 3－1　　**圆柱的截交线**

与轴线平行相交	与轴线垂直相交	与轴线倾斜相交
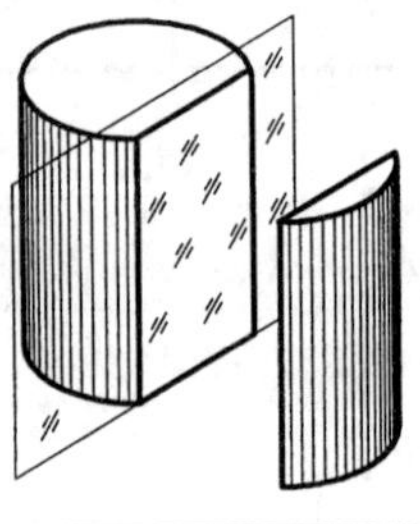	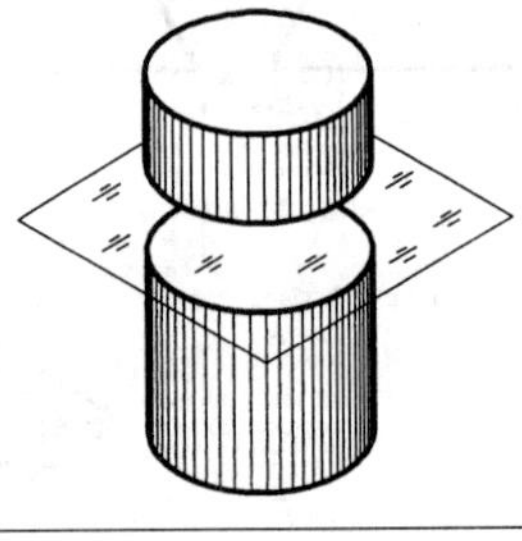	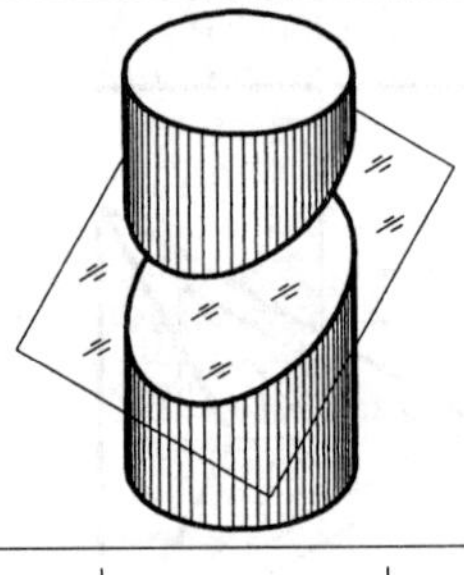
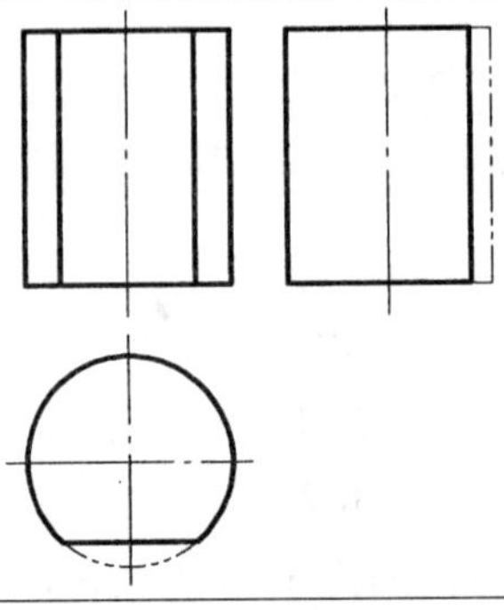	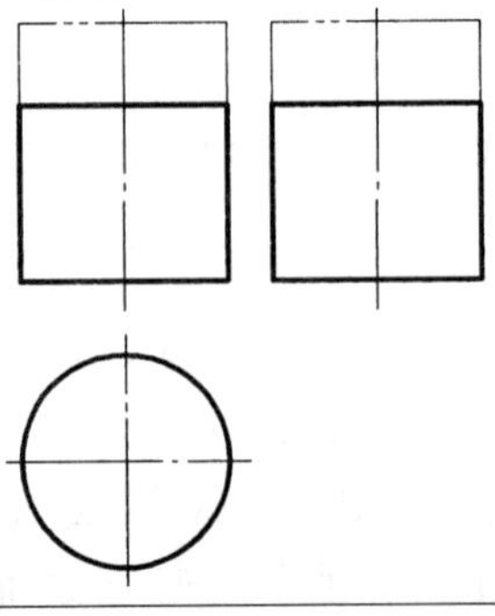	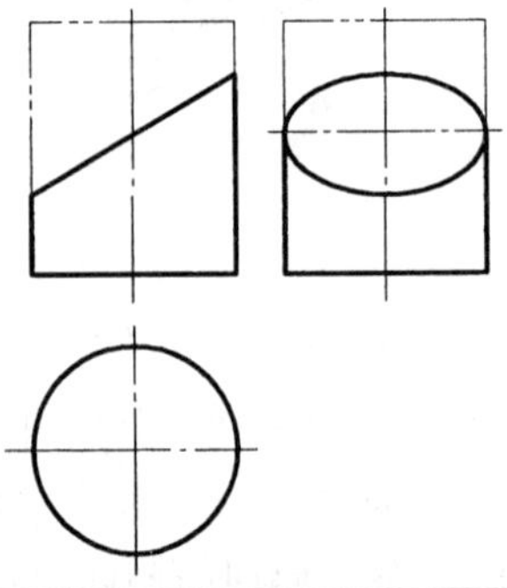
截交线是两直线	截交线是圆	截交线是椭圆

【例 3-3】　如图 3-14（a）所示，求圆柱被正垂面截切后的截交线。

分析：截平面与圆柱的轴线倾斜，故截交线为椭圆。此椭圆的正面投影积聚为一直线。由于圆柱面的水平投影积聚为圆，而椭圆位于圆柱面上，故椭圆的水平投影与圆柱面水平投影重合。椭圆的侧面投影是它的类似形，仍为椭圆。可根据投影规律由正面投影和水平投影求出侧面投影。

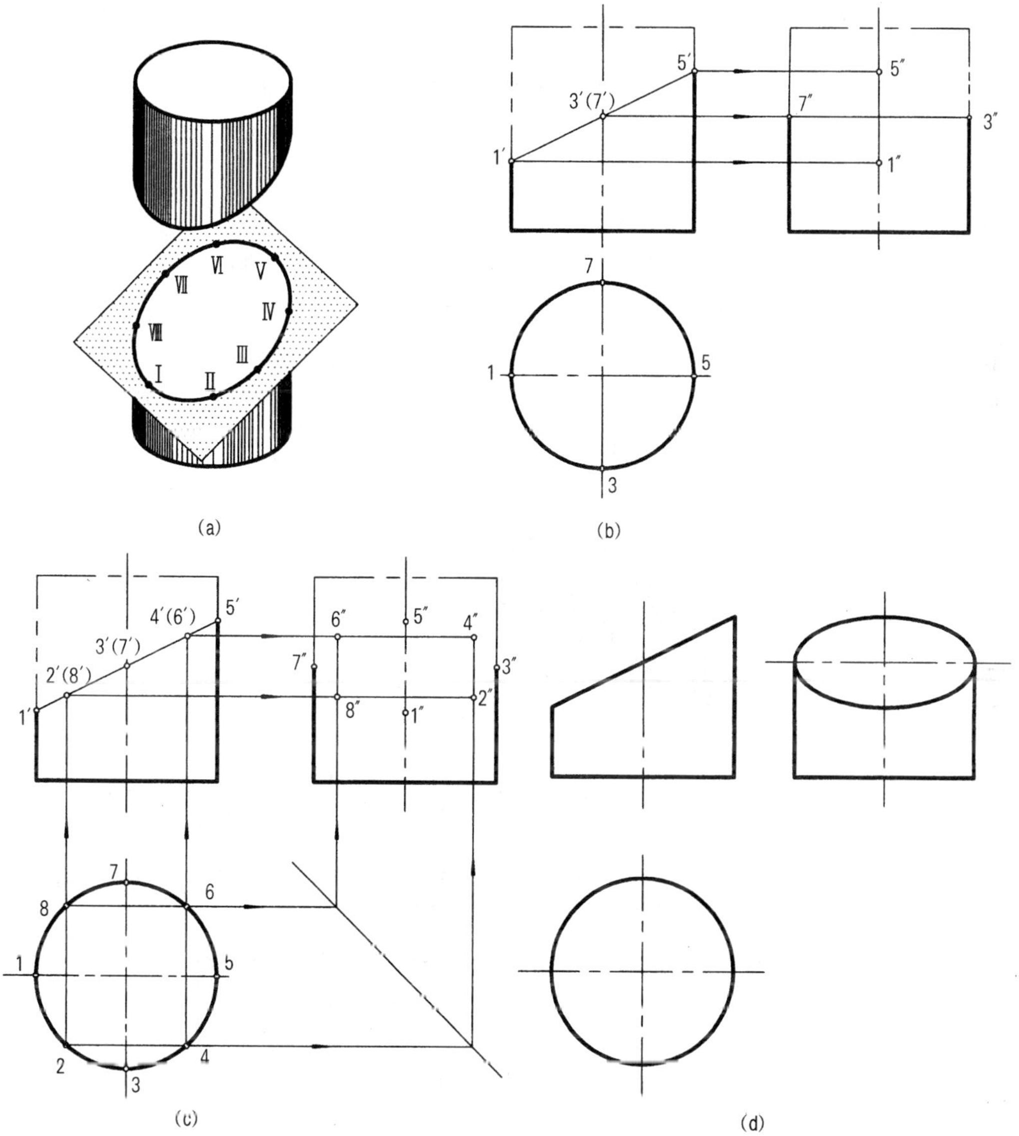

图 3-14　圆柱的截交线

作图方法与步骤如图 3-14（b）、(c)、(d）所示：

（1）先找出截交线上的特殊点。特殊点一般是指截交线上最高、最低、最左、最右、最前、最后等点。它们通常是截平面与回转体上特殊位置素线的交点。作出这些点的投影，就能大致确定截交线投影的范围。如图 3-14（a）所示，Ⅰ、Ⅴ两点是位于圆柱正面左、右两条转向轮廓素线上的点，且分别是截交线上的最低点和最高点。Ⅲ、Ⅶ两点位于圆柱最前、最后两条素线上，分别是截交线上的最前点和最后点。在图上标出它们的水平投影 1、5、3、7 和正面投影 1′、5′、3′、7′，然后根据投影规律求出侧面投影 1″、5″、3″、7″，如图 3-14（b）所示。

（2）再作出适当数量的截交线上的一般点。在截交线上的特殊点之间取若干点，如图 3-14（a）中的Ⅱ、Ⅳ、Ⅵ、Ⅷ等点称为一般点。作图时，可先在水平投影上取 2、4、6、8 等点，再向上作投影连线，得 2′、4′、6′、8′ 点，然后由投影关系求出 2″、4″、6″、8″点，如图 3-14（c）所示。一般位置点越多，作出的截交线越准确。

（3）依次光滑连接 1″、2″、3″、4″、5″、6″、7″、8″，即得截交线的侧面投影，如图 3-14（d)所示。

【例 3-4】　如图 3-15（a）所示，完成被截切圆柱的正面投影和水平投影。

分析：该圆柱左端的开槽是由两个平行于圆柱轴线的对称的正平面和一个垂直于轴线的侧平面切割而成。圆柱右端的切口是由两个平行于圆柱轴线的水平面和两个侧平面切割而成。

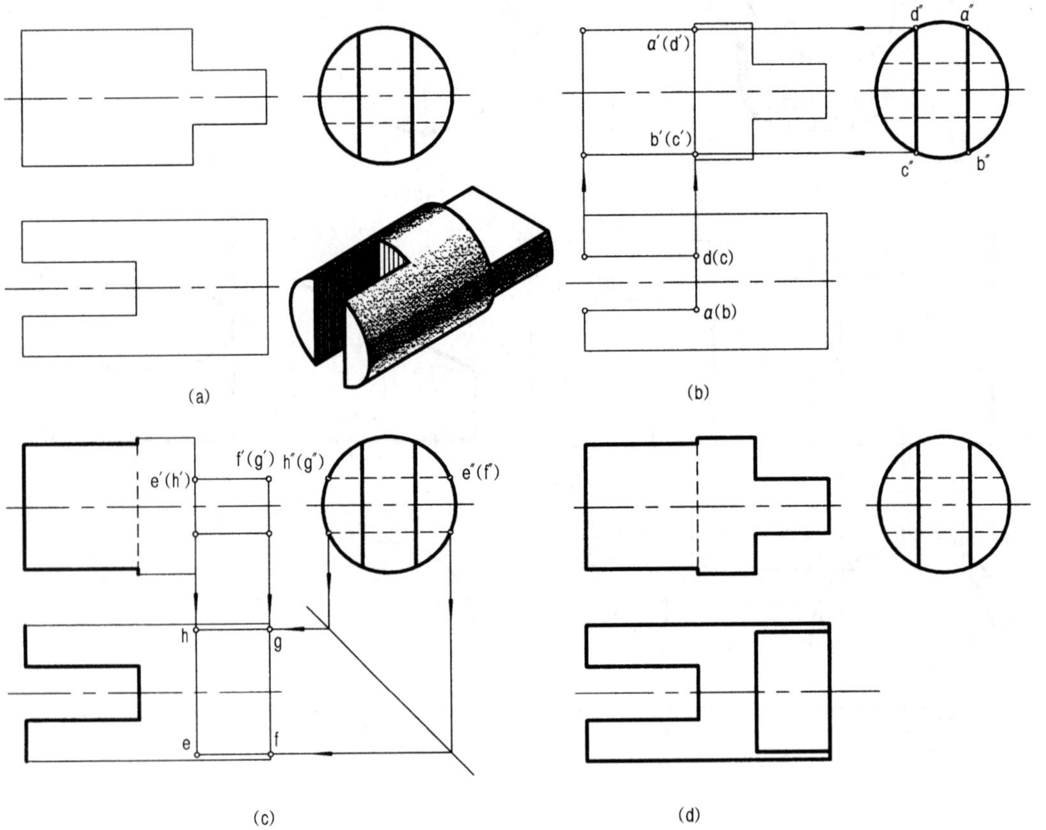

图 3-15　补全带切口圆柱的投影

作图方法与步骤如图 3-15（b)、(c)、(d）所示：

（1）画左端开槽部分。三个截平面的水平投影和侧面投影均已知，只需补出正面投影。两个正平面与圆柱面的交线是四条平行的侧垂线，它们的侧面投影分别积聚成点 a″、 b″、c″、d″，它们的水平投影重合成两条直线。侧平面与圆柱面的交线是两段平行于侧面的圆弧，它们的侧面投影反映实形，水平投影积聚为一直线。根据点的投影规律，可求出上述截交线的正面投影，如图 3－15（b）、（c）所示。

（2）画右端切口部分。各截平面的正面投影和侧面投影已知，只需补出水平投影。具体作法与前面类似，如图 3－15（c）所示。

（3）整理轮廓，完成全图，如图 3－15（d）所示。其间应注意两点：①圆柱的最上、最下两条素线均被开槽切去一段，故开槽部分的外形轮廓线向内“收缩”；②左端开槽底面的正面投影的中间段（a′→b′）是不可见的，应画成虚线。

2. 圆锥的截交线

平面截切圆锥时，根据截平面与圆锥轴线的相对位置不同，其截交线有五种不同的情况，如表 3－2 所示。

表 3－2　　平面与圆锥相交位置不同时的五种截交线

与轴线垂直相交	过圆锥顶点相交	平行于素线相交	与轴线倾斜相交	与轴线平行相交
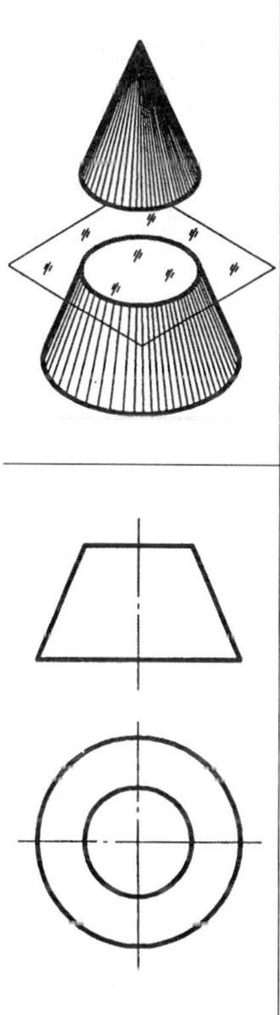	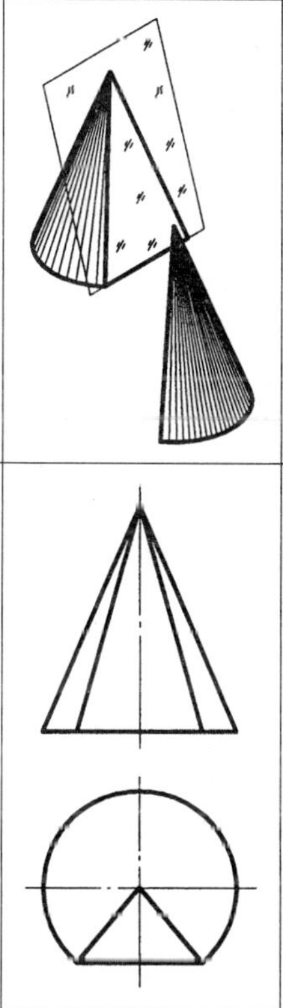	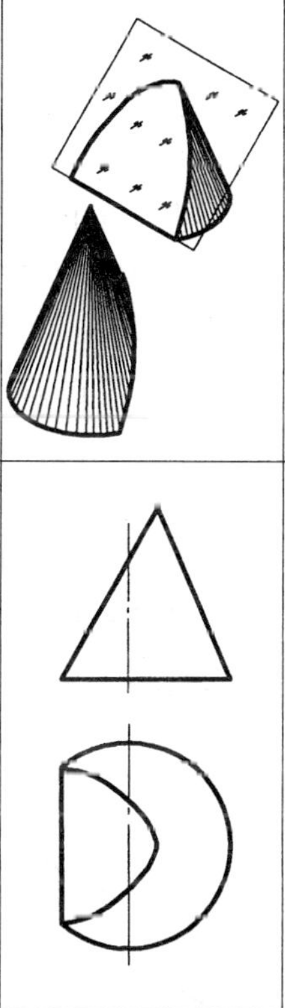	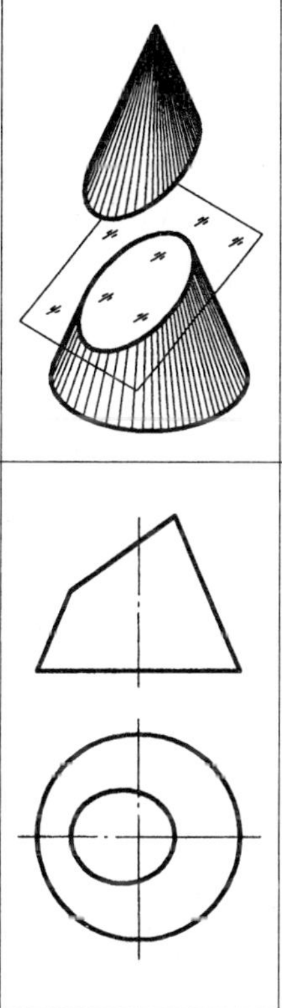	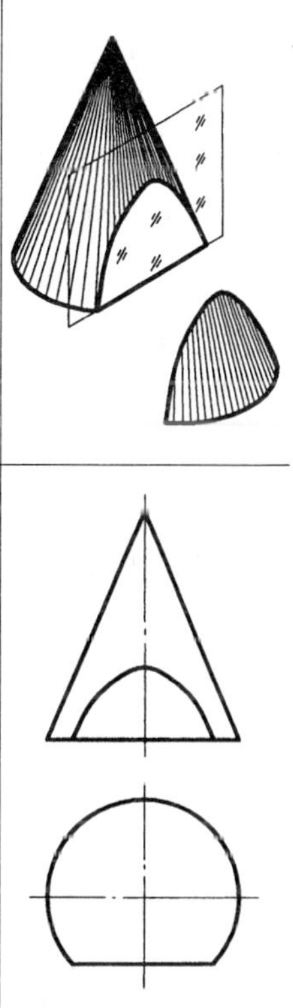
截交线是圆	截交线是两相交直线	截交线是抛物线	截交线是椭圆	截交线是双曲线

【例 3－5】　如图 3－16（a）所示，求作被正平面截切的圆锥的截交线。

分析：因截平面为正平面，与轴线平行，故截交线为双曲线。截交线的水平投影和侧面投影都积聚为直线，只需求出正面投影。

作图方法与步骤如图 3－16（b）所示：

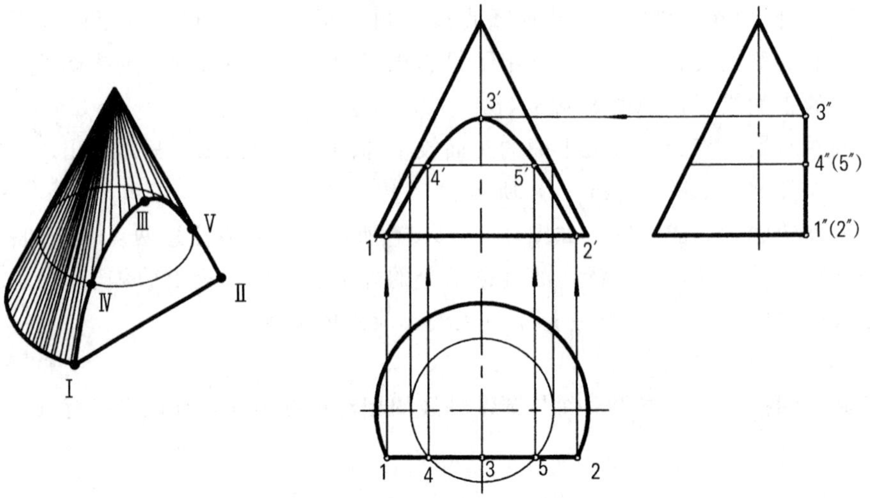

(a)　　(b)

图 3-16　正平面截切圆锥的截交线

(1) 先求特殊点。点Ⅲ为最高点，是截平面与圆锥最前素线的交点，可由其侧面投影 3″直接作出正面投影 3′。点Ⅰ、Ⅱ为最低点且位于圆锥底圆上，可由水平投影 1、2 直接作出正面投影 1′、2′。

(2) 再求一般点。用辅助圆法，在点Ⅲ与点Ⅰ、Ⅱ间作一辅助圆，该圆与截平面的两个交点Ⅳ、Ⅴ必是截交线上的点。易作出这两点的水平投影 4、5 与侧面投影 4″、5″，据此可求出它们的正面投影 4′、5′。

(3) 依次光滑连接 1′、4′、3′、5′、2′，即得截交线得正面投影，如图 3-16 (b) 所示。

3. 圆球的截交线

平面在任何位置与圆球截切的截交线都是圆。当截平面平行与某一投影面时，截交线在该投影面上的投影为圆的实形，在其他两面上的投影都积聚为直线。如图 3-17 所示。

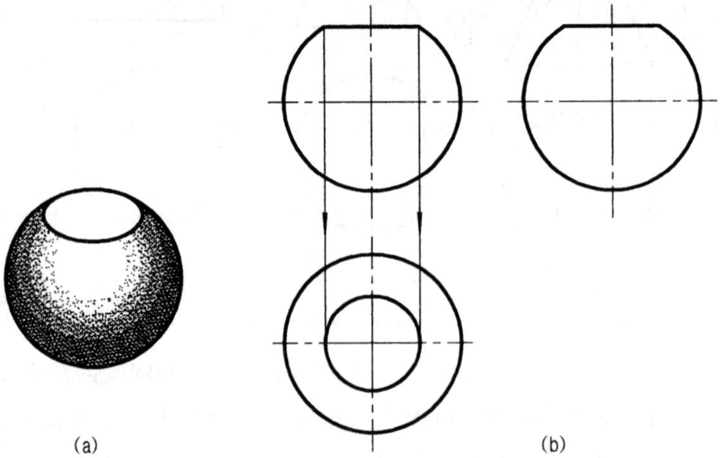

(a)　　(b)

图 3-17　圆球的截交线

【**例 3-6**】 如图 3-18（a）所示，完成开槽半圆球的截交线。

分析：球表面的凹槽由两个侧平面和一个水平面切割而成，两个侧平面和球的交线为两段平行于侧面的圆弧，水平面与球的交线为前后两段水平圆弧，截平面之间得交线为正垂线。

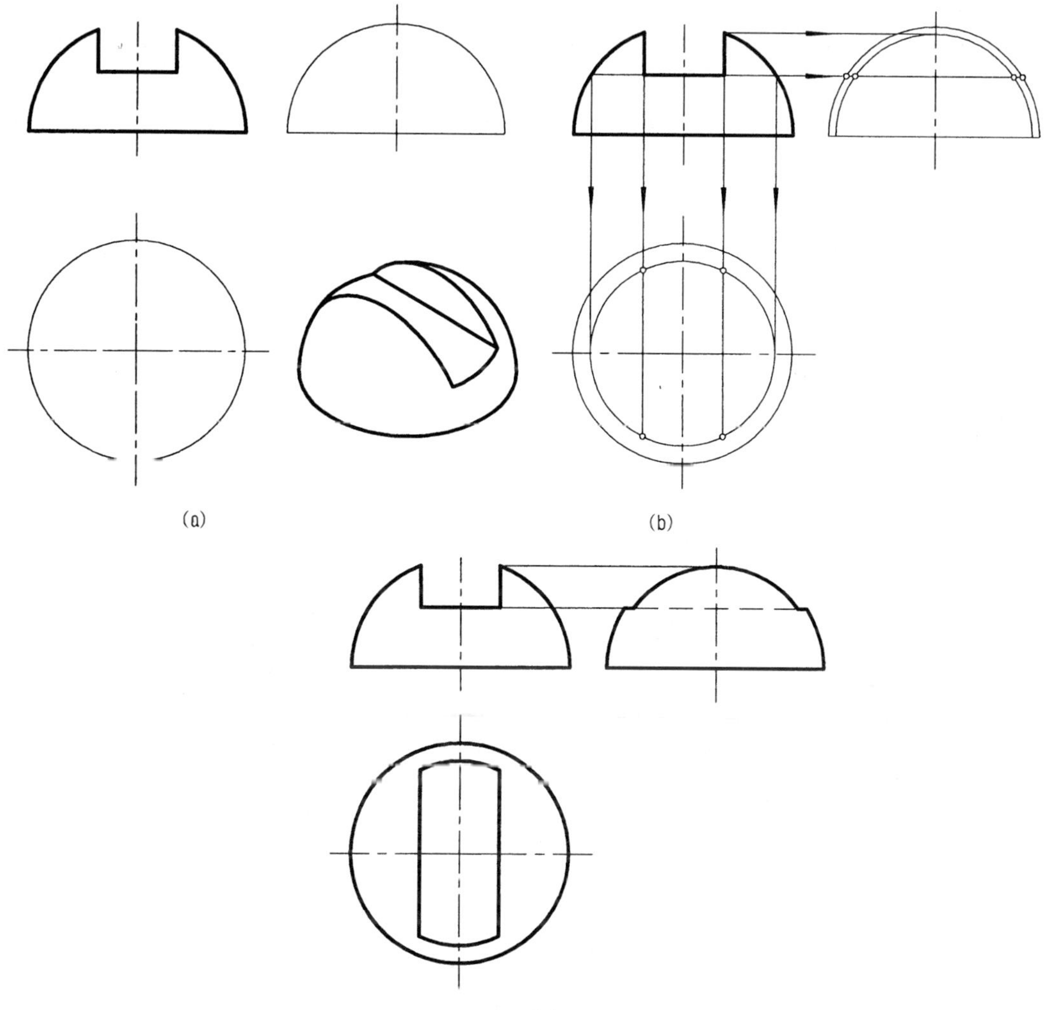

(a) (b)

(c)

图 3-18 开槽圆球的截交线

作图方法与步骤如图 3-18（b）所示：

（1）先画出完整半圆球的投影，再根据槽宽和槽深尺寸作出槽的正面投影，如图 3-19（a）所示。

（2）用辅助圆法作出槽的水平投影。如图 3-19（b）所示。

（3）根据正面投影和水平投影作出侧面投影，如图 3-18（c）所示。其间应注意两点：①由于平行于侧面的圆球素线被切去一部分，所以开槽部分的轮廓线在侧面的投影会向内“收缩”；②槽底的侧面投影此时不可见，应画成虚线。

四、综合题例

实际机件常由几个回转体组合而成。求组合回转体的截交线时，首先要分析构成机件的各基本体与截平面的相对位置、截交线的形状、投影特性，然后逐个画出各基本体的截交线，再按它们之间的相互关系连接起来。

【例 3-7】　如图 3-19（a）所示，求作顶尖头的截交线。

分析： 顶尖头部是由同轴的圆锥与圆柱组合而成。它的上部被两个相交的截平面 P 和 Q 切去一部分，在它的表面上共出现三组截交线和一条 P 与 Q 的交线。截平面 P 平行于轴线，所以它与圆锥面的交线为双曲线，与圆柱面的交线为两条平行直线。截平面 Q 与圆柱斜交，它截切圆柱的截交线是一段椭圆弧。三组截交线的侧面投影分别积聚在截平面 P 和圆柱面的投影上，正面投影分别积聚在 P、Q 两面的投影（直线）上，因此只需求作三组截交线的水平投影。

作图方法与步骤如图 3-19（b）、（c）、（d）所示：

（1）作特殊点。根据正面投影和侧面投影可作出特殊点的水平投影 1、3、5、6、8、10，如图 3-19（b）所示。

（2）求一般点。利用辅助圆法求出双曲线上一般点的水平投影 2、4，以及椭圆弧上

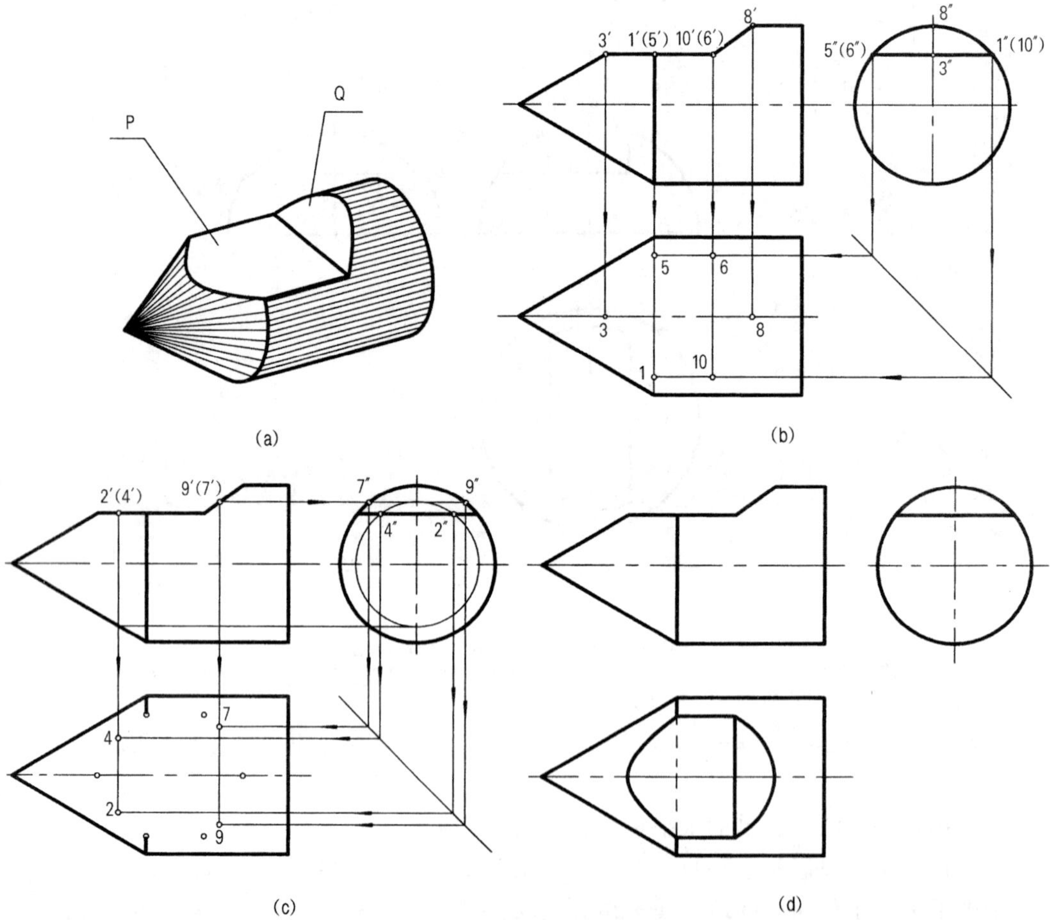

图 3-19　顶尖头的截交线

的一般点7、9，如图3－19（c）所示。

（3）将各点的水平投影依次连接起来，即为所求截交线的水平投影，如图3－19（d）所示。

第三节　立体与立体相交

一、相贯线的性质

两个立体相交（或称相贯），表面产生的交线称为相贯线。由于立体有平面立体和曲面立体之分，所以相交时有平面立体与平面立体相交、平面立体与曲面立体相交和曲面立体与曲面立体相交三种情况。前两种情况的相贯线，可看作是平面与平面相交或平面与曲面相交所产生的交线，可用上节求平面与立体截交线的方法来作出。本节只讨论最为常见的两个曲面立体相交的问题。

由于相交的两个曲面立体的几何形状不同或它们的相对位置不同，相贯线的形式也各不相同，但他们都具有以下两个共同的性质：

（1）相贯线是两个曲面立体表面的共有线，也是两个曲面立体表面的分界线。相贯线上的点是两个曲面立体表面的共有点。

（2）两个曲面立体的相贯线一般为封闭的空间曲线，特殊情况下可能是平面曲线或直线。

求两个曲面立体相贯线的实质就是求它们表面的共有点。作图时，依次求出特殊点和一般点，判别其可见性，然后将各点光滑连接起来，即得相贯线。

二、相贯线的画法

两个相交的曲面立体中，如果其中一个是柱面立体（常见的是圆柱面），且其轴线垂直于某投影面时，相贯线在该投影面上的投影一定积聚在柱面投影上，相贯线的其余投影可用表面取点法求出。

【例3－8】　如图3－20（a）所示，求正交两圆柱体的相贯线。

分析：两圆柱体的轴线正交，且分别垂直于水平面和侧面。相贯线在水平面上的投影积聚在小圆柱水平投影的圆周上，在侧面上的投影积聚在大圆柱侧面投影的圆周上，故只需求作相贯线的正面投影。

作图方法与步骤如图3－20（b）、（c）所示：

（1）求特殊点。与作截交线的投影一样，首先应求出相贯线上的特殊点，特殊点决定了相贯线的投影范围。由图3－20（a）可知，相贯线上Ⅰ、Ⅴ两点是相贯线上的最高点，同时也分别是相贯线上的最左点和最右点。Ⅲ、Ⅶ两点是相贯线上的最低点，同时也分别是相贯线上的最前点和最后点。定出它们的水平投影1、5、3、7和侧面投影1″、（5″）、3″、（7″），然后根据点的投影规律可作出正面投影1′、5′、3′、（7′）。

（2）求一般点。在相贯线的水平投影圆上的特殊点之间适当地定出若干一般点的水平投影，如图中2、4、6、8等点，再按投影关系作出它们的侧面投影2″、（4″）、（6″）、8″。然后根据水平投影和侧面投影可求出正面投影2′、4′、（6′）、（8′）。

（3）判断可见性。只有当两曲面立体表面在某投影面上的投影均为可见时，相贯线的

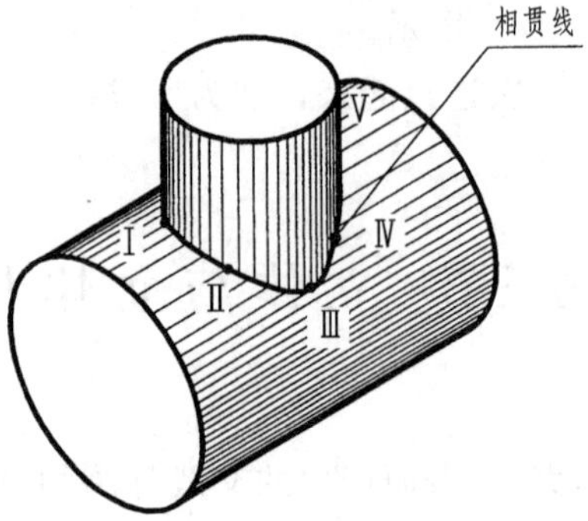

(a)立体图

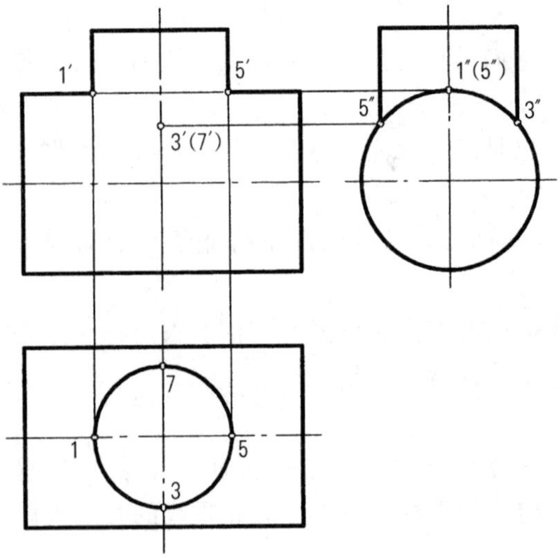

(b)

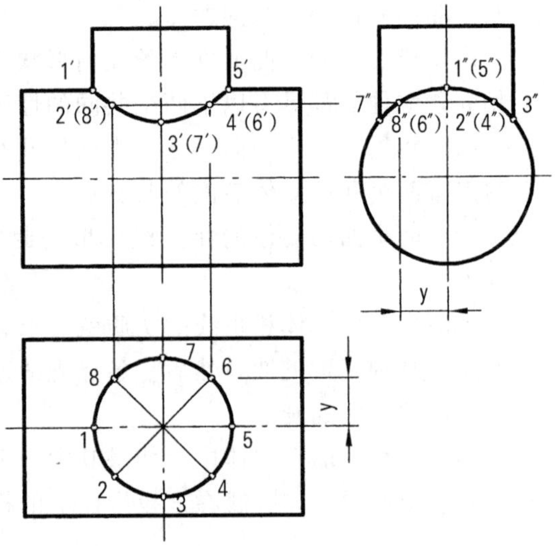

(c)

图 3-20　正交两圆柱的相贯线

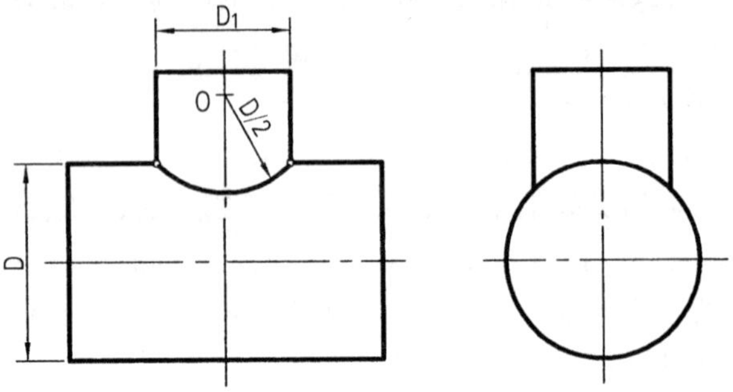

(a)

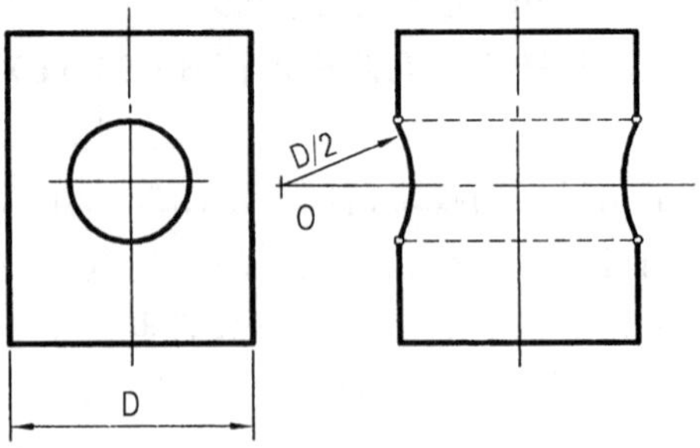

(b)

图 3-21　相贯线的近似画法

投影才可见，可见与不可见的分界点一定在轮廓转向线上。在图 3－20 中，两圆柱的前半部分均为可见，可判定相贯线由 1、5 两点分界，前半部分 1′ 2′ 3′ 4′ 5′ 可见，后半部分 5′（6′）（7′）（8′）1′ 不可见且与前半部分重合。

（4）依次将 1′、2′、3′、4′、5′ 光滑连接起来，即得正面投影。

相贯线的作图步骤较多，如对相贯线的准确性无特殊要求，当两圆柱垂直正交且直径有相差时，可采用圆弧代替相贯线的近似画法。如图 3－21 所示，垂直正交两圆柱的相贯线可用大圆柱的 $D/2$ 为半径作圆弧来代替。

两圆柱正交有三种情况：①两外圆柱面相交；②外圆柱面与内圆柱面相交；③两内圆柱面相交。这三种情况的相交形式虽然不同，但相贯线的性质和形状一样，求法也是一样的，如图 3－22 所示。

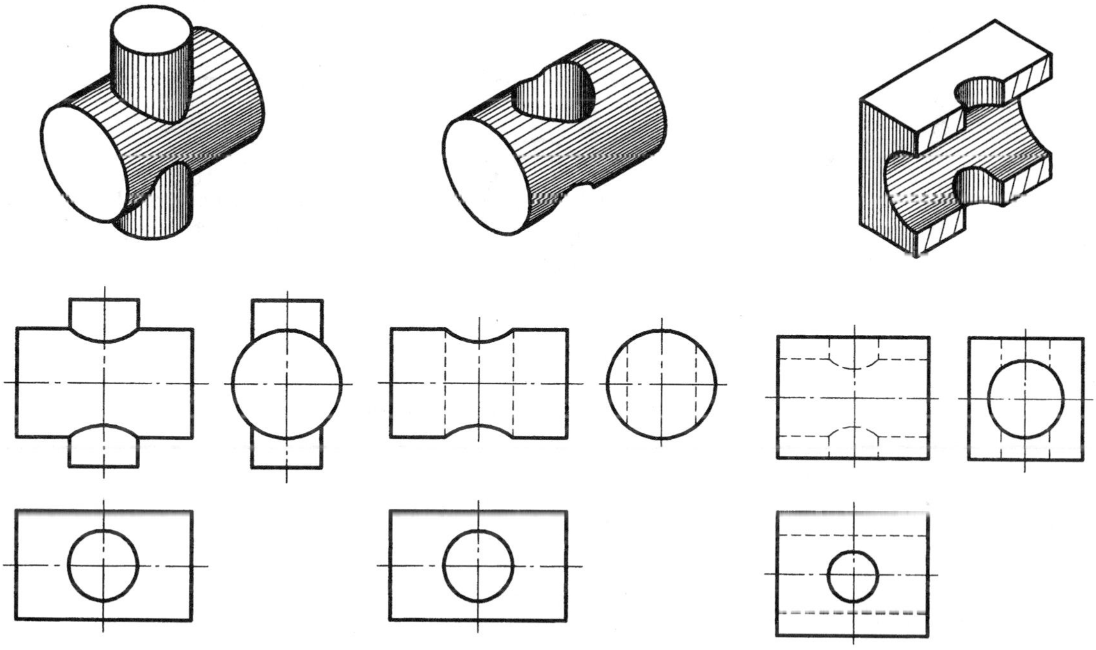
(a)两外圆柱面相交　(b)外圆柱面与内圆柱面相交　(c)两内圆柱面相交

图 3－22　两正交圆柱相交的三种情况

三、相贯线的特殊情况

两曲面立体相交，其相贯线一般为空间曲线，但在特殊情况下也可能是平面曲线或直线。

（1）两个曲面立体具有公共轴线时，相贯线为与轴线垂直的圆，如图 3－23 所示。

（2）当正交的两圆柱直径相等时，相贯线为大小相等的两个椭圆（平面曲线），如图 3－24 所示。

（3）当相交的两圆柱轴线平行时，相贯线为两条平行于轴线的直线，如图 3－25 所示。

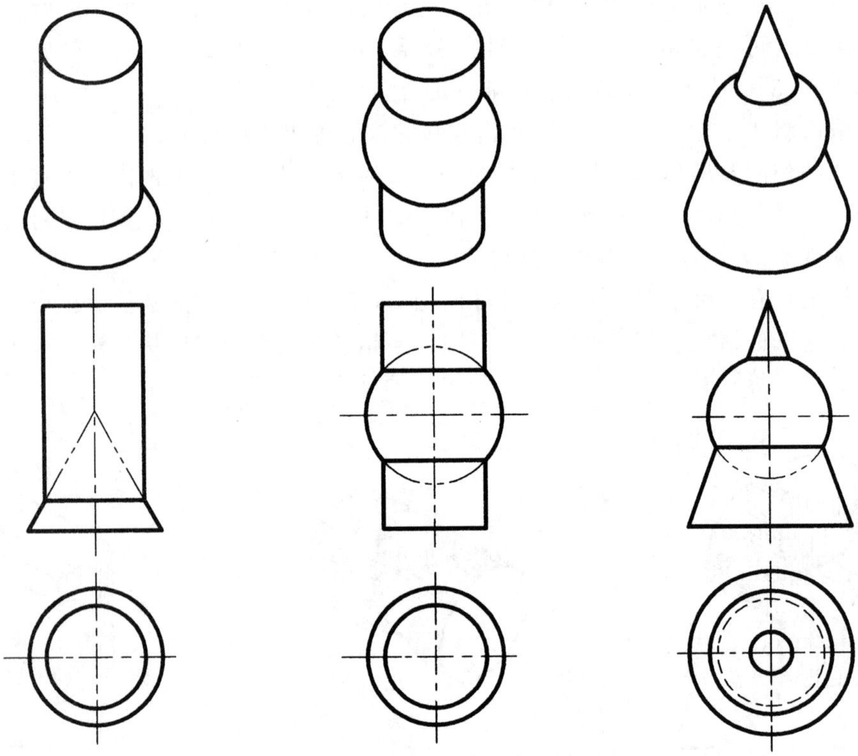

(a)圆柱与圆锥　(b)圆柱与圆球　(c)圆锥与圆球

图 3-23　两个同轴回转体的相贯线

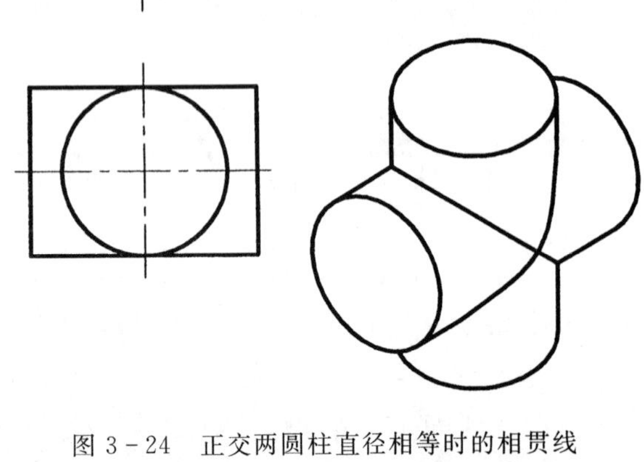

图 3-24　正交两圆柱直径相等时的相贯线

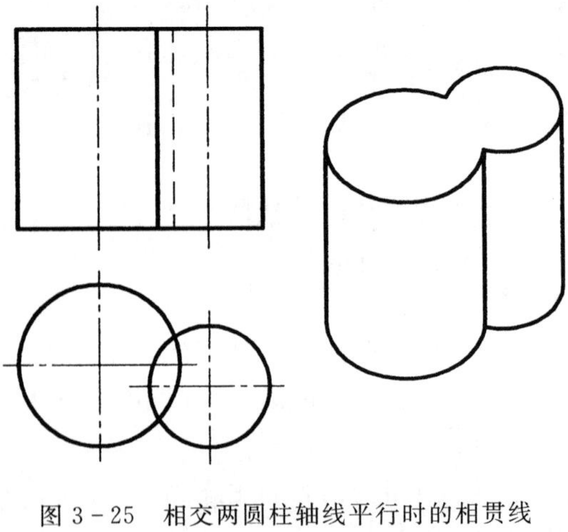

图 3-25　相交两圆柱轴线平行时的相贯线

复习·思考·检测（单选）

1. 直棱柱体的一个视图反映底面实形，另两视图的图形特征是（　　）。
（A）三角形线框　（B）圆线框　（C）矩形线框　（D）梯形线框

2. 圆柱面的形成条件是（　　）。
（A）圆母线绕过其圆心的轴旋转　（B）直母线绕与其平行的轴旋转
（C）曲母线绕轴线旋转　（D）直母线绕与其相交的轴旋转

3. 轴线垂直于 H 面的圆柱的正面最外轮廓素线在左视图中的投影位置在（　　）。
（A）左边铅垂线上　（B）右边铅垂线上
（C）轴线上　（D）上下水平线上

4. 圆锥的 4 条最外轮廓素线在投影为圆的视图中的投影位置（　　）。
（A）都在圆心　（B）在中心线上
（C）在圆上　（D）在圆与中心线相交的 4 个交点上

5. 圆球表面上点的投影求作方法为（　　）。
（A）辅助素线法　（B）辅助圆法　（C）换面法　（D）都可以

6. 圆球表面上点的投影求作方法为（　　）。
（A）辅助素线法　（B）辅助圆法　（C）换面法　（D）都可以

7. 底面平行于 W 面的正四棱锥，被一正垂面切断四条侧棱，其截交线的空间形状为（　　）。
（A）一条直线　（B）三角形　（C）梯形　（D）平行四边形

8. 轴线垂直于 H 面的圆柱被一正垂面斜切，其截交线的空间形状为（　　）。
（A）圆　（B）椭圆　（C）矩形　（D）一斜直线

9. 与 H 面呈 45°的正垂面 P，截切一轴线为铅垂线的圆柱，截交线的侧面投影是（　　）。
（A）圆　（B）椭圆　（C）二分之一圆　（D）抛物线

10. 轴线垂直丁 II 面的工圆锥被一平面截切，其截交线为抛物线时，截平面（　　）相交。
（A）过圆锥点　（B）平行于素线　（C）与轴线倾斜　（D）与轴线平行

11. 圆球被一平面截切，其截交线的正面投影为一圆，截平面的位置是（　　）。
（A）正平面　（B）正垂面　（C）侧垂面　（D）铅垂面

12. 两圆柱等径正交，相贯线的空间形状为（　　）。
（A）相交的两斜直线　（B）两空间曲线
（C）两个垂直相交的椭圆　（D）一椭圆

13. 一圆柱与球正交，圆柱轴线通过球心，相贯线的空间形状为（　　）。
（A）椭圆　（B）直线　（C）空间曲线　（D）平面圆曲线

14. 相贯线的形状主要取决于（　　）。
（A）参与相贯立体的形状和大小　（B）参与相贯立体的相对位置
（C）参与相贯立体的大小和位置　（D）参与相贯立体的形状、大小和相对位置

第四章　轴　测　图

【内容提要】

本章主要介绍轴测图的基本知识；讲解正等轴测图与斜二轴测图的画法，以及徒手轴测图的画法。

【目标要求】

（1）了解轴测图的基本知识和绘制原理。

（2）熟悉正等轴测图与斜二等轴测图选用；初步掌握正轴测图与斜二测图的作图方法。

（3）了解徒手轴测图画法。

正投影图虽能够准确、完整地表达物体的形状，但是缺乏立体感，给阅读视图带来一定的困难。轴测图是一种富有立体感的图样，容易看懂，如图 4－1 所示。在电力、化工、石油和建筑工程上常采用轴测图的方法表达输送石油、气体、煤粉管道、给排水和采暖管道安装布置等情况。

学习轴测图同时也能帮助分析和构思形体，培养和提高形象思维能力和空间想象力。

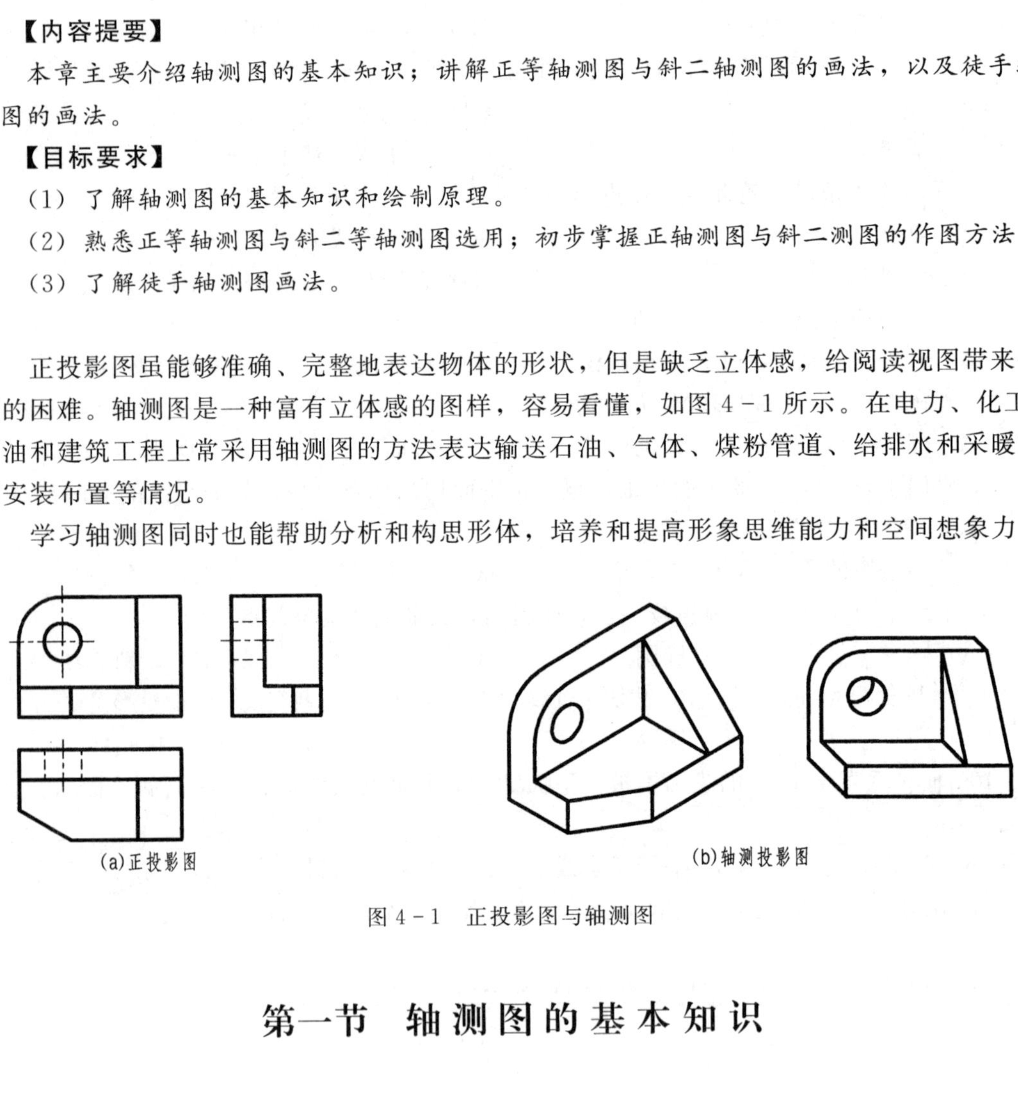

(a)正投影图　　(b)轴测投影图

图 4－1　正投影图与轴测图

第一节　轴测图的基本知识

一、轴测图的形成和分类

1. 轴测图的形成

将物体连同确定其空间位置的直角坐标系，沿不平行于任何一坐标面的方向，用平行投影法向单一投影面投射所得到的图形称为轴测投影图，简称轴测图，单一投影面 P 称为轴测投影面，如图 4－2 所示。由于轴测图能同时反映出物体长、宽、高三个方向的形状，所以具有立体感。

2. 轴测图的分类

（1）正轴测图。用正投影法将物体向轴测投影面投射所得的轴测图称为正轴测图，此时空间物体的三个坐标面都倾斜于轴测投影面，如图 4－2（a）所示。

（2）斜轴测图。用斜投影法将物体向轴测投影面投射所得的轴测图称为斜轴测图，为作图方便，通常把空间物体的某一坐标面平行于轴测投影面放置，如图 4－2（b）所示。

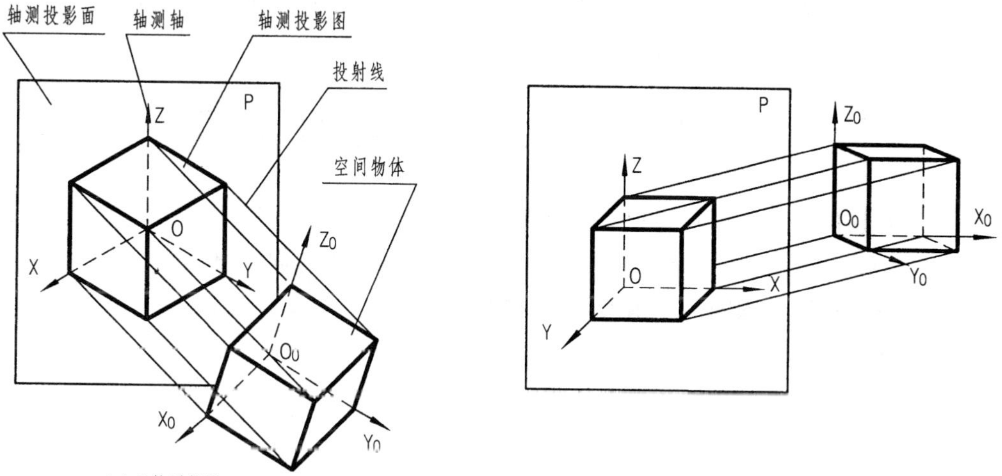

(a)正轴测投影　　(b)斜轴测投影

图 4－2　轴测图的形成与分类

二、轴测轴、轴间角和轴向伸缩系数

1. 轴测轴

空间物体上的直角坐标在轴测投影面上的投影称为轴测轴，即 OX、OY、OZ 轴测轴，三轴测轴的交点 O 称为原点。

2. 轴间角

相邻两根轴测轴之间的夹角称为轴间角，不同类型的轴测图其轴间角也不同。

3. 轴向伸缩系数

由于空间物体上有的坐标与轴测投影面倾斜，故其坐标的投影长度会缩短，把轴测轴的长度与空间坐标轴的长度之比称为轴向伸缩系数。OX、OY、OZ 的轴向伸缩系数分别用 p、q、r 表示。

轴间角和轴向伸缩系数是画轴测图的两个主要参数，根据投影方法和空间坐标相对轴测投影的位置不同，轴向伸缩系数有下面不同的类型：

正轴测图
- 正等轴测图（$p=q=r$）
- 正二轴测图（$p=r\neq q$）
- 正三轴测图（$p\neq q\neq r$）

斜轴测图
- 斜等轴测图（$p=q=r$）
- 斜二轴测图（$p=r\neq q$）
- 斜三轴测图（$p\neq q\neq r$）

由于正等轴测图和斜二轴测图作图简便、立体感强，工程上常采用这两种轴测图画法。

三、轴测图的投影特性

轴测图是应用平行投影法画出的，所以具备有平行投影的特性，主要有以下两种：

(1) 空间物体上互相平行的线段，在轴测图中也保持互相平行。

(2) 空间物体上平行于坐标轴的线段，在轴测图中仍平行于相应的轴测轴。

画轴测图时，空间物体上凡与轴测轴平行的线段，都可以沿轴测轴方向度量画图。所谓“轴测图”，就是沿“轴向测量”画图的意思。

第二节 正 等 轴 测 图

使空间物体的直角坐标轴与轴测投影面的倾角相等，用正投影法将物体连同其坐标轴一起投射到轴测投影面上，所得到的轴测图称为正等轴测图，简称正等测。

一、正等轴测图的轴间角和轴向伸缩系数

1. 轴间角

正等轴测图中的轴间角都相等，均为120°，其OZ轴为垂直方向，OX与OY轴分别与水平线成30°角度，如图4-3 (a) 所示。

2. 轴向伸缩系数

正等轴测图三个轴的轴向伸缩系数都相同，$p=q=r=0.82$。为了画图方便，规定采用简化伸缩系数，即$p=q=r=1$，如图4-3 (b) 所示。画轴测图时，凡平行于轴测轴的线段，可直接度量物体的实际尺寸画图。

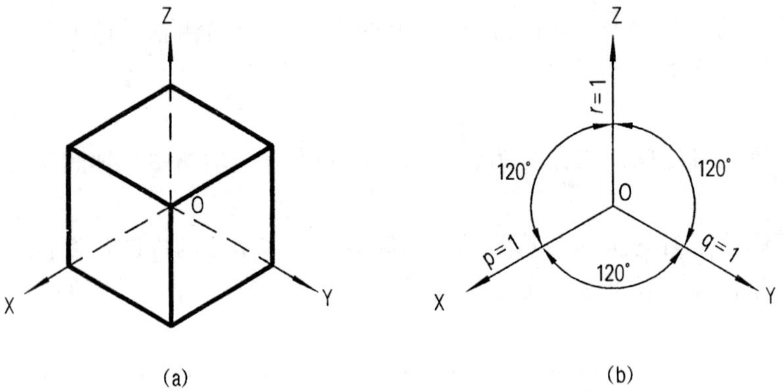

图4-3 正等轴测图的轴间角和轴向伸缩系数

二、正等轴测图画法

1. 平面体的正等轴测图画法

正等轴测图的基本画法有坐标法、切割法和叠加法三种。下面以一些常见的简单形体来介绍正等轴测图画法。

【例4-1】 根据正六棱柱的两视图，画出正等轴测图。

如图 4－4 所示，正六棱柱的正等轴测图画法采用的是坐标法。画轴测图时，先画出正六棱柱顶面正六边形的正等轴测图，再画出底面正六边形的正等轴测图，最后将顶面六边形和底面六边形对应的顶点连接成线，即为正六棱柱的正等轴测图。

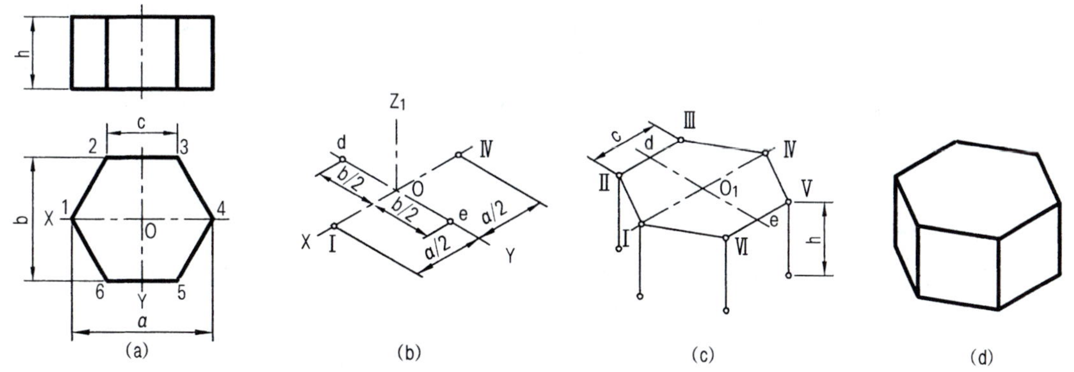

图 4－4　用坐标法画正六棱柱正等轴测图

画图步骤如下：

(1) 定出坐标原点，通过原点画 OX 和 OY 轴测轴。

(2) 在 OX 轴上直接找出Ⅰ、Ⅳ两点，在 OY 轴上过 O 点分别量取 $b/2$ 点，作 X 轴的平行线，如图 4－4 (b) 所示。

(3) 根据边长 c 分别定出Ⅱ、Ⅲ、Ⅴ、Ⅵ各点，连接Ⅰ、Ⅱ、Ⅲ、Ⅳ、Ⅴ、Ⅵ，即为顶面六边形的正等轴测图，再按顶点垂直画六棱柱高度 h 的棱线，如图 4－4 (c) 所示。

(4) 连接棱线底端各点，即完成正六棱柱的正等轴测图。

因为轴测图只要求画出可见轮廓线，不可见轮廓线一般不必画出，所以先画出顶面六边形的轴测图，使作图过程更加简便。

【例 4－2】 根据简单体的三视图，画出正等轴测图。

如图 4－5 所示，通过分析，该简单体为切割式形体，故可采用切割法画轴测图。

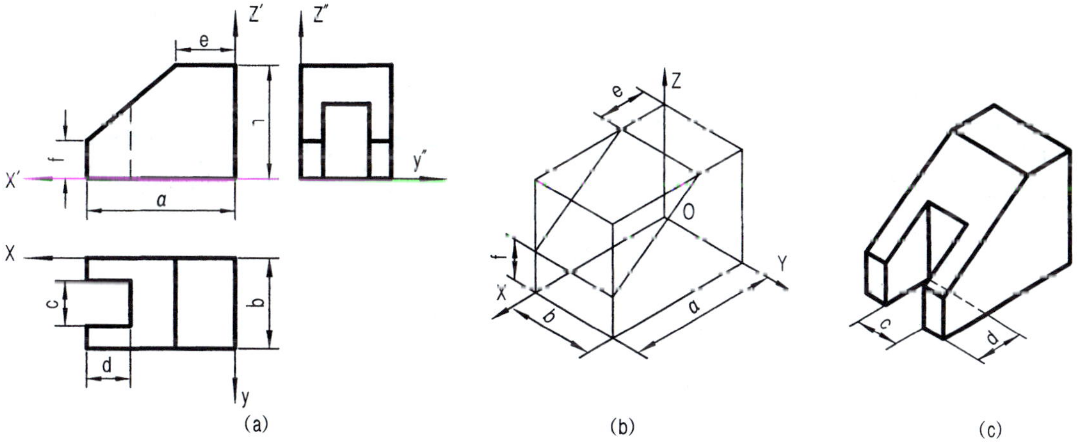

图 4－5　用切割法画简单体正等轴测图

画图步骤如下：

（1）按照简单体的长、宽、高尺寸（外形最大尺寸）首先完成长方体的轴测图，如图 4－5（b）所示。

（2）再按照被切去形体的尺寸及切割位置（f、e）斜切去长方体的左上角，如图 4－5（b）所示。

（3）最后在斜上角面上按照槽口尺寸（c、d）垂直挖去一个方槽，完成简单切割体的正等轴测图，如图 4－5（c）所示。

2. 回转体的正等轴测图画法

（1）平行坐标面圆的正等轴测图画法。画回转体的正等轴测图，首先要掌握圆的正等轴测图画法。平行于坐标面圆的正等轴测图都是椭圆，除了椭圆的方位不同以外，其画法都相同。图 4－6 所示为平行于三个不同坐标面圆的正等轴测图。

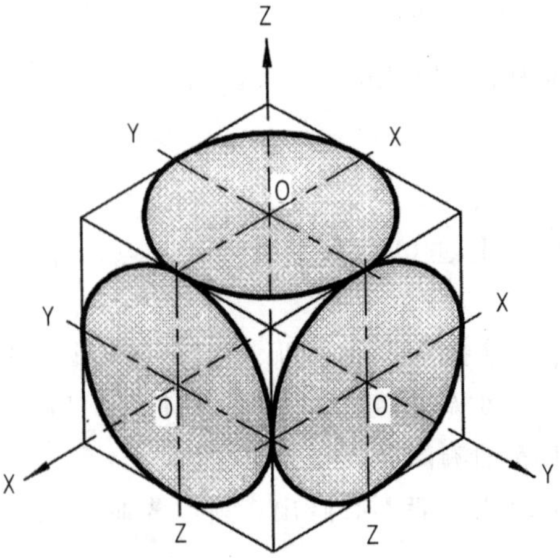

图 4－6　平行于不同坐标面圆的正等轴测图

通过图 4－6 看出，平行于 XOY 坐标面圆的正等轴测图，其椭圆长轴垂直于 OZ 轴测轴，短轴平行于 OZ 轴测轴；平行于 XOZ 坐标面圆的正等轴测图，其椭圆长轴垂直于 OY 轴测轴，短轴平行于 OY 轴测轴；平行于 YOZ 坐标面圆的正等轴测图，其椭圆长轴垂直于 OX 轴测轴，短轴平行于 OX 轴测轴，依据这一特点确定椭圆的方位。

椭圆画法采用四心法，具体画图方法如图 4－7 所示。

（2）回转体的正等轴测图画法。

【例 4－3】　根据回转体三视图，画出正等轴测图。

图 4－8 所示为对称缺口圆柱体正等轴测图的画图方法。

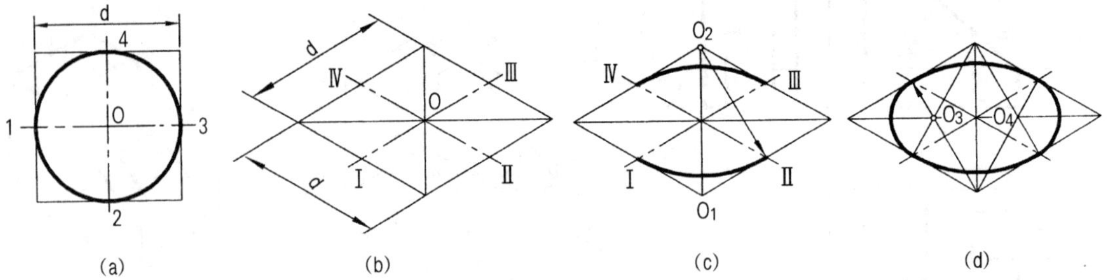

图 4－7　用四心法画椭圆方法

画图步骤如下：

（1）先画圆柱顶面圆的轴测图，再按圆柱的高度 h 画出底面圆的轴测图，用公切线连接上下两椭圆，完成圆柱体的轴测图，如图 4－8（b）所示。

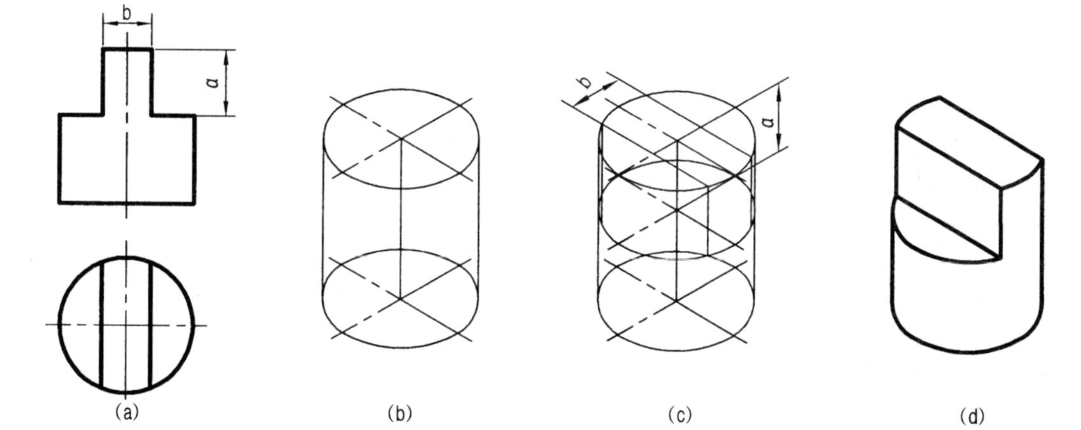

图 4－8　缺口圆柱体正等轴测图画法

（2）圆柱体的切口部分是被一个水平面（与圆柱顶面距离为 a）和两个侧平面（距离为 b）对称切割而成，故采用切割法画出切口部分的轴测图，如图 4－8（c）所示。

（3）擦去被切割部分的线条，即完成缺口圆柱体的正等轴测图，如图 4－8（d）所示。

【例 4　4】　根据带有圆角底板的两视图，画出正等轴测图。

图 4－9（a）所示是一个前端有两个 1/4 圆角的长方形底板。在正等轴测图椭圆画法中，其菱形框格的钝角与椭圆的大圆弧相对应，菱形钝角两条线的交点就是大圆弧圆心。锐角与椭圆的小圆弧相对应，菱形相邻两条边的中垂线的交点就是小圆弧的圆心，由此可以得出圆角正等轴测图的简便画法。

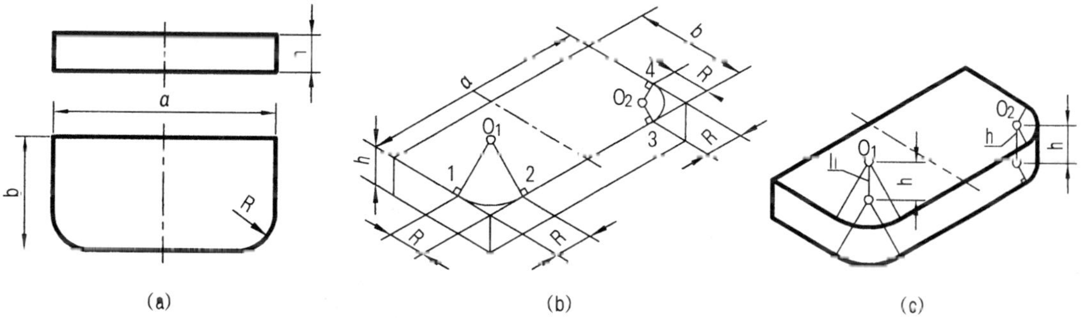

图 4－9　带有圆角底板的正等轴测图画法

画图步骤如下：

（1）先画出长方形底板的轴测图，根据圆角的半径 R，在底板上表面相应的线段上找出 1、2、3、4 圆弧连接点。过 1、2 点分别作相应线段的垂线，两垂线交点 O_1 便是大圆弧的圆心。过 3、4 点分别作相应线段的垂线，两垂线交点 O_2 便是小圆弧的圆心。分别以 O_1 为圆心，过 1、2 点画圆弧，以 O_2 为圆心，过 3、4 点画圆弧，完成底板上表面的圆角，如图 4－9（b）所示。

（2）将 O_1、O_2、1、2、3、4 点垂直下移底板的厚度 h，以同样的方法作底板底面的

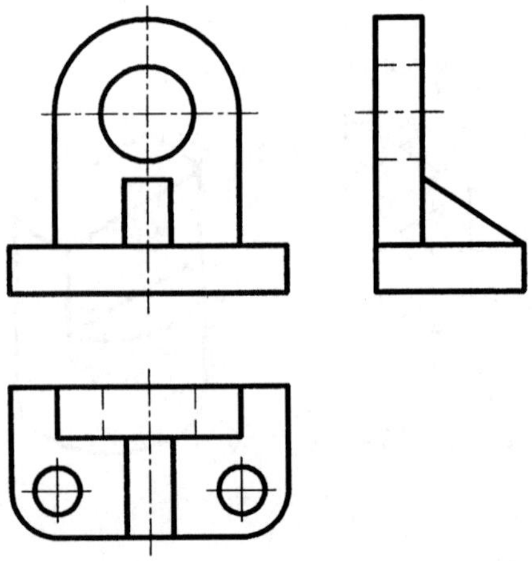

图 4－10　轴承座三视图

圆角，在底板右角处作上下两小圆弧的公切线，即完成底板圆角的正等轴测图，如图 4－9（c）所示。

3. 组合体的正等轴测图画法

【例 4－5】　根据轴承座三视图，画出正等轴测图，如图 4－10 所示。

通过形体分析，该轴承座主要是由带有两个圆孔圆角的长方形底板、直立的半圆板和三角支撑板叠加而成，故可采用叠加法画出正等轴测图。

画图步骤如图 4－11 所示：

（1）确定好轴测轴，先画出长方形底板的轴测图，如图 4－11（a）所示。

（2）确定直立半圆板在底板上的位置，画出半圆板的轴测图；确定三角板的位置，画出三角板的轴测图，如图 4－11（b）所示。

（3）最后画出长方形底板前端的圆角和两个圆孔、半圆板的孔，如图 4－11（c）所示。

（4）擦去多余的线条、将图线加深描粗，即完成轴承座的正等轴测图，如图 4－11（d）所示。

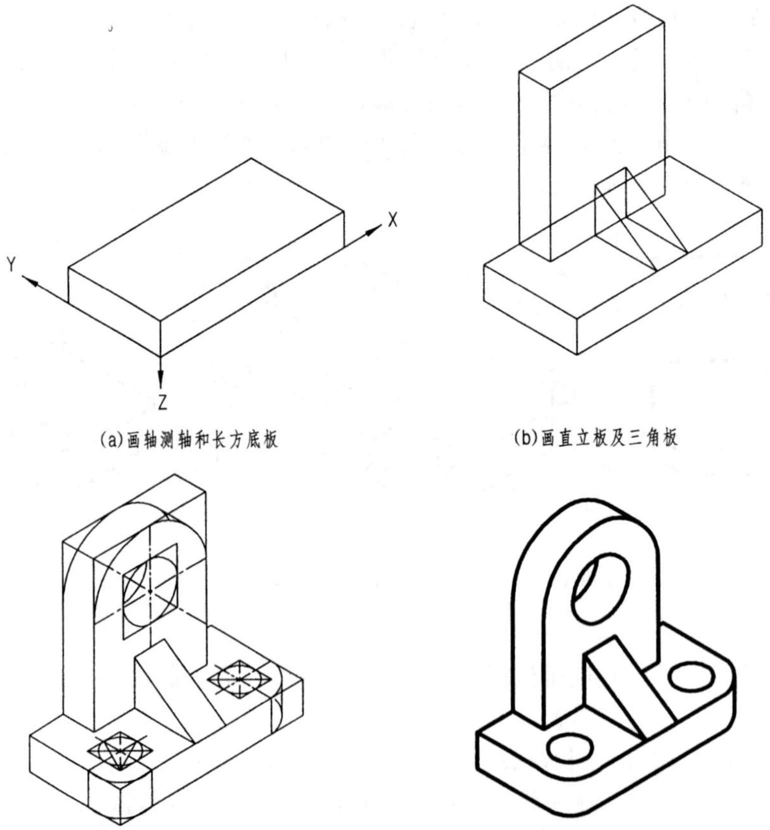

(a)画轴测轴和长方底板　　(b)画直立板及三角板

(c)画各部分圆和圆角　　(d)擦去多余的线条，将图线加深描粗

图 4－11　轴承座的正等轴测图画法

第三节　斜 二 轴 测 图

使空间物体的直角坐标轴中的 OX 轴和 OZ 轴平行于轴测投影面，用斜投影法将物体连同其坐标轴一起投射到轴测投影面上，所得到的轴测图称为斜二等轴测图，简称斜二测。

一、斜二等轴测图的轴间角和轴向伸缩系数

如图 4－12 所示，斜二等轴测图中的 OX、OZ 轴测轴分别为水平和垂直方向，轴间角为 90°，轴向伸缩系数 $p=r=1$。而 OY 轴与 OX、OZ 轴间角都是 135°，轴向伸缩系数 $q=0.5$。

在斜二等轴测图中，由于物体上平行于 OX、OZ 坐标面的线段和平面反映实长和实形，因此，当物体的一个方向有较多的圆或圆弧，或者形状结构比较复杂时，采用斜二等轴测图画法就比较简便。

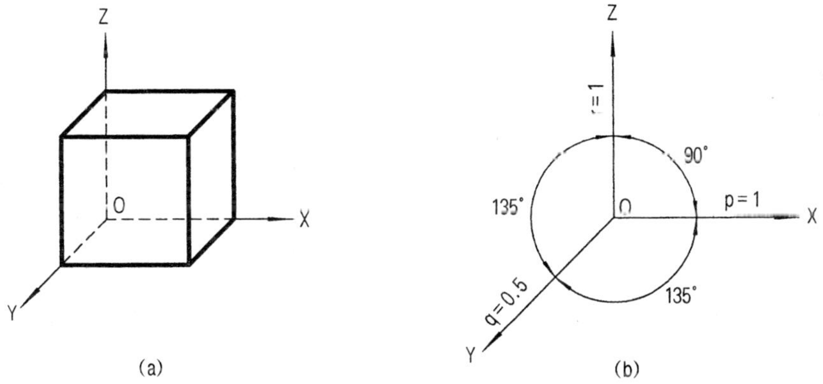

图 4－12　斜二轴测图的轴间角和轴向伸缩系数

二、斜二等轴测图的画法

【例 4－6】　画出简单体的斜二等轴测图。

由图 4－13（a）已知视图分析，该组合体是综合式组合方式，故可采用先叠加后切割方法画出轴测图，画图方法如图 4－13（b）、（c）、（d）所示。

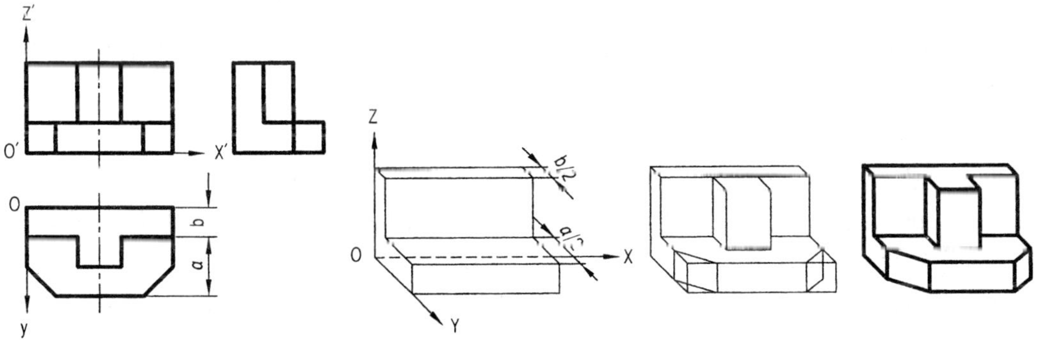

图 4－13　组合体的斜二等轴测图画法

【例 4-7】 画出圆筒的斜二等轴测图。

由图 4-14（a）所示的圆筒两视图分析。圆筒反映圆的一面都平行于 OX、OZ 坐标面，其圆的斜二等轴测图和实物圆的大小形状相同，只要沿着圆筒的轴线（OY 轴测轴）确定好同向各个圆的圆心后，按不同直径画好圆，最后用公切线连接相应的圆或圆弧而成。

画图步骤如下：

(1) 先画好 OY 轴测轴，根据圆筒的轴向长度 b 取 1/2（乘以轴向伸缩系数 0.5）在 OY 轴测轴上确定圆筒前端面和后端面圆的圆心画圆，用公切线连接前后端面圆，完成圆柱体的轴测图，如图 4-14（b）所示。

(2) 再在 OY 轴测轴上确定内圆孔圆心位置，画好内圆孔的各个圆或圆弧，如图 4-14（c）所示。

(3) 擦去不可见的轮廓线，将其余线条加粗描深，即完成圆筒的斜二等轴测图，如图 4-14（d）所示。

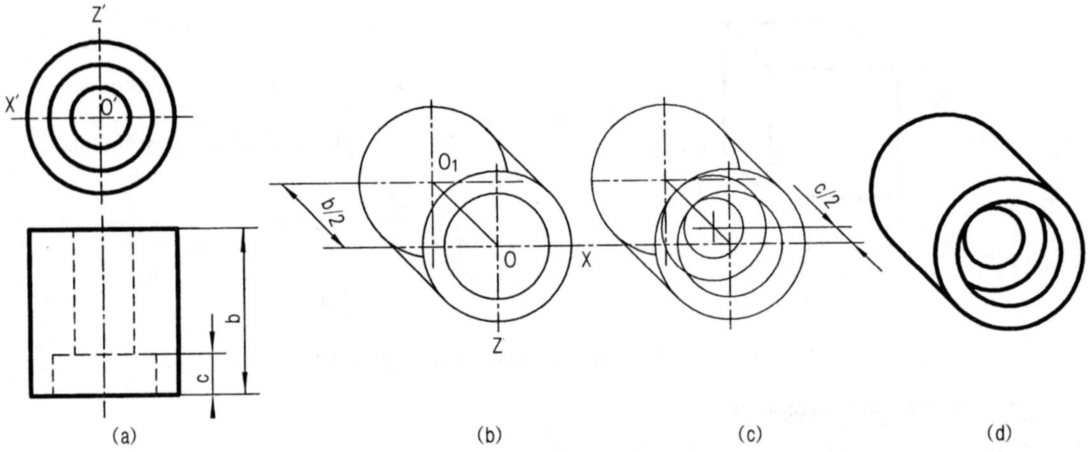

图 4-14 圆筒的斜二等轴测图画法

【例 4-8】 画出压盖的斜二等轴测图。

图 4-15（a）所示为压盖的三视图。通过分析，该压盖反映圆和圆弧的一面都平行于 OX、OZ 坐标面，故采用斜二等轴测图画法最简便。压盖是由端板和圆筒同轴叠加形成，可采用叠加法画出斜二等轴测图。

画图步骤如下：

(1) 根据压盖主视图，画出端板前端面轮廓图，然后将前端面轮廓图平行 OY 轴测轴后移 $a/2$，画出压盖后端面轮廓图，用公切线与前后两端面连接，完成压盖端板轴测图（要确定好各圆和圆弧的圆心点），如图 4-15（b）所示。

(2) 以端板前端面中心为圆心画出圆筒的后端面圆，再将后端面圆平行 OY 轴测轴向前移动 $d/2$ 画出圆筒前端面圆和同心圆孔（端板后表面的圆孔看不见），用公切线与前后两端面圆连接完成圆筒的轴测图，如图 4-15（c）所示。

(3) 擦去辅助线和不可见的轮廓线，将图线描粗加深，即完成压盖的斜二等轴测图，如图 4－15（d）所示。

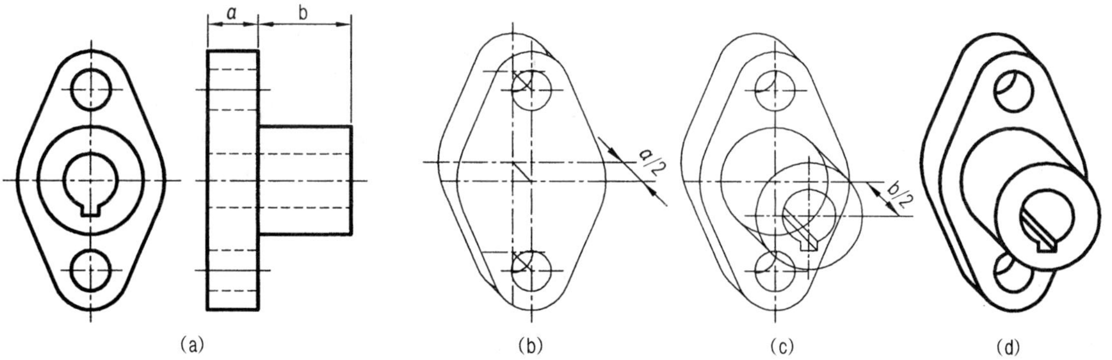

图 4－15　端盖的斜二等轴测图画法

第四节　轴　测　草　图

用尺规绘制轴测图比较麻烦，在生产实践中常采用轴测草图的画法。所谓轴测草图，就是按照机件的比例大小，用目测估计的方法徒手绘制的轴测图。由于这种轴测图不需用尺规绘制，图形精确度要求不高，画起来快而简便，因此应用较为广泛。

一、正等轴测草图画法

1. 徒手画正等轴测椭圆

如图 4－16 所示为正等轴测椭圆的画法。由于该圆平行于水平面，故先作 OX、OY 轴测轴，根据圆的直径 D 作菱形框格（正方形的正等轴测图），得四段圆弧的切点 1、2、3、4。将 $O1$ 或（$O3$）作三等分得等分点 A 点，过 A 点作 OY（或 OX）的平行线，交于椭圆长轴得 5 点，过 5 点依次作 OX、OY 轴的平行线，再交椭圆长、短轴于 6、7、8 点。依次光滑地连接八个点即为正等轴测椭圆的近似画法。

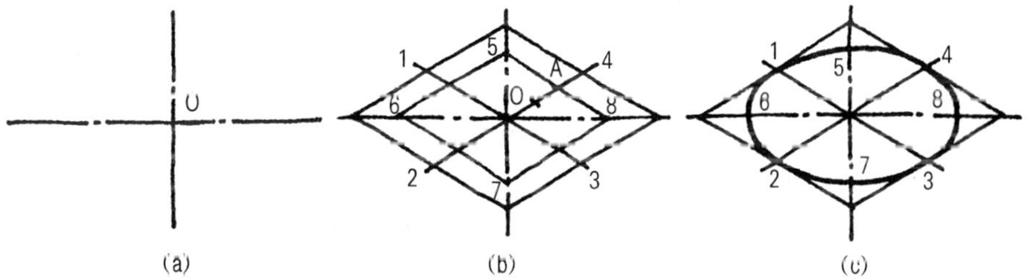

图 4－16　画正等轴测椭圆草图

2. 接头的正等轴测草图画法

如图 4－17 所示为接头正等轴测草图的作图方法和步骤。先画出长方体，按照切割的步骤和形体大小画出连接在一起的三块方板，然后在方板上完成平行于不同坐标面的椭圆和圆角的正等轴测图。

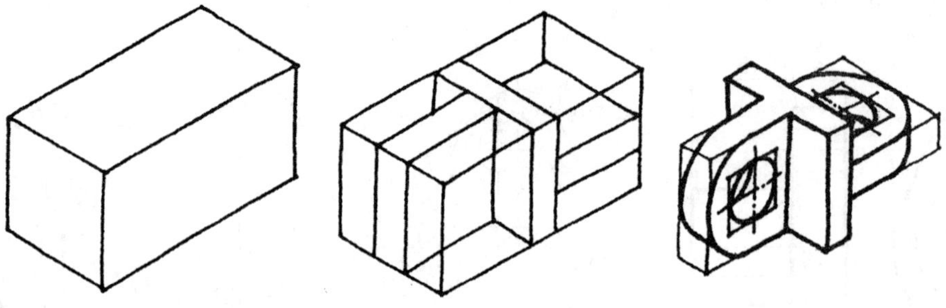

图 4-17 画接头正等轴测草图

二、斜二轴测草图

如图 4-18 所示为六角螺栓毛坯的斜二轴测草图。首先作 OY 轴测轴（六角螺栓的中轴线），在轴上确定正六边形和圆的圆心位置，然后在各自的圆心位置上画出正六边形和圆，最后作两个正六边形对应顶点的直线连接和两圆的外公切线而成。

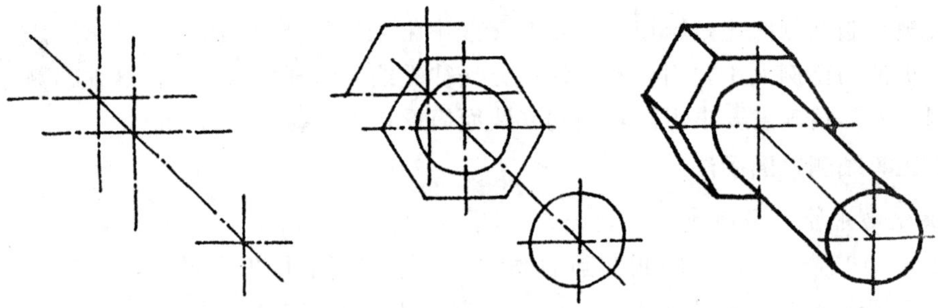

图 4-18 六角螺栓毛坯的斜二轴测草图

复习·思考·检测（单选）

1. 正轴测图是（　　）。

（A）单一中心投影　（B）单一斜投影　（C）多面正投影　（D）单一正投影

2. 轴测图的基本特性是（　　）。

（A）平行性，可量性　（B）平行性，收缩性

（C）收缩性，积聚性　（D）平行性，积聚性

3. 正等测的轴间角是（　　）。

（A）都是 90°　（B）90°，135°，135°

（C）都是 120°　（D）90°，90°，135°

4. 斜二测的轴向伸缩系数是（　　）。

（A）$p=q=r=1$　（B）$p=q=r=0.82$

（C）$p=r=1$，$q=0.5$　（D）$p=q=1$，$r=0.5$

5. 正平圆的斜二测图是（　　）。

（A）椭圆　　（B）与原来相同的圆

（C）放大 1.22 倍的圆　　（D）放大 1.22 倍的椭圆

6. 水平圆中心线的正等测图应平行（　　）。

（A）X、Y 轴　　（B）X、Z 轴　　（C）Y、Z 轴　　（D）任意两轴

7. 平行于正立投影面的正方形，对角线平行于 X 轴、Z 轴，它的正等测图是（　　）。

（A）菱形　　（B）正方形　　（C）多边形　　（D）长方形

8. 水平圆中心线的正等测图应平行（　　）。

（A）X、Y 轴　　（B）X、Z 轴　　（C）Y、Z 轴　　（D）任意两轴

第五章　组　合　体

【内容提要】

本章是主要介绍组合体组合形式与组合体形体分析法；讲解组合体三视图画法与尺寸标注，以及组合体视图识读。

【目标要求】

(1) 了解组合体的组合形式，理解组合体形体分析法。

(2) 初步掌握组合体三视图绘制与尺寸标注的方法，基本达到完整、准确、清晰的要求。

(3) 掌握阅读组合体三视图的基本方法，能根据视图想象出组合体的空间形状，具有根据已知两视图补画第三视图的能力。

由若干个基本体组合构成的形体称为组合体。由此可见，大多数机器零件都可以看作是组合体。掌握组合体视图画法和读图方法，可为绘制和识读机械图样打下基础，同时也有利于进一步培养和提高形象思维能力和空间想象力。

第一节　组合体的形体分析

一、组合体的组合方式

组合体有三种组合方式，即叠加式、切割式和综合式。叠加式组合体由若干个基本体叠加形成，切割式组合体可以看作是由基本体经过切割或挖孔挖槽形成的。最基本的组合方式是叠加式和切割式，但大多数的组合体是这两种方式的综合运用，即综合式组合体，如图 5-1 所示。

二、组合体的表面连接关系

从组合体的形体分析来看，构成组合体的各基本体之间相对位置不同，组合体上相邻表面之间连接关系也不同，由此可以分为平齐和不平齐表面、相切表面和相交表面三种连接关系。

1. 表面平齐和不平齐的连接

当相邻两基本体的表面互相平齐，形成共面，在两表面的连接处没有界线隔开。如果相邻两基本体的表面不平齐，在两表面的结合处要画出界线隔开，如图 5-2 所示。

2. 两表面相切的连接

表面相切是指两个基本体的相邻表面光滑过渡的连接关系。因此，当两表面相切时，在两表面的连接处没有分界线，如图 5-3 所示。

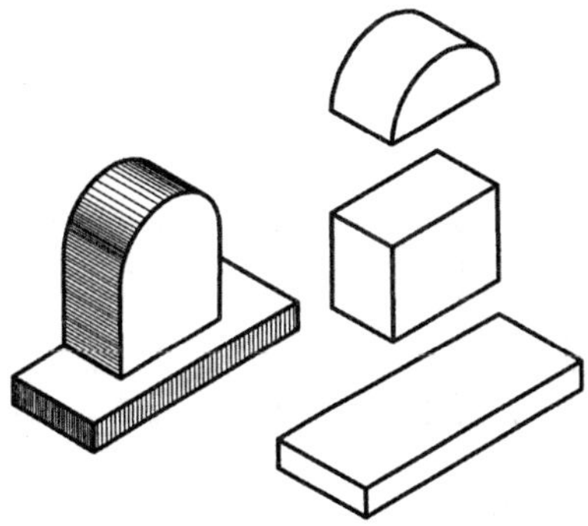

(a)叠加型

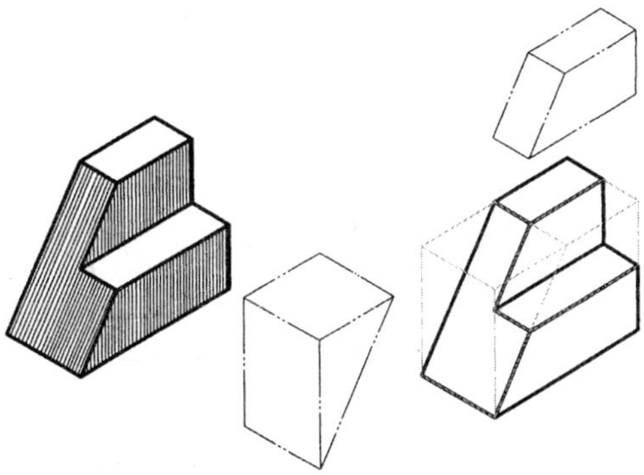

(b)切割型

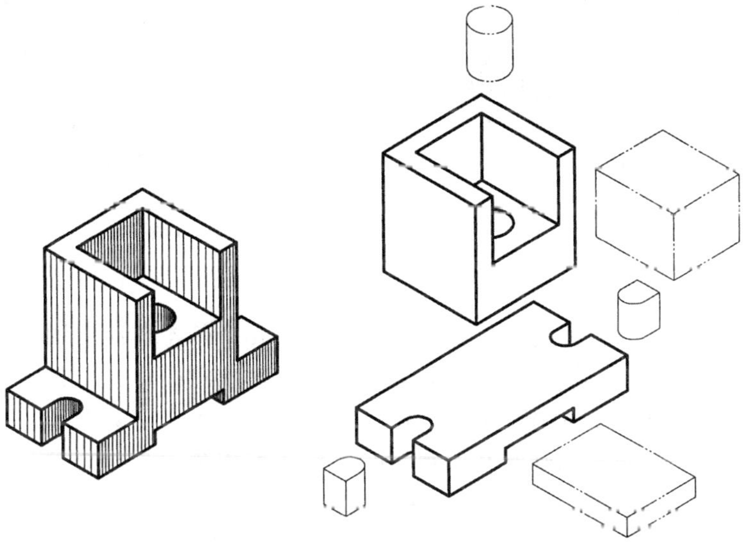

(c)综合型

图 5-1　组合体的组合方式

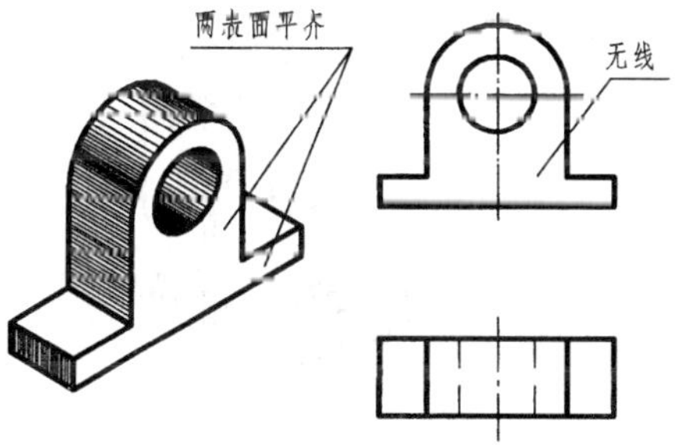

(a)表面平齐连接

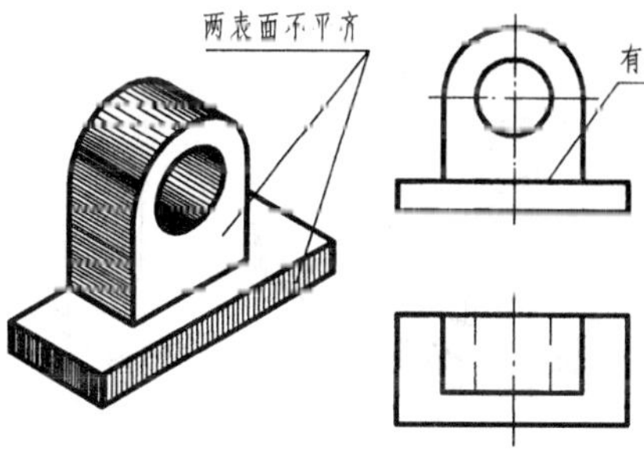

(b)表面不平齐连接

图 5-2　两表面平齐和不平齐的连接关系

3. 两表面相交的连接

表面相交是指两个基本体的表面相交所产生交线的连接关系。因此，在表面相交处应画出交线，如图 5-4 所示。

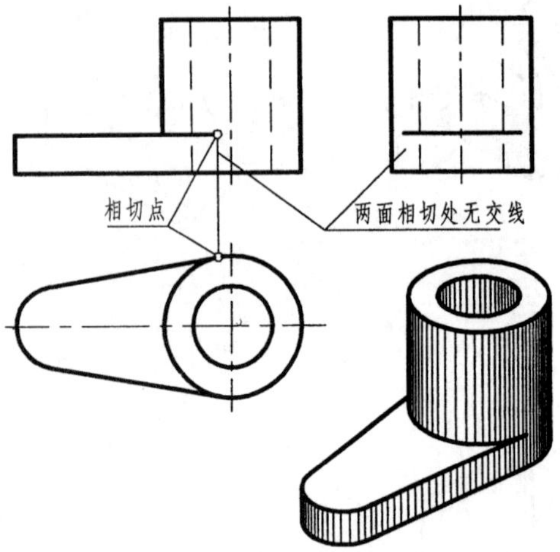

图 5-3　两表面相切的连接关系

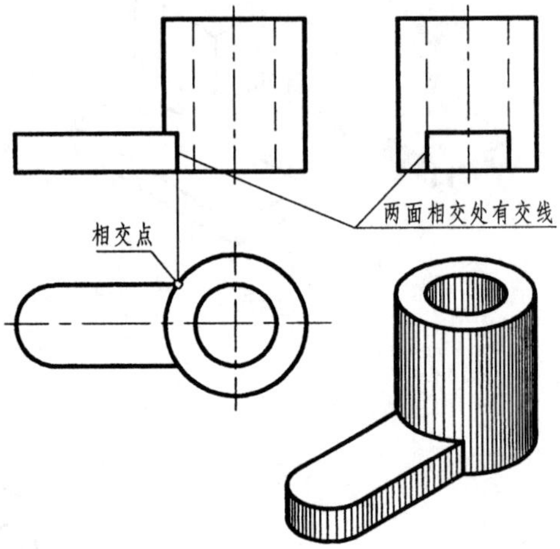

图 5-4　两表面相交的连接关系

三、组合体的形体分析法

绝大多数的组合体，仔细分析起来，都可以看成是由几个基本体组合而成的，如图 5-5 所示的轴承座是一个组合体，可以看成是由一块长方形底板、一个长方体、一个半圆柱体和一个三棱柱叠加后，如图 5-5（a）所示，再穿通两个小圆孔和一个大圆孔组合而成，如图 5-5（b）所示。画组合体视图时，可先把想象中的组合体分解为以上几个基本体，分析各个基本体的形状、相对位置、组合方式及相邻表面的连接关系，最后综合起来想象整体。把这种“先分解、后组合、再想象”的分析方法，称为组合体的形体分析法。

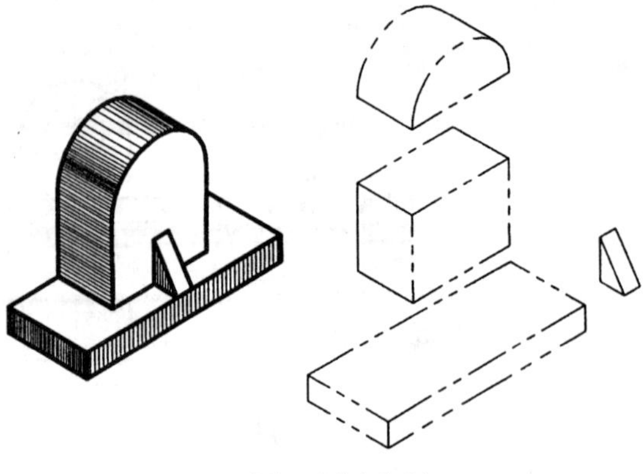

(a)先由四个基本体叠加

(b)再挖去三个圆柱体

图 5-5　轴承座的形体分析

第二节　组合体视图画法

一、运用形体分析法画图

形体分析法是将复杂形体简单化的一种思维分析方法，因此画组合体视图时，首先要运用这种分析方法，将组合体分解为几个基本体，了解各个基本体的几何形状及大小、它们之间的相对位置及组合方式、两基本体相邻表面的连接关系，形成组合体的整体概念后，最后画出组合体的视图。因此，形体分析法是指导画组合体的基本方法。

二、组合体视图的画法步骤

1. 叠加式组合体视图的画法

以图 5－6 所示的轴承座为例说明叠加式组合体视图画法。

（1）形体分析。轴承座由长方形底板、圆柱筒、三角形支撑板和肋板共四个部分组成。底板、三角形支撑板和肋板为叠加组合形式；支撑板的左右两侧和圆柱筒表面相切；支撑板和肋板与圆柱筒表面相交，其交线为圆弧和直线；支撑板和底板后表面平齐；在底板前端切有两个圆角，上面垂直穿通两个圆孔，下面开有一个方槽。

（2）选择视图。首先选择主视图。主视图是表达组合体的一组视图中最重要的视图，通常要求能较多地反映组合体各组成部分的形状特征和相对位置关系。因此选择了图5－6中箭头所指的方向作为主视图的投影方向。当主视图选择好后，还不能完整地表达轴承座的形状结构，必须还要选择俯、左两个视图共同表达。根据三视图的投影规律关系，俯视图和左视图的投影方向也就能确定。

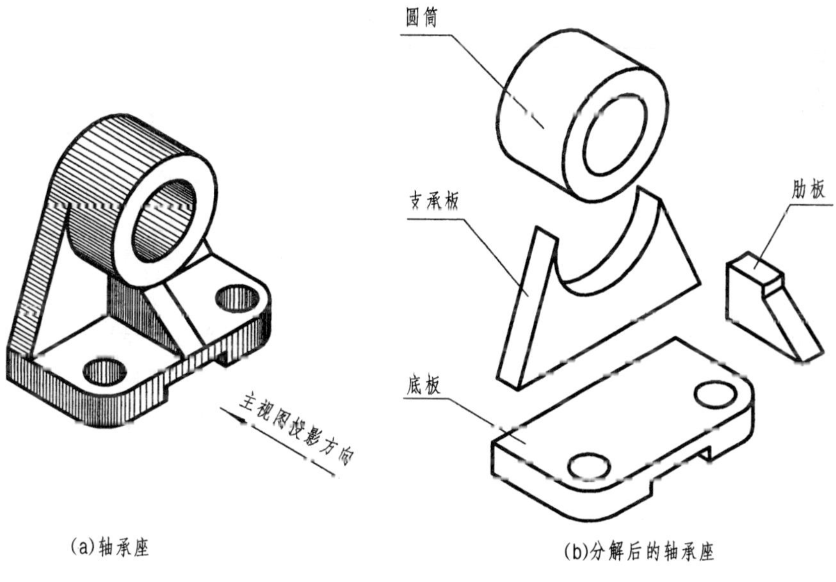

图 5－6　轴承座的形体分析

（3）布置视图。视图确定以后，根据组合体的大小和复杂程度，选定作图比例和图幅，确定三个视图的位置，画出三个视图的基准线，如视图的底线、端面线、中心线或对称线等。布置视图时应注意三个视图之间留有足够的空隙，以便标注尺寸。

（4）画底稿图。三面视图画法步骤如图 5－7 所示。为了能够迅速准确地画出组合体视图，画底稿时应注意下面三个问题：

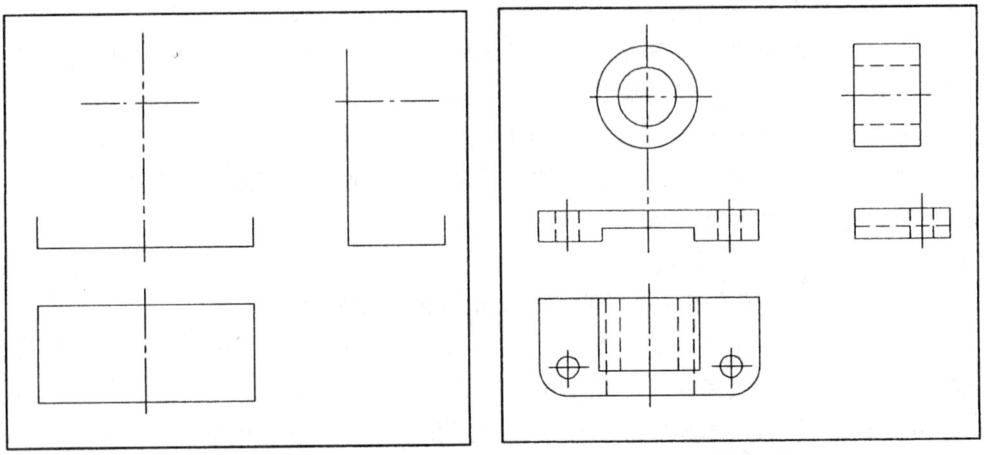

(a)布置视图画基准线　　(b)画底板和圆筒

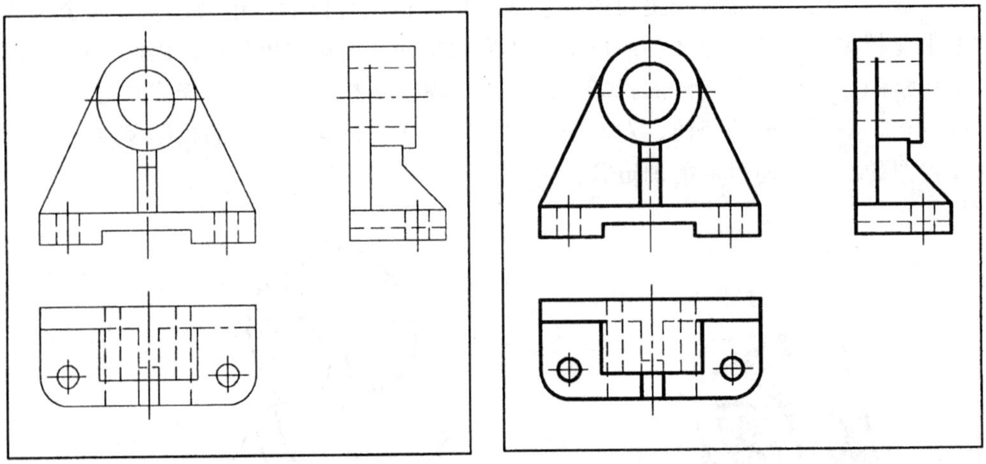

(c)画支承板和肋板　　(d)检查修改、描深加粗图线，完成全图

图 5－7　轴承座三视图画法步骤

1）画图时应从反映形状特征的视图开始入手，先画主要部分，后画次要部分；先画可见轮廓线，后画不可见轮廓线；先画圆或圆弧，后画直线，依次进行。

2）画图时，组合体中各基本体的三个视图要同时画，这样既能保证各基本体之间的相对位置和投影关系，又能提高画图速度。

3）画底稿图时，图线要轻而淡，以便修改。

（5）检查描深。底稿完成以后，要检查三视图中各组成部分是否符合投影关系，分析相切线和相交线画法是否错误，视图中是否多线或漏线，根据组合体实物或立体图一一对照，确定无误后，按照图线类型和规格描深或描粗图线。

2. 切割式组合体视图的画法

以图 5－8 所示的垫块为例说明切割式组合体视图画法。

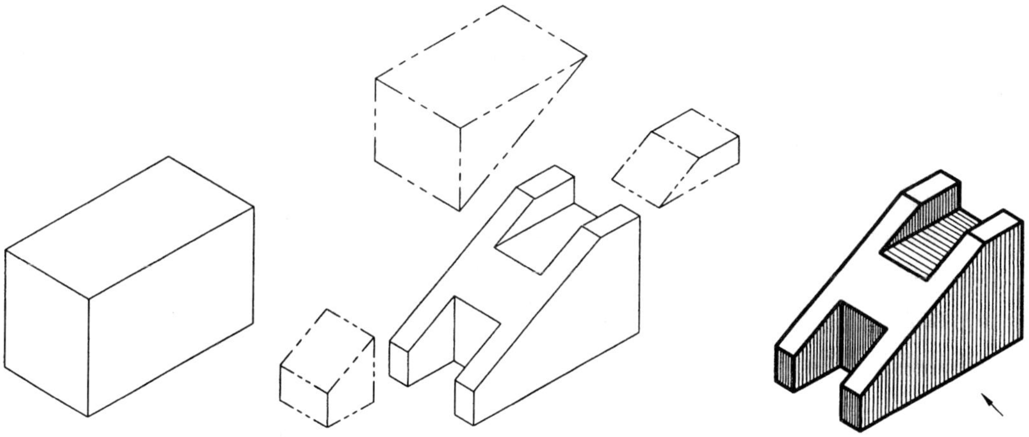

(a)　　(b)　　(c)

图 5-8　垫块的形体分析

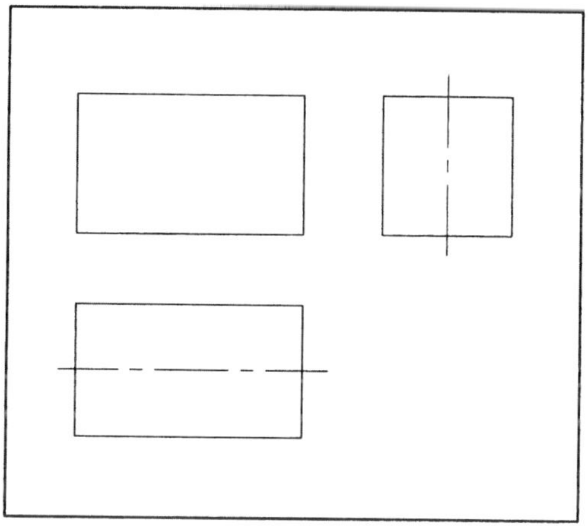

(a)画长方体

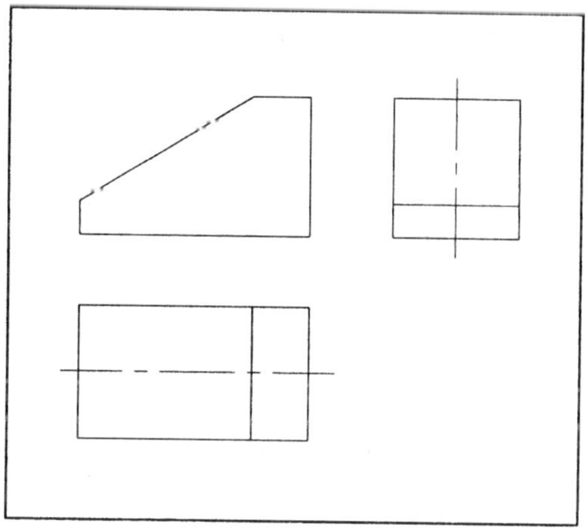

(b)切去左上角的三棱柱体

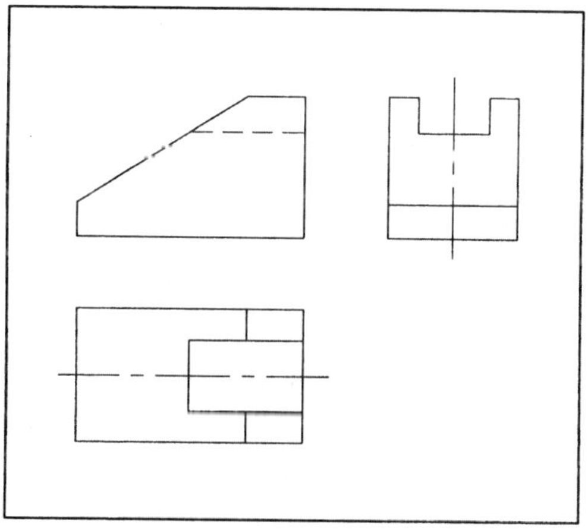

(c)左右方向挖方槽

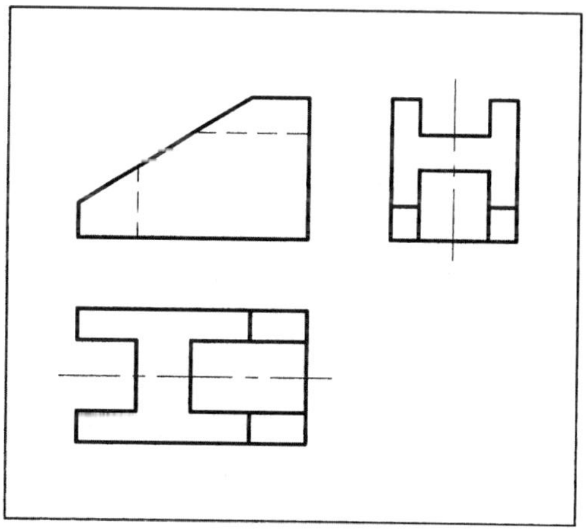

(d)左端垂直方向挖方槽

图 5-9　垫块三视图画法步骤

（1）标注定形尺寸。依次标注底板、圆筒、支撑板和肋板的定形尺寸。如底板高度尺寸 9，底板上圆孔直径 2×ϕ6，圆角 $R8$；圆筒ϕ16、ϕ28，宽 20；支撑板和肋板的厚度尺寸 6 等。

（2）标注定位尺寸。定位尺寸应标注在形体相对位置较明显的视图上，如圆筒中心距离底板底面的高度尺寸 40 标注在主视图上；底板上两圆孔的中心定位尺寸 45 和 20 标注在俯视图上。

（3）标注总体尺寸。如总长 61，总宽 28。由于总高尺寸可由圆筒直径ϕ28 和圆筒中心高度尺寸 40 计算出来，总高尺寸就不需重复标注了。

按以上步骤标出轴承座的全部尺寸后，还要逐个检查有无错误和遗漏，然后修正和调整。

三、标注尺寸应注意的问题

为了使所标注的尺寸达到正确、齐全、清晰的要求，还要注意下面几个问题。

（1）尺寸应注在形体特征最明显的视图上，并尽量避免标注在虚线上面。如底板高度尺寸 9、长度尺寸 61，圆筒ϕ16、ϕ28，圆筒中心高度尺寸 40 标注在主视图上比较明显；底板上圆孔直径 2×ϕ6，圆角 $R8$ 则标注在俯视图上比较明显。

（2）标注基本体的定形、定位尺寸应相对集中在一、二个视图上标注，不能太分散，以免造成看图困难。如底板上圆孔直径 2×ϕ6、圆角尺寸 $R8$、两圆孔中心距 45 都集中在俯视图上标注。

（3）为使视图清晰，应尽量将尺寸标注在视图外面，平行排列的尺寸应使小尺寸注在里面，大尺寸注在外面，这样标注避免了尺寸线、尺寸界线与轮廓线相交。

（4）两视图相关联的尺寸，应尽量标注在两个视图之间的位置上，以便于集中尺寸和看图。

（5）同心多圆的直径尺寸应尽量标注在非圆的视图上。

第四节　读组合体视图

画图，是将形体画成视图来表达其形状；看图又称读图，是依据画好的视图想象出形体的形状。两者比较，显然读图的难度要大些。为了能够正确地看懂组合体视图，必须要掌握看图的基本要领与方法步骤，并通过反复实践，逐步培养形象思维能力和空间分析能力，提高看图水平。

一、读图的基本要领

1. 几个视图联系起来看

表达组合体的形状，用一个视图是不能够表达清楚的，往往要通过几个视图才能表达完整，因此读组合体视图时必须要把几个视图联系起来看。

如图 5－12 所示，这是四个不同的组合体，它们的主视图都相同，如果仅看主视图，无法辨认出它们是不同的形体，由此可见，看图时必须将所给的俯视图联系起来共同分析，才能正确想象出这四个组合体的不同形状。

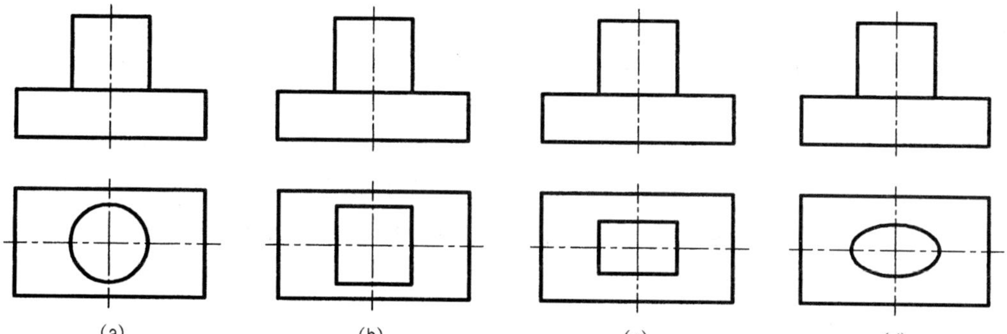

图 5-12 两个视图联系看才能确定组合体形状

2. 明确视图中线段和线框的含义

每一个视图是由一个个封闭的线框组成的，而线框又是由线段构成的。因此，弄清线段和线框的含义，对于看组合体视图是十分必要的。

（1）线段的含义。如图 5-13 所示，视图中的线段有三种含义，一是表面具有积聚成线段的投影；二是两表面相交的交线投影；三是曲面转向轮廓线的投影。

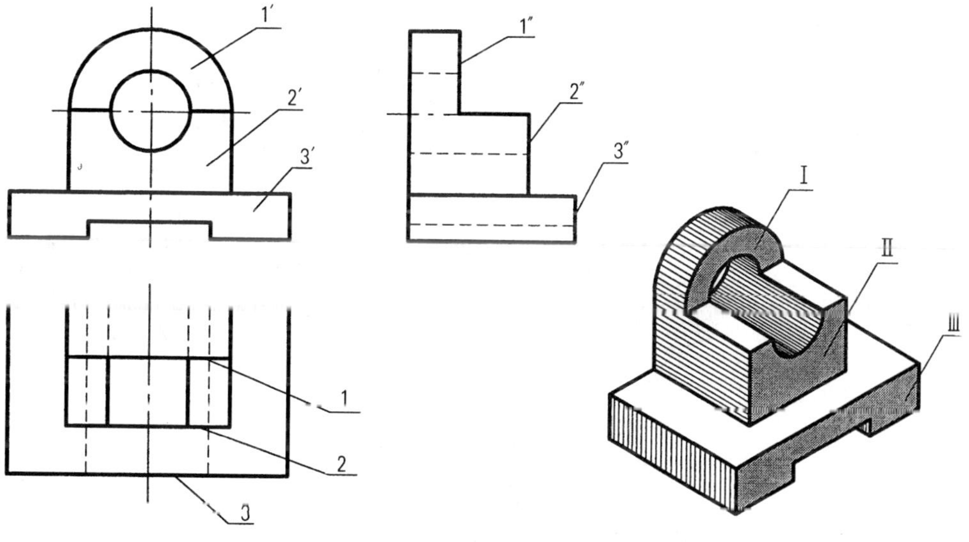

图 5-13 视图中线段和线框的含义

（2）一个线框的含义。视图中的一个线框是表达形体的一个表面，可能是平面或曲面。

（3）相邻两个线框的含义。是表达形体上不同位置的两个面，它们之间有上下、前后、左右的位置关系，或者是两表面相交关系。

（4）大线框包含小线框的含义。是表达小形体在大形体上的凸起或凹坑和穿孔。

二、读图的方法与步骤

1. 用形体分析法读图

形体分析法是读图的主要方法。运用形体分析法看图，关键在于掌握将复杂的组合体图形分解成几个简单的几何图形，把一个简单的几何图形看做是基本体的一个投影，并找出另外两个视图中与之对应基本体的投影，将其三个投影联系起来想象该基本体形状的方法。

如图 5－14 所示的组合体，在主、俯、左三个视图中，把反映形状特征较明显的主视图分成由四个线框组成，然后根据投影规律关系，找出这四个线框在俯视图和左视图中与之对应的投影，从而分析这四个线框所表达形体的形状和它们之间的相对位置，最后综合起来想象组合体的整体形状。

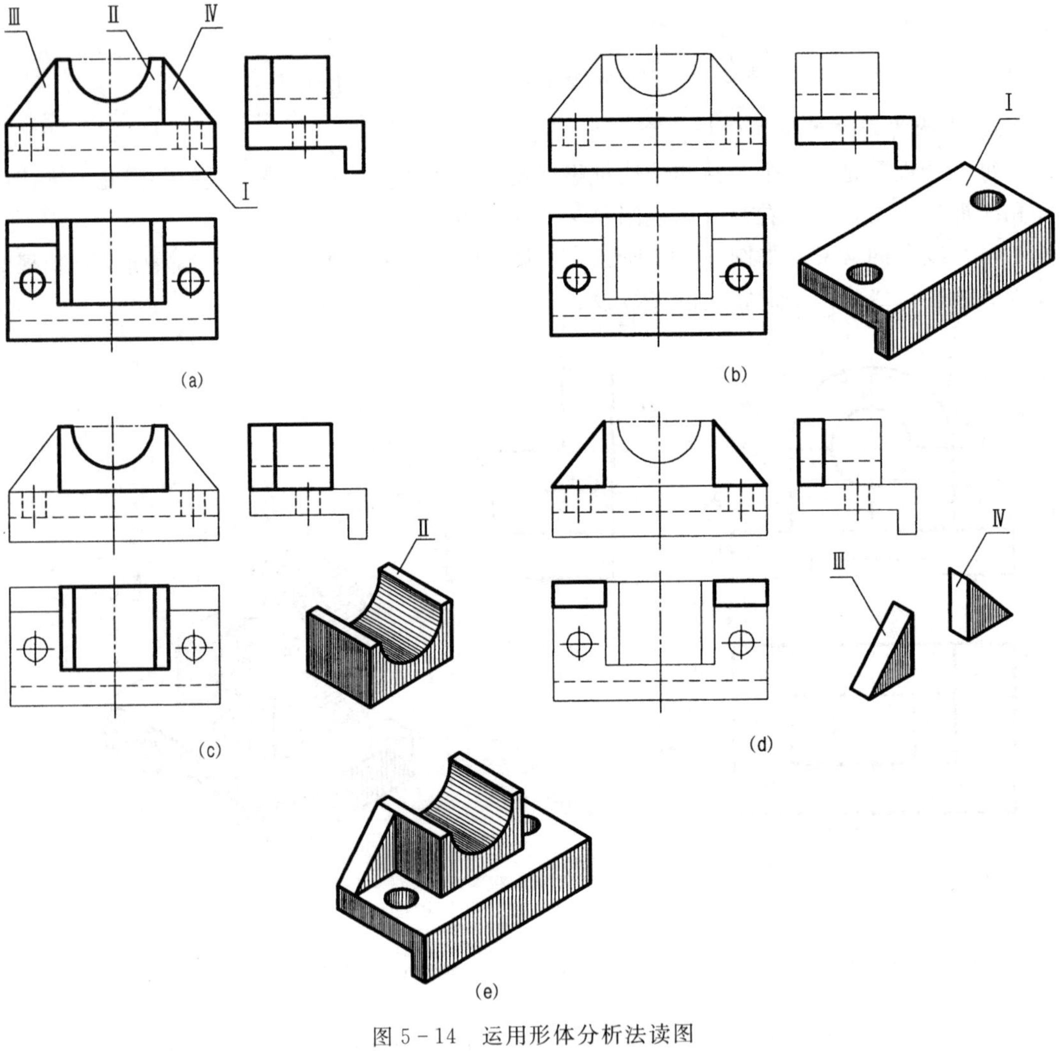

图 5－14　运用形体分析法读图

2. 抓住特征读图

所谓特征，是指组合体的形状特征和组成的各基本体之间相对位置特征。

(1) 形状特征视图。如图 5－15 所示小汽车的三视图，假如只看俯、左两个视图，很难分辨出来是小汽车；假如将主、俯配合起来看图，即使没有左视图，也能想象出小汽车的全貌。或者将主、左视图配合起来看图，即使没有俯视图，同样也能想象出小汽车的全貌。由此看来，三个视图中如果没有主视图，就不能够表达小汽车的全貌，这就说明主视图是小汽车形状特征最明显的视图，也就是所谓的形状特征视图。

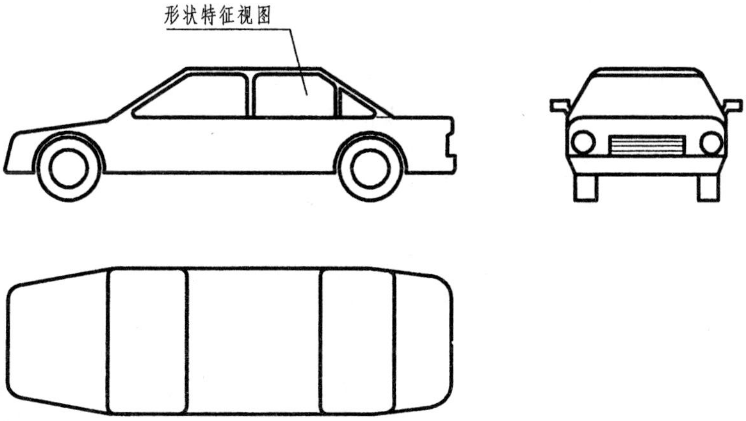

图 5－15　形状特征明显的视图

（2）位置特征视图。如图 5－16 所示的组合体，在主视图中，外围线框里包含有两个小线框，一个是圆，一个是矩形，如果只看主、俯两个视图，两个小线框所表达的基本体哪个是凸出、哪个是凹进则无法确定。但如果将主、左视图配合起来看图，就能明显辨别圆柱是凸出、而矩形是四棱孔。显然，左视图是反映该组合体各组成部分之间相对位置特征最明显的视图，即位置特征视图。

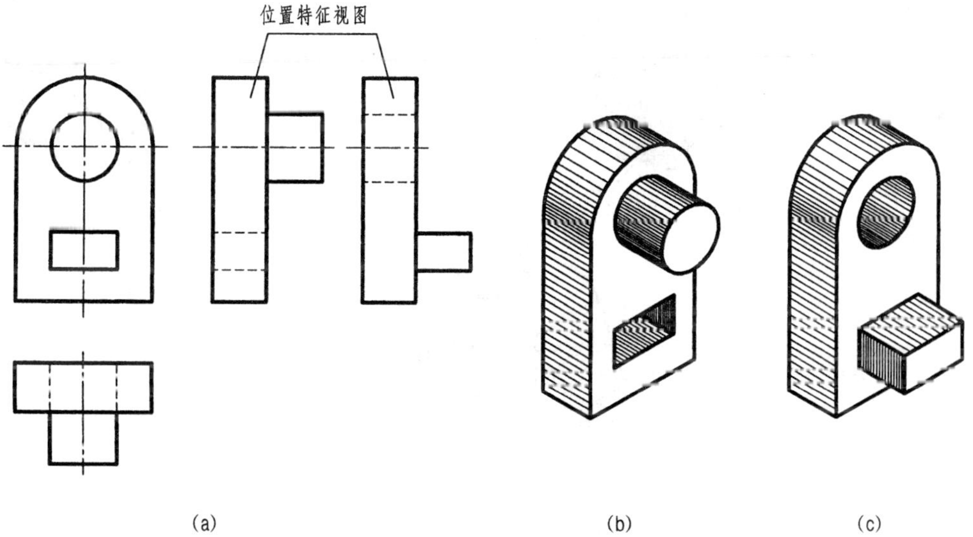

图 5－16　位置特征明显的视图

这里应注意一点，组合体上每一组成部分的特征并非总是全集中在一个视图上。因此在看图时，无论哪个视图，只要是形状、位置特征有明显之处，就应从该视图入手，配合其他两个视图分析判断。

3. 用线面分析法读图

用线面分析法读图，就是将视图中的一个线框看做是组合体上的一个面（平面或曲面）的投影，利用投影关系，在其他视图上找出该面的对应投影，再分析这个面的投影特性，想象出空间位置和形状，最后综合分析组合体的各个面，进而想象出组合体的完整形状的方法。在看切割式组合体的视图时，经常采用线面分析法。

如图 5-17（a）所示为压块组合体三视图，读图方法和步骤如下：

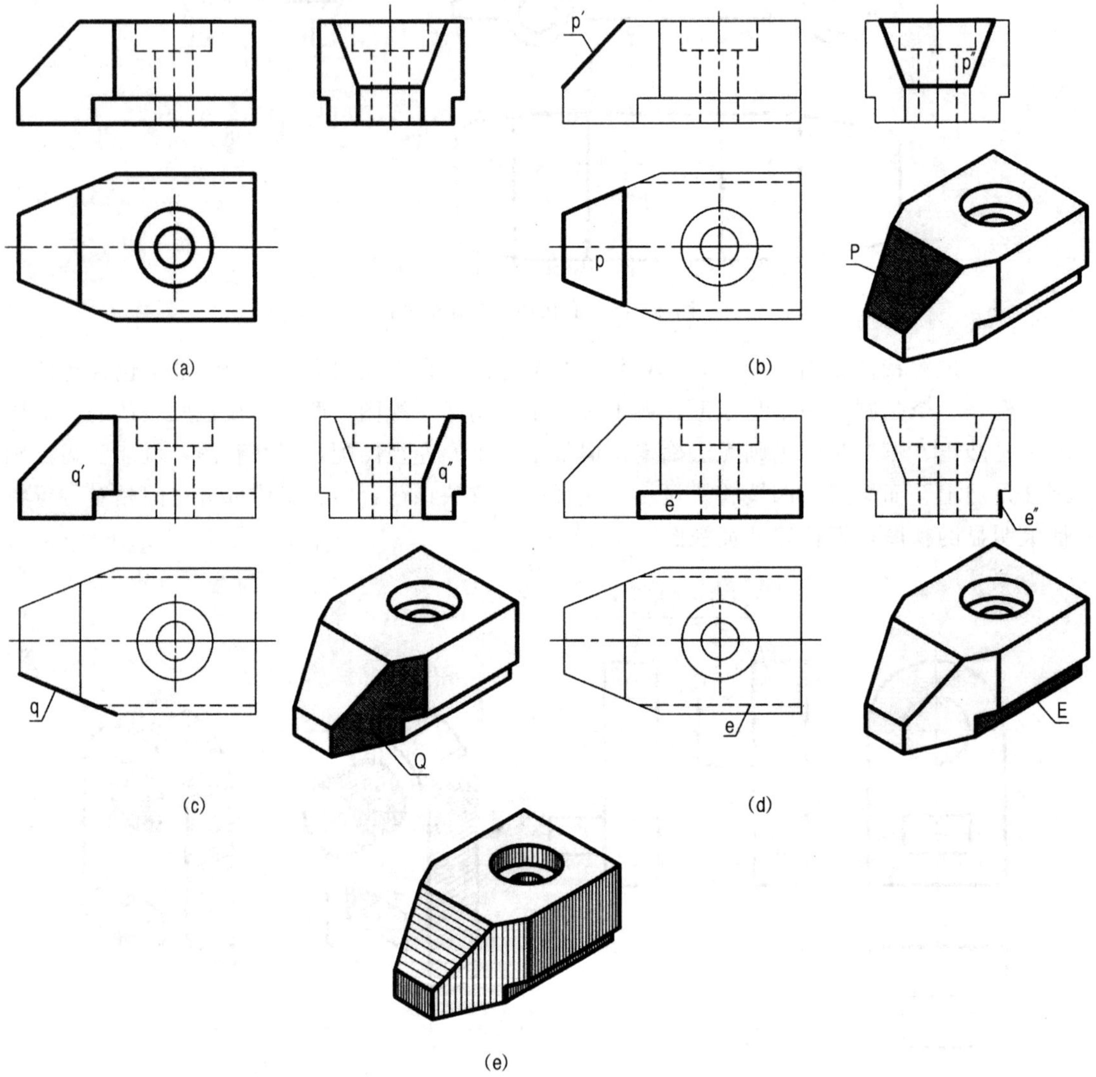

图 5-17　运用线面分析法读图

（1）如图 5-17（b）所示，由俯视图中的线框 p，对应主视图上的斜线 p′，可判断 P 面是垂直于正面的梯形平面，从而想象出是在压块的左上方垂直于正面切去一角。平面 P 对水平面和侧面都倾斜，不反映实形，通过水平投影 p 和侧面投影 p′可以看到梯形的类似形状。

（2）如图 5－17（c）所示，由主视图中的线框 q′，对应俯视图上的斜线 q，可判断 Q 面是垂直于水平面的不规则多边形平面，从而想象出是在压块的左前方垂直于水平面切去一角。平面 Q 对正面和侧面都倾斜，不反映实形，通过正投影 q′和侧面投影 q″可以看到多边形的类似形状。

（3）如图 5－17（d）所示，由主视图中的长方形线框 e′，对应俯视图上的水平线 e，可判断 E 面是平行于正面的矩形平面。再通过左视图上对应的直线 e″判断，该平面是往里凹进的，从而想象出该平面是被挖去一个长四棱柱后形成的。因为左视图对称，在压块的后面也被同样方法挖去一个长四棱柱。

（4）通过对压块的线面分析（中间阶梯孔不作分析），对其整体和局部结构形状有了完整的概念，从而想象出压块的完整形状，如图 5－17（e）所示为压块的立体图。

三、读图练习方法

1. 由已知两视图补画第三视图

由已知两视图补画第三视图，是训练读图能力、培养形象思维力和空间想象力的重要手段，补画第三视图是读图和画图的综合练习。补画第三视图一般分两步进行：

第一步，根据已给的视图按前述的读图方法看懂视图，想象出组合体的形状结构。

第二步，在想象出组合体形状结构的基础上，运用三视图的投影规律，按各组成部分逐一画出第三视图。

补画第三视图的方法与步骤如图 5－18 所示。

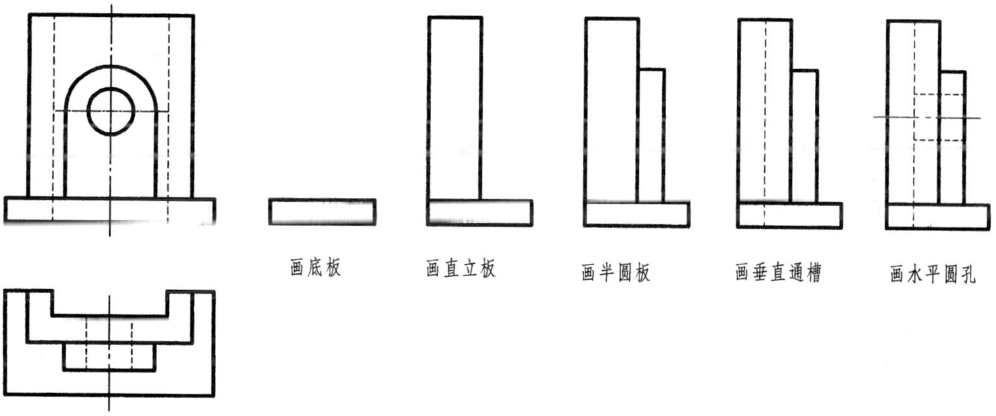

图 5－18　已知两视图补画第三视图

2. 补画视图中的漏线

补画视图中的漏线是在已知的三视图中将缺漏的线段补画出来。首先，运用形体分析法或线面分析法看懂三视图所表达的组合体形状，细心检查已知视图中哪些部分有漏画的线段（每根线段在各个视图中都有对应的投影），最后根据投影规律补画出漏画的线段。

补画视图中的漏线如图 5－19 所示。从已知三个视图的轮廓特征分析，该组合体是一个长方体被几个不同位置的平面截割形成，可按切割式的组合方式，边切割边补线逐个补画出三视图中每条漏线。注意，在补画漏线过程中，每条漏线在各个视图中要符合投影规律。

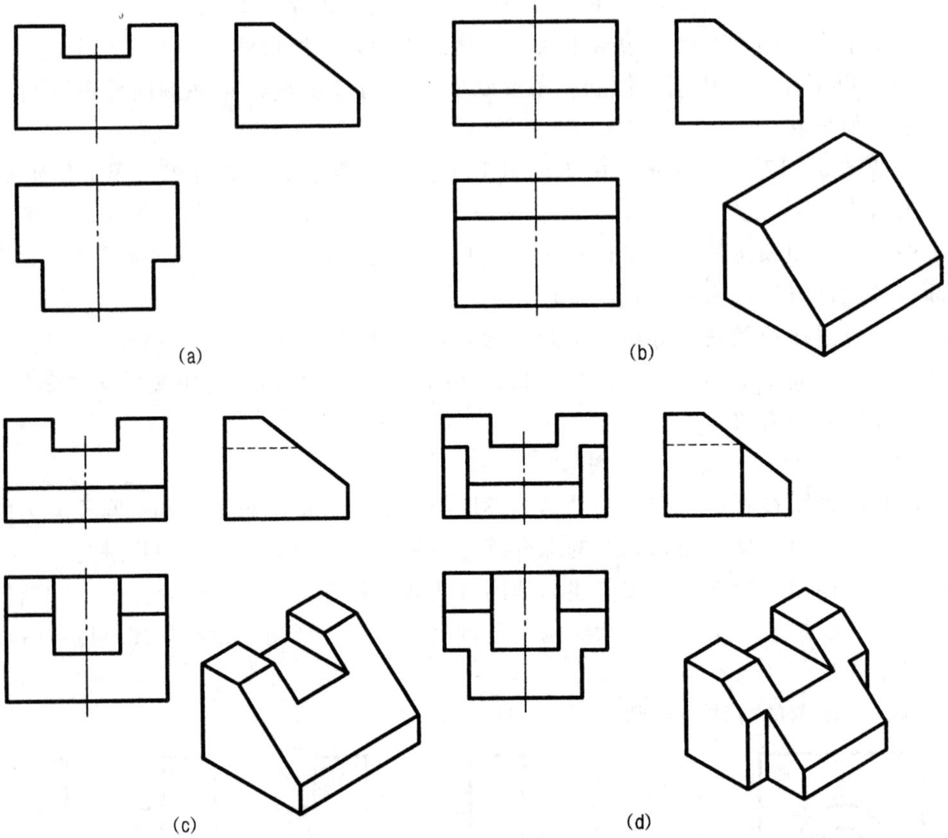

图 5-19　补画视图中的漏线

复习·思考·检测（单选）

1. 绘制组合体视图时，应先进行（　　）。
(A) 形体分析　　(B) 线面分析　　(C) 基准分析　　(D) 尺寸分析
2. 选择组合体主视图的投影方向时，应（　　）。
(A) 尽可能多地反映组合体的形状特征及各组成部分的相对位置
(B) 使它较大面平行于水平面
(C) 使其他视图呈现的虚线最少
(D) 综合考虑
3. 柱体需要标注的尺寸是（　　）。
(A) 两个底面形状尺寸和两底面间的距离
(B) 所有线段的定形尺寸
(C) 一个底面形状尺寸和两底面间的距离
(D) 底面形状尺寸
4. 台体需要标注的尺寸是（　　）。

（A）两个底面形状尺寸和两底面间的距离
（B）所有线段的定形尺寸
（C）一个底面形状尺寸和两底面间的距离
（D）底面形状尺寸

5. 切割体需要标注的尺寸是（　　）。
（A）原体尺寸和截平面的形状尺寸
（B）原体尺寸和截平面的位置尺寸
（C）原体尺寸和截平面的形状与位置尺寸
（D）所有线的定形尺寸及定位尺寸

6. 大半圆球直径尺寸数字前应标注的符号是（　　）。
（A）ϕ　　（B）R　　（C）Sϕ　　（D）SR

7. 大半圆柱应标注的尺寸是（　　）。
（A）2 个　　（B）3 个　　（C）4 个　　（D）5 个

8. 标注尺寸的方法是（　　）。
（A）先形体分析，再选定尺寸基准，最后标注尺寸
（B）先标注定形尺寸，再定位尺寸，最后标注总体尺寸
（C）先标注长度方向尺寸，再标注宽度方向尺寸，最后再标注高度方向尺寸
（D）先标注直线类尺寸，再标注圆弧类尺寸，最后标注角度

9. 阅读组合体三视图，首先应使用的读图方法是（　　）。
（A）线面分析法　　（B）形体分析法　　（C）尺寸分析法　　（D）综合分析法

10. 阅读组合体视图中形体较复杂的细部结构时，要进行（　　）。
（A）形体分析　　（B）线面分析　　（C）投影分析　　（D）尺寸分析

第六章　机件的表达方法

【内容提要】

本章主要介绍国家标准《技术制图》和《机械制图》关于表达机件内、外结构形状的各种表达方法，以及“简化表示法”中的有关规定。

【目标要求】

(1) 掌握视图、剖视图和断面图的基本概念、画法、标注方法与使用条件。

(2) 了解局部放大图和常用的简化表示法。

(3) 能初步应用各种表达方法，比较完整、清晰地表达机件的内、外结构形状。

根据使用要求不同，机件（包括零件、部件和机器）的结构形状是多种多样的。由于机件的复杂程度不同，要想把它们的结构形状表达得完整、清晰，而画图又简便，只用主视、俯视和左视等三个基本视图是满足不了要求的。为此，国家标准《技术制图　图样画法》、《机械制图　图样画法》及《技术制图　简化表示法》规定了图样的各种表示法——视图、剖视图、断面图、局部放大图及简化画法等。

第一节　视　　图

用正投影法绘出的机件图形称为视图。视图主要用来表达机件的外部结构和形状，一般用粗实线画出机件的可见部分，其不可见部分必要时也可用细虚线表示。视图通常有基本视图、向视图、局部视图和斜视图四种。

一、基本视图

物体向基本投影面投射所得的视图称为基本视图。

当物体的外部结构、形状在各个方向（上下、左右、前后）都不相同时，三视图往往不能清晰地把它表达出来。因此，必须增加投影面，以便得到更多视图。在原有三个投影面的基础上，再增加三个投影面就构成一个正六面体系，这六个基本投影面组成了一个方箱，把机件围在当中，如图 6-1 (a) 所示。机件在每个基本投影面上的投影，都称为基本视图。图 6-1 (b) 表示机件投射到六个投影面上。按六个基本投射方向，得到六个基本视图，分别是：

主视图——由物体的前方投射所得视图；

俯视图——由物体的上方投射所得视图；

左视图——由物体的左方投射所得视图；

右视图——由物体的右方投射所得视图；

仰视图——由物体的下方投射所得视图；

后视图——由物体的后方投射所得视图。

投影面展开后，六个基本视图的配置关系和视图名称见图 6－2。

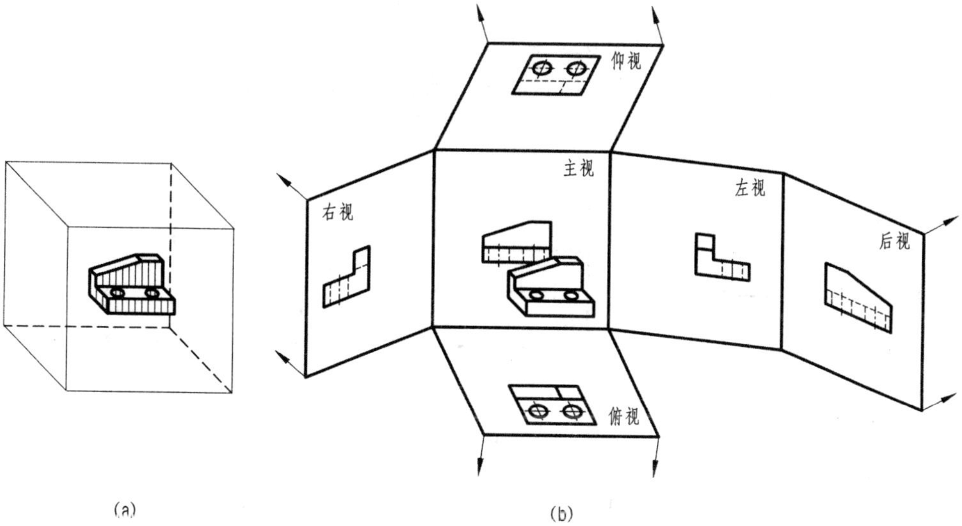

图 6－1　基本视图的形成及展开

六个基本视图在同一张图样内按图 6－2 配置时，各视图一律不注图名。六个基本视图仍符合“长对正、高平齐、宽相等”的投影规律。除后视图外，其他视图靠近主视图的一边是物体的后面，远离主视图的一边是物体的前面。

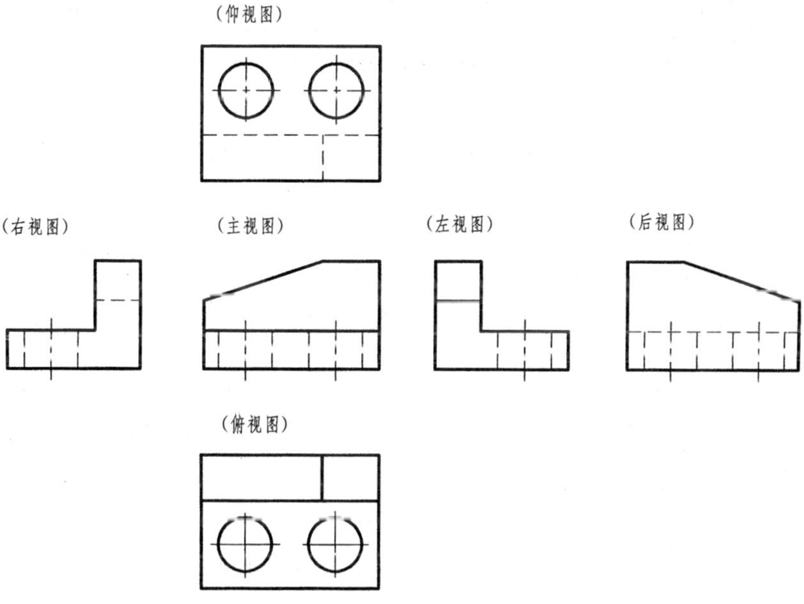

图 6－2　六面基本视图的配置

在绘制工程图样时，一般并不需要将物体的六个基本视图全部画出，而是根据物体的结构特点和复杂程度，选择适当的基本视图。优先采用主、俯、左视图。

二、向视图

向视图是可以自由配置的基本视图。

在实际绘图过程中，有时难以将六个基本视图按图 6－2 的形式配置，此时如采用向视图的形式配置，即可使问题得到解决。如图 6－3 所示，在向视图的上方标注“×”（×为大写拉丁字母），在相应的视图附近，用箭头指明投射方向，并标注相同的字母。

向视图是基本视图的一种表达形式，它们的主要区别在于视图的配置形式不同。

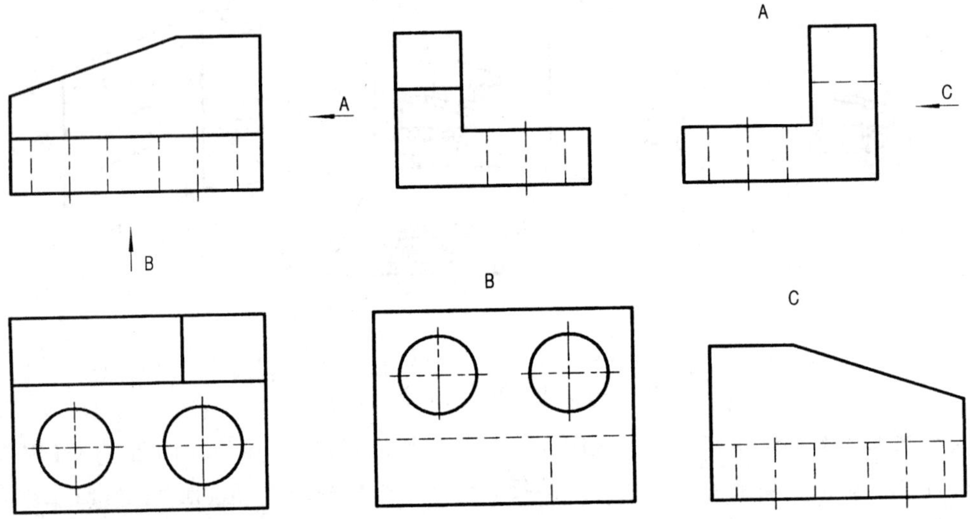

图 6－3　向视图

三、局部视图

当采用一定数量的基本视图后，机件上仍有部分结构形状尚未表达清楚，而又没有必要再画出完整的其他的基本视图时，可采用局部视图来表达。

只将机件的某一部分向基本投影面投射所得到的图形，称为局部视图。局部视图是不完整的基本视图，利用局部视图可以减少基本视图的数量，使表达简洁，重点突出。例如图 6－4（a）所示工件，画出了主视图和俯视图，已将工件基本部分的形状表达清楚，只有左、右两侧凸台和左侧肋板的厚度尚未表达清楚，此时便可像图中的 A 向和 B 向那样，只画出所需要表达的部分而成为局部视图，如图 6－4（b）所示。这样重点突出、简单明了，有利于画图和看图。

画局部视图时应注意：

（1）在相应的视图上用带字母的箭头指明所表示的投影部位和投影方向，并在局部视图上方用相同的字母标明“×”。

（2）局部视图最好画在有关视图的附近，并直接保持投影联系。也可以画在图纸内的其他地方，如图 6－4（b）中右下角画出的“B”。当表示投影方向的箭头标在不同的视图上时，同一部位的局部视图的图形方向可能不同。

（3）局部视图的断裂边界线用波浪线或双折线表示，当所表示的图形结构完整且外轮廓线又封闭时，波浪线可省略，如图 6－4（b）中“B”。

当局部视图按基本视图的形式配置，中间又无其他图形隔开时，可省略标注，如图6－6（b）中的俯视图。局部视图也可按向视图的配置形式配置并标注，如图6－4所示。

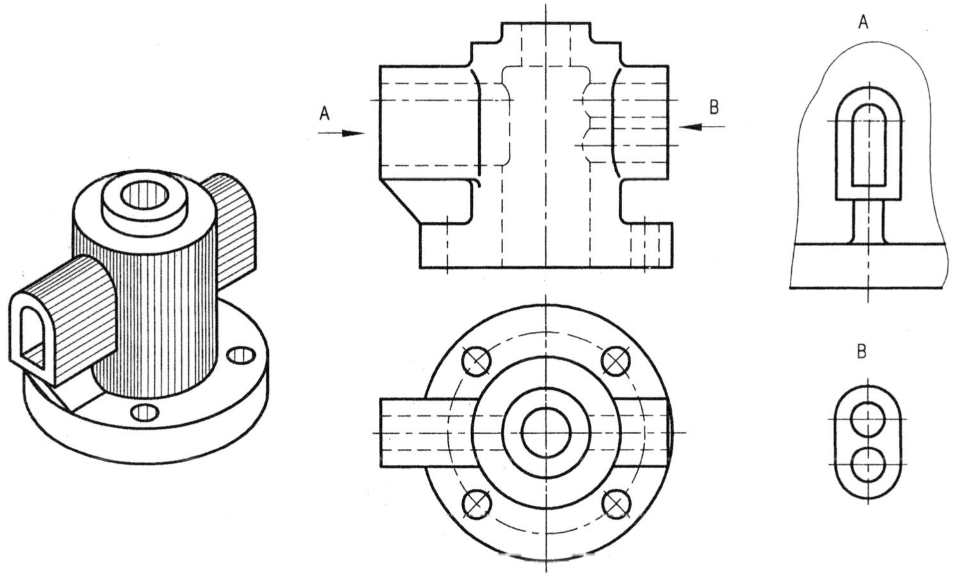

(a)　　(b)

图6－4　局部视图

四、斜视图

将物体向不平行于基本投影面的平面投射所得的视图，称为斜视图。斜视图通常用于表达物体上的倾斜部分。

当机件上有倾斜结构时，由于它在基本视图上不反映实形，给绘图和看图带来困难。可选择一个新的辅助投影面，使其与机件上倾斜的部分平行且垂直于某一投影面。然后，将机件上的倾斜部分向新的投影面投射，即可得到反映部分实形的斜视图。如图6－5所示，物体左侧部分与基本投影面倾斜，其基本视图不反映实形。为此增设一个与倾斜部分平行的辅助投影面P（P面垂直于V面），将倾斜部分向P面投射，即可得到反映该部分实形的视图，即斜视图。

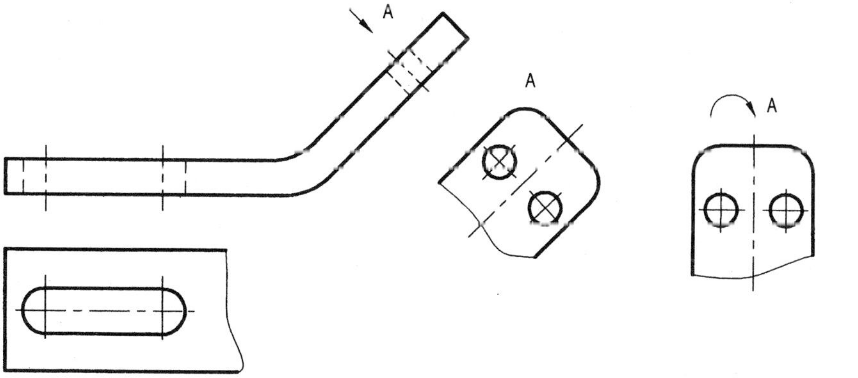

图6－5　斜视图

斜视图一般只画出倾斜部分的局部形状，其断裂边界用波浪线表示，并通常按向视图的配置形式配置并标注，如图 6-6（a）中的“A”图。必要时，允许将斜视图旋转配置。此时，表示该视图名称的大写拉丁字母，要靠近旋转符号的箭头端如图 6-6（b）；也允许将旋转角度标注在字母之后。旋转符号的箭头指向，应与实际旋转方向一致。旋转符号是一个半圆，其半径应等于字体高度 h。

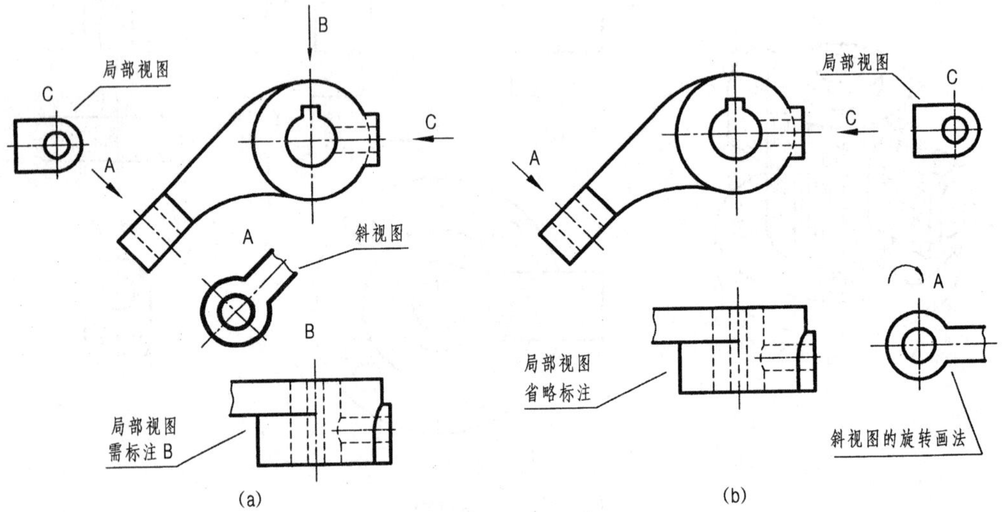

图 6-6 局部视图与斜视图的配置

第二节 剖 视 图

用视图表达机件时，机件中不可见的结构形状都用细虚线表示。如果机件的内部结构比较复杂，视图中的细虚线较多，就会使图形不够清晰，既不便于画图、看图，也不便于标注尺寸。为了解决这些问题，国家标准（GB/T17452—1998 和 GB/T4458.6—2002）规定了剖视图的基本表示法。

一、剖视图的基本概念

1. 剖视图的形成

假想用剖切面剖开物体，将处在观察者和剖切面之间的部分移去，而将其余部分向投影面投射所得的图形，称为剖视图，简称剖视，如图 6-7 所示。剖视图用于表达机件的内部结构形状。

比较图 6-7 中的视图与剖视图，由于图 6-7（c）中的主视图采取了剖视图，视图中不可见的部分变为可见，原有的细虚线变成了实线，加上剖面线的作用，使图形具有层次感。而主视图中后部的细虚线予以省略，从而使图形显得更加清晰。

2. 剖视图的画法

画剖视图时，首先要选择适当的剖切位置，使剖切平面尽量通过较多的内部结构（孔、槽等）的轴线或对称平面，并平行于选定的投影面。例如在图 6-7 中，以机件的前

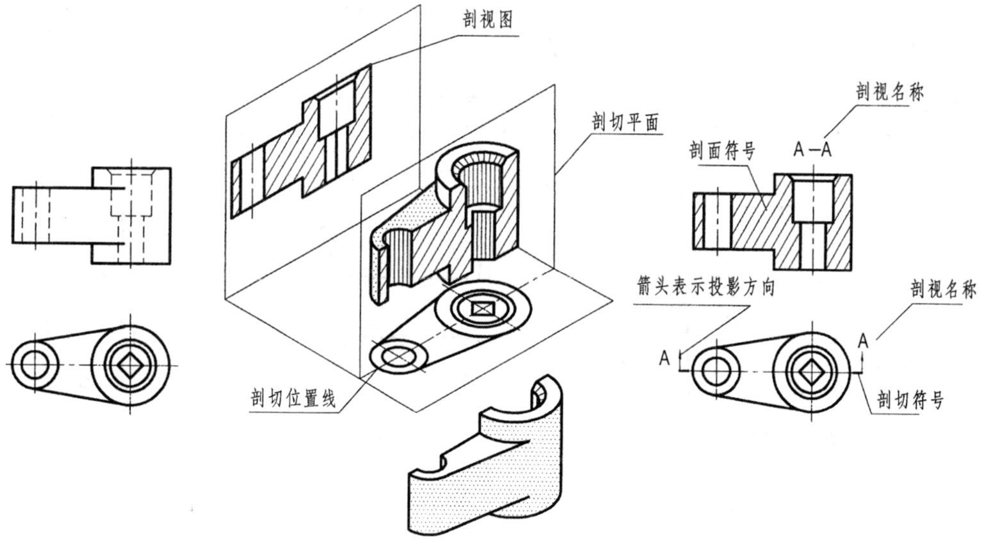

(a) (b) (c)

图 6－7 剖视图

后对称平面为剖切平面。其次，内外轮廓要画齐。机件剖开后，处在剖切平面之后的所有可见轮廓线都应画齐，不得遗漏。

最后要画上剖面符号。在剖视图中，凡是被剖切的部分应画上剖面符号。表 6－1 列出了国家标准《机械制图》规定的常见的材料的剖面符号。

当不需要在剖面区域中表示物体的材料类别时，应按国家标准规定，剖面符号用通用的剖面线表示，即以适当角度的细实线绘制，最好与主要轮廓或剖面区域的对称线成 45°，如图 6－8 所示。当图形的主要轮廓与水平成 45°时，该图形的剖面线应与水平成 30°或 60°，其倾斜方向仍与其他图形的剖面线一致，如图 6－9 所示。

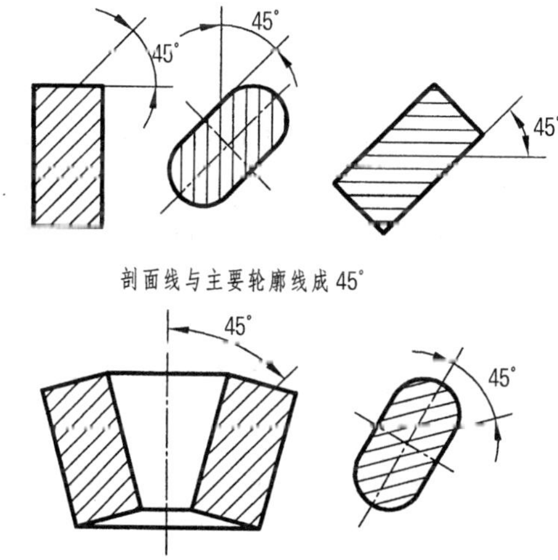

图 6－8 通用剖面线的画法

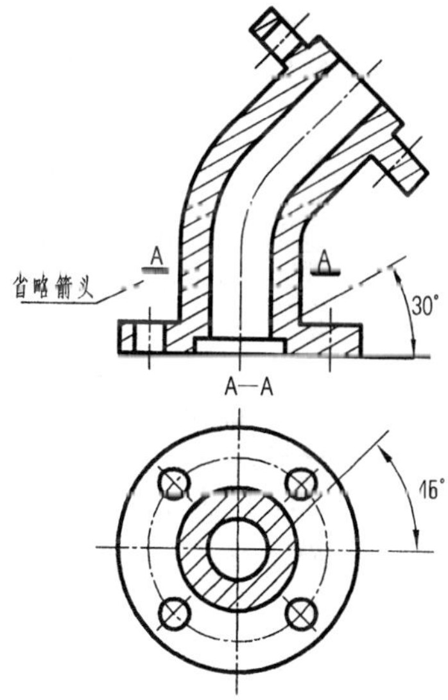

图 6－9 30°或 60°剖面线的画法

表 6-1 剖面符号（摘自 GB/T4457.5—1984）

材料类别	剖面符号	材料类别	剖面符号	材料类别	剖面符号
金属材料（已有规定剖面符号者除外）	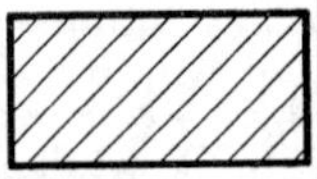	非金属材料（已有规定剖面符号者除外）	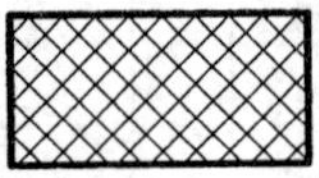	线圈绕组元件	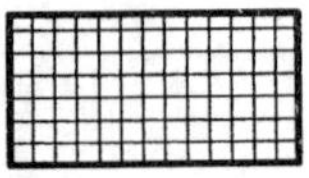
型砂、填砂、粉末冶金、砂轮和陶瓷刀片	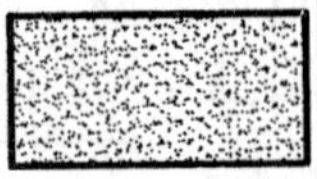	液体	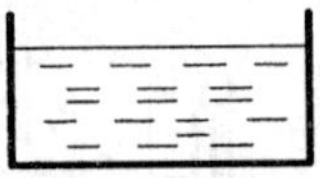	木材纵剖面	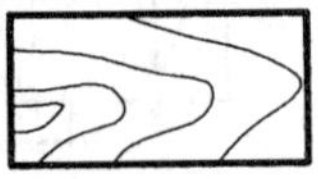
转子、电枢、变压器和电抗器等叠钢片	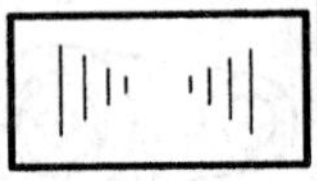	玻璃及供观察用的其他透明材料		木材横剖面	
混凝土	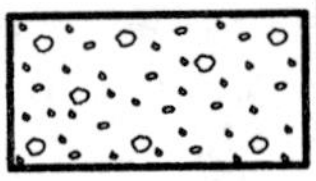	砖	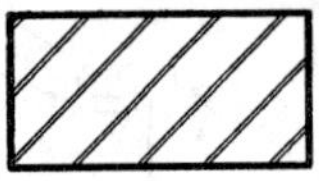	木质胶合板（不分层数）	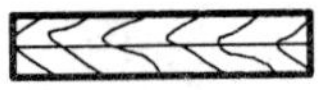
钢筋混凝土	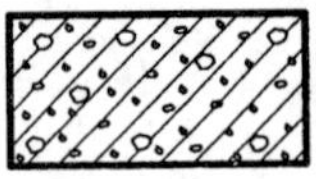	基础周围的泥土		格网（筛网、过滤网等）	

注 剖面符号仅表示材料的类别，而材料的名称和代号须另行注明。

3. 剖视图的标注

剖视图的标注一般应该包括三部分：剖切平面的位置、投影方向和剖视图的名称。为了便于看图，在画剖视图时，应将剖切位置、剖切后的投射方向和剖视图名称标注在相应的视图上。标注的内容有以下三项（见图 6-7）：

（1）剖切符号。表示剖切面的位置。在相应的视图上，用剖切符号（线长 5～8 的粗实线）表示剖切面的起、讫和转折处位置，并尽可能不与图形的轮廓线相交。

（2）投射方向。在剖切符号的两端外侧，用箭头指明剖切后的投射方向。

（3）剖视图的名称。在剖视图的上方用大写拉丁字母标注剖视图的名称“×—×”，并在剖切符号的一侧注上同样的字母。

在下列情况下，可省略或简化标注：

1）当单一剖切平面通过物体的对称面或基本对称面，且剖视图按投影关系配置，中间又没有其他图形隔开时，可以省略标注。

2）当剖视图按投影关系配置，中间又没有其他图形隔开时，可以省略箭头，如图6-9所示。

二、画剖视图应注意的问题

（1）剖视只是一种表达机件内部结构的方法，并不是真正剖开和拿走一部分。因此，除剖视图以外，其他视图要按原来形状画出。

（2）在剖视中，表示物体不可见部分的细虚线，如在其他视图中已表达清楚，可以省略不画。如图 6-9 所示，主视图中上下突缘的后部，在剖视中是不可见的，该结构在俯视图中已表达清晰，主视图中的细虚线予以省略；俯视图中省略了下突缘内一个孔的细虚线。

只有对尚未表达清楚的结构形状，才用细虚线画出，如图 6－10 中的主视图。

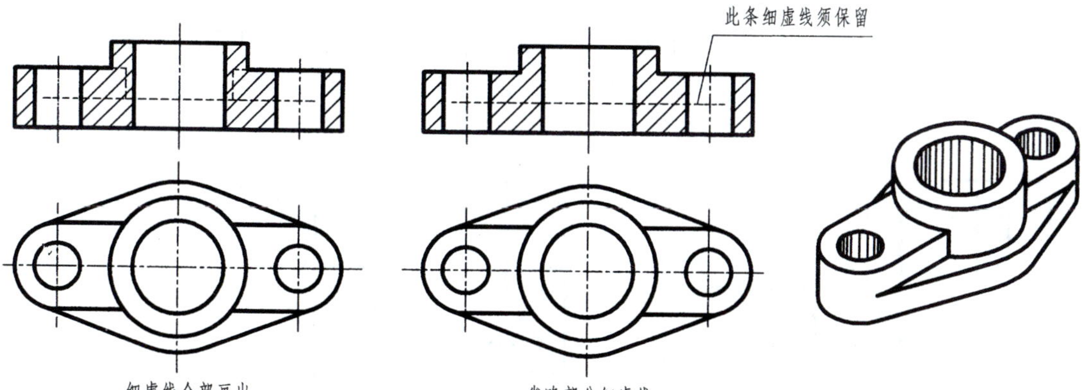

图 6－10　剖视中必要的细虚线

（3）机件剖开后，凡是看得见的轮廓线都应画出，不能遗漏。要仔细分析剖切平面后面的结构形状，分析有关视图的投影特点，以免画错。如图 6－11 所示是剖面形状相同，但剖切平面后面的结构不同的三块底板的剖视图的例子。要注意区别它们不同点在什么地方。

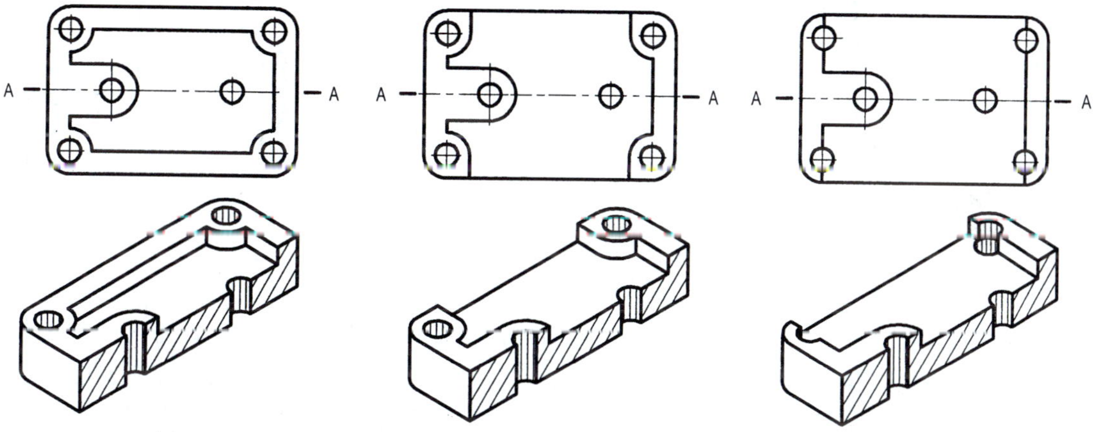

图 6－11　几种底板的剖视图

三、剖视图的分类

为了用较少的图形，把机件的形状完整清晰地表达出来，就必须使每个图形能较多地表达机件的形状。这样，就产生了各种剖视图。按剖切范围的大小，剖视图可分为全剖视图、半剖视图、局部剖视图。

1. 全剖视图

用剖切平面将机件全部剖开后进行投影所得到的剖视图，称为全剖视图（简称全剖视）。例如图 6－12 中的主视图和左视图均为全剖视图。全剖视图一般用于表达外部形状比较简单、内部结构比较复杂的机件。

全剖视图的标注，应区分不同情况对待。当剖切平面通过机件的对称（或基本对称）平面，且全剖视图按投影关系配置，中间又无其他视图隔开时，可以省略标注，否则必须按规定方法标注。如图 6－12 中的主视图的剖切平面通过对称平面，所以省略了标注；而左视图的剖切平面不是通过对称平面，则必须标注，但它是按投影关系配置的，所以箭头可以省略。

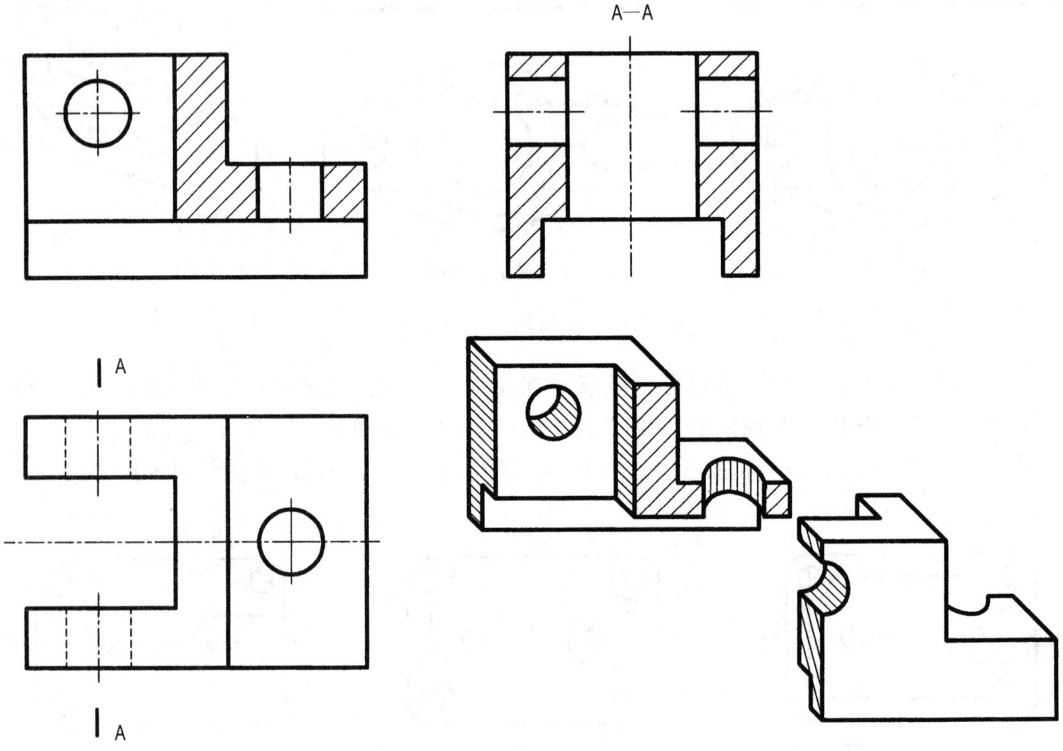

图 6－12　全剖视图及其标注

2. 半剖视图

当机件具有对称平面时，以对称中心线为界，在垂直于对称平面的投影面上投影得到的，由半个剖视图和半个视图合并组成的图形称为半剖视图。半剖视图既充分地表达了机件的内部结构，又保留了机件的外部形状，因此它具有内外兼顾的特点。但半剖视图只适宜于表达对称的或基本对称的机件。半剖视图的标注方法与全剖视图相同。例如图 6－13 所示的机件为前后对称，主视图所采用的剖切平面通过机件的前后对称平面，所以不需要标注；而俯视图所采用的剖切平面并非通过机件的对称平面，所以必须标出剖切位置和名称，但箭头可以省略。

画半剖视图时应注意以下几点：

（1）具有对称平面的机件，在垂直于对称平面的投影面上，才宜采用半剖视。如机件的形状接近于对称，而不对称部分已另有视图表达时，也可以采用半剖视。

（2）半个剖视和半个视图必须以细点划线为界。如果作为分界线的细点划线刚好和轮廓线重合，则应避免使用。如图 6－14 所示主视图，尽管图的内外形状都对称，似乎可以采用半剖视。但采用半剖视图后，其分界线恰好和内轮廓线相重合，不满足分界线是细点划线的要求，所以不应用半剖视表达，而宜采取局部剖视表达，并且用波浪线将内、外形状分开。

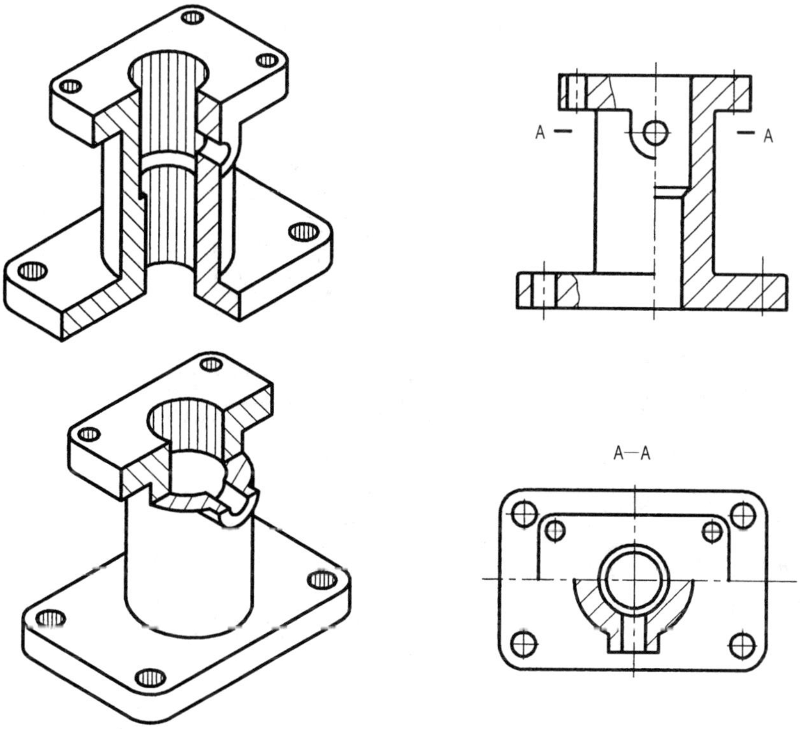

图 6-13 半剖视图及其标注

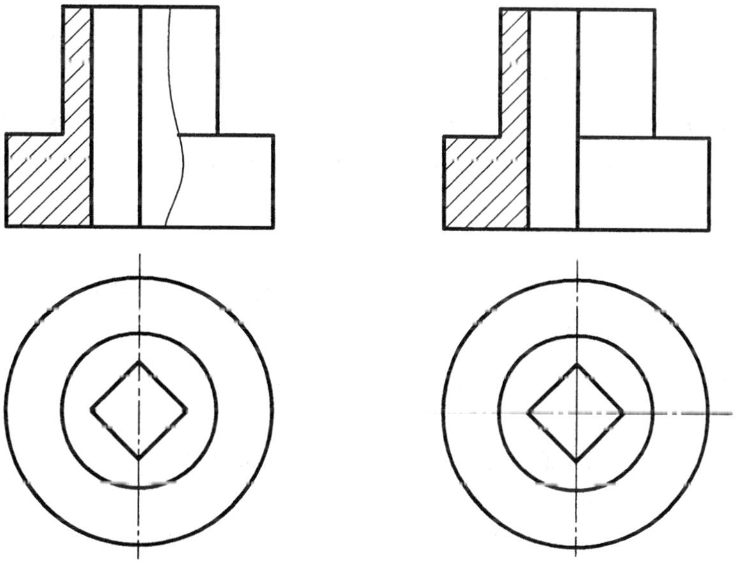

(a)正确 (b)错误

图 6-14 对称机件的局部剖视

(3) 半剖视图中的内部轮廓在半个视图中不必再用虚线表示。

3. 局部剖视图

将机件局部剖开后进行投影得到的剖视图称为局部剖视图。局部剖视图也是在同一视图上同时表达内外形状的方法，并且用波浪线或双折线作为剖视图与视图的界线。图 6-15 的主视图和左视图均采用了局部剖视图。

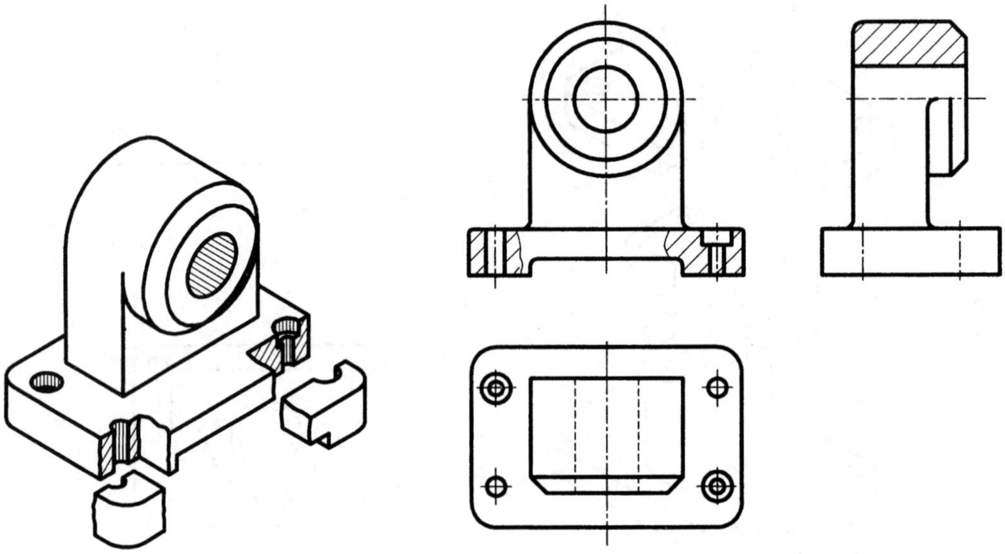

(a)　　(b)

图 6-15 局部剖视图

从以上几例可知，局部剖视是一种比较灵活的表达方法，剖切范围根据实际需要决定。但使用时要考虑到看图方便，剖切不要过于零碎。它常用于下列两种情况：

(1) 机件只有局部内形要表达，而又不必或不宜采用全剖视图时。

(2) 不对称机件需要同时表达其内、外形状时，宜采用局部剖视图。

区分视图与剖视范围的波浪线，可看作机件断裂痕迹的投影，波浪线的画法应注意以下几点：

(1) 波浪线不能超出图形轮廓线，如图 6-16 (a) 所示。

(2) 波浪线不能穿孔而过，如遇到孔、槽等结构时，波浪线必须断开，如图 6-16 (a) 所示。

(3) 波浪线不能与图形中任何图线重合，也不能用其他线代替或画在其他线的延长线上，如图 6-16 (b)、(c) 所示。

(4) 当被剖切部位的局部结构为回转体时，允许将该结构的中心线作为局部剖视图与视图的分界线。如图 6-17 所示的拉杆的局部剖视图。

局部剖视图的标注方法和全剖视相同。但如局部剖视图的剖切位置非常明显，则可以不标注。

四、剖切面的种类

剖视图是假想将机件剖开而得到的视图，因为机件内部形状的多样性，剖开机件的方

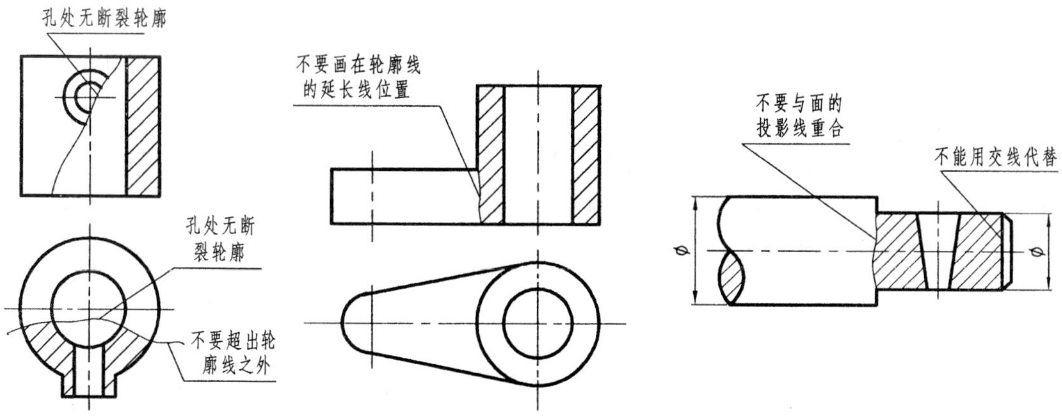

图 6-16 局部剖视图的波浪线的画法

法也不尽相同。国家标准《机械制图》规定有：单一剖切平面、几个互相平行的剖切平面、两个相交的剖切平面、不平行于任何基本投影面的剖切平面、组合的剖切平面等。

1. 单一剖切平面

用一个剖切平面剖开机件的方法称为单一剖，所画出的剖视图称为单一剖视图。单一剖切平面一般为平行于基本投影面的剖切平面。前面介绍的全剖视图、半剖视图、局部剖视图均为用单一剖切平面剖切而得到的，可见，这种方法应用最多。

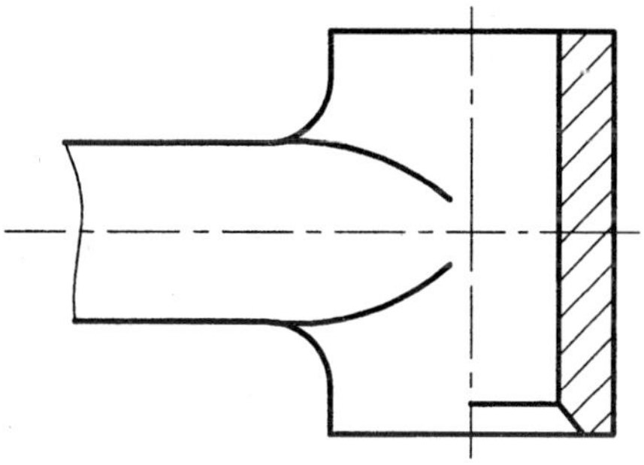

图 6-17 拉杆局部剖视图

2. 几个互相平行的剖切平面

用两个或多个互相平行的剖切平面把机件剖开的方法称为阶梯剖，所画出的剖视图称为阶梯剖视图。它适宜于表达机件内部结构的中心线排列在两个或多个互相平行的平面内的情况。

例如图 6-18 (a) 所示机件，内部结构（小孔和沉孔）的中心位于两个平行的平面内，不能用单一剖切平面剖开，而是采用两个互相平行的剖切平面将其剖开，主视图即为采用阶梯剖方法得到的全剖视图，如图 6-18 (c) 所示。

画阶梯剖视时，应注意下列几点：

(1) 为了表达孔、槽等内部结构的实形，几个剖切平面应同时平行于同一个基本投影面。

(2) 两个剖切平面的转折处，不能划分界线，如图 6-18 (b) 所示。因此，要选择一个恰当的位置，使之在剖视图上不致出现孔、槽等结构的不完整投影。当他们在剖视图上有共同的对称中心线和轴线时，也可以各画一半，这时细点划线就是分界线，如图 6-19 所示。

(3) 阶梯剖视必须标注，标注方法如图 6-18 (c) 所示。在剖切平面迹线的起始、

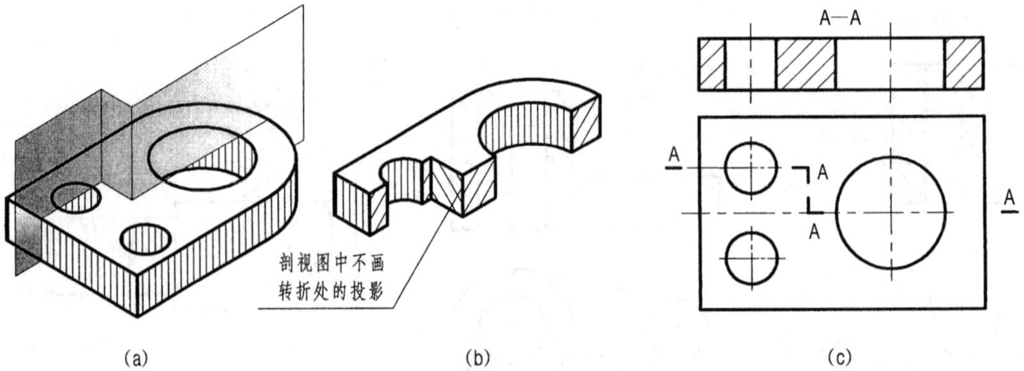

图 6-18 阶梯剖视图

转折和终止的地方，用剖切符号（即粗短线）表示它的位置，并写上相同的字母；在剖切符号两端用箭头表示投影方向（如果剖视图按投影关系配置，中间又无其他图形隔开时，可省略箭头）；在剖视图上方用相同的字母标出名称“×—×”。

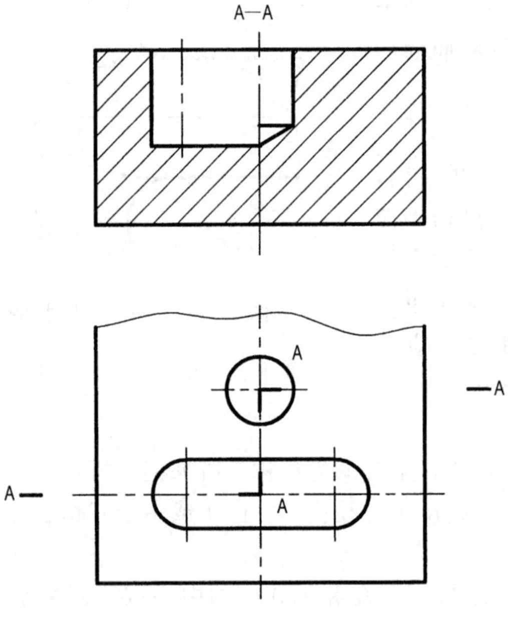

图 6-19 阶梯剖视的特例

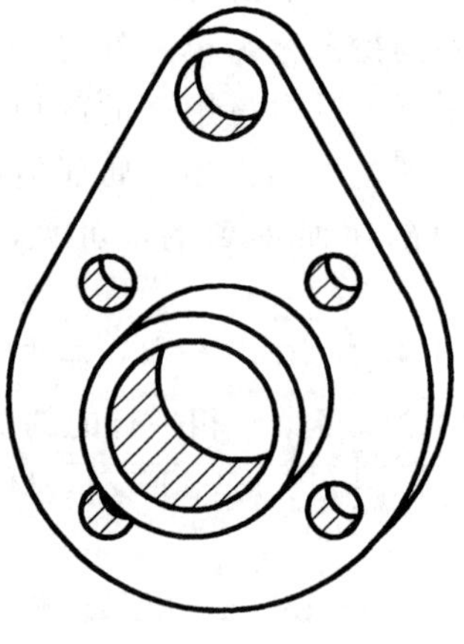

图 6-20 法兰盘

3. 两个相交的剖切平面

用两个相交的剖切平面（交线垂直于某一基本投影面）剖开机件的方法称为旋转剖，所画出的剖视图，称为旋转剖视图。如图 6-20 所示的法兰盘，它中间的大圆孔和均匀分布在四周的小圆孔都需要剖开表示，如果用相交于法兰盘轴线的侧平面和正垂面去剖切，如图 6-21（a）所示，并将位于正垂面上的剖切面绕轴线旋转到和侧面平行的位置，这样画出的剖视图就是旋转剖视图。可见，旋转剖适用于有回转轴线的机件，而轴线恰好是两剖切平面的交线。并且两剖切平面一个为投影面平行面，一个为投影面垂直面，如图

6-21（b）是法兰盘用旋转剖视表示的例子。

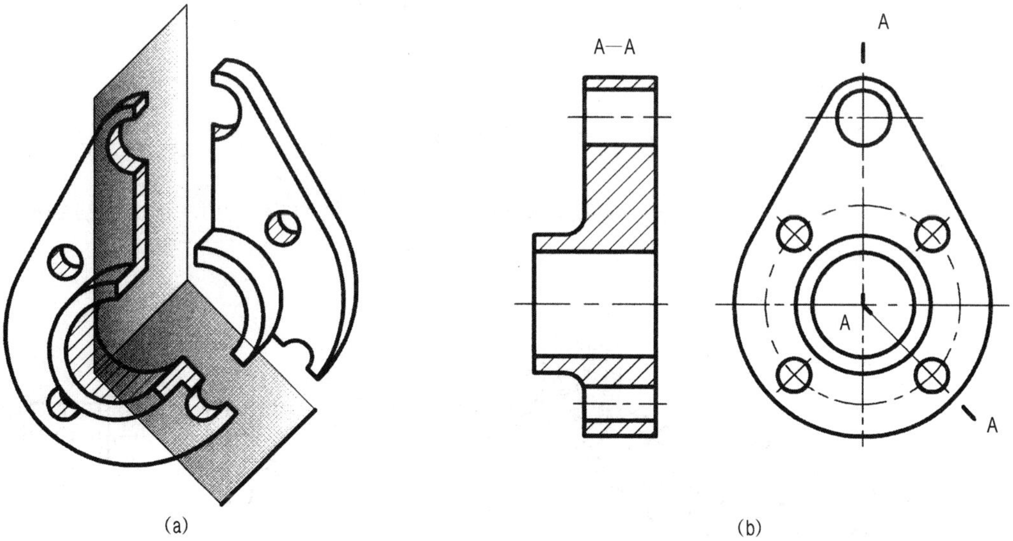

图 6-21 法兰盘的旋转剖视图

同理，如图 6-22 所示的摇臂也可以用旋转剖视表达。

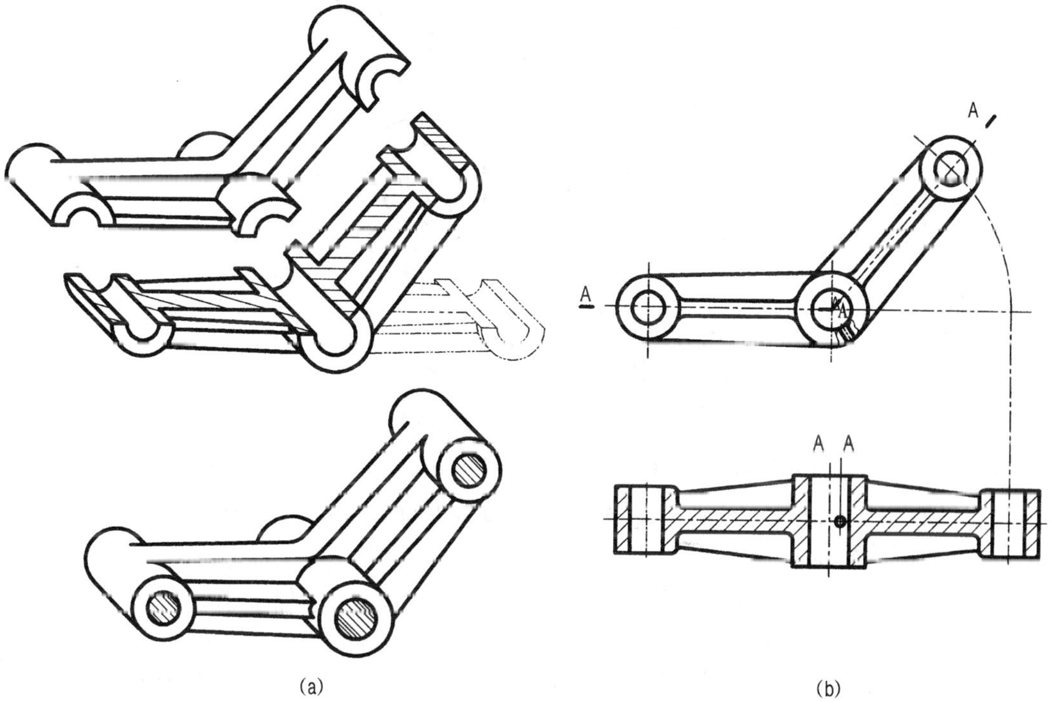

图 6-22 摇臂的旋转剖视图

画旋转剖视图时应注意以下两点：

（1）倾斜的平面必须旋转到与选定的基本投影面平行，以使投影能够表达实形。但剖切平面后面的结构一般应按原来的位置画出它的投影，如图 6－22（b）所示。

（2）旋转剖视图必须标注，标注方法与阶梯剖视相同，如图 6－21（b）、图 6－22（b）所示。

第三节　断　面　图

假想用剖切平面将机件在某处切断，只画出切断面形状的投影并画上规定的剖面符号的图形，称为断面图，简称为断面，如图 6－23 所示。

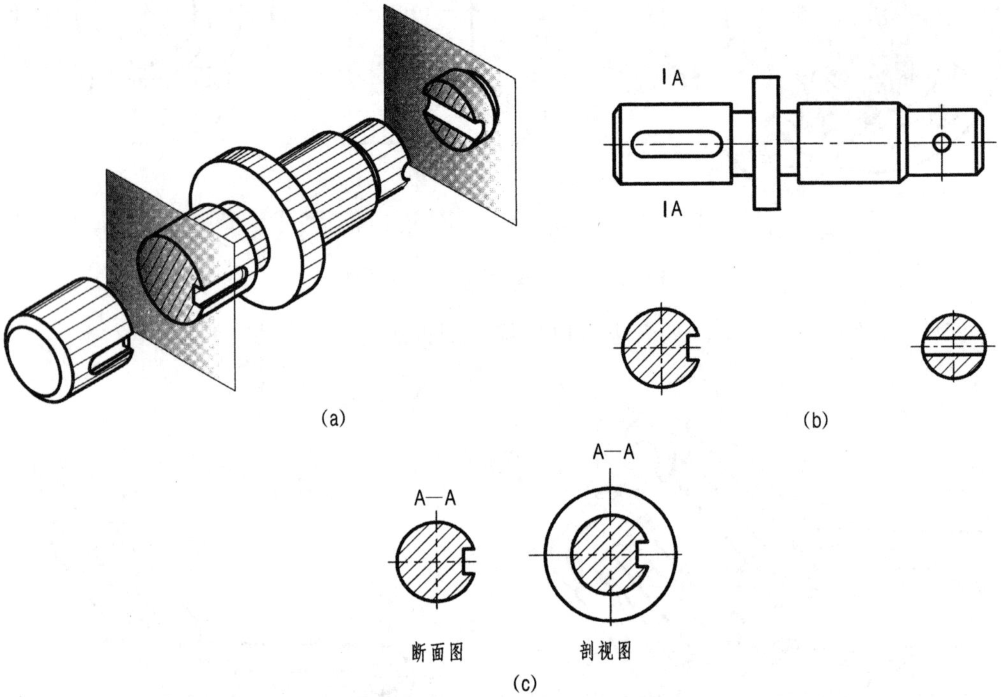

图 6－23　断面图的画法

断面图与剖视图的不同之处是：断面图仅画出机件断面的图形，而剖视图则要画出剖切平面以后的所有部分的投影，如图 6－23（c）所示。

根据断面在图样中的不同位置，断面图分为移出断面图和重合断面图两种。

一、移出断面图

画在视图轮廓之外的断面图称为移出断面图。如图 6－23（b）所示断面即为移出断面。它的画法要点如下：

（1）移出断面的轮廓线用粗实线画出，断面上画出剖面符号。移出断面应尽量配置在剖切符号或剖切线的延长线上，必要时也可以画在图纸的适当位置。

（2）当剖切平面通过由回转面形成的圆孔、圆锥坑等结构的轴线时，这些结构应按剖视画出，如图 6－24 所示。

（3）当移出断面的图形对称时，可配置在视图的中断处，如图 6－25 所示。

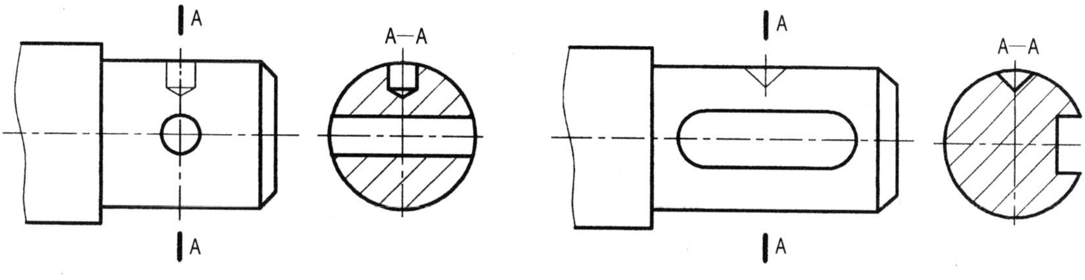

(a)　　　　　　　　(b)

图 6-24　通过圆孔等回转面的轴线时断面图的画法

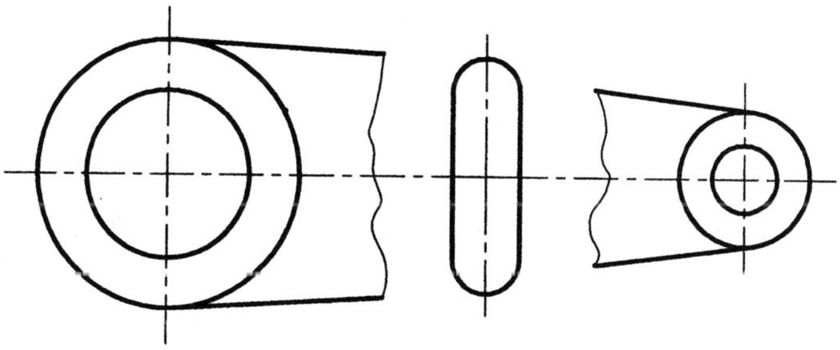

图 6-25　画在视图中断处的断面

（4）当剖切平面通过非回转面，导致出现完全分离的断面时，这样的结构也应按剖视画出，如图 6-26 所示。

（5）由两个或两个相交的剖切平面剖切得出的移出断面图，中间一般应断开，如图 6-27。

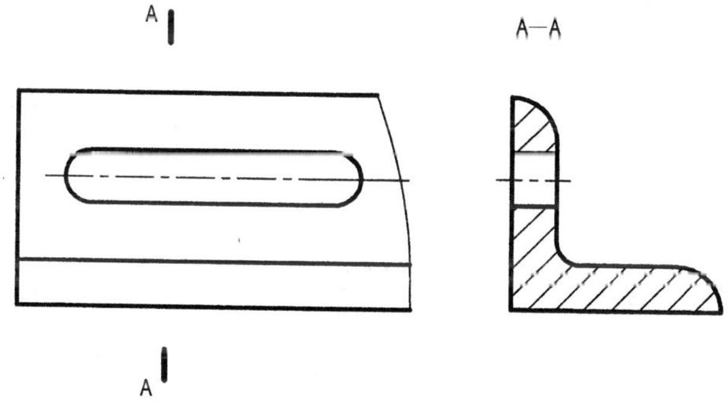

图 6-26　断面分离时的画法

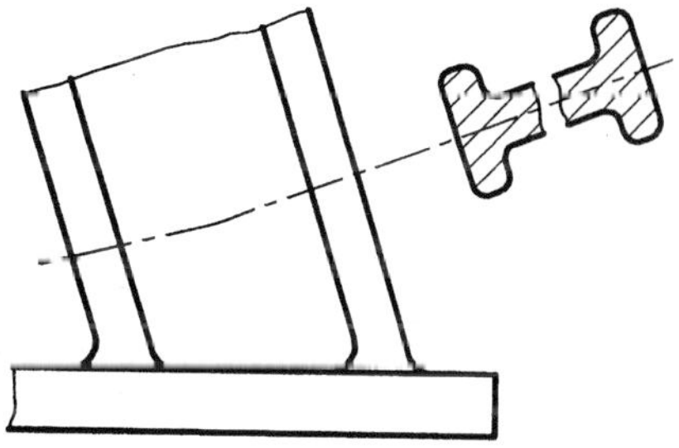

图 6-27　断开的移出断面图

二、重合断面图

画在视图轮廓之内的断面图称为重合断面图。如图 6-28 所示的断面即为重合断面。

为了使图形清晰，避免与视图中的线条混淆，重合断面的轮廓线用细实线画出。当重合断面的轮廓线与视图的轮廓线重合时，仍按视图的轮廓线画出，不应中断，如图 6-28（a）所示。

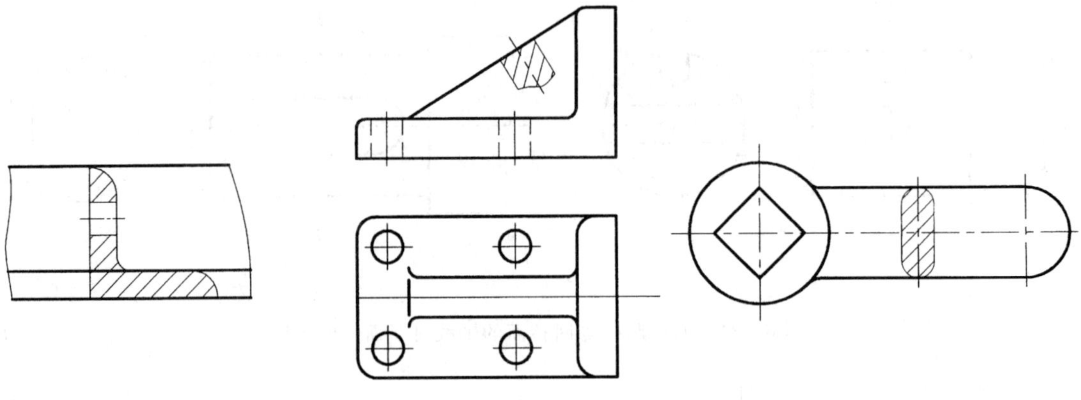

(a)　(b)　(c)

图 6-28　重合断面图

三、断面图的标注

（1）当移出断面不画在剖切位置的延长线上时，如果该移出断面为不对称图形，必须标注剖切符号与带字母的箭头，以表示剖切位置与投影方向，并在断面图上方标出相应的名称“×—×”；如果该移出断面为对称图形，投影方向不影响断面形状，则可以省略箭头。

（2）当移出断面按照投影关系配置时，不管该移出断面为对称图形或不对称图形，因为投影方向明显，所以可以省略箭头。

（3）当移出断面画在剖切线的延长线上时，如果该移出断面为对称图形，只需用细点划线标明剖切位置，可以不标注剖切符号、箭头和字母；如果该移出断面为不对称图形，则必须标注剖切位置和箭头，但可以省略字母。

移出断面的标注见表 6-2。

表 6-2　移出断面的标注

剖面位置	剖面形状对称	剖面形状不对称
在剖切位置线的延长线上	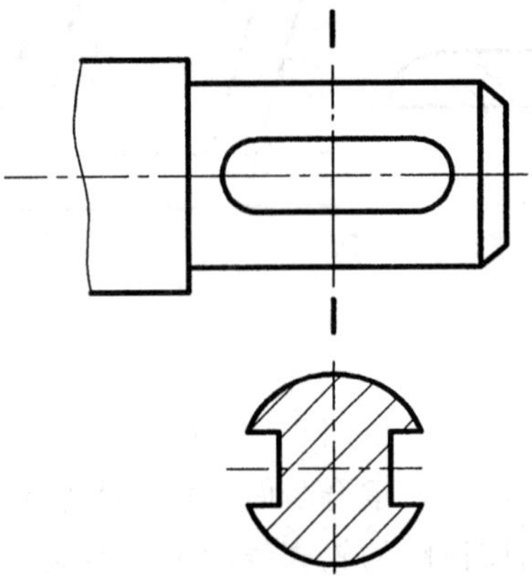	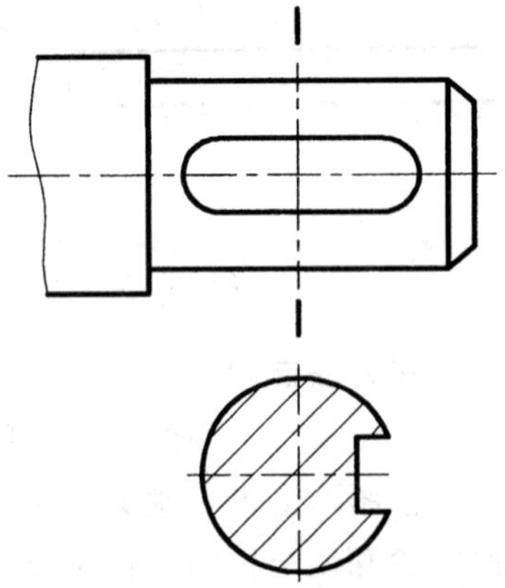

续表

剖面位置	剖面形状对称	剖面形状不对称
按投影关系配置	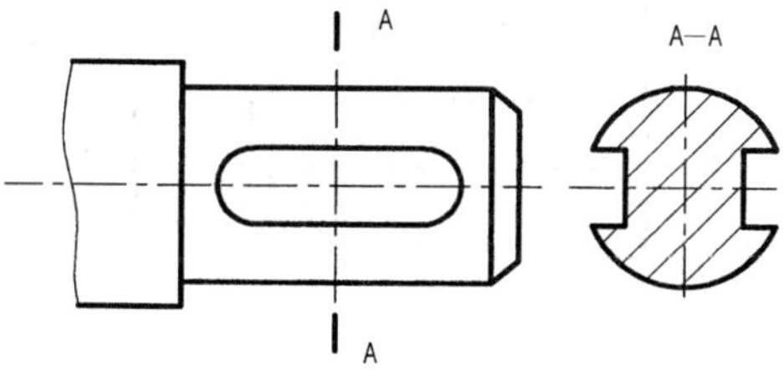	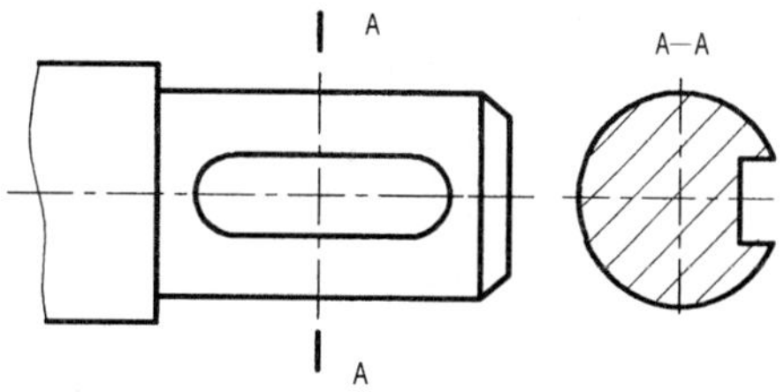
在其他位置	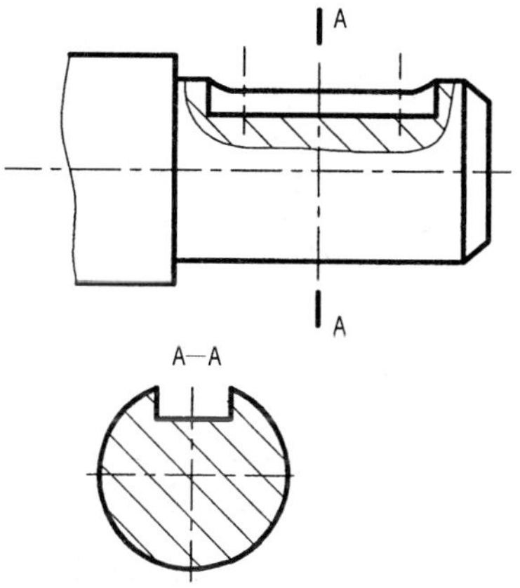	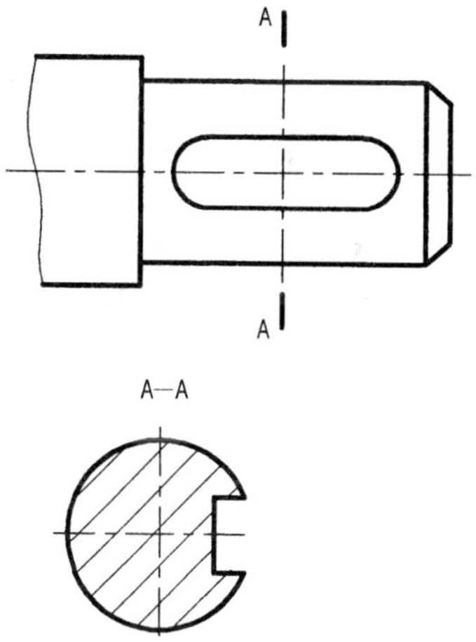

（4）当重合断面为不对称图形时，可省略标注，如图 6－28（a）所示；当重合断面为对称图形时，一般不必标注，如图 6－28（b）所示。

第四节 其他表达方法

一、局部放大图

机件上某些细小结构在视图中表达得还不够清楚，或不便于标注尺寸时，可将这些部分用大于原图形所采用的比例画出，这种图称为局部放大图，如图 6－29 所示。

局部放大图必须标注，标注方法是：在视图上画一细实线圆，标明放大部位，在放大图的上方注明所用的比例，即图形大小与实物大小之比（与原图上的比例无关）；如果放大图不止一个时，还要用罗马数字编号以示区别。

局部放大图可画成视图、剖视图、断面图，它与被放大部位的表达方法无关。局部放大图应尽量配置在被放大部位的附近。

二、有关肋板、轮辐等结构的画法

（1）机件上的肋板、轮辐及薄壁等结构，如纵向剖切，则不要画剖面符号，而且用粗实线将它们与其相邻结构分开，如图 6－30 所示。

（2）机件回转体上均匀分布的肋板、轮辐、孔等结构不处于剖切平面上时，可将这些

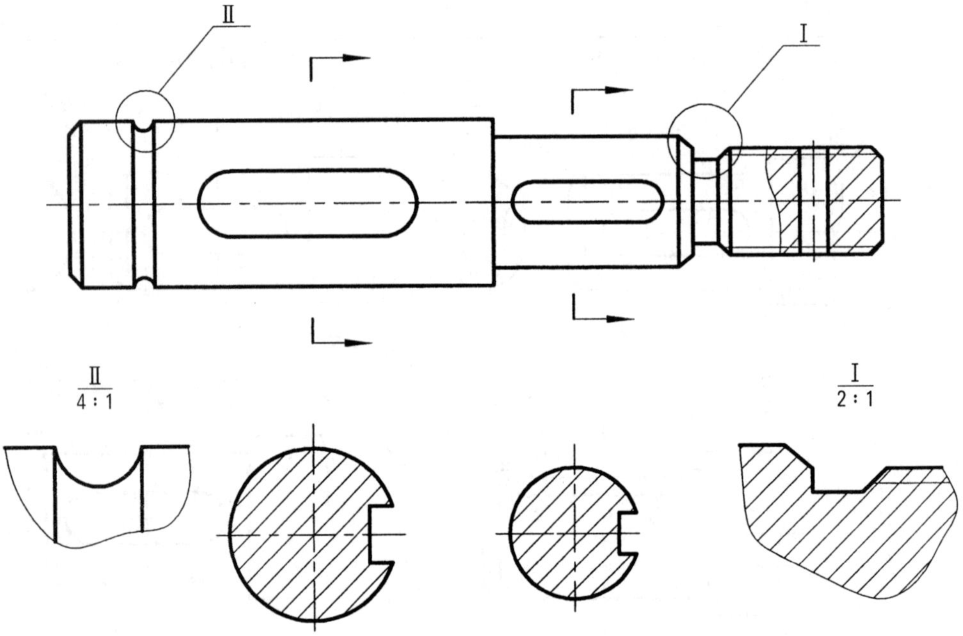

图 6-29 局部放大图

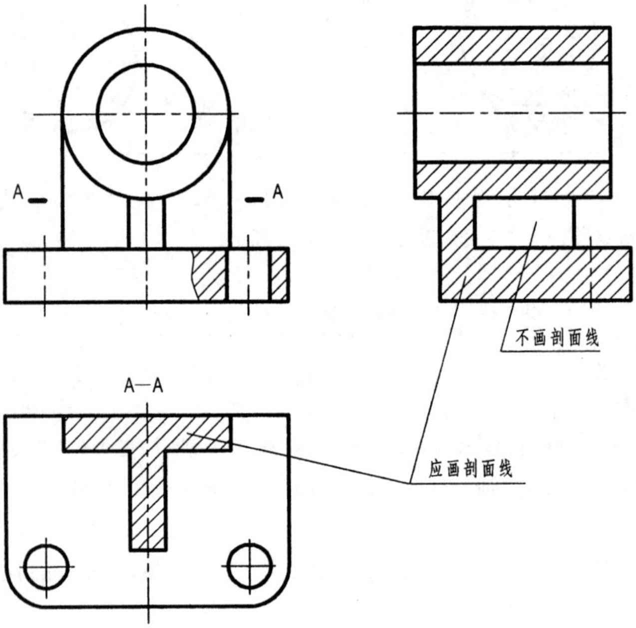

图 6-30 肋板的剖视画法

结构假想旋转到剖切平面上画出，如图 6-31 所示。

三、相同结构的简化画法

当机件上具有若干相同结构（齿、槽、孔等），并按一定规律分布时，只需画出几个完整结构，其余用细实线相连或标明中心位置，并注明总数，如图 6-32 所示。

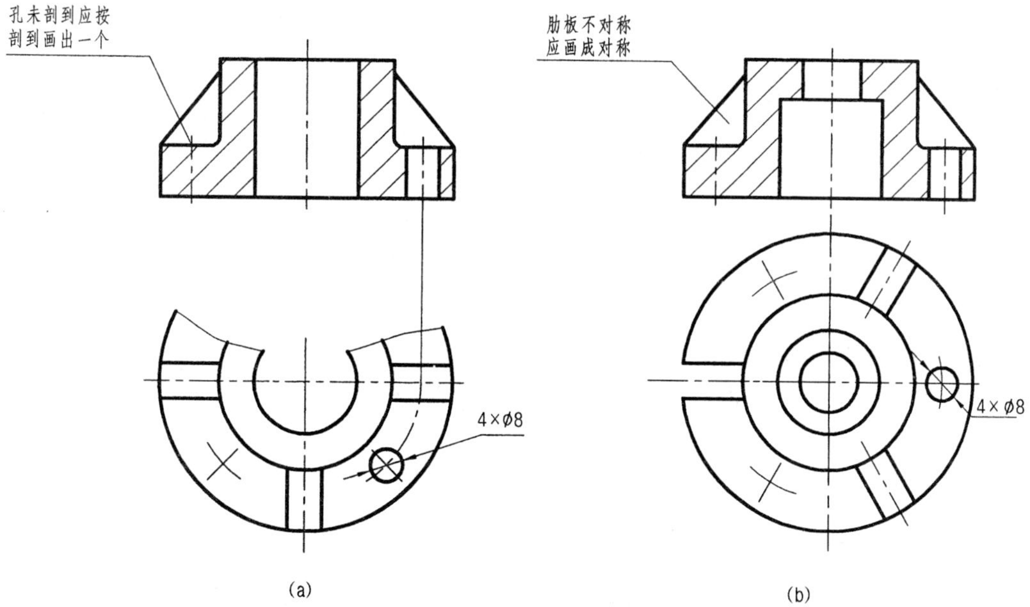

图 6-31 均匀分布的肋板、孔的剖切画法

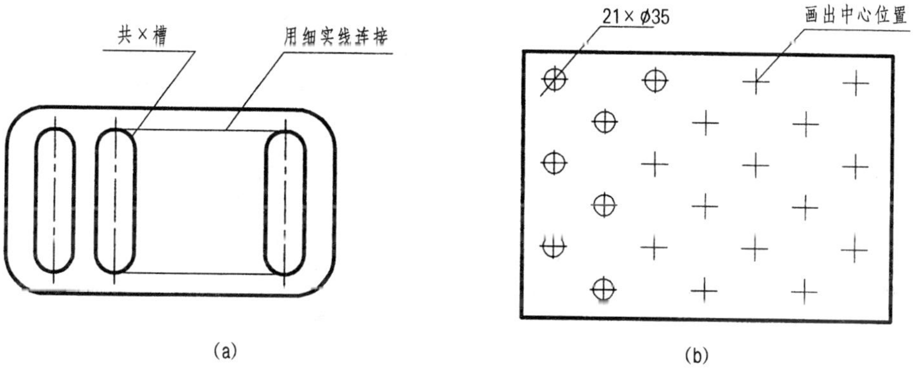

图 6-32 均匀分布的肋板、孔的剖切画法

四、较长机件的折断画法

较长的机件（轴、杆、型材等），沿长度方向的形状一致或按一定规律变化时，可断开缩短绘制，但必须按原来实长标注尺寸，如图 6-33 所示。

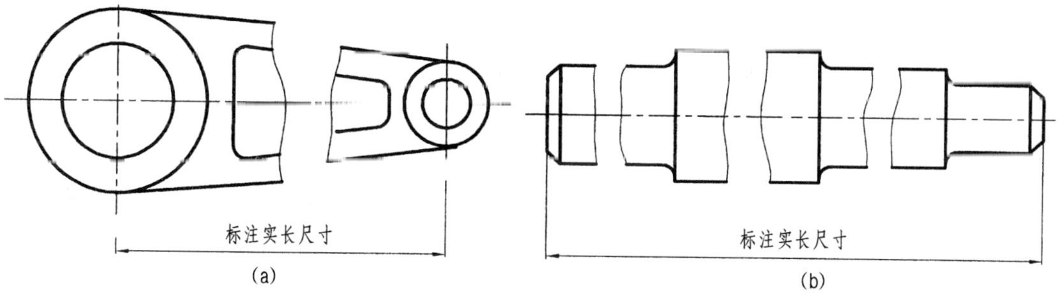

图 6-33 较长机件的折断画法

机件断裂边缘常用波浪线画出，圆柱断裂边缘常用花瓣形画出，如图 6－34 所示。

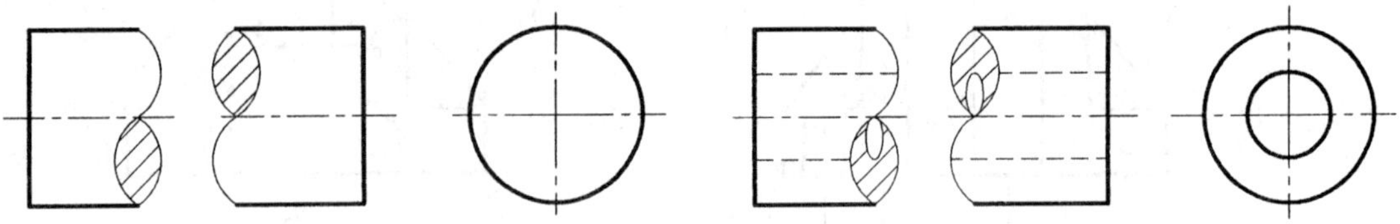

(a)　　　　(b)

图 6－34　圆柱与圆筒的断裂处画法

五、较小结构的简化画法

机件上较小的结构，如在一个图形中已表示清楚时，在其他图形中可以简化或省略，如图 6－35（a）和图 6－35（b）的主视图。

在不致引起误解时，图形中的相贯线允许简化，例如用圆弧或直线代替非圆曲线，如图 6－35（a）所示。

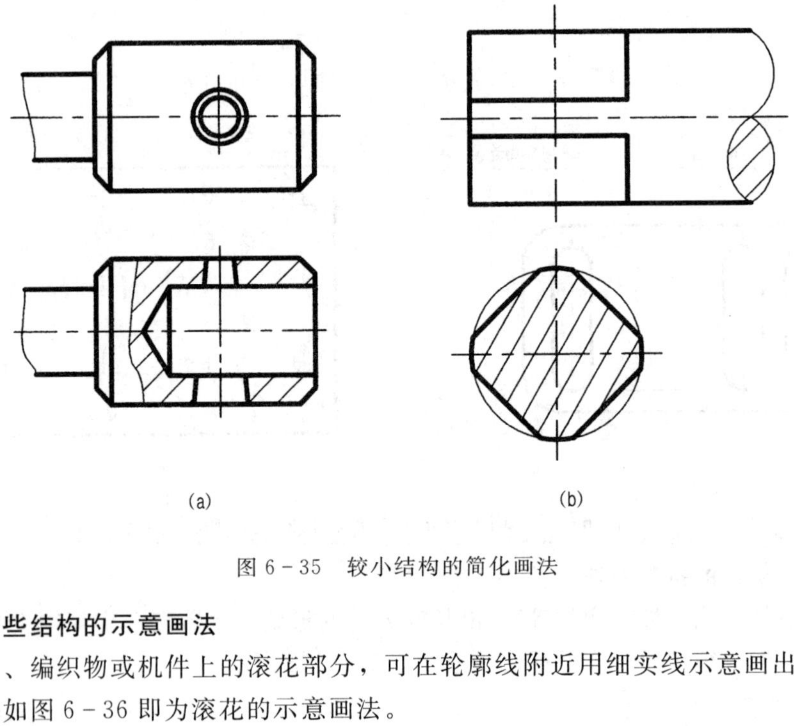

(a)　　　　(b)

图 6－35　较小结构的简化画法

六、某些结构的示意画法

网状物、编织物或机件上的滚花部分，可在轮廓线附近用细实线示意画出，并标明其具体要求。如图 6－36 即为滚花的示意画法。

为了避免增加视图或剖视，对回转体上的平面，可用细实线绘出对角线表示，如图 6－37所示。

七、对称机件的简化画法

在不致引起误解时，对于对称机件的视图可以只画一半或四分之一，并在对称中心线的两端画出两条与其垂直的平行细实线，如图 6－38 所示。

八、允许省略剖面符号的移出剖面

在不致引起误解时，零件图中的移出剖面允许省略剖面符号，但剖切位置和剖面图的标注必须按规定的方法标出，如图 6 - 39 所示。

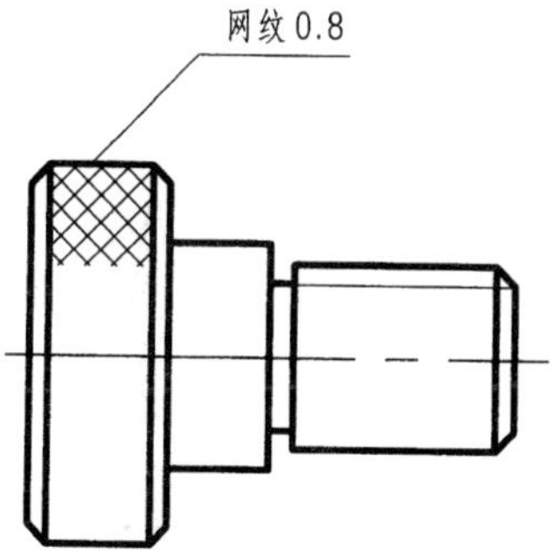

图 6 - 36　滚花的示意画法

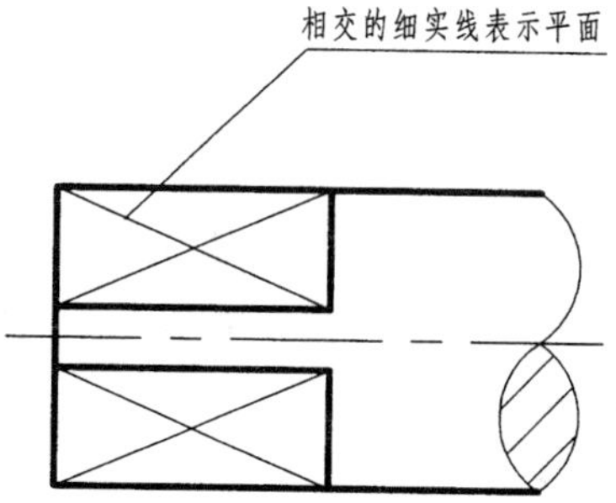

图 6 - 37　平面符号表示法

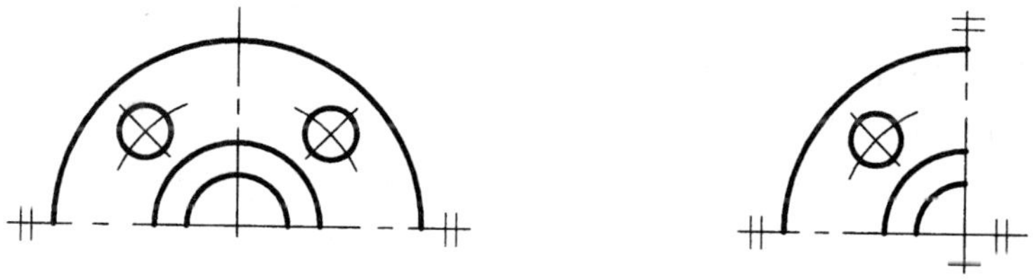

图 6 - 38　对称机件的简化画法

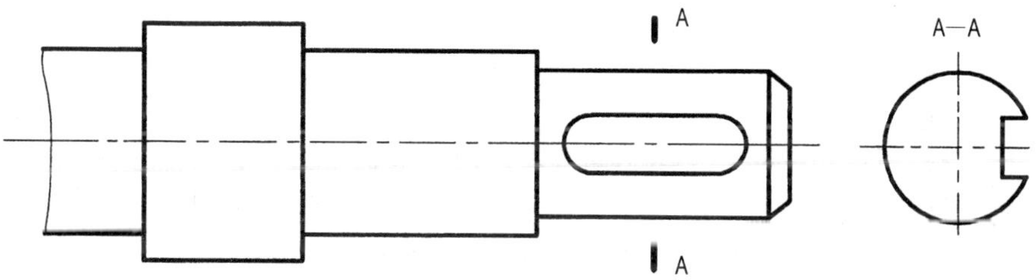

图 6 - 39　移出剖面的简化画法

复习·思考·检测（单选）

1. 六面基本视图（　　）。

（A）都不标注名称　（B）只标注后视图的名称

（C）标出全部移位视图的名称　（D）不标注主视图的名称

2. 能表示出机件上下和前后方位的视图是（　　）。

（A）主视图　（B）后视图　（C）左视图　（D）仰视图

3. 向视图与基本视图的区别是（　　）。

（A）向视图不是基本投影面投影

（B）按投影关系配置，但注出视图名称

（C）按投影关系配置，但注出视图名称

(D) 仅将机件的一部分投影

4. 局部视图是不完整的基本视图，但画局部视图时，一般应在基本视图上标注出（　　）。

(A) 投影方向　　(B) 名称

(C) 不标注　　(D) 投影方向和相应字母

5. 斜视图是向（　　）所得的视图。

(A) 不平行于基本投影面的辅助平面投影

(B) 向基本投影面投影

(C) 向水平投影面投影

(D) 向正立投影面投影

6. 斜视图转正画出，标注中的弧状箭头应（　　）。

(A) 背向字母　　(B) 指向字母　　(C) 指向图形　　(D) 没有要求

7. 局部视图与斜视图的实质区别是（　　）。

(A) 投影部位不同　(B) 投影面不同　　(C) 投影方法不同　　(D) 画法标注不同

8. 若主视图作剖视图，应该在哪个视图上标注剖切位置、投影方向和名称（　　）。

(A) 主视图　　(B) 俯视图　　(C) 左视图　　(D) 任意视图

9. 表达同一机件各图形中的剖面符号（　　）。

(A) 必须方向一致间隔相同　　(B) 可每一图形一致

(C) 必须方向一致　　(D) 无要求

10. 半剖视图中视图部分与剖视图部分的分界线是（　　）。

(A) 双点画线　　(B) 波浪线　　(C) 双折线　　(D) 细点画线

11. 局部剖视图也是在同一视图中同时表达内外形状，用波浪线作为（　　）。

(A) 剖视图的轮廓线　　(B) 剖视图与视图的界线

(C) 剖切标记　　(D) 剖面符号

12. 关于局部剖视图中的波浪线下列说法错误的是（　　）。

(A) 一定要超出图形轮廓线

(B) 不能穿孔而过

(C) 当剖切结构为回转体时，允许将该结构的中心线作为剖视图与视图的分界线

(D) 不能与图形中任何图线重合，也不能用其他图线代替或画在其他图线的延长线上

13. 阶梯剖视图所用的剖切平面是（　　）。

(A) 一个剖切平面

(B) 两个剖切平面

(C) 两个相交的剖切平面

(D) 两个或几个相互平行的剖切平面

14. 阶梯剖视图中，相邻剖切平面间转折处（　　）分界线。

(A) 用粗实线画出　　(B) 用细实线画出

(C) 用虚线画出　　(D) 不能画出

15. 旋转剖视图中的箭头方向表示（　　）。
（A）是旋转视图
（B）投影方向
（C）投影后沿箭头方向旋转
（D）应按箭头方向旋转到与基本投影面平行后再投影
16. 移出断面图在下列哪种情况下要全标注（　　）。
（A）配置在剖切位置延长线上
（B）断面对称，但放在其他任意位置
（C）不按投影关系配置，也不配置在剖切位置延长线上的不对称断面
（D）断面不对称且按投影关系配置
17. 关于移出断面图下列说法不正确的是（　　）。
（A）移出断面的轮廓线用粗实线画出
（B）断面上要画出剖面符号
（C）当剖切平面通过非回转面导致出现完全分离的断面时，这样的结构应按剖视图画出
（D）当剖切平面通过由回转面形成的圆孔等结构的轴线时，这些结构不应按剖视图画出
18. 重合断面的轮廓线用（　　）。
（A）细点画线绘制　　（B）双点画线绘制
（C）粗实线绘制　　（D）细实线绘制

第七章　标准件和常用件

【内容提要】

本章主要介绍螺纹、螺纹紧固件以及键、销、齿轮、滚动轴承、弹簧的基本知识、规定画法和标记，为以后学习零件图和装配图打下基础。

【目标要求】

(1) 掌握螺纹的规定画法、代号和标注方法。

(2) 掌握螺栓连接的简化画法和标记，了解螺柱连接和螺钉连接的简化画法。

(3) 基本掌握直齿圆柱齿轮及其啮合的规定画法。

(4) 了解普通平键连接、销连接、滚动轴承、弹簧的规定画法、简化画法和标记。

(5) 基本掌握按标准件的规定标记查阅有关标准的方法。

在各种机器、设备中，常用到螺栓、螺母、垫圈、键、销、滚动轴承、弹簧等零件，这些零件一般由专门工厂大批量生产。为了提高产品质量，降低生产成本，国家对这类零件的结构、尺寸和技术要求等实行了标准化，故称这类零件为标准件。对另一类常用到的零件（如齿轮），国家只对它们的部分结构和尺寸实行了标准化，习惯上称这类零件为常用件。为了提高绘图效率，对标准件和常用件的结构与形状，可不必按其真实投影画出，只要根据相应的国家标准所规定的画法、代号和标记进行绘图和标注即可。

第一节　螺　　纹

螺纹是在圆柱或圆锥表面上，沿着螺旋线所形成的具有相同断面的连续凸起和沟槽。

螺纹是零件上常见的一种结构。螺纹分外螺纹和内螺纹两种，成对使用。在圆柱或圆锥外表面上所形成的螺纹，称为外螺纹；在圆柱或圆锥内表面上所形成的螺纹，称为内螺纹。

按照螺纹的用途，将螺纹分成三种类型：

(1) 紧固连接用螺纹（简称紧固螺纹），如粗牙普通螺纹、细牙普通螺纹。

(2) 管用螺纹（简称管螺纹），如用螺纹密封的管螺纹、非螺纹密封的管螺纹。

(3) 传动用螺纹（简称传动螺纹），如梯形螺纹、锯齿形螺纹、矩形螺纹。

紧固螺纹和管螺纹统称连接螺纹。

一、螺纹的形成和基本要素

1. 螺纹的形成

各种螺纹都是根据螺旋线原理加工而成，螺纹加工大部分采用机械化批量生产。小批量、单件产品，可采用车床加工，如图 7-1 所示。内螺纹可以在车床上加工，也可以先在工件上钻孔，再用丝锥攻制而成，如图 7－2 所示。

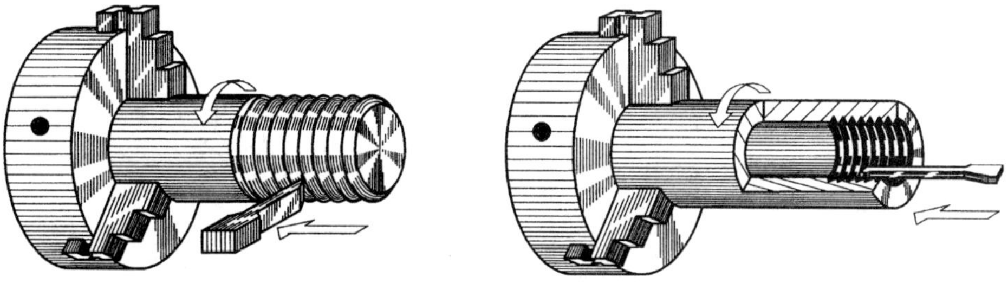

(a)外螺纹的加工　　(b)内螺纹的加工

图 7－1　车削螺纹

2. 螺纹的基本要素

螺纹的基本要素包括牙型、直径（大径、小径、中径）、螺距、导程、线数和旋向等。

（1）牙型。在通过螺纹轴线的剖面上，螺纹的轮廓形状称为螺纹牙型。常见的螺纹牙型有三角形（60°、55°）、梯形、锯齿形、矩形等。常见标准螺纹的牙型及符号如表 7－1 所示。

（2）螺纹的直径（见图 7－3）。

1）大径 d、D。是指与外螺纹的牙顶或内螺纹的牙底相切的假想圆柱或圆锥的直径。内螺纹的大径用大写字母表示，外螺纹的大径用小写字母表示。

2）小径 d_1、D_1。是指与外螺纹的牙底或内螺纹的牙顶相切的假想圆柱或圆锥的直径。

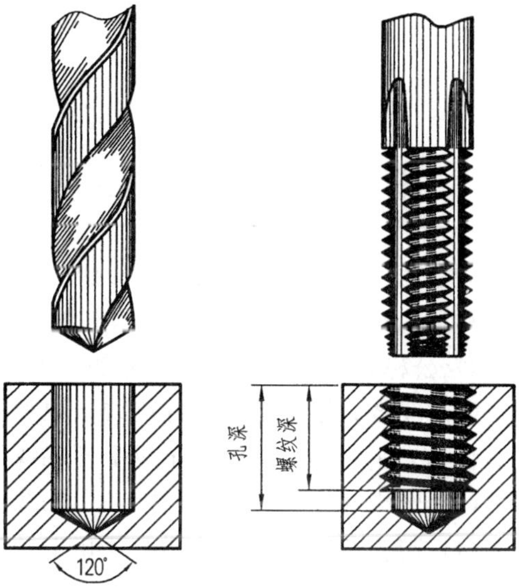

(a)钻孔　　(b)攻丝

图 7－2　用丝锥攻制内螺纹

表 7－1　　常见标准螺纹的类别、牙型、特征代号

	螺纹类别	特征代号	牙型示意图
连接螺纹	普通螺纹	M	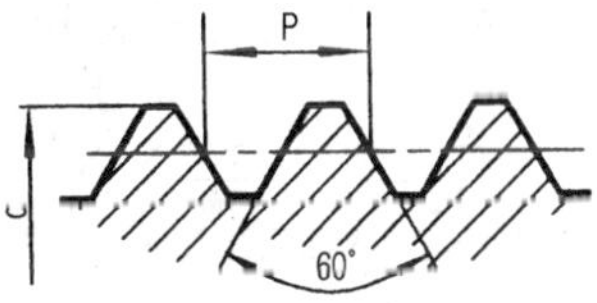
	55°非密封管螺纹	G	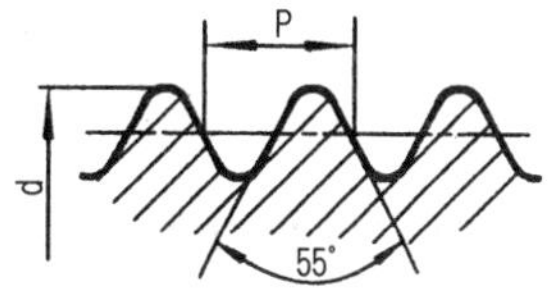

续表

	螺纹类别		特征代号	牙型示意图
连接螺纹	55°密封管螺纹	圆锥外螺纹	R_1、R_2	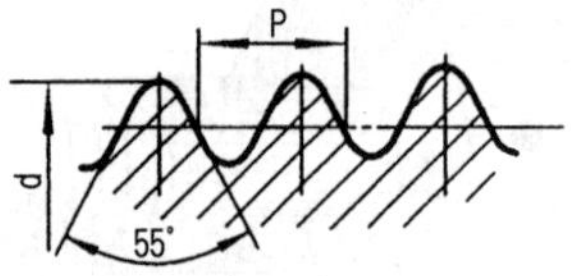
		圆锥内螺纹	R_C	
		圆柱内螺纹	R_P	
传动螺纹	梯形螺纹		Tr	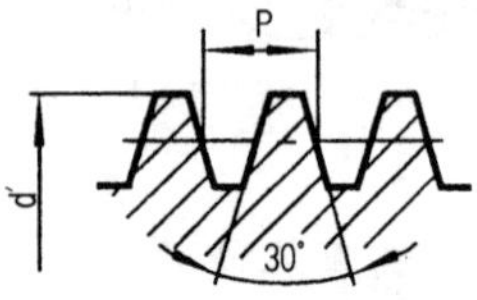
	锯齿形螺纹		B	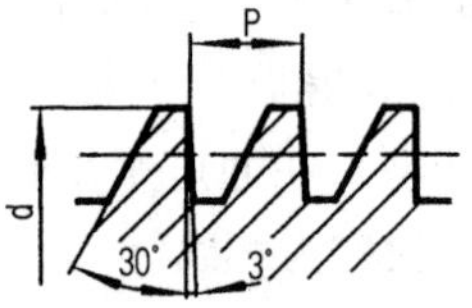

3）中径 d_2、D_2。是指一个假想的圆柱或圆锥直径，该圆柱或圆锥的母线通过牙型上沟槽和凸起宽度相等的地方。

4）公称直径。代表螺纹尺寸的直径，指螺纹大径的基本尺寸。

（3）线数。形成螺纹的螺旋线条数称为线数，线数用字母 n 表示。沿一条螺旋线形成的螺纹称为单线螺纹，沿两条以上螺旋线形成的螺纹称为多线螺纹，如图 7-4 所示。

（4）螺距和导程。相邻两牙在中径线上对应两点间的轴向距离称为螺距，螺距用字母 P 表示；同一螺旋线上的相邻两牙在中径线上对应两点间的轴向距离称为导程，导程用字母 P_h 表示，如图 7-4 所示。线数 n、螺距 P 和导程 P_h 的之间的关系为：

$$P_h = P \times n$$

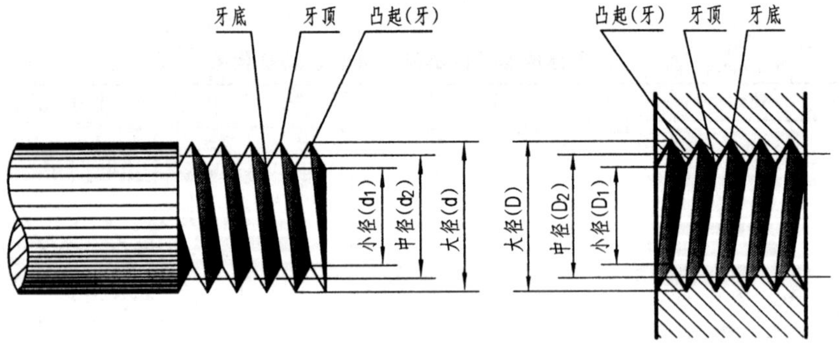

(a)外螺纹　　(b)内螺纹

图 7-3　螺纹的直径

（5）旋向。螺纹分为左旋螺纹和右旋螺纹两种。顺时针旋转时旋入的螺纹是右旋螺纹；逆时针旋转时旋入的螺纹是左旋螺纹，如图 7-5 所示。工程上常用右旋螺纹。

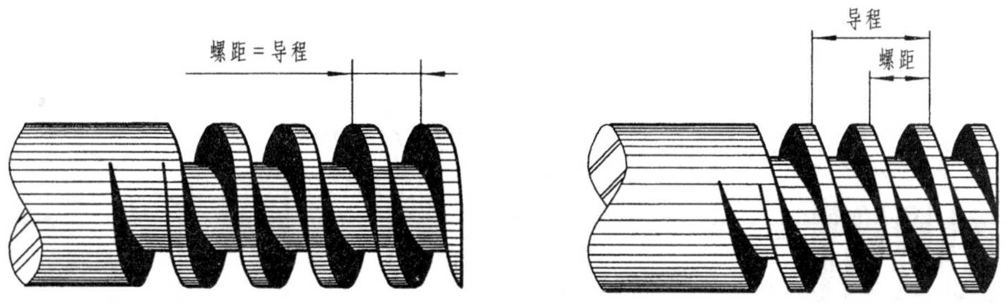

(a)单线螺纹　　(b)双线螺纹

图 7-4　单线螺纹和双线螺纹

国家标准对螺纹的牙型、大径和螺距做了统一规定。这三项要素均符合国家标准的螺纹称为标准螺纹；凡牙型不符合国家标准的螺纹称为非标准螺纹；只有牙型符合国家标准的螺纹称为特殊螺纹。

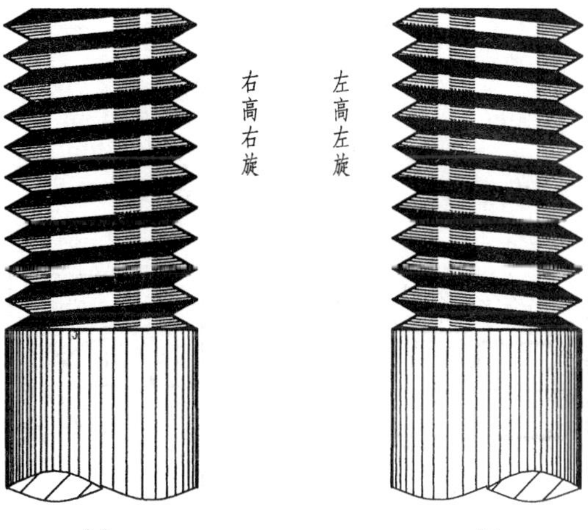

(a)　　(b)

图 7-5　螺纹旋向的判断

二、螺纹的规定画法和标注

1. 螺纹的规定画法

螺纹一般不按真实投影作图，而是采用机械制图国家标准规定的画法以简化作图过程。

（1）外螺纹的画法。外螺纹的大径用粗实线表示，小径用细实线表示。螺纹小径按大径的 0.85 倍绘制。在不反映圆的视图中，小径的细实线应画入倒角内，螺纹终止线用粗实线表示。在反映圆的视图中，表示小径的细实线圆只画约 3/4 圈，螺杆端面上的倒角圆省略不画，如图 7-6 所示。

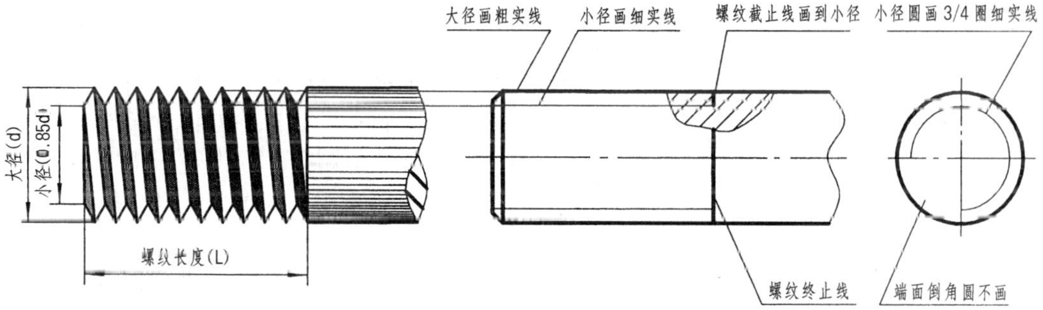

图 7-6　外螺纹的规定画法

（2）内螺纹的画法。内螺纹通常采用剖视图表达，在不反映圆的视图中，大径用细实线表示，小径和螺纹终止线用粗实线表示，且小径取大径的 0.85 倍，注意剖面线应画到粗实线；在反映圆的视图中，大径用约 3/4 圈的细实线圆弧绘制，孔口倒角圆不画，如图

7－7 所示。

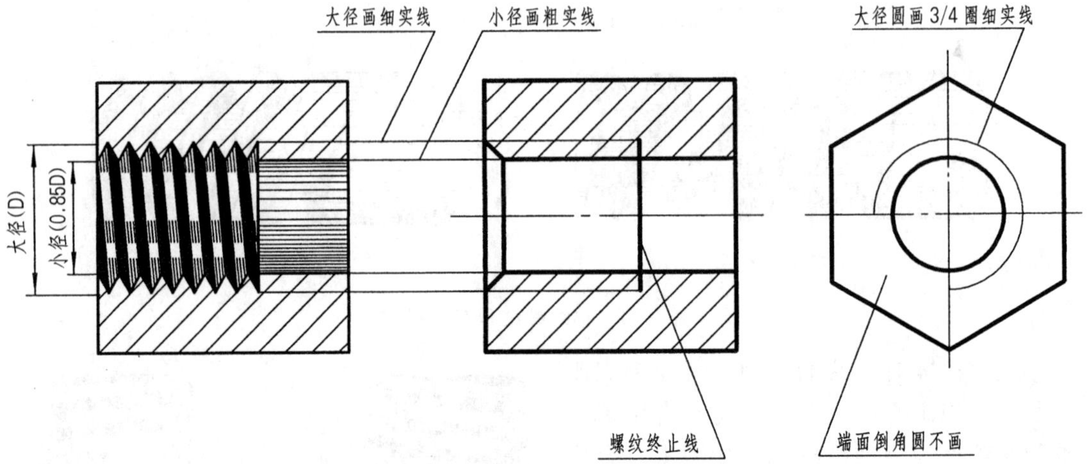

图 7－7 内螺纹的规定画法

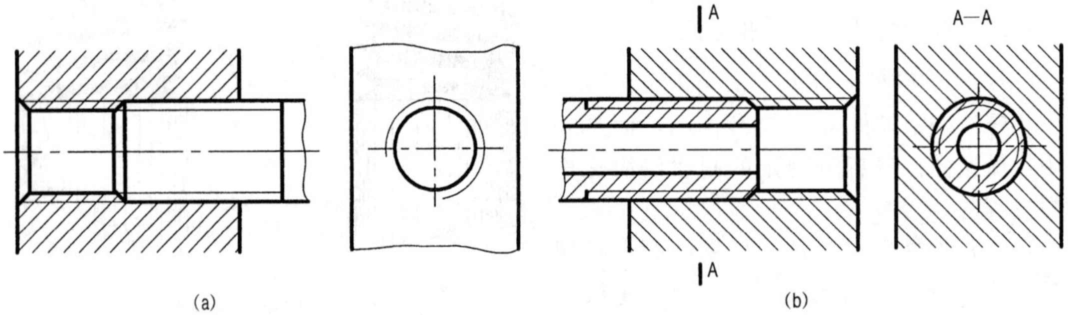

图 7－8 内、外螺纹旋合画法（一）

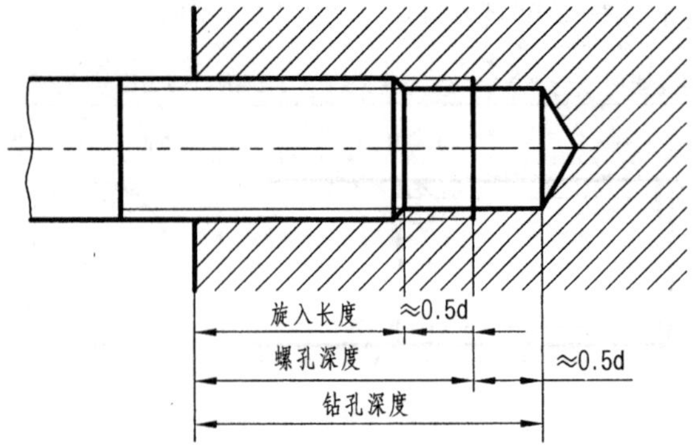

图 7－9 内、外螺纹旋合画法（二）

（3）内、外螺纹旋合的画法。只有当内、外螺纹的五项基本要素相同时，内、外螺纹才能进行连接。用剖视图表示螺纹连接时，旋合部分按外螺纹的画法绘制，未旋合部分按各自原有的画法绘制。如图 7－8、图 7－9 所示。画图时必须注意：表示内、外螺纹大径的细实线和粗实线，以及表示内、外螺纹小径的粗实线和细实线应分别对齐；在剖切平面通过螺纹轴线的剖视图中，实心螺杆按不剖绘制。

（4）螺纹牙型的表示法。螺纹的牙型一般不需要在图形中画出，当需要表示螺纹的牙型时，可按图 7－10 的形式绘制。

（5）圆锥螺纹画法。具有圆锥螺纹的零件，其螺纹部分在投影为圆的视图中，只需画

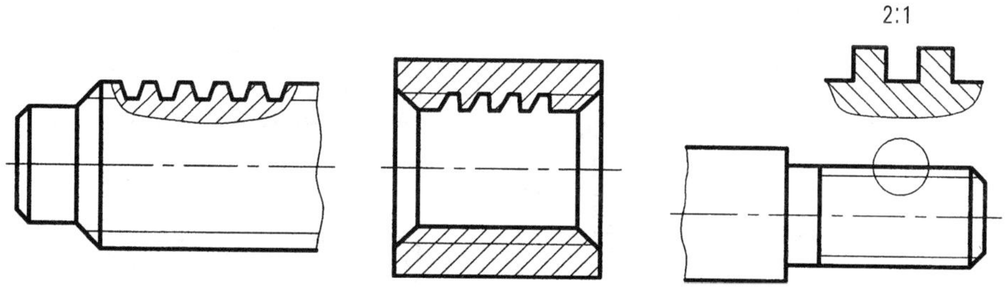

(a)外螺纹局部剖　　(b)内螺纹全剖　　(c)局部放大图

图 7－10　螺纹牙型的表示法

出一端螺纹视图，如图 7－11 所示。

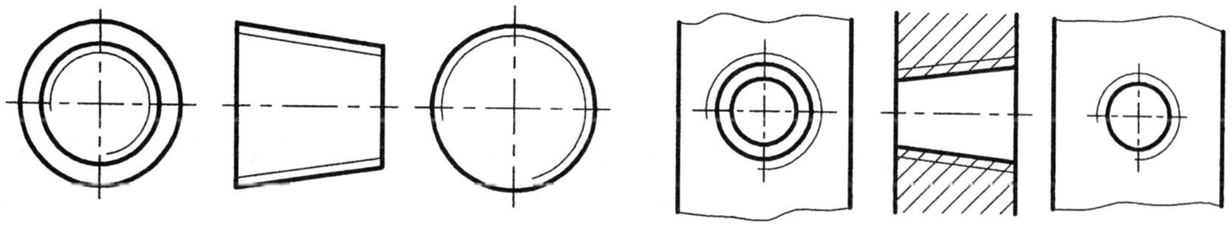

(a)外螺纹　　(b)内螺纹

图 7－11　圆锥螺纹的画法

2. 螺纹的标注方法

由于螺纹的规定画法不能表达出螺纹的种类和螺纹的要素，因此在图中对标准螺纹需要进行正确的标注。下面分别介绍各种螺纹的标注方法。

（1）普通螺纹。普通螺纹用尺寸标注形式注在内、外螺纹的大径上，其标注的具体项目和格式如下：

| 螺纹特征代号 | 公称直径 | × | 螺距 | － | 中径公差带代号 | 顶径公差带代号 | － | 旋合长度代号 | － | 旋向代号 |

普通螺纹的螺纹特征代号用字母“M”表示。

普通粗牙螺纹不必标注螺距，普通细牙螺纹必须标注螺距。对于多线螺纹，其螺距一项应为“P_h 导程 P 螺距”，公称直径、导程和螺距数值的单位为 mm。

右旋螺纹不必标注，左旋螺纹应标注字母“LH”。

中径公差带代号和顶径公差带代号由表示公差等级的数字和字母组成。大写字母代表内螺纹，小写字母代表外螺纹。顶径是指外螺纹的大径和内螺纹的小径，若两组公差带相同，则只写一组。表示内、外螺纹旋合时，内螺纹公差带在前，外螺纹公差带在后，中间用“/”分开（常用的公差带见附表 1）。在特定情况下，中等公差精度螺纹不注公差带代号（内螺纹：5H，公称直径小于和等于 1.4mm 时；6H，公称直径大于和等于 1.6mm 时。外螺纹：6h，公称直径小于和等于 1.4mm 时；6h，公称直径大于和等于 1.6mm 时。）

普通螺纹的旋合长度分为短、中、长三组，其代号分别是 S、N、L。若是中等旋合长度，其旋合代号 N 可省略。

图 7－12 所示为普通螺纹标注示例。

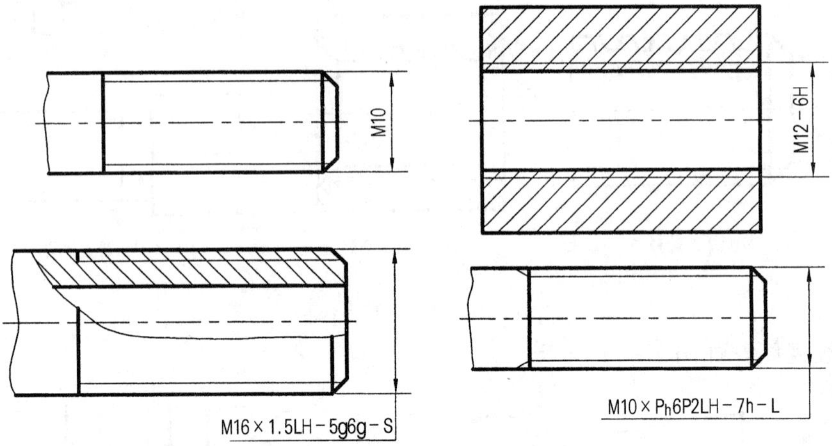

图 7－12　普通螺纹标注示例

（2）传动螺纹。传动螺纹主要指梯形螺纹和锯齿形螺纹，它们也用尺寸标注形式，注在内外螺纹的大径上，其标注的具体项目及格式如下：

螺纹特征代号　公称直径×导程（P 螺距）－中径公差带代号－旋合长度代号－旋向代号

梯形螺纹的螺纹代号用字母“T_r”表示，锯齿形螺纹的特征代号用字母“B”表示。

多线螺纹标注导程与螺距，单线螺纹只标注螺距。

右旋螺纹不标注代号，左旋螺纹标注字母“LH”。

传动螺纹只注中径公差带代号。

旋合长度只注“S”（短）、“L”（长），中等旋合长度代号“N”省略标注。

图 7－13 所示为传动螺纹标注示例。

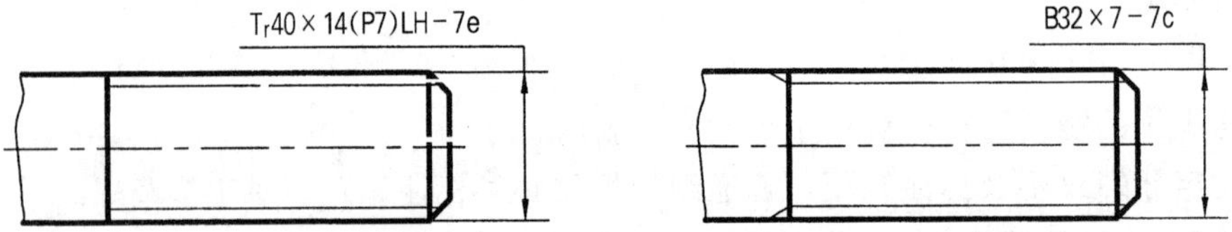

图 7－13　传动螺纹标注示例

（3）管螺纹。管螺纹的标记必须标注在大径的引出线上。常用的管螺纹分为螺纹密封的管螺纹和非螺纹密封的管螺纹。这里要注意，管螺纹的尺寸代号并不是指螺纹大径，也不是管螺纹本身任何一个直径，其大径和小径等参数可从有关标准中查出。

管螺纹标注的具体项目及格式如下：

螺纹密封管螺纹代号：螺纹特征代号　尺寸代号×旋向代号

非螺纹密封管螺纹代号：螺纹特征代号　尺寸代号　公差等级代号－旋向代号

螺纹密封螺纹又分为：与圆柱内螺纹相配合的圆锥外螺纹，其特征代号是 R_1；与圆锥内螺纹相配合的圆锥外螺纹，其特征代号为 R_2；圆锥内螺纹，特征代号是 R_c；圆柱内螺纹，特征代号是 R_p。旋向代号只注左旋“LH”。

非螺纹密封管螺纹的特征代号是G。它的公差等级代号分A、B两个精度等级。外螺纹需注明，内螺纹不注此项代号。右旋螺纹不注旋向代号，左旋螺纹标“LH”。

尺寸代号用1/2，3/4，1，1½…表示，详见附表2。

图7-14所示为管螺纹标注示例。

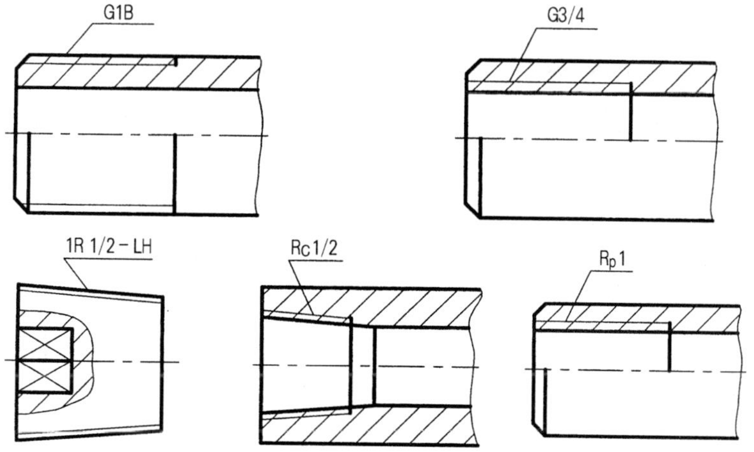

图7-14 管螺纹的标注

三、螺纹紧固件及其连接

（一）常用螺纹紧固件的种类和标记

常用螺纹紧固件有螺栓、双头螺柱、螺钉、螺母和垫圈。它们的结构、尺寸都已分别标准化，称为标准件，使用或绘图时，可以从相应标准中查到所需的结构尺寸。

表7-2中列出了常用螺纹紧固件的种类与标记。

表7-2 常用螺纹紧固件的种类和标记示例

名称	简图	标记示例	说明
螺栓	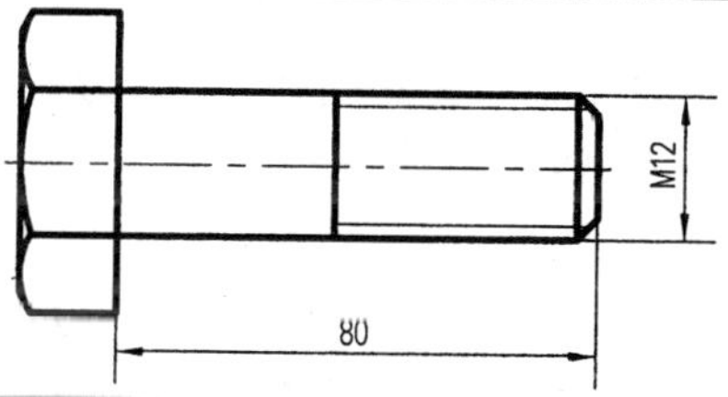	螺栓 GB/T5780—2016 M12×80	螺纹规格 d=M12、公称长度 L=80mm的六角头螺栓
双头螺柱	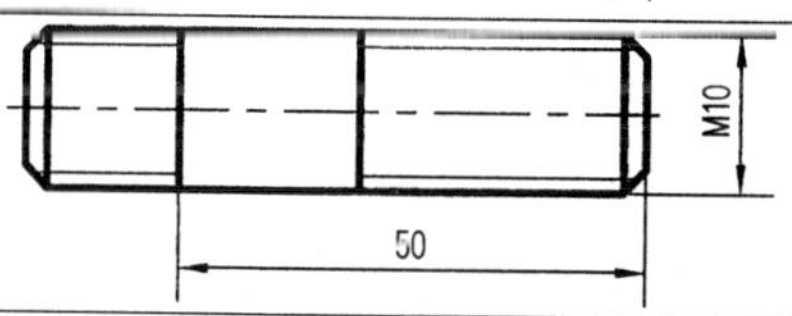	螺柱 GB/T898—1988 M10×50	螺纹规格 d=M10、公称长度 L=50mm的双头螺柱
螺母	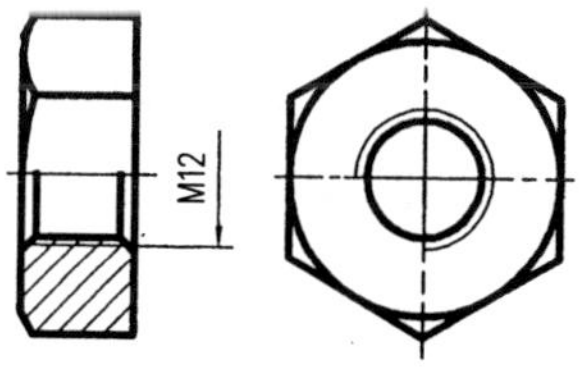	螺母 GB/T41—2016 M12	螺纹规格 D=M12的六角螺母

续表

名称	简图	标记示例	说明
垫圈	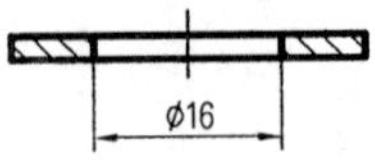	垫圈 GB/T97.1—2002 16—140HV	规格尺寸 $d=16$mm，性能等级为 140HV 的平垫圈
螺钉	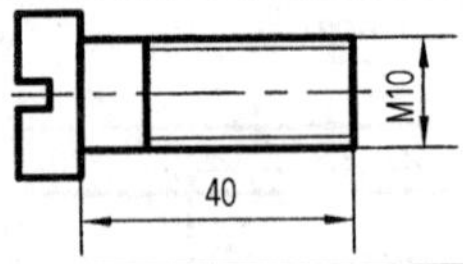	螺钉 GB/T65—2016 M10×40	螺纹规格 $d=10$mm，公称长度 $L=40$mm 的螺钉

1. 螺栓

螺栓由头部及杆部两部分组成，头部形状以六角形的应用最广。决定螺栓的规格尺寸为螺纹公称直径 d 及螺栓长度 L，选定一种螺栓后，其他各部分尺寸可根据有关标准查得。

螺栓的标记形式：[名称] [标准代号] [特征代号] [公称直径]×[公称长度]

例：螺栓 GB/T5780—2016 M12×80，是指公称直径 $d=12$、公称长度 $L=80$（不包括头部）的螺栓。

2. 双头螺柱

双头螺柱的两头制有螺纹，一端旋入被连接件的预制螺孔中，称为旋入端；另一端与螺母旋合，紧固另一个被连接件，称为紧固端。双头螺柱的规格尺寸为螺柱直径 d 及紧固端长度 L，其他各部分尺寸可根据有关标准查得。

双头螺柱的标记形式：[名称] [标准代号] [特征代号] [公称直径]×[公称长度]

例：螺柱 GB/T898—1988 M10×50，是指公称直径 $d=10$、公称长度 $L=50$（不包括旋入端）的双头螺柱。

3. 螺母

螺母通常与螺栓或螺柱配合着使用，起连接作用，以六角螺母应用最广。螺母的规格尺寸为螺纹公称直径 D，选定一种螺母后，其各部分尺寸可根据有关标准查得。

螺母的标记形式：[名称] [标准代号] [特征代号] [公称直径]×[公称长度]

例：螺母 GB/T41—2016 M12，指螺纹规格 $D=$M12 的螺母。

4. 垫圈

垫圈通常垫在螺母和被连接件之间，目的是增加螺母与被连接零件之间的接触面，保护被连接件的表面不致因拧螺母而被刮伤。垫圈分为平垫圈和弹簧垫圈，弹簧垫圈还可以防止因振动而引起的螺母松动。选择垫圈的规格尺寸为螺栓直径 d，垫圈选定后，其各部分尺寸可根据有关标准查得。

平垫圈的标记形式：[名称] [标准代号] [规格尺寸]－[性能等级]

弹簧垫圈的标记形式：[名称] [标准代号] [规格尺寸]

例：垫圈 GB/T97.1—2002 16—140HV，指规格尺寸 $d=16$、性能等级为 140HV 的平垫圈。垫圈 GB/T93—1987，指规格尺寸为 $d=20$ 的弹簧垫圈。

5. 螺钉

螺钉按使用性质可分为连接螺钉和紧定螺钉两种，连接螺钉的一端为螺纹，另一端为头部。紧定螺钉主要用于防止两相配零件之间发生相对运动的场合。螺钉规格尺寸为螺钉直径 d 及长度 L，可根据需要从标准中选用。

螺钉的标记形式：名称 标准代号 特征代号 公称直径 × 公称长度

例：螺钉 GB/T65—2016 M10×40，是指公称直径 $d=10$、公称长度 $L=40$（不包括头部）的螺钉。

（二）常用螺纹紧固件及连接图画法

1. 螺栓连接

螺栓用来连接两个不太厚并能钻成通孔的零件，并与垫圈、螺母配合进行连接，如图 7-15 所示。

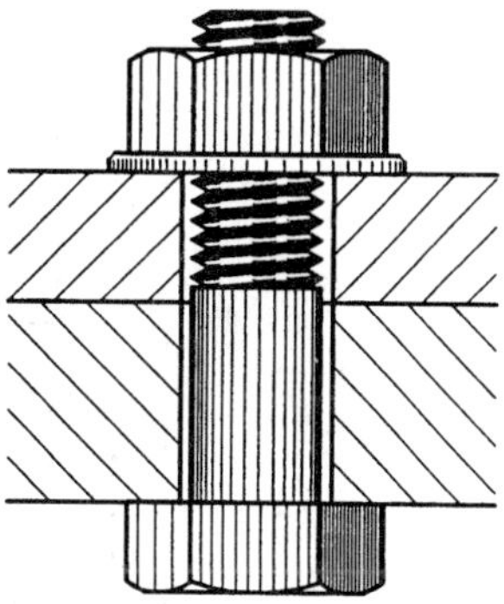

图 7 15　螺栓连接

（1）螺栓连接中的紧固件画法。螺栓连接的紧固件有螺栓、螺母和垫圈。紧固件一般用比例画法绘制。所谓比例画法就是以螺栓上螺纹的公称直径为主要参数，其余各部分结构尺寸均按与公称直径成一定比例关系绘制。

尺寸比例关系如下（见图 7-16）：

螺栓：d、L（根据要求确定）。

$d_1 \approx 0.85d$，$b \approx 2d$，$e=2d$，$R_1=d$，$R=1.5d$，$k=0.7d$，$c=0.1d$

螺母：D（根据要求确定），$m=0.8d$，其他尺寸与螺栓头部相同。

垫圈：$d_2=2.2d$，$d_1=1.1d$，$d_3=1.5d$，$h=0.15d$，$s=0.2d$，$n=0.12d$

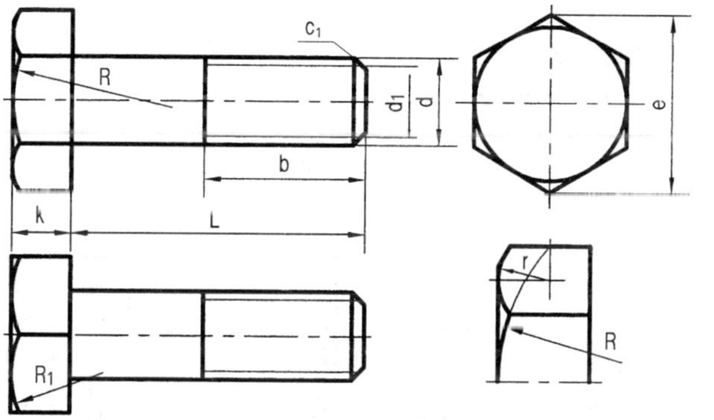

(a)六角头螺栓的比例画法

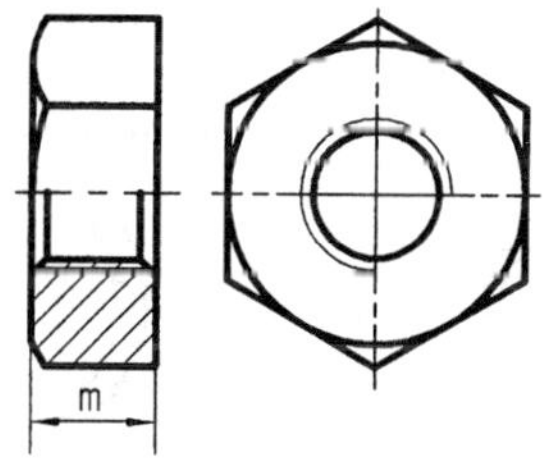

(b)六角螺母的比例画法

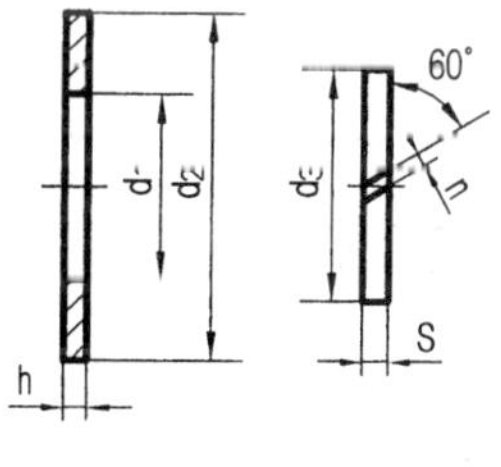

(c)垫圈的比例画法

图 7-16　螺栓、螺母、垫圈的比例画法

（2）螺栓连接的画法。用比例画法画螺栓连接的装配图时，应注意以下几点：

1）两零件的接触表面只画一条线，并不得加粗。凡不接触的表面，不论间隙大小，都应画出间隙（如螺栓和孔之间应画出间隙）。

2）剖切平面通过螺栓轴线时，螺栓、螺母、垫圈可按不剖绘制，仍画外形。必要时，可采用局部剖视。

3）两零件相邻接时，不同零件的剖面线方向应相反，或者方向一致而间隔不等。

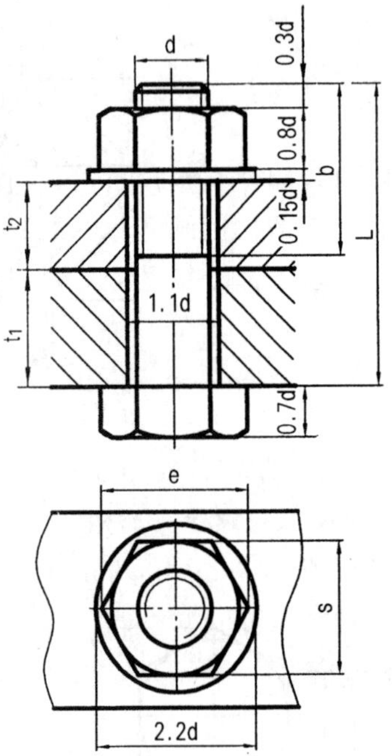

(a)螺栓连接图及各部分尺寸

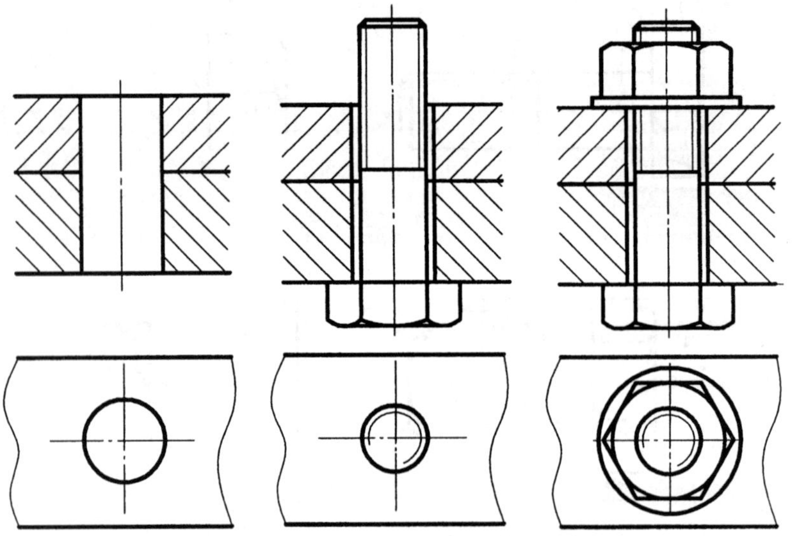

(b)螺栓连接图的画法步骤

图 7－17　螺栓连接图

4）螺栓长度 $L \geqslant t_1 + t_2 +$ 垫圈厚度 + 螺母厚度 $+(0.2 \sim 0.3)d$，根据上式的估计值，然后选取与估算值相近的标准长度值作为 L 值（查附表 3）。

5）被连接件上加工的螺栓孔直径稍大于螺栓直径，取 $1.1d$。

螺栓连接的比例画法如图 7-17 所示。

2. 螺柱连接

当两个被连接件中有一个很厚，或者不适合用螺栓连接时，常用双头螺柱连接。双头螺柱两端均加工有螺纹，一端与被连接件旋合，另一端与螺母旋合，如图 7-18（a）所示。用比例画法绘制双头螺柱的装配图时应注意以下几点：

（1）旋入端的螺纹终止线应与结合面平齐，表示旋入端已经拧紧。

（2）旋入端的长度 b_m 要根据被旋入件的材料而定，被旋入端的材料为钢时，$b_m = 1d$；被旋入端的材料为铸铁或铜时，$b_m = 1.25 \sim 1.5d$；被连接件为铝合金等轻金属时，取 $b_m = 2d$。

（3）旋入端的螺孔深度取 $b_m + 0.5d$，钻孔深度取 $b_m + d$，如图 7-18 所示。

（4）螺柱的公称长度 $L \geqslant \delta +$ 垫圈厚度 + 螺母厚度 $+(0.2 \sim 0.3)d$，然后选取与估算值相近的标准长度值作为 L 值（查附表 4）。

双头螺柱连接的比例画法如图 7-18（b）所示。

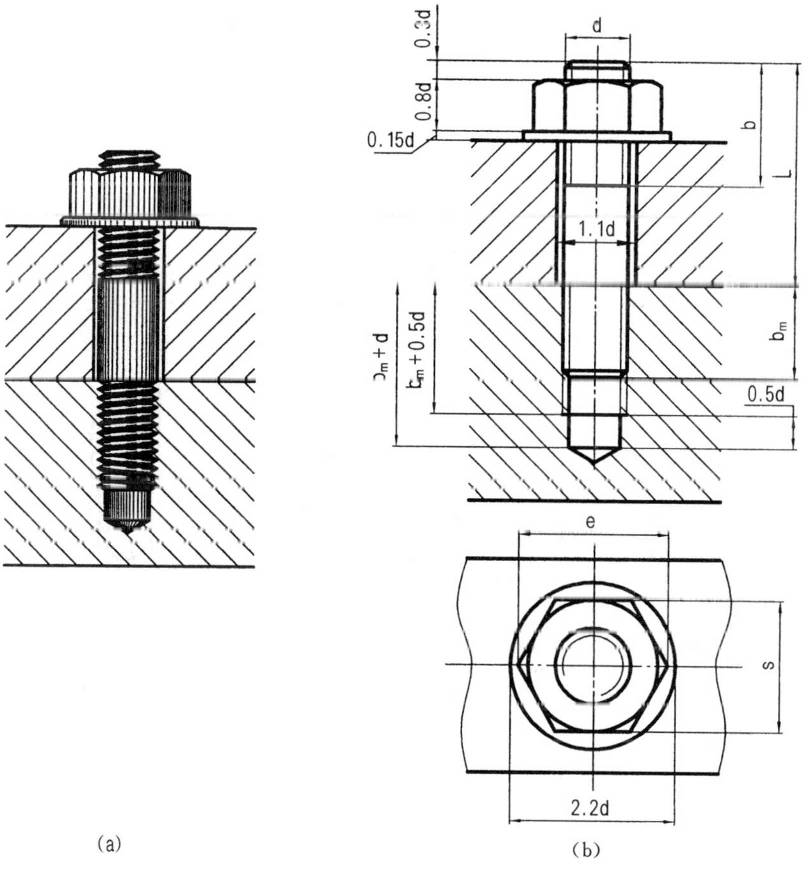

(a) (b)

图 7-18 双头螺柱连接图

3. 螺钉连接

螺钉连接一般用于受力不大又不需要经常拆卸的场合，如图 7－19 所示。

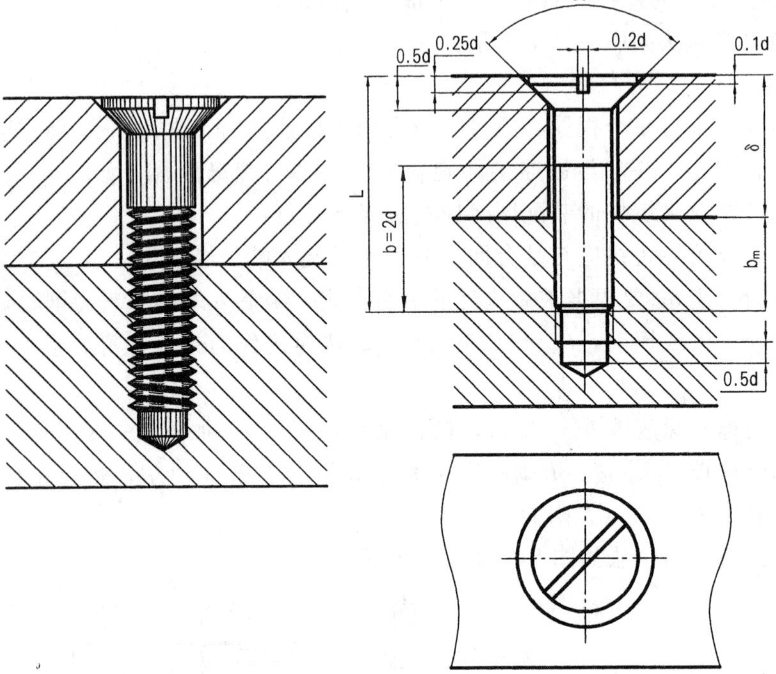

图 7－19　开槽沉头螺钉连接及各部分尺寸

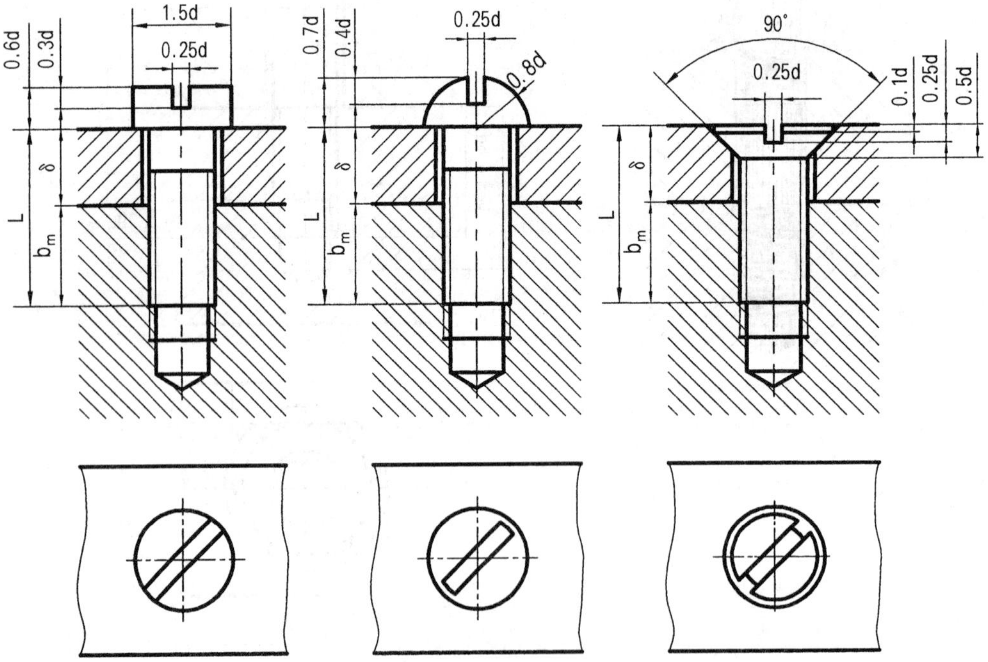

图 7－20　螺钉连接的比例画法

用比例画法绘制螺钉连接，其旋入端与螺柱相同，被连接板的孔部画法与螺栓相同，被连接板的孔径取 $1.1d$。螺钉的有效长度 $L=\delta+b_m$，并根据标准校正（查附表 6）。画图时注意以下两点：

1）螺钉的螺纹终止线不能与螺纹终止线平齐，而应画在盖板的范围内。

2）具有沟槽的螺钉头部，在主视图中应被放正，在俯视图中规定画成 45°倾斜。

螺钉连接的比例画法如图 7-20 所示。

第二节 键 和 销

一、键连接

1. 键连接的作用和种类

为了使齿轮、带轮等零件和轴一起转动，通常在轮孔和轴上分别加工出键槽，用键将轮和轴连接起来进行传动。键连接有多种型式，各有其特点和适用场合，键的种类很多，常用的有普通平键、半圆键和钩头楔键三种，如图 7-21 所示。

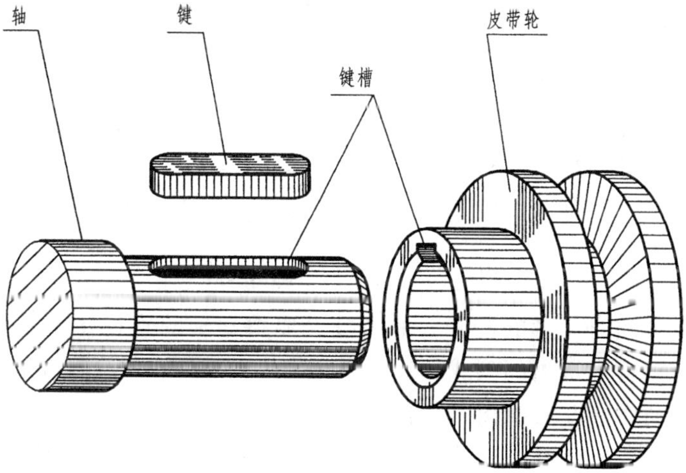

图 7-21 键连接

2. 普通平键的种类和标记

平键连接制造简单，装拆方便，轮与轴的同心度较好，应用广泛。普通平键有圆头（A 型）、平头（B 型）和单圆头（C 型）三种型式，其形状如图 7-22 所示。

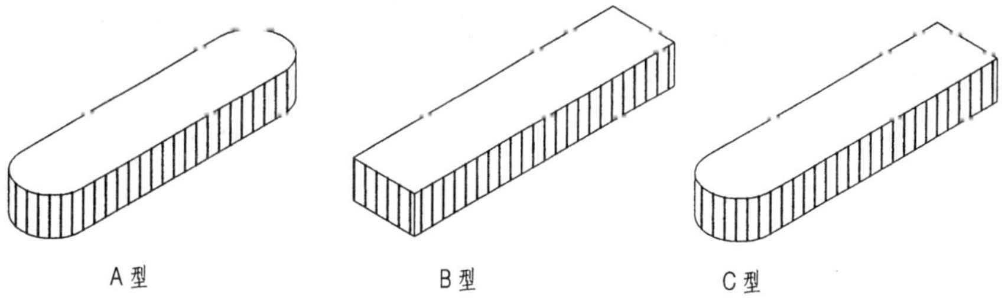

图 7-22 键的型式

普通平键是标准件。选择平键时，先根据轴径 d 从标准中查取键的截面尺寸 $b\times h$，然后按轮毂宽度 B 选定键长 L，一般 $L=B-(5\sim10)$，并取 L 为标准值。键和键槽的型式、尺寸，参见附表 10。

普通平键的标记格式和内容为：键 型式代号 宽度×长度 标准代号，其中 A 型可省略型式代号。例如：宽度 $b=18$mm，高度 $h=11$mm，长度 $L=100$mm 的圆头普通平键（A 型），其标记是：键 18×100 GB1096—2003。宽度 $b=18$mm，高度 $h=11$mm，长度 $L=100$mm 的平头普通平键（B 型），其标记是：键 B 18×100 GB1096—2003。宽度 $b=18$mm，高度 $h=11$mm，长度 $L=100$mm 的单圆头普通平键（C 型），其标记是：键 C 18×100 GB1096—2003。

3. 普通平键的连接画法

图 7-23 表示在零件图中键槽的一般表示方法和尺寸注法。

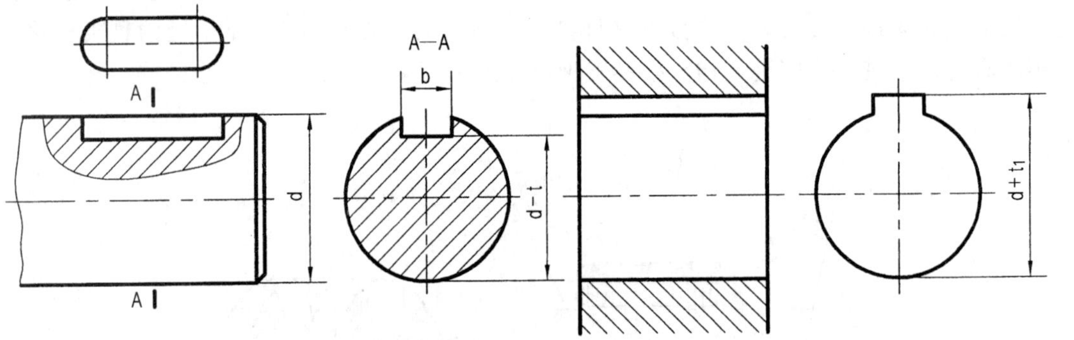

图 7-23 轴和轮毂上的键槽

采用普通平键连接时，键的长度 L 和宽度 b 要根据轴的直径 d 和传递的扭矩大小从标准中选取适当值（键和键槽的型式、尺寸参见附表 10）。轴和轮毂上的键槽的表达方法及尺寸如图 7-23 所示。在装配图上，普通平键的连接画法如图 7-24 所示。在键连接的画法中应注意：平键与键槽在顶面不接触，应画出间隙；键的倒角省略不画；沿键的纵向剖切时，键按不剖处理。

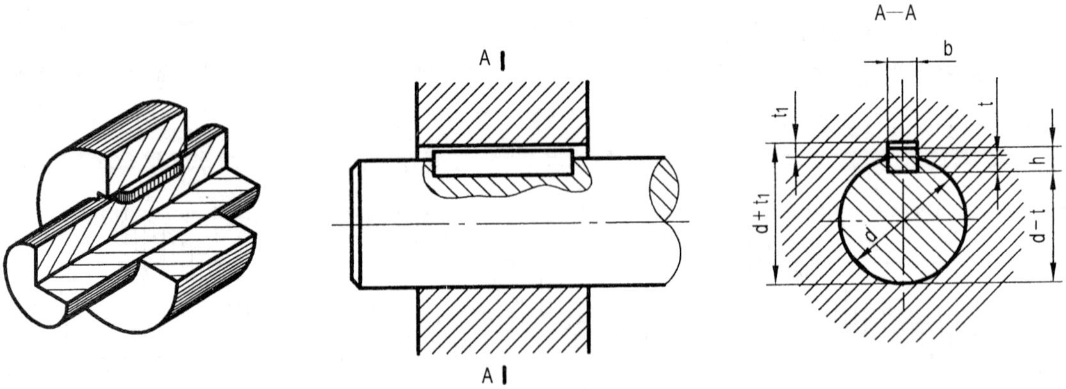

图 7-24 普通平键的连接画法

二、销连接

销主要用于零件间的连接或定位。销的类型较多，但最常见的两种基本类型是圆柱销和圆锥销，如图 7-25 所示。

销主要用于零件间的连接或定位，也可作为安全装置中的过载剪断元件。销的类型较多，但最常见的两种基本类型是圆柱销和圆锥销。这两类销均已标准化。圆柱销利用微量过盈固定在销孔中，经过多次装拆后，连接的紧固性及精度降低，故只宜用于不常拆卸处。圆锥销有 1∶50 的锥度，装拆比圆柱销方便，多次装拆对连接的紧固性及定位精度影响较小，因此应用广泛。销的常用材料为 35 号钢、45 号钢。

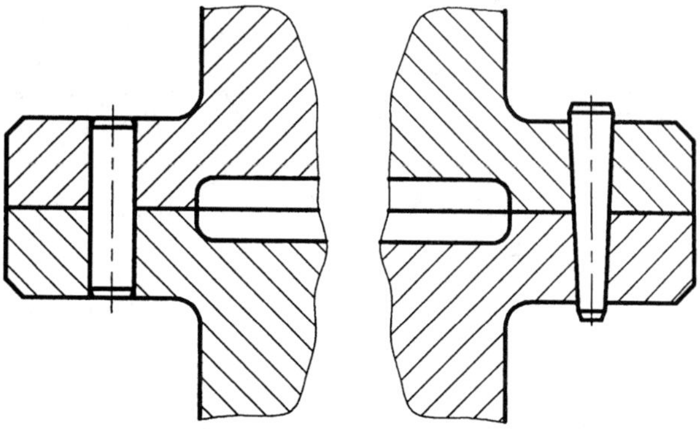

图 7-25 销连接的画法

表 7-3 中列出了圆柱销和圆锥销的形式与标记。根据销的标记，即可查出销的形式和尺寸，详见附表 7、附表 8。销连接的画法如图 7-25 所示。

表 7-3 **销的形式及标记**

名称	标 准 号	图 例	标记示例
圆柱销	GB/T119.1—2000 GB/T119.2—2000	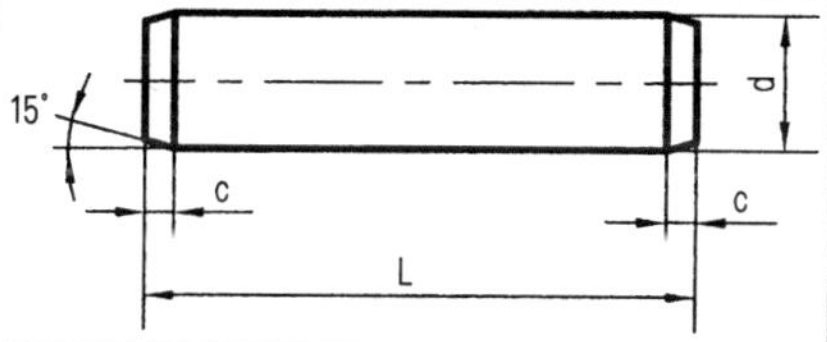	公称直径 $d=6$mm、长度 $l=30$mm 的圆柱销：销 GB/T119.1—2000 6×30
圆锥销	GB/T117—2000	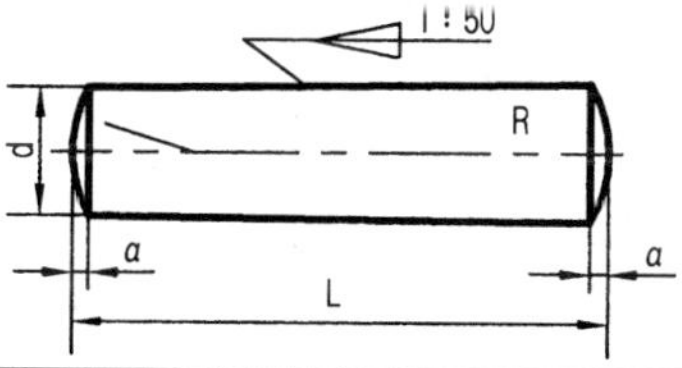	公称直径 $d=6$mm、长度 $l=30$mm 的圆锥销：销 GB/T117—2000 6×30

第三节 齿 轮

齿轮是一个有齿的机械构件，它与另一个有齿构件通过其共轭齿面的啮合，从而传递运动或改变运动的形式。通过齿轮啮合，可将一根轴的动力及旋转运动传递给另一根轴，也可改变转速和旋转方向。齿轮上每一个用于啮合的凸起部分，称为轮齿。一对齿轮的齿，依次交替地接触，从而实现一定规律的相对运动的过程和形态，称为啮合。

齿轮是机器设备中应用十分广泛的传动零件，用来传递运动和动力，改变轴的旋向和转速。常见的传动齿轮有三种：圆柱齿轮传动——用于两平行轴间的传动；锥齿轮传动——用于两相交轴间的传动；蜗杆蜗轮传动——用于两交错轴间的传动，如图 7-26 所示。

(a)圆柱齿轮

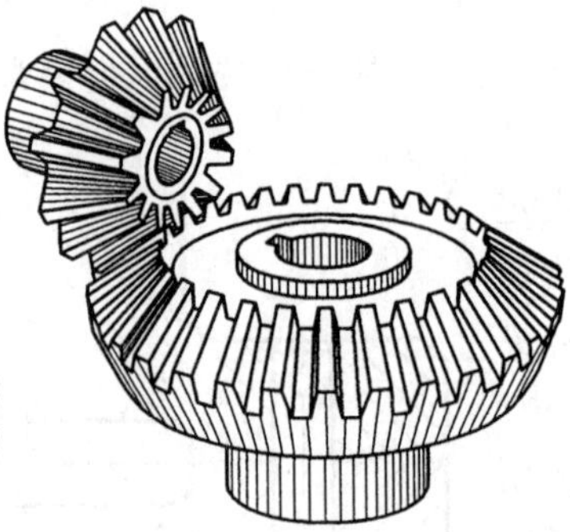
(b)锥齿轮

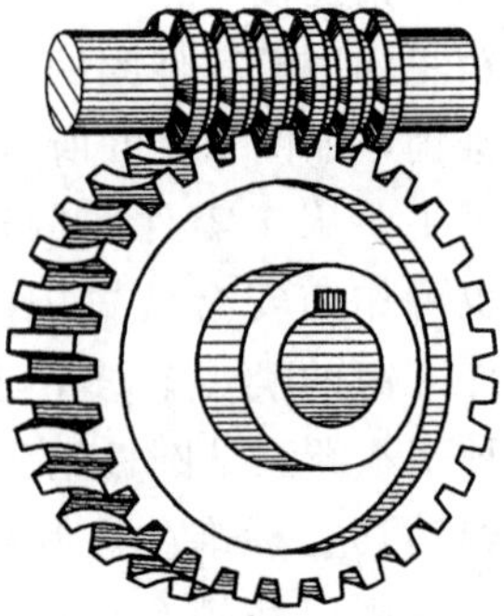
(c)蜗杆蜗轮

图 7-26 齿轮传动形式

一、直齿圆柱齿轮

1. 直齿圆柱齿轮各部分的名称及参数（见图 7-27）

(1) 齿数 z——齿轮上轮齿的个数。

(2) 齿顶圆直径 d_a——通过齿顶的圆柱面直径。

(3) 齿根圆直径 d_f——通过齿根的圆柱面直径。

(4) 分度圆直径 d——分度圆直径是齿轮设计和加工时的重要参数。分度圆是一个假想的圆，在该圆上齿厚 s 与槽宽 e 相等，它的直径称为分度圆直径。

(5) 齿高 h——齿顶圆和齿根圆之间的径向距离。

(6) 齿顶高 h_a——齿顶圆和分度圆之间的径向距离。

(7) 齿根高 h_f——分度圆与齿根圆之间的径向距离。

(8) 齿距 p——在分度圆上，相邻两齿对应齿廓之间的弧长。

(9) 齿厚 s——在分度圆上，一个齿的两侧对应齿廓之间的弧长。

(10) 槽宽 e——在分度圆上，一个齿槽的两侧相应齿廓之间的弧长。

(11) 模数 m——由于分度圆的周长 $\pi d = pz$，所以 $d=\frac{p}{\pi}z$，$\frac{p}{\pi}$就称为齿轮的模数。模数以 mm 为单位，它是齿轮设计和制造的重要参数。为便于齿轮的设计和制造，减少齿轮成形刀具的规格及数量，国家标准对模数规定了标准值。渐开线齿轮的模数见表 7-4。

表 7-4　渐开线圆柱齿轮模数（摘自 GB/T1357—2008）

第一系列	1　1.25　2　2.5　3　4　5　6　8　10　12　16　20　25　32　40　50
第二系列	1.75　2.25　2.75　(3.25)　3.5　(3.75)　4.5　5.5　(6.5)　7　9　(11)　14　18　22　28　(30)　36　45

注　优先选用第一系列，其次是第二系列，括号内的模数尽可能不用。

(12) 压力角 α——相互啮合的一对齿轮，其受力方向（齿廓曲线的公法线方向）与运动方向之间所夹的锐角称为压力角。同一齿廓的不同点上的压力角是不同的，在分度圆上的压力角称为标准压力角。国家标准规定，标准压力角为 20°。

（13）中心距 a——两啮合齿轮轴线之间的距离。

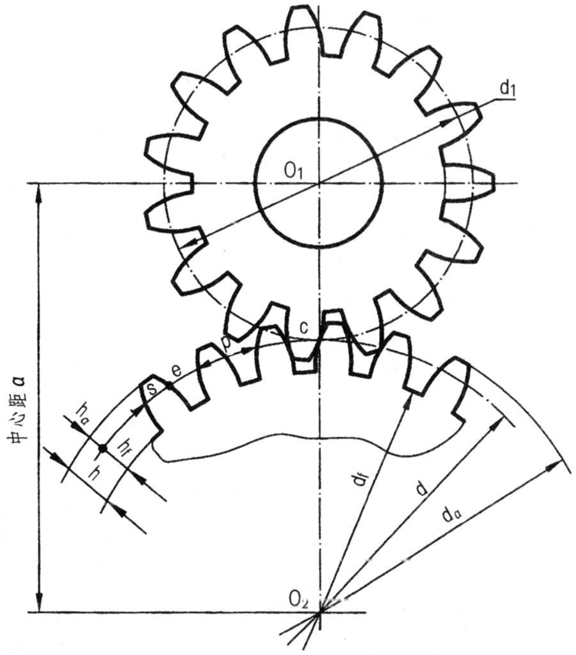

图 7-27　直齿圆柱齿轮各部分的名称和代号

2. 直齿圆柱齿轮的尺寸计算

在已知模数 m 和齿数 z 时，齿轮轮齿的其他参数均可按表 7-5 的公式计算。

表 7-5　　标准直齿圆柱齿轮各基本尺寸计算公式

基本参数：模数 m 和齿数 z			
序　　号	名　　称	代　　号	计　算　公　式
1	齿距	p	$p=\pi m$
2	齿顶高	h_a	$h_a=m$
3	齿根高	h_f	$h_f=1.25m$
4	齿高	h	$h=2.25m$
5	分度圆直径	d	$d=mz$
6	齿顶圆直径	d_a	$d_a=m(z+2)$
7	齿根圆直径	d_f	$d_f=m(z-2.5)$
8	中心距	a	$a=m(z_1+z_2)/2$

3. 直齿圆柱齿轮的规定画法

（1）单个齿轮的画法。单个齿轮一般用两个视图表示。国家标准规定齿顶圆和齿顶线用粗实线绘制，分度圆和分度线用细点划线表示，齿根圆和齿根线用细实线绘制（也可以省略不画）。在剖视图中，齿根线用粗实线绘制，并不能省略。当剖切平面通过齿轮轴线时，轮齿一律按不剖绘制。单个齿轮的画法如图 7－28 所示。

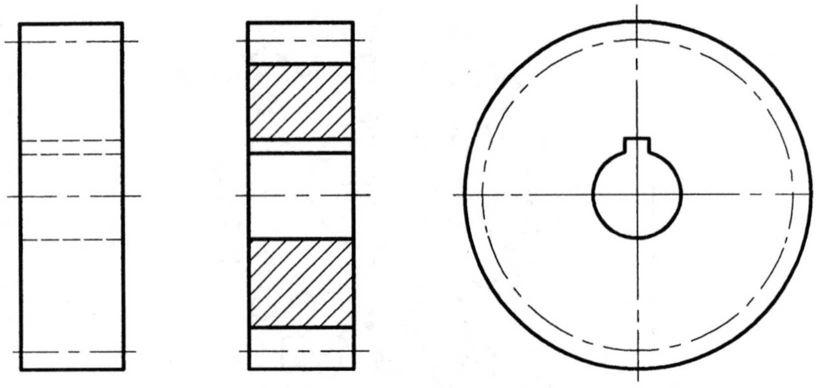

图 7－28 单个直齿圆柱齿轮的画法

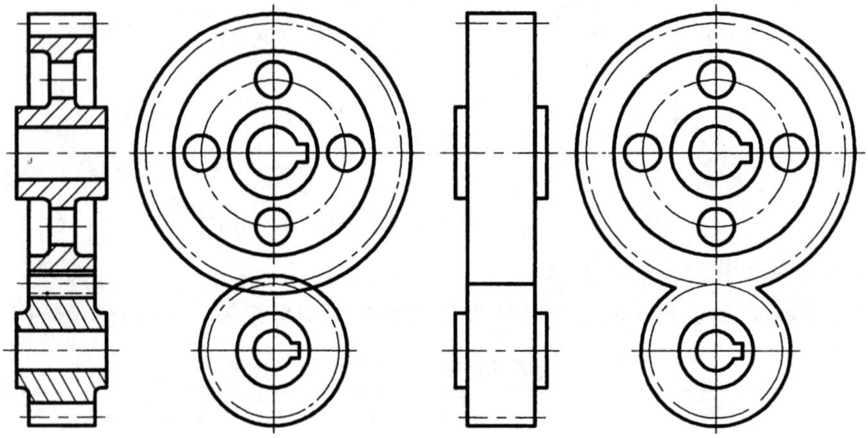

(a) (b) (c) (d)

图 7－29 直齿圆柱齿轮的啮合画法

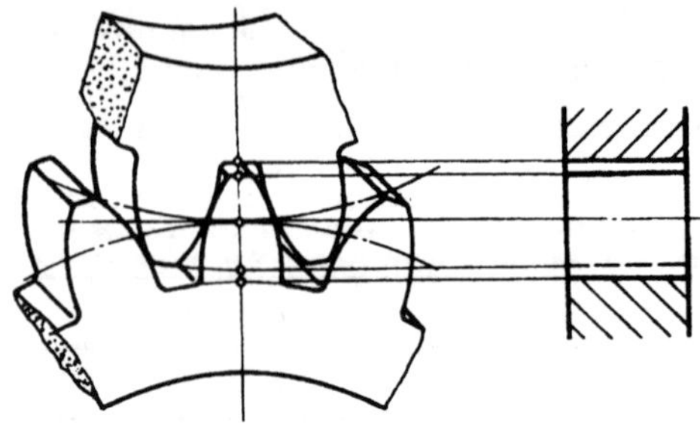

图 7－30 轮齿啮合区在剖视图中的画法

（2）一对齿轮啮合的画法。一对齿轮的啮合图，一般可以采用两个视图表达，在垂直于圆柱齿轮轴线的投影面的视图中（反映为圆的视图），啮合区内的齿顶圆均用粗实线绘制，分度圆相切，如图 7－29（b）所示。也可用省略画法，如图 7－29（d）所示。在不反映圆的视图上，啮合区的齿顶线不需画出，分度线用粗实线绘制，如图 7－29（c）所示。采用剖视图表达时，在啮合区内将一个齿轮的齿顶线用粗实线绘制，另一个齿轮的轮齿被遮挡，其齿顶线用细虚线绘制，如图 7－29（a）、图 7－30 所示。

二、直齿锥齿轮

1. 直齿锥齿轮各部分的名称

由于锥齿轮的轮齿加工在圆锥面上，所以锥齿轮在齿宽范围内有大、小端之分，如图 7 - 31 (a) 所示。为了计算和制造方便，国家标准规定以大端为准。在锥齿轮上，有关的名称和术语有齿顶圆锥面（顶锥）、齿根圆锥面（根锥）、分度圆锥面（分锥）、背锥面（背锥）、前锥面（前锥）、分度圆锥角 δ、齿高 h、齿顶高 h_a 及齿根高 h_f 等，如图 7 - 31 (b) 所示。

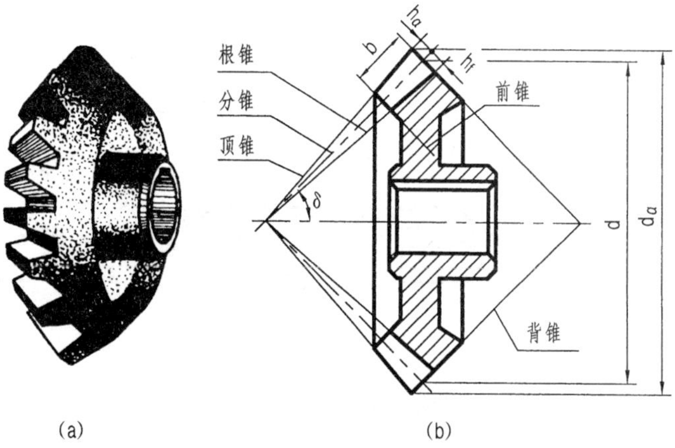

图 7 - 31　锥齿轮各部分名称

2. 直齿锥齿轮的画法简介

(1) 单个锥齿轮画法，如图 7 - 32 所示。

(2) 锥齿轮的啮合图画法，如图 7 33 所示。齿轮轮点部分和啮合区的画法与直齿圆柱齿轮的画法相同。

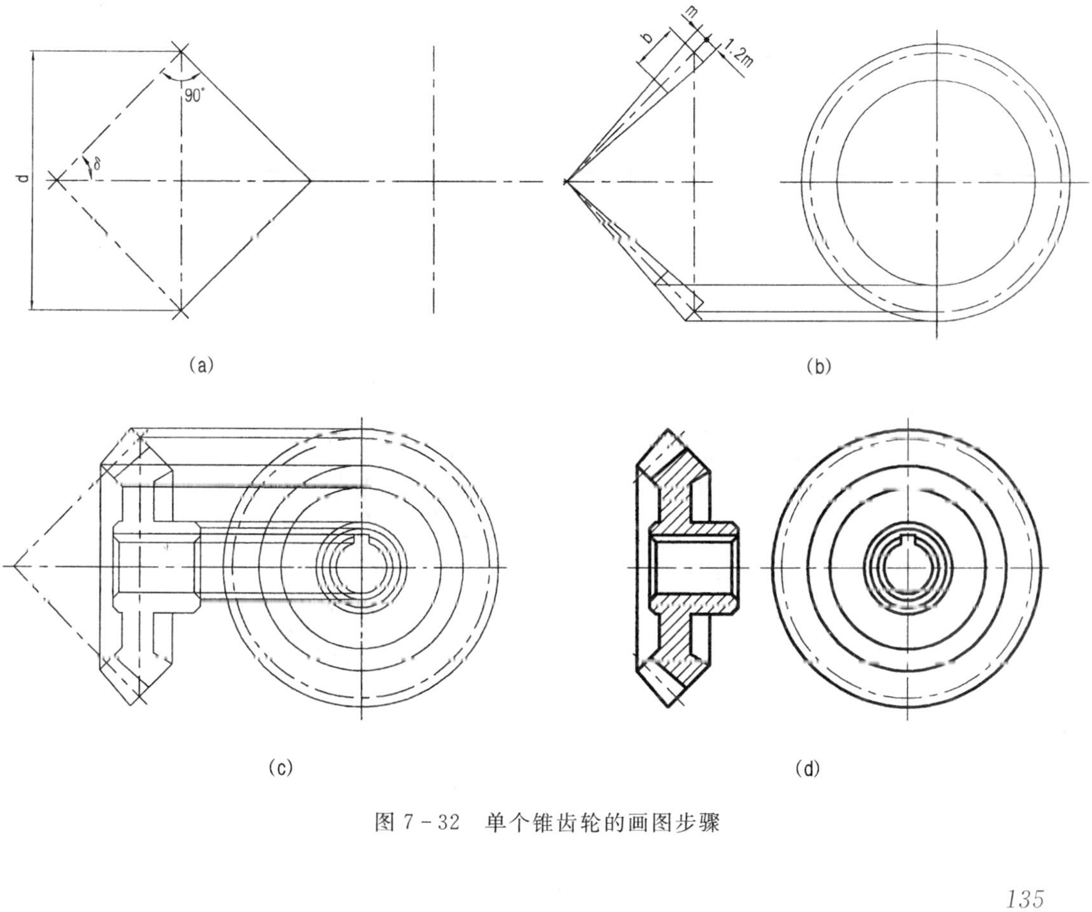

图 7 - 32　单个锥齿轮的画图步骤

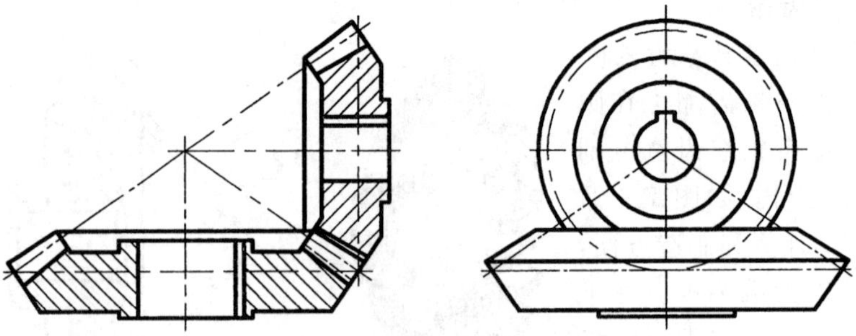

图 7-33　锥齿轮啮合图的画法

三、蜗杆、蜗轮简介

1. 蜗杆的规定画法

蜗杆的形状如梯形螺杆，轴向剖面齿形为梯形，顶角为 40°，一般用一个视图表达。它的齿顶线、分度线、齿根线画法与圆柱齿轮相同，牙型可用局部剖视或局部放大图画出。具体画法如图 7-34 所示。

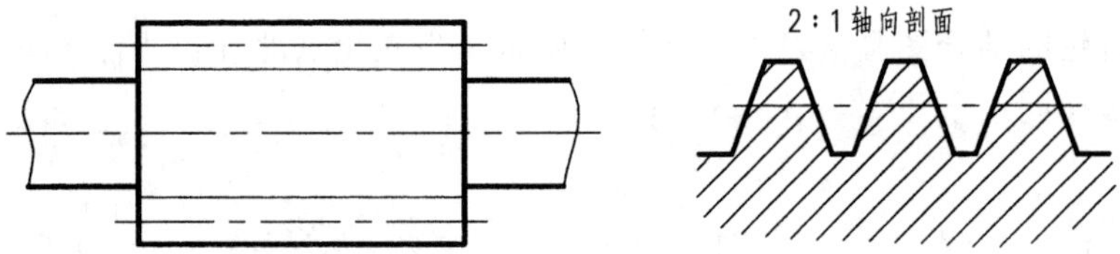

图 7-34　蜗杆的规定画法

2. 蜗轮的规定画法

蜗轮的画法与圆柱齿轮基本相同，如图 7-35 所示。在投影为圆的视图中，轮齿部分只需画出分度圆和顶圆，其他圆可省略不画，其他结构形状按投影绘制。

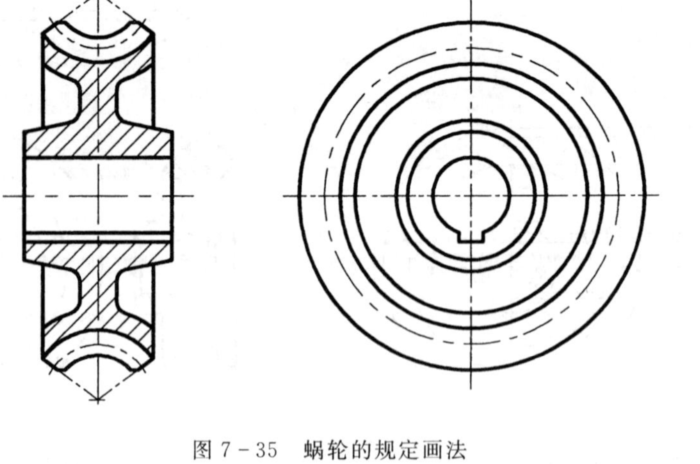

图 7-35　蜗轮的规定画法

3. 蜗杆、蜗轮的啮合画法

蜗杆、蜗轮的啮合画法，如图 7-36 所示。在主视图中，蜗轮被蜗杆遮住的部分不必画出。在左视图中蜗轮的分度圆与蜗杆的分度线应相切。

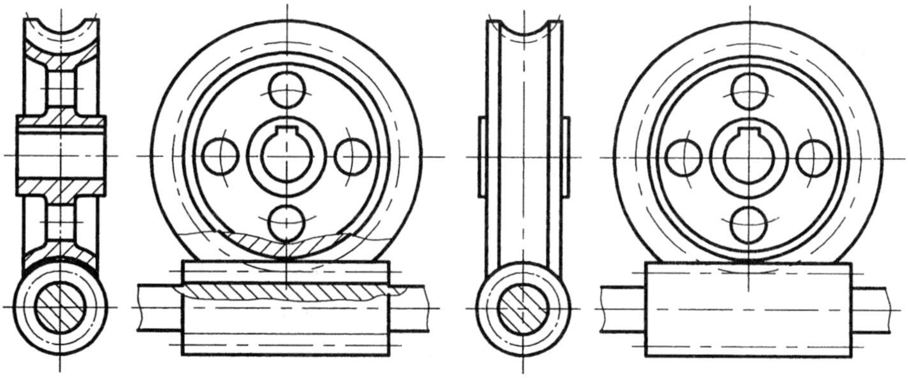

图 7-36　蜗杆蜗轮的啮合画法

第四节　滚　动　轴　承

滚动轴承是用来支承旋转轴的部件，结构紧凑，摩擦阻力小，能在较大的载荷、较高的转速下工作，转动精度较高，在工业中应用十分广泛。滚动轴承的结构及尺寸已经标准化，由专业厂家生产，选用时可查阅有关标准。

一、滚动轴承的结构和类型

滚动轴承的结构一般由四部分组成，如图 7-37 所示。

（1）外圈——装在机体或轴承座内，一般固定不动。

（2）内圈——装在轴上，与轴紧密配合且随轴转动。

（3）滚动体——装在内外圈之间的滚道中，有滚珠、滚柱、滚锥等类型。

（4）保持架——用来均匀分隔滚动体，防止滚动体之间相互摩擦与碰撞。

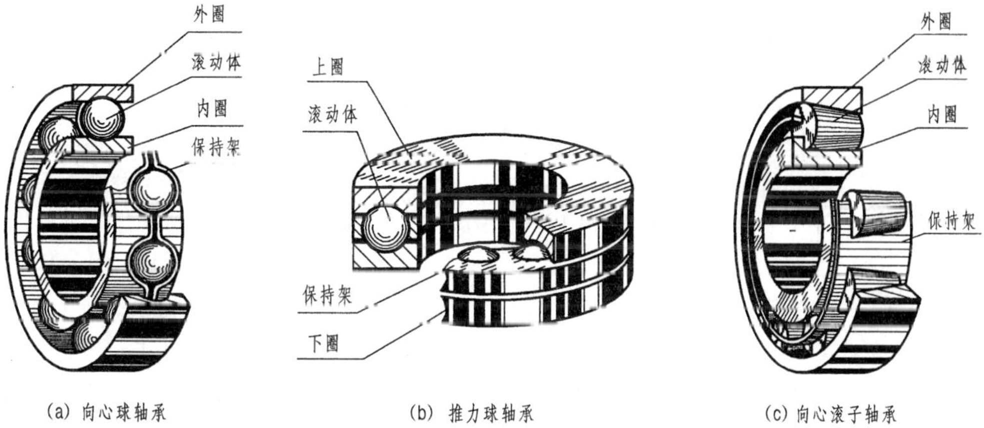

(a) 向心球轴承　(b) 推力球轴承　(c) 向心滚子轴承

图 7-37　滚动轴承的结构和类型

滚动轴承按承受载荷的方向可分为以下三种类型：

（1）向心轴承——主要承受径向载荷，常用的如深沟球轴承。

（2）推力轴承——只承受轴向载荷，常用的如推力球轴承。

（3）向心推力轴承——同时承受轴向和径向载荷，常用的如圆锥滚子轴承。

二、滚动轴承的代号

滚动轴承的代号一般打印在轴承的端面上，由基本代号、前置代号和后置代号三部分组成，排列顺序如下：

前置代号	基本代号	后置代号

1. 基本代号

基本代号表示滚动轴承的基本类型、结构及尺寸，是滚动轴承代号的基础。基本代号由轴承类型代号、尺寸系列代号和内径代号构成（滚针轴承除外），其排列顺序如下：

类型代号	尺寸系列代号	内径代号

（1）类型代号。轴承类型代号用阿拉伯数字或大写拉丁字母表示，其含义见表 7-6。

表 7-6　　滚动轴承类型代号

代号	轴承类型	代号	轴承类型
0	双列角接触球轴承	7	角接触球轴承
1	调心球轴承	8	推力圆柱滚子轴承
2	调心滚子轴承和推力调心滚子轴承	N	圆柱滚子轴承
3	圆锥滚子轴承	NN	双列或多列圆柱滚子轴承
4	双列深沟球轴承	U	外球面球轴承
5	推力球轴承	QJ	四点接触球轴承
6	深沟球轴承		

（2）尺寸系列代号。尺寸系列代号由滚动轴承的宽（高）度系列代号和直径系列代号组合而成，用两位数字表示。它主要用来区别内径相同而宽（高）度和外径不同的轴承。详细情况请查阅有关标准（见附表 11）。

（3）内径代号。内径代号表示轴承的公称内径，见表 7-7。

表 7-7　　滚动轴承内径代号

轴承公称内径（mm）		内径代号	示例
0.6～10（非整数）		用公称内径直接表示，在其与尺寸系列代号之间用“/”分开	深沟球轴承 618/2.5 d=2.5mm
1～9（整数）		用公称内径毫米数直接表示，对深沟及角接触球轴承 7、8、9 直径系列，内径与尺寸系列代号之间用“/”分开	深沟球轴承 625 深沟球轴承 618/5 d=5mm
10～17	10	00	深沟球轴承 6200 d=10mm
	12	01	
	15	02	
	17	03	
20～480（22、28、32 除外）		公称内径除以 5 的商数，商数为个位数时，需在商数左边加“0”，如 08	调心滚子轴承 23208 d=40mm
≥500 以及 22、28、32		用公称内径毫米数直接表示，但与尺寸系列之间用“/”分开	调心滚子轴承 230/500 d=500mm 深沟球轴承 62/22 d=22mm

2. 前置代号和后置代号

前置代号和后置代号是轴承在结构形状、尺寸、公差、技术要求等有改变时，在其基本代号左、右添加的补充代号。具体情况可查阅有关的国家标准。

轴承代号标记示例：

6208　第一位数 6 表示类型代号，为深沟球轴承。第二位数 2 表示尺寸系列代号，宽度系列代号 0 省略，直径系列代号为 2。后两位数 08 表示内径代号，$d=8\times5=40$mm。

N2110　第一个字母 N 表示类型代号，为圆柱滚子轴承。第二、三两位数 21 表示尺寸系列代号，宽度系列代号为 2，直径系列代号为 1。后两位数 10 表示内径代号，内径 $d=10\times5=50$mm。

3. 滚动轴承的画法

国家标准 GB/T4459.7—2017 对滚动轴承的画法作了统一规定，有简化画法和规定画法，简化画法又分为通用画法和特征画法两种。

（1）简化画法。用简化画法绘制滚动轴承时，应采用通用画法和特征画法。但在同一图样中，一般只采用其中的一种画法。

1）通用画法。在剖视图中，当不需要确切地表示滚动轴承的外形轮廓、载荷特性、结构特征时，可用矩形线框以及位于线框中央正立的十字形符号来表示。矩形线框和十字形符号均用粗实线绘制，十字形符号不应与矩形线框接触，通用画法的尺寸比例见表 7-8。

表 7-8　　滚动轴承通用画法的尺寸比例示例

通用画法	需表示外圈有挡边的通用画法	需表示内圈有挡边的通用画法
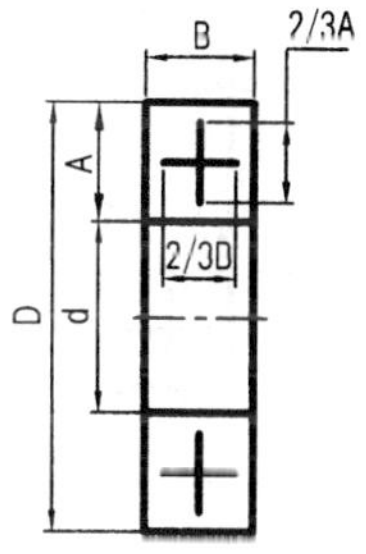	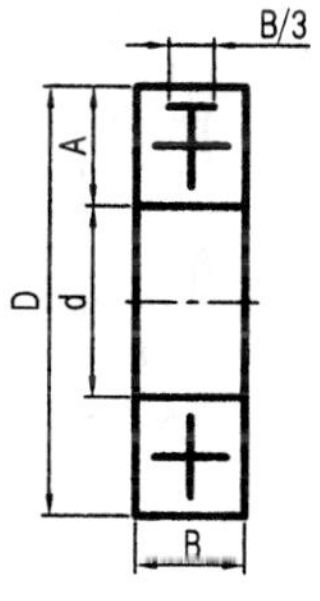	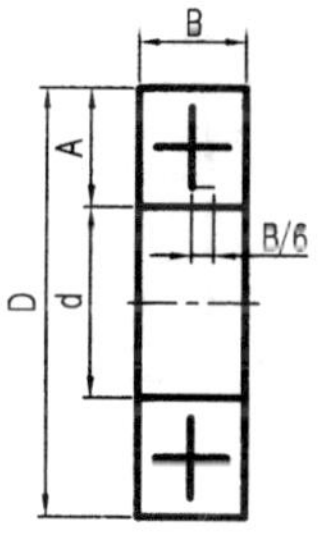

2）特征画法。在剖视图中，如果需要比较形象地表示滚动轴承的结构特征时，可采用在矩形线框内画出其结构要素符号的方法表示。特征画法的矩形线框、结构要素符号均用粗实线绘制。常用滚动轴承的特征画法的尺寸比例示例见表 7-9。

表 7-9　　滚动轴承特征画法的尺寸比例示例

深沟球轴承	圆锥滚子轴承	推力球轴承
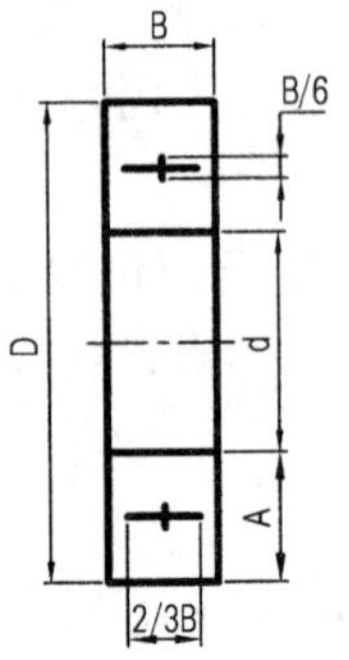	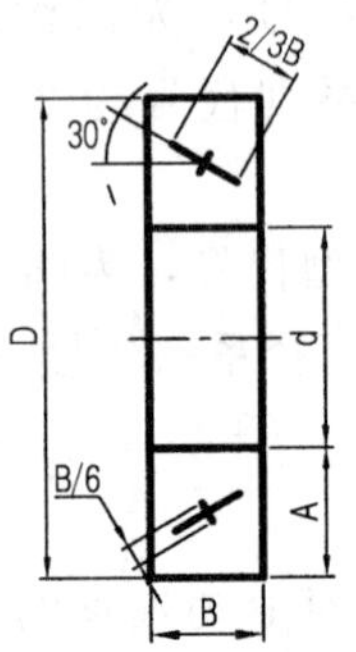	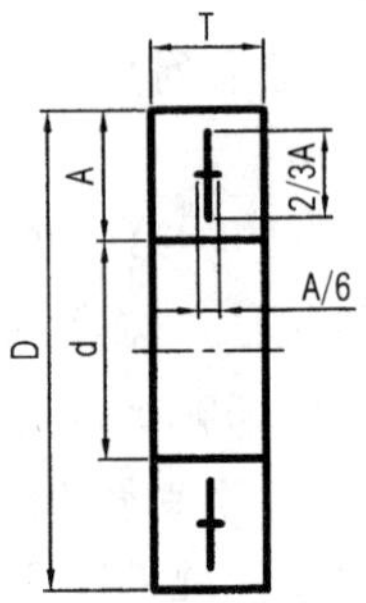

（2）规定画法。必要时，滚动轴承可采用规定画法绘制。采用规定画法绘制滚动轴承的剖视图时，轴承的滚动体不画剖面线，其各套圈等可画成方向和间隔相同的剖面线，滚动轴承的保持架及倒角等可省略不画。规定画法一般绘制在轴的一侧，另一侧按通用画法绘制。规定画法中各种符号、矩形线框和轮廓线均用粗实线绘制。其尺寸比例见表 7-10。

表 7-10　　滚动轴承规定画法的尺寸比例示例

深沟球轴承	圆锥滚子轴承	推力球轴承
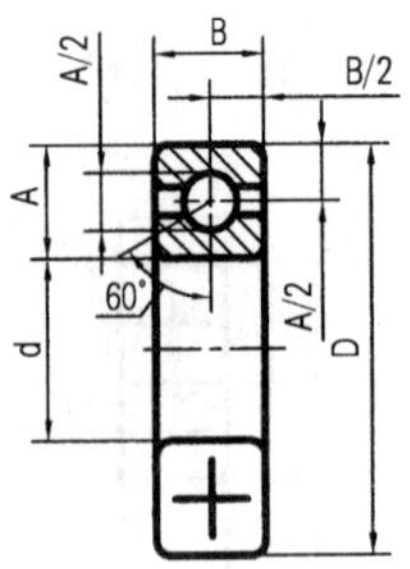	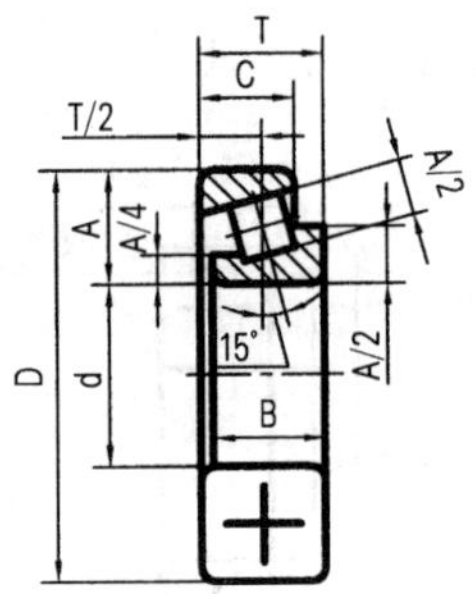	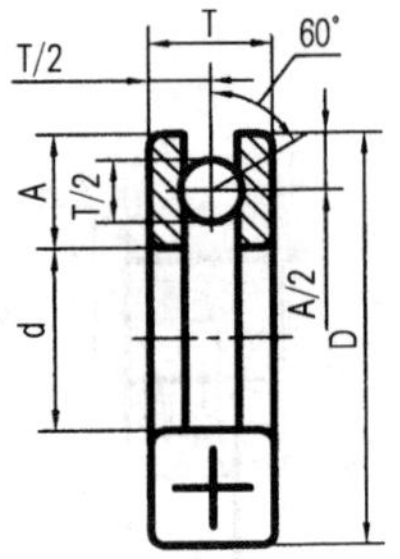

第五节　弹　　簧

弹簧是机械、电器设备中一种常用的零件，主要用于减振、夹紧、储存能量和测力等。弹簧的种类很多，使用较多的是圆柱螺旋弹簧，如图 7-38 所示。本节主要介绍圆柱螺旋压缩弹簧的尺寸计算和规定画法。

(a)压力弹簧　(b)拉伸弹簧　(c)扭力弹簧

图 7-38　圆柱螺旋弹簧

一、圆柱螺旋压缩弹簧各部分的名称及尺寸计算

（1）线径 d——制造弹簧所用金属丝的直径。

（2）弹簧外径 D_2——弹簧的最大直径。

（3）弹簧内径 D_1——弹簧的内孔直径，即弹簧的最小直径，$D_1=D_2-2d$。

（4）弹簧中径 D——弹簧轴剖面内簧丝中心所在柱面的直径，即弹簧的平均直径，$D=(D_2+D_1)/2=D_2-d=D_1+d$。

（5）有效圈数 n——保持相等节距且参与工作的圈数。

（6）支承圈数 n_2——为了使弹簧工作平衡，端面受力均匀，制造时将弹簧两端的 3/4～5/4 圈压紧靠实，并磨出支承平面。这些圈主要起支承作用，所以称为支承圈。支承圈数 n_2 表示两端支承圈数的总和。一般有 1.5、2、2.5 圈三种。

（7）总圈数 n_1——有效圈数和支承圈数的总和，即 $n_1=n+n_2$。

（8）节距 t——相邻两有效圈上对应点间的轴向距离。

（9）自由高度（长度）H_0——未受载荷作用时的弹簧高度（或长度），$H_0=nt+(n_2-0.5)d$。

（10）弹簧的展开长度 L——制造弹簧时所需的金属丝长度，$L\approx\pi Dn_1$。

（11）旋向——与螺旋线的旋向意义相同，分为左旋和右旋两种。

二、圆柱螺旋压缩弹簧的规定画法

1. 弹簧的画法

GB/T4459.4—2003 对弹簧的画法作了如下规定：

（1）在平行于螺旋弹簧轴线的投影面的视图中，其各圈的轮廓应画成直线。

（2）有效圈数在 4 圈以上时，可以每端只画出 1～2 圈（支承圈除外），其余省略不画。

（3）螺旋弹簧均可画成右旋，但左旋弹簧不论画成左旋或右旋，均需注写旋向“左”字。

（4）螺旋压缩弹簧如要求两端并紧且磨平时，不论支承圈多少均按支承圈 2.5 圈绘制，必要时也可按支承圈的实际结构绘制。

弹簧的表示方法有剖视、视图和示意画法，如图 7-39 所示。

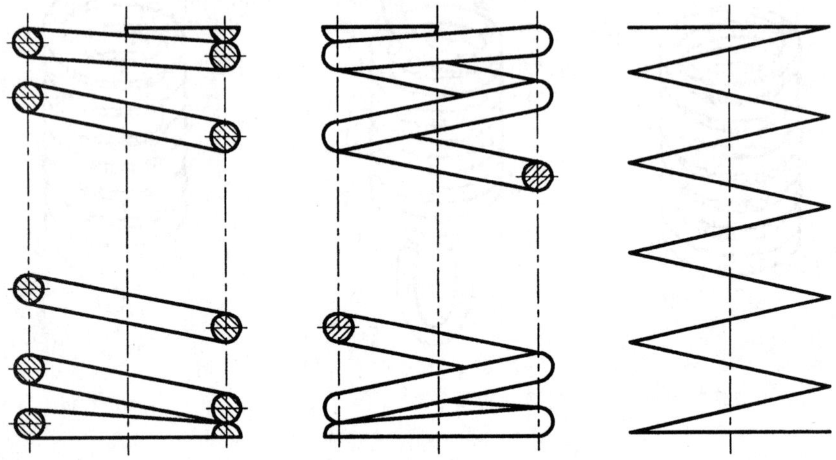

(a)剖视　　(b)视图　　(c)示意图

图 7-39　圆柱螺旋压缩弹簧的表示法

圆柱螺旋压缩弹簧的画图步骤如图 7-40 所示。

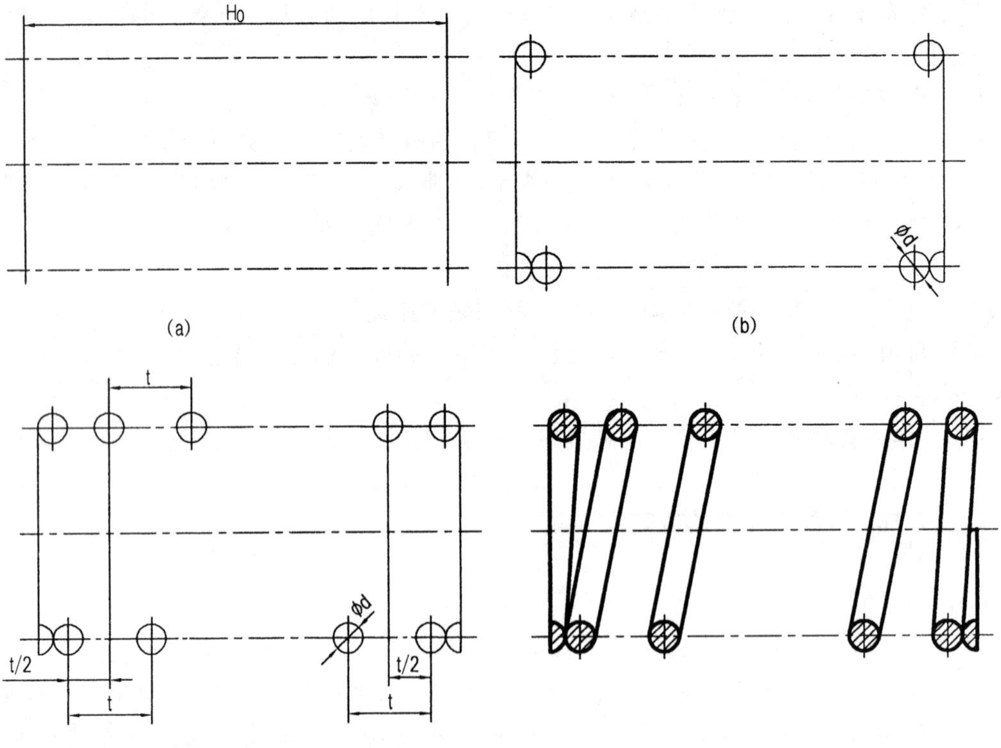

图 7-40　圆柱螺旋压缩弹簧的画图步骤

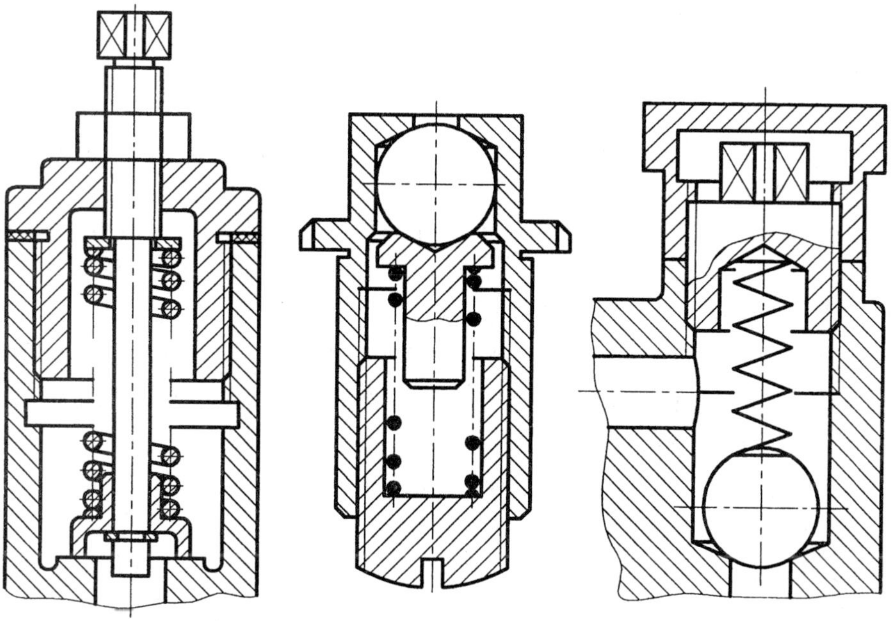

图 7－41　装配图中弹簧的画法

2. 装配图中弹簧的简化画法

在装配图中，弹簧被看做实心物体，因此，被弹簧挡住的结构一般不画出。可见部分应画至弹簧的外轮廓或弹簧的中径处，如图 7－41（a）、（b）所示。当簧丝直径在图形上小于或等于 2mm 并被剖切时，其剖面可以涂黑表示，如图 7－41（b）所示。也可采用示意画法，如图 7－41（c）所示。

复习·思考·检测（单选）

1. 关于螺纹参数描述下列正确的是（　　）。

（A）螺纹相邻两牙对应两点间的轴向距离，称为螺距

（B）螺纹相邻两牙在中径线上对应两点之间的轴向距离，称为导程

（C）螺纹的公称直径是顶径

（D）形成螺纹的螺旋线条数称为线数

2. 关于螺纹规定画法下列不正确的是（　　）。

（A）在内螺纹剖视图中顶径用细实线绘制

（B）螺纹小径可按大径的约 0.85 倍绘制

（C）在与轴线垂直的视图中，螺纹小径应画成约 3/4 圈细实线圆

（D）螺纹终止线用细料线绘制

3. 关于螺纹标注下列说法不正确的是（　　）。

（A）普通粗牙螺纹可不标螺距

(B) 左旋螺纹都应在螺纹代号后标注 LH，右旋不标

(C) 普通螺纹中等旋合长度，其旋合代号 N 可省略

(D) 管螺纹的螺纹代号是 G

4. 若两零件厚度分别是 19、20mm，零件上所钻通孔的直径是 18mm，用螺栓连接两零件，合适的螺栓标记是（　　）。

(A) 螺栓 GB5782—2000M16×60　　(B) 螺栓 GB5782—2000M18×60

(C) 螺栓 GB5782—2000M16×55　　(D) 螺栓 GB5782—2000M18×55

5. 关于螺纹连接画法下列说法不正确的是（　　）。

(A) 两零件的接触表面，包括不接触的表面因间隙太小，只画一条线，并适当加粗

(B) 剖切平面通过螺栓轴线时，螺栓、螺母、垫圈可按不剖绘制，仍画外形

(C) 两零件相邻时，不同零件的剖面线方向应相反，或者方向一致致间隔不等

(D) 被连接件上加工的螺栓孔直径稍大于螺栓直径，取 1.1d

6. 关于键和销连接画法下列描述不正确的是（　　）。

(A) 平键的两侧面是工作面，所以画平键连接图时，平键与键槽在顶面应留出间隙

(B) 键沿纵向、横向剖切时，均按不剖处理

(C) 键的倒角省略不画

(D) 销与零件、零件与零件接触面只画一条线

7. 关于齿轮画法下列说法不正确的是（　　）。

(A) 齿顶圆和齿顶线用细实线绘制

(B) 齿根圆和齿根线用细实线绘制或省略不画

(C) 对标准齿轮而言，画齿轮啮合图时，一定要保证两分度圆（线）相切

(D) 用剖视图表达时，在啮合区将一个齿轮的齿顶线用粗实线绘制，另一个用细虚线绘制

8. 关于轴承代号标记 N2110 下列说法不正确的是（　　）。

(A) 字母 N 表示类型代号，为圆柱滚子轴承

(B) 2 表示宽度系列代号为 2

(C) 1 表示直径系列代号为 1

(D) 10 表示内径为 10mm

9. 关于弹簧画法下列说法不正确的是（　　）。

(A) 弹簧的表示方法有剖视、视图和示意画法

(B) 在平行于螺旋弹簧轴线的投影面视图中，其各圈的轮廓应画成直线

(C) 螺旋弹簧均可画成右旋转，但左旋弹簧不论画成左旋或右旋均需注写旋向“左”字

(D) 装配图中的弹簧画法与单个弹簧的画法应该完全相同

第八章　零　件　图

【内容提要】

本章介绍零件图的主要内容与阅读。讲解典型零件的表达方法、尺寸基准与尺寸标注、零件常见工艺结构与技术要求；零件测绘方法和零件图的阅读。

【目标要求】

（1）基本掌握典型零件的表达方法。

（2）理解尺寸基准的概念和标注尺寸的基本要求，基本掌握零件图中的尺寸注法。

（3）了解常见的工工艺结构与技术要求。了解表面粗糙度、极限与配合的基本概念，会查表并在零件图中正确标注。

（4）掌握零件测绘的方法、步骤，能绘出基本符合生产要求的零件图。

（5）初步掌握读零件图的方法，能读懂比较简单的各类零件图。

第一节　概　述

一、零件图的作用

一台机器或一个部件都是由许多零件按一定要求装配而成的。在制造机器时，必须先制造出全部零件。表示零件结构、大小和技术要求的图样称为零件图。它是制造和检验零件的依据，是组织生产的主要技术文件之一。图 8-1 所示的铣刀头是铣床上的一个部件，供装铣刀盘用。它由座体、轴、端盖、带轮等十多种零件组成。图 8-2 所示即是其中座体的零件图。

二、零件图的内容

零件图是生产中指导制造和检验该零件的主要图样，它不仅仅是把零件的内、外结构形状和大小表达清楚，还需要对零件的材料、加工、检验、测量提出必要的技术要求。因此，一张完整的零件图一般应包括以下几项内容（见图 8-2）：

（1）一组图形。正确、完整、清晰和简便地表达出零件内外形状的图形信息，其中包括机件的各种表达方法，如视图、剖视图、剖面图、局部放大图和简化画法等。

（2）完整的尺寸。零件图中应正确、完整、清晰、合理地注出制造零件所需的全部尺寸信息。

（3）技术要求。零件图中必须用规定的代号、数字、字母和文字注解说明制造和检验零件时在技术指标上应达到的要求。如表面粗糙度、尺寸公差、形位公差、材料和热处理、检验方法以及其他特殊要求等。技术要求的文字一般注写在标题栏上方图纸空白处。

（4）标题栏。标题栏应配置在图框的右下角。它一般由更改区、签字区、其他区、名

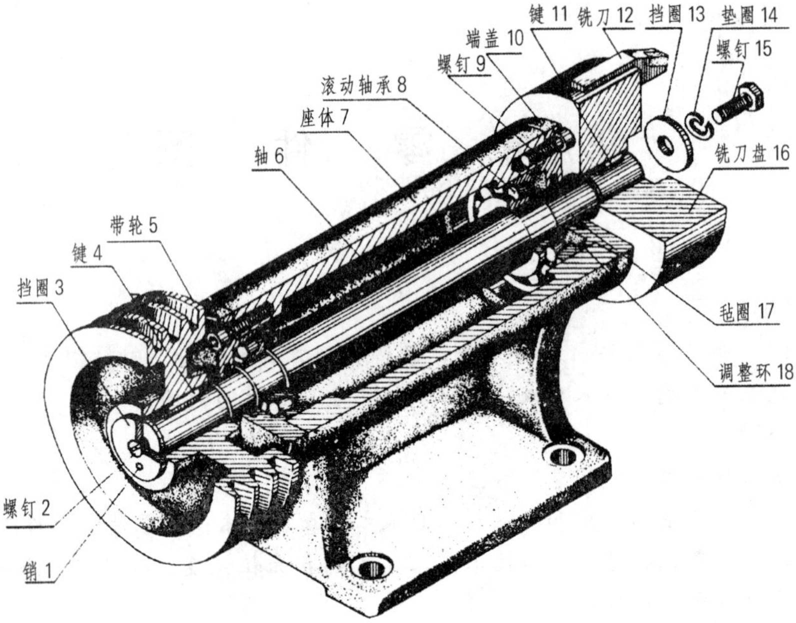

图 8－1　铣刀头轴测图

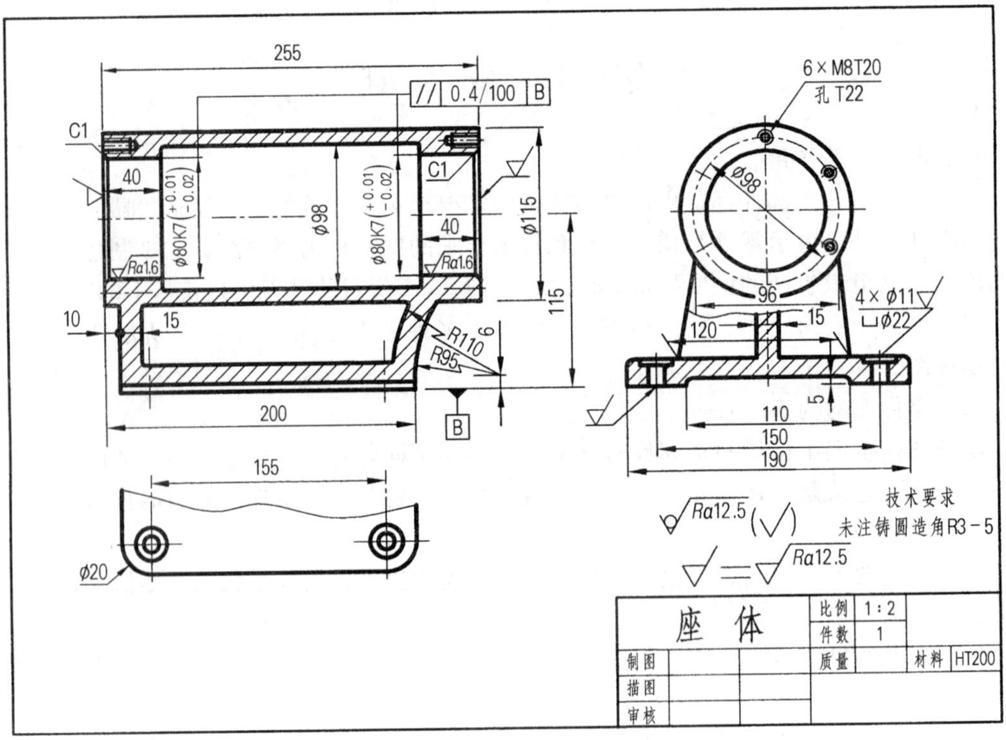

图 8－2　铣刀头座体零件图

称以及代号区组成。填写的内容主要有零件的名称、材料、数量、比例、图样代号以及设计、审核、批准者的姓名、日期等。标题栏的尺寸和格式已经标准化，可参见有关标准。

第二节　零件的视图和典型零件的视图表达

前面介绍的机件表达的各种方法，均可用于零件图的表达中。本节将结合零件的设计、加工和使用要求，讨论零件图的表达方案的选择。

一、零件的视图选择

零件的视图选择，应首先考虑看图方便。根据零件的结构特点，选用适当的表示方法。由于零件的结构形状是多种多样的，所以在画图前，应对零件进行结构形状分析，结合零件的工作位置和加工位置，选择最能反映零件形状特征的视图作为主视图，并选好其他视图，以确定一组最佳的表达方案。选择视图的原则是：在完整、清晰地表示零件形状的前提下，力求制图简便，视图越少越好。

1. 零件分析

零件分析是认识零件的过程，是确定零件表达方案的前提。零件的结构形状及其工作位置或加工位置不同，视图选择也往往不同。因此，在选择视图之前，应首先对零件进行形体分析和结构分析，并了解零件的工作和加工情况，以便确切地表达零件的结构形状，反映零件的设计和工艺要求。

2. 主视图的选择

主视图是表达零件形状最重要的视图，其选择是否合理将直接影响其他视图的选择和看图是否方便，甚至影响到画图时图幅的合理利用。一般来说，零件主视图的选择应满足“合理位置”和“形状特征”两个基本原则。

（1）合理位置原则。所谓“合理位置”，通常是指零件的工作位置和加工位置。

1）工作位置是零件在装配体中所处的位置。零件主视图的放置，应尽量与零件在机器或部件中的工作位置一致。这样便于根据装配关系来考虑零件的形状及有关尺寸，便于校对。如图 8－2 所示零件的主视图就是按工作位置选择的。对于工作位置歪斜的零件，因为不便于绘图，应将零件放正。

2）加工位置是零件在加工时所处的位置。主视图应尽量表示零件在机床上加工时所处的位置。这样在加工时可以直接进行图物对照，便于看图和测量尺寸，可减少差错。如轴套类零件的加工，大部分工序是在车床或磨床上进行，因此通常要按加工位置（即轴线水平放置）画其主视图，如图 8－3 所示。

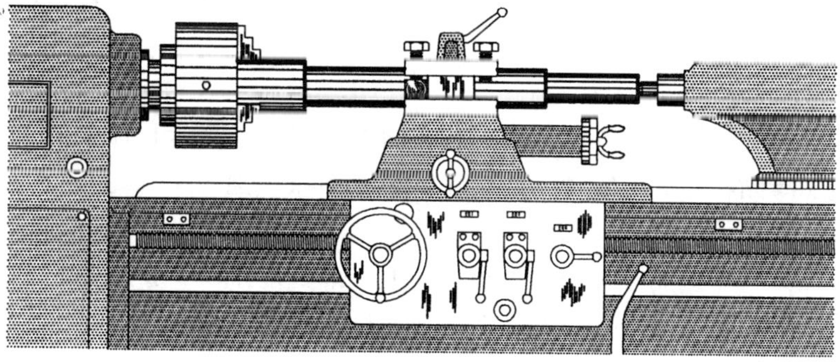

图 8－3　轴类零件的加工位置

（2）形状特征原则。应将最能反映零件的主要结构形状和各部分相对位置的方向，作为主视图的投射方向。如图 8－4 中的支架，选择 A 向为主视图的投射方向，较 B 向为好，因为由此画出的主视图能将该零件的形状特征充分地显示出来。

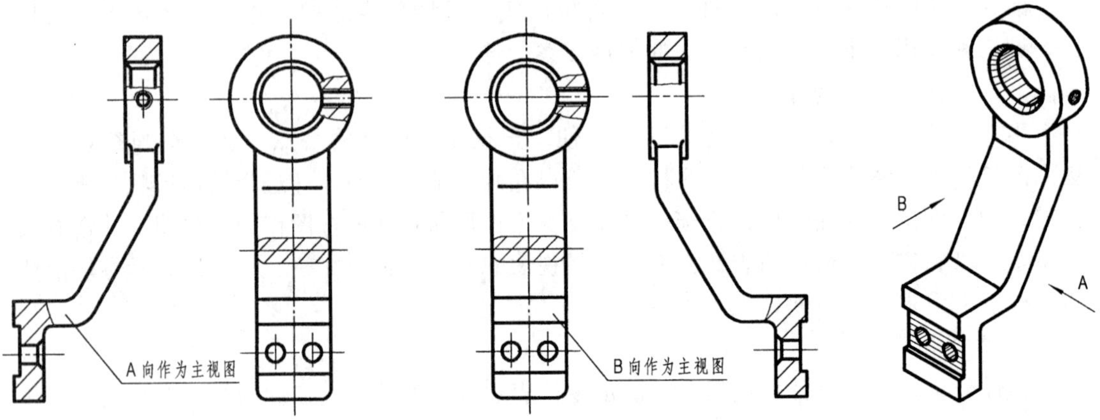

图 8－4　确定主视图投射方向的比较

3. 选择其他视图

一般来讲，仅用一个主视图是不能完全反映零件的结构形状的，必须选择其他视图，包括剖视、断面、局部放大图和简化画法等各种表达方法。主视图确定后，对其表达未尽的部分，再选择其他视图予以完善表达。具体选用时，应注意以下几点：

（1）根据零件的复杂程度及内、外结构形状，全面地考虑还应需要的其他视图，使每个所选视图应具有独立存在的意义及明确的表达重点，注意避免不必要的细节重复。在明确表达零件的前提下，使视图数量为最少。

（2）优先考虑采用基本视图，当有内部结构时应尽量在基本视图上作剖视，对尚未表达清楚的局部结构和倾斜部分结构，可增加必要的局部（剖）视图和局部放大图，有关的视图应尽量保持直接投影关系，配置在相关视图附近。

（3）按照视图表达零件形状要正确、完整、清晰、简便的要求，进一步综合、比较、调整、完善，选出最佳的表达方案。

二、典型零件的视图表达

虽然零件的形状、用途多种多样，加工方法各不相同，但零件也有许多共同之处。根据零件在结构形状、表达方法上的某些共同特点，常将其分为四类：轴套类零件、盘盖类零件、支架类零件和箱体类零件。

1. 轴套类零件

（1）结构分析。轴套类零件的基本形状是同轴回转体。在轴上通常有键槽、销孔、螺纹退刀槽、倒圆等结构。此类零件主要是在车床或磨床上加工。如图 8－5 所示，是典型的轴套类零件。

（2）主视图选择。这类零件的主视图按其加工位置选择，一般按水平位置放置。这样既可把各段形体的相对位置表示清楚，同时又能反映出轴上轴肩、退刀槽等结构。

（3）其他视图的选择。轴套类零件主要结构形状是回转体，一般只画一个主视图。确定了主视图后，由于轴上的各段形体的直径尺寸在其数字前加注符号“ϕ”表示，因此不必画出其左（或右）视图。对于零件上的键槽、孔等结构，一般可采用局部视图、局部剖视图、移出断面和局部放大图，如图 8－5 所示。

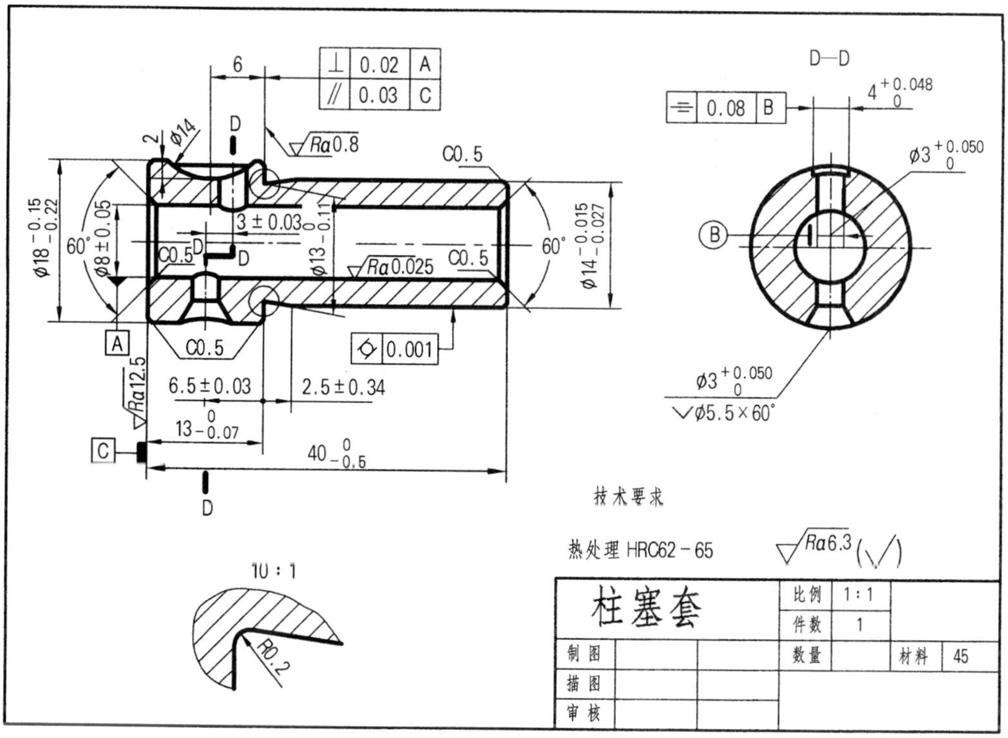

图 8－5　轴零件图

2. 盘盖类零件

（1）结构分析。盘盖类零件包括端盖、阀盖、齿轮等，这类零件的基本形状一般为回转体或其他几何形状的扁平的盘状体，通常还带有各种形状的凸缘、均布的圆孔和肋等局部结构。盘盖类零件的作用主要是轴向定位、防尘和密封。

（2）主视图选择。盘盖类零件的毛坯有铸件或锻件，机械加工以车削为主，主视图一般按加工位置水平放置，但有些较复杂的盘盖，因加工工序较多，主视图也可按工作位置画出。为了表达零件内部结构，主视图常取全剖视。

（3）其他视图的选择。盘盖类零件一般需要两个以上基本视图表达，除主视图外，为了表示零件上均布的孔、槽、肋、轮辐等结构，还需选用一个端视图，如图 8－6 中所示就增加了一个左视图，以表达凸缘和三个均布的通孔。此外，为了表达细小结构，有时还常采用局部放大图。

3. 支架类零件

（1）结构分析。支架、轴座可归为支架类零件。这类零件形状比较复杂，且加工位置多变，主视图以形状特征原则、按工作位置绘出，一般需要两个或两个以上的基本视图。根据其内外结构形状的特点，需适当选用剖视图、断面图及局部视图、斜视图等表达方法。

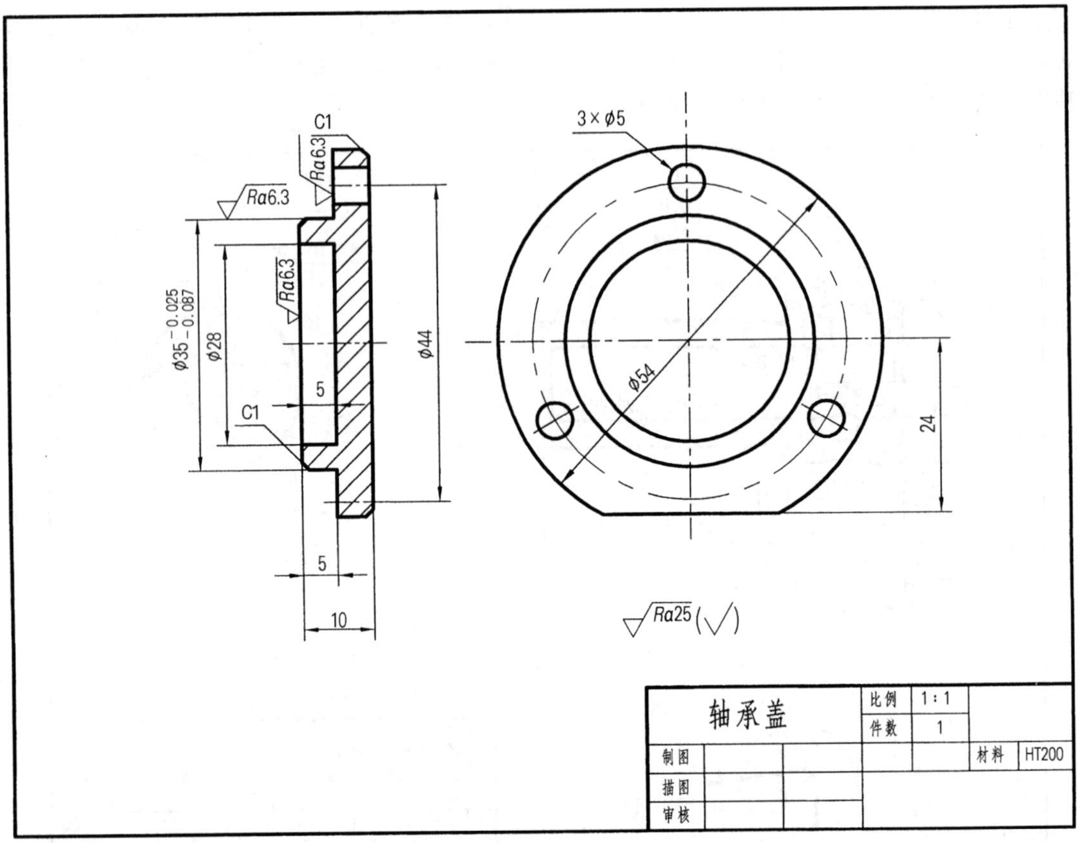

图 8-6 轴承盖零件图

(2) 主视图选择。支架类零件结构形状比较复杂，加工位置多变，有的零件工作位置也不固定，所以这类零件的主视图一般按“工作位置”或“形状特征”原则确定。

(3) 其他视图的选择。对其他视图的选择，常常需要两个或两个以上的基本视图，并且还要用适当的局部视图、断面图等表达方法来表达零件的局部结构。

图 8-7 为轴座的视图方案。主视图按轴座的工作位置安放，采用两个平行剖切面剖切的全剖视图。左视图表达竖板的形状，并进一步表示各部分的相对位置。另外还用了 C 向局部视图及两个移出断面。

4. 箱体类零件

(1) 结构分析。箱体类零件主要有阀体、泵体、减速器箱体等零件，其作用是支持或包容其他零件，如图 8-8 所示。这类零件有复杂的内腔和外形结构，并带有轴承孔、凸台、肋板，此外还有安装孔、螺孔等结构。

(2) 主视图选择。由于箱体类零件加工工序较多，加工位置多变，所以在选择主视图时，主要根据“工作位置”和“形状特征”原则来考虑，并取剖视，以重点反映其内部结构。

(3) 其他视图的选择。为了表达箱体类零件的内外结构，一般要用三个或三个以上的基本视图，并根据结构特点在基本视图上取剖视，还可采用局部视图、斜视图及规定画法等表达外形。

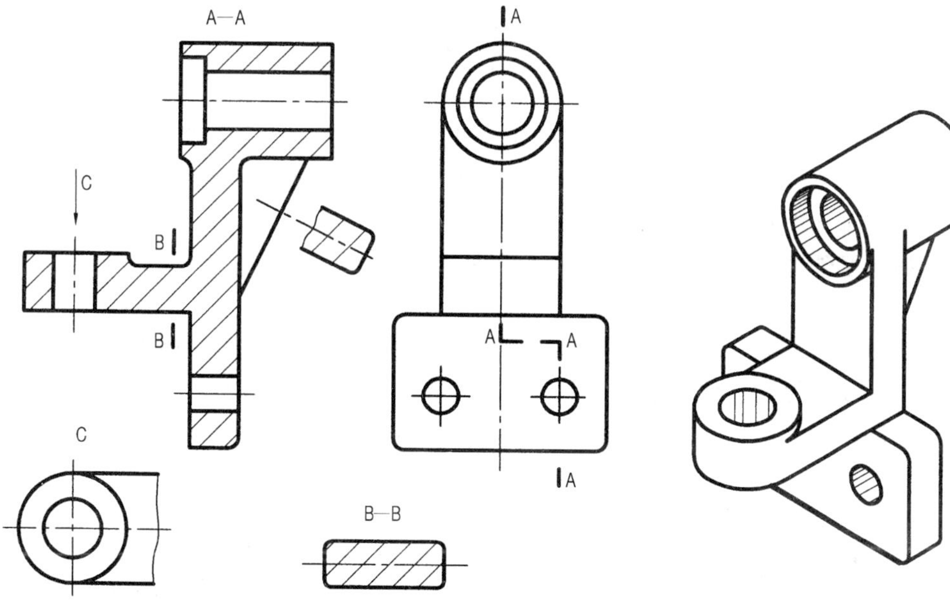

图 8-7　轴座的视图方案

图 8-8 为球阀阀体，其主视图选用工作位置，采用全剖视；左视图采用半剖视以表示内外形状；由于阀体前后对称，俯视图按局部视图画出，只画半个图形。此外，还用两个局部放大图表达细部结构。

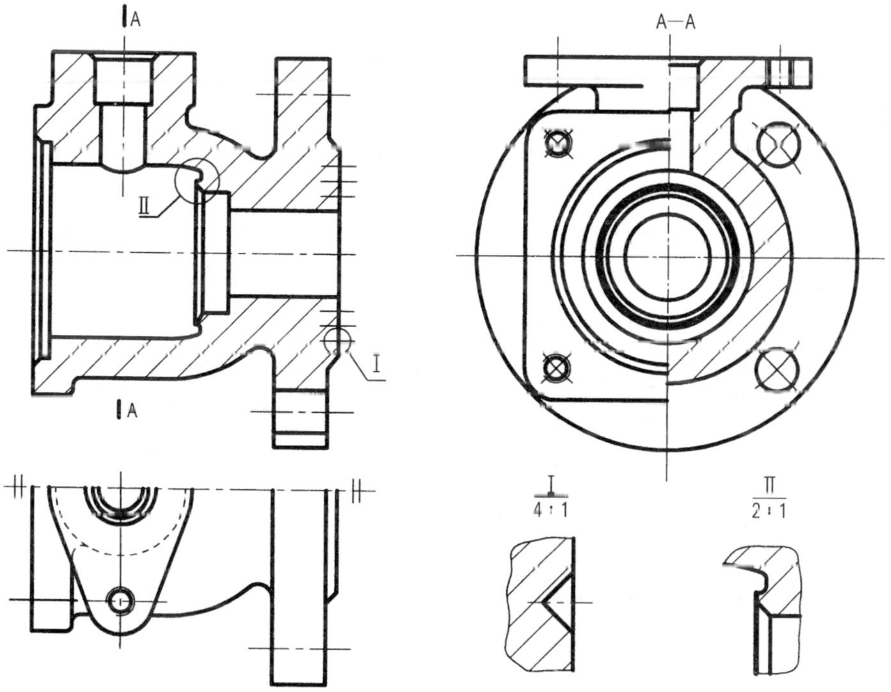

图 8-8　阀体的视图方案

第三节　零件常见的工艺结构

零件的结构形状，主要是根据它在部件或机器中的作用决定的。但是制造工艺对零件的结构也有某些要求。因此，为了正确绘制图样，必须对一些常见的结构有所了解，下面介绍它们的基本知识和表示方法。

一、铸造零件的工艺结构

1. 拔模斜度

用铸造方法制造零件的毛坯时，为了便于将木模从砂型中取出，一般沿木模拔模的方向作成约 1∶20 的斜度，称为拔模斜度。因而铸件上也有相应的斜度，如图 8－9（a）所示。这种斜度在图上可以不标注，也可不画出，如图 8－9（b）所示。必要时，可在技术要求中注明。

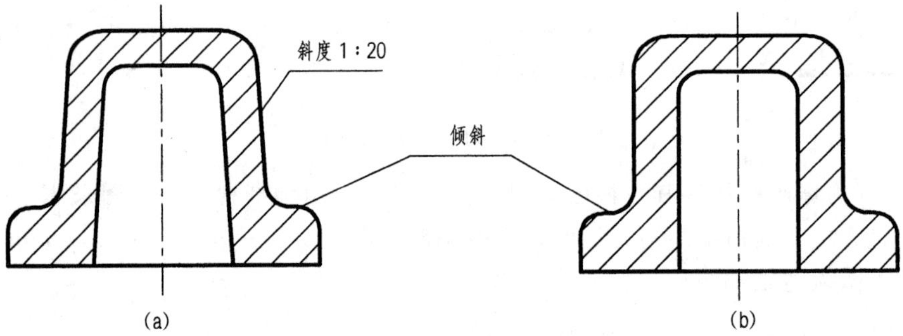

图 8－9　拔模斜度

2. 铸造圆角

在铸件毛坯各表面的相交处，都有铸造圆角，如图 8－10 所示。这样既便于起模，又能防止在浇铸时铁水将砂型转角处冲坏，还可避免铸件在冷却时产生裂纹或缩孔。铸件毛坯底面（作安装面）常需切削加工，这时铸造圆角被削平如图 8－10 所示。圆角尺寸通常较小，一般为 $R2 \sim R5$，在零件图上可省略不画。圆角尺寸常在技术要求中统一说明，如“全部圆角 $R3$”或“未注圆角 $R4$”等，而不必一一注出。

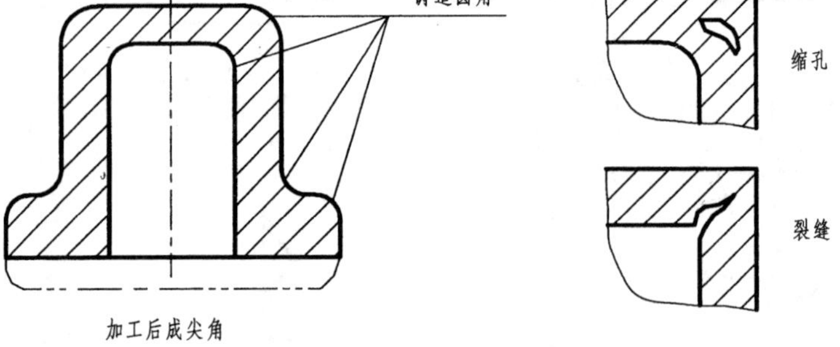

图 8－10　铸造圆角

由于铸造圆角的存在，使零件上两表面的交线变得不够明显。为了读图时便于区分不同的表面，在图中仍然画出理论上的交线，但两端不与轮廓线接触，此线称为过渡线。过渡线用细实线绘制。如图 8 - 11 所示，这种不明显的交线称为过渡线。

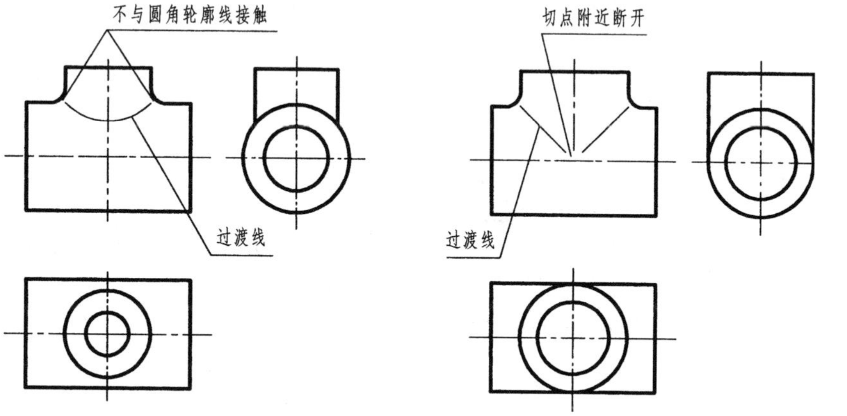

图 8 - 11　过渡线及其画法

过渡线的画法与交线画法基本相同，只是过渡线的两端与圆角轮廓线之间应留有空隙。图 8 - 12 是常见的几种过渡线画法。

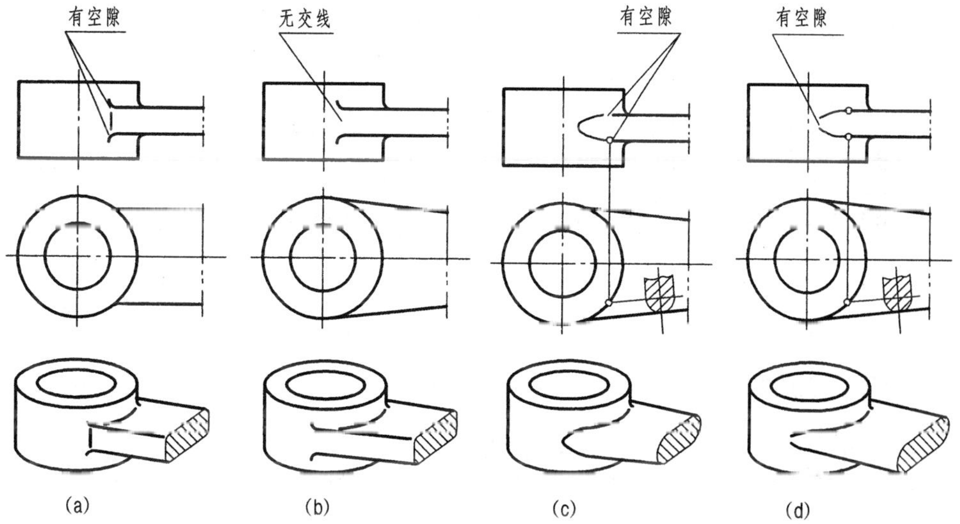

图 8 - 12　常见的几种过渡线画法

3. 铸件壁厚

在浇铸零件时，为了避免各部分因冷却速度不同而产生缩孔或裂纹，铸件的壁厚应保持大致均匀，或采用渐变的方法，并尽量保持壁厚均匀，见图 8 - 13。

二、机械加工工艺结构

机械加工工艺结构主要有倒圆、例角、越程槽、退刀槽、凸台和凹坑、中心孔等。常见机械加工工艺结构的画法、尺寸标注及用途见表 8 - 1。

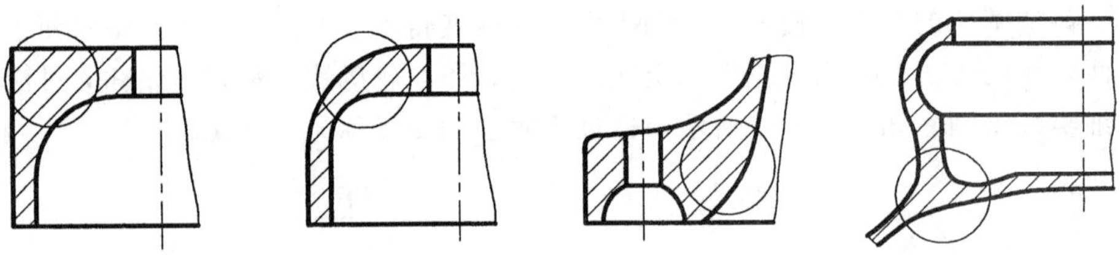

(a)错误画法

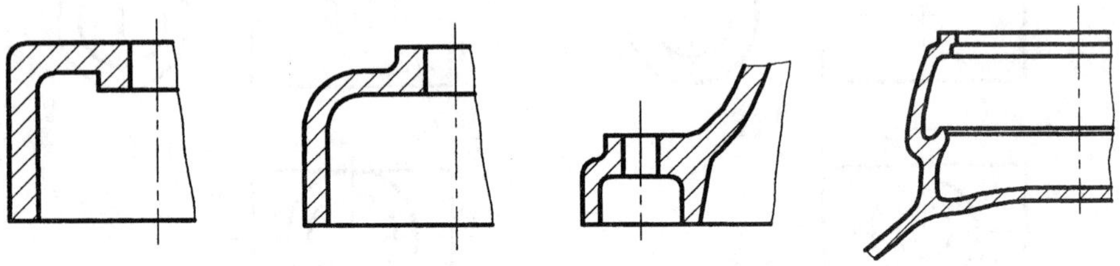

(b)正确画法

图 8－13 铸件壁厚

表 8－1 **常见机械加工工艺结构及其画法**

类型	画法与尺寸标注图例	说 明
倒圆与倒角	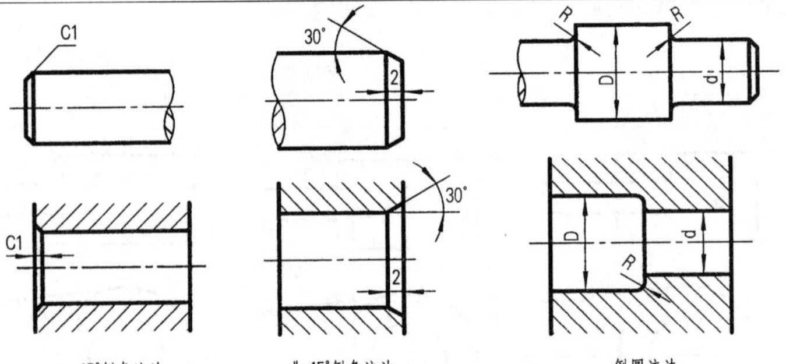45°倒角注法 非45°倒角注法 倒圆注法	为便于安装和安全，在轴或孔的端部一般都加工成倒角；为避免应力集中产生裂纹，在轴肩处往往加工成圆角过渡，称为倒圆
退刀槽与越程槽	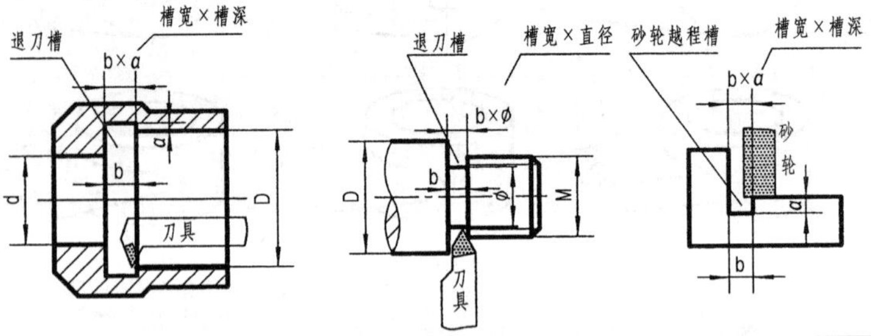	在车削内孔、车削螺纹和磨削零件表面时，为便于退出刀具或使砂轮可以稍越过加工面，常在待加工面的末端预先制出退刀槽或砂轮越程槽，退刀槽或砂轮越程槽的尺寸可按“槽宽×槽深”或“槽宽×直径”的形式标注
凸台与凹坑	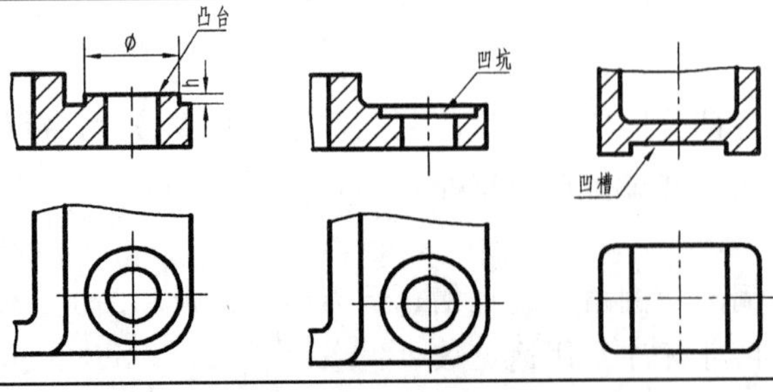	为使零件的某些装配表面与相邻零件接触良好，也为了减少加工面积，常在零件加工面处作出凸台、锪平成凹坑和凹槽

续表

类型	画法与尺寸标注图例	说　明
钻孔结构	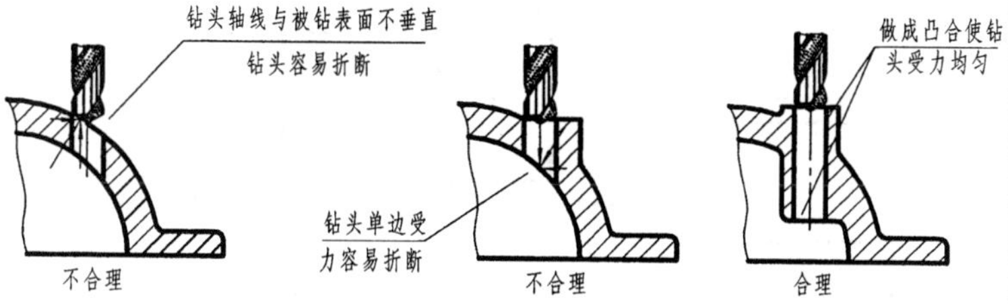	为避免钻孔时钻头因单边受力产生偏斜，造成钻头折断，在孔的外端面应设计成与钻头行进方向垂直的结构

第四节　零件图的尺寸标注

零件上各部分的大小是按照图样上所标注的尺寸进行制造和检验的。零件图中的尺寸，不但要按前面的要求标注得正确、完整、清晰，而且必须标注得合理。所谓合理，是指所标注的尺寸既符合零件的设计要求，又便于加工和检验（即满足工艺要求）。为了合理地标注尺寸，必须对零件进行结构分析、形体分析和工艺分析，根据分析先确定尺寸基准，然后选择合理的标注形式，结合零件的具体情况标注尺寸。

一、正确选择尺寸基准

零件图尺寸标注既要保证设计要求又要满足工艺要求，首先应当正确选择尺寸基准。所谓尺寸基准，就是指零件装配到机器上或在加工测量时，用以确定其位置的一些面、线或点。它可以是零件上对称平面、安装底平面、端面、零件的结合面、主要孔和轴的轴线等。

选择尺寸基准的目的：一是为了确定零件在机器中的位置或零件上几何元素的位置，以符合设计要求；二是为了在制作零件时，确定测量尺寸的起点位置，便于加工和测量，以符合工艺要求。因此，根据基准作用不同，一般将基准分为设计基准和工艺基准二类。

1. 设计基准

根据零件结构特点和设计要求而选定的基准，称为设计基准。零件有长、宽、高三个方向，每个方向都要有一个设计基准，该基准又称为主要基准，如图 8 - 14 所示。

2. 工艺基准

在加工时，确定零件装夹位置和刀具位置的一些基准以及检测时所使用的基准，称为工艺基准。工艺基准有时可能与设计基准重合，该基准不与设计基准重合时又称为辅助基准。零件同一方向有多个尺寸基准时，主要基准只有一个，其余均为辅助基准，辅助基准必有一个尺寸与主要基准相联系，如图 8 - 14 所示。

选择基准的原则是：尽可能使设计基准与工艺基准一致，以减少两个基准不重合而引起的尺寸误差。当设计基准与工艺基准不一致时，应以保证设计要求为主，将重要尺寸从设计基准注出，次要基准从工艺基准注出，以便加工和测量。

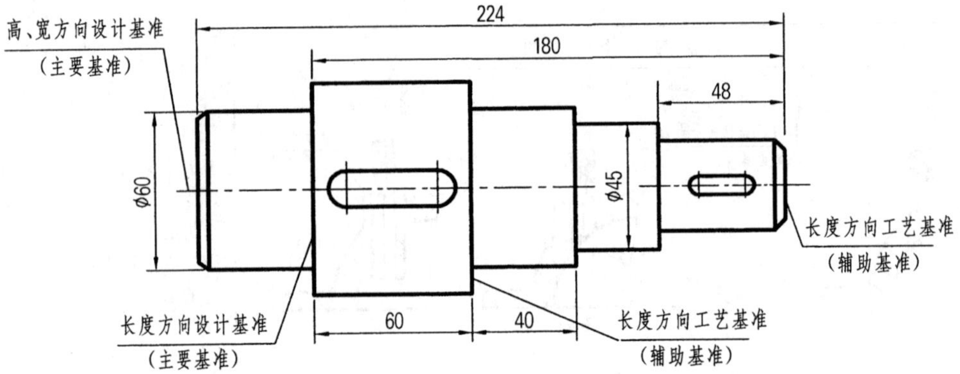

(a)轴类零件

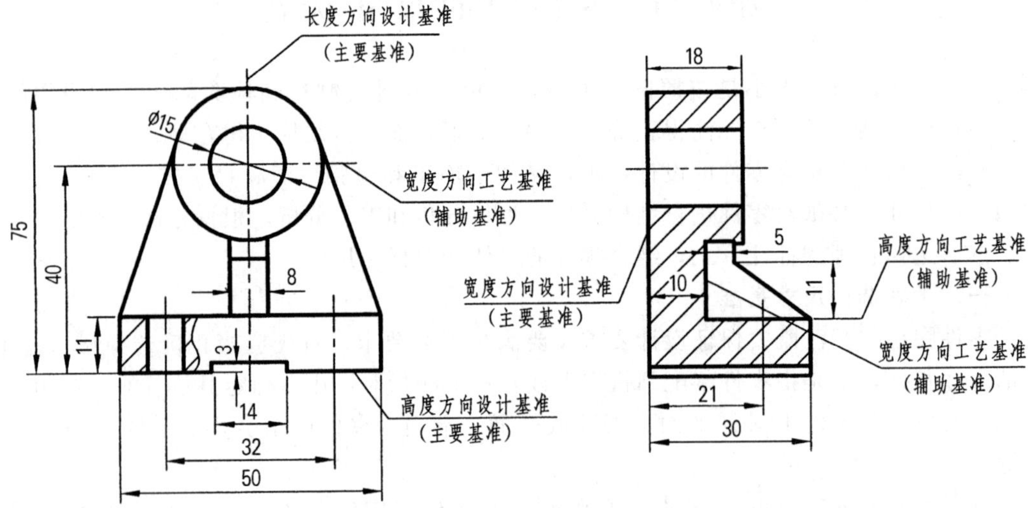

(b)叉架类零件

图 8－14　零件的尺寸基准

二、合理标注尺寸应注意的问题

1. 结构上的重要尺寸必须直接注出

重要尺寸是指零件上对机器的使用性能和装配质量有关的尺寸，这类尺寸应从设计基准直接注出。如图 8－15 中的高度尺寸 60±0.01 为重要尺寸，应直接从高度方向主要基准直接注出，以保证精度要求。

2. 避免出现封闭的尺寸链

图 8－16 为阶梯轴。在左图中，长度方向的尺寸 a、b、c、d 首尾相连，构成一个封闭的尺寸链，这种情形应避免。

因为封闭尺寸链中每个尺寸的尺寸精度，都将受链中其他各尺寸误差的影响，加工时很难保证总长尺寸的尺寸精度。所以，在这种情况下，应当挑选一个不重要的尺寸空出不注，以使尺寸误差累积在此处，如图 8－17 图中的尺寸注法。

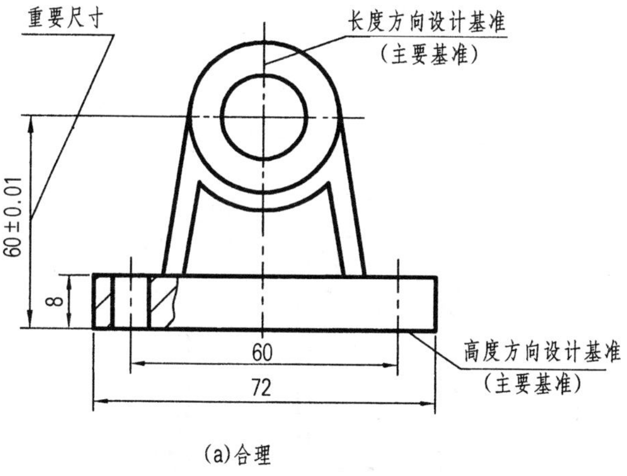

图 8-15　重要尺寸从设计基准直接注出

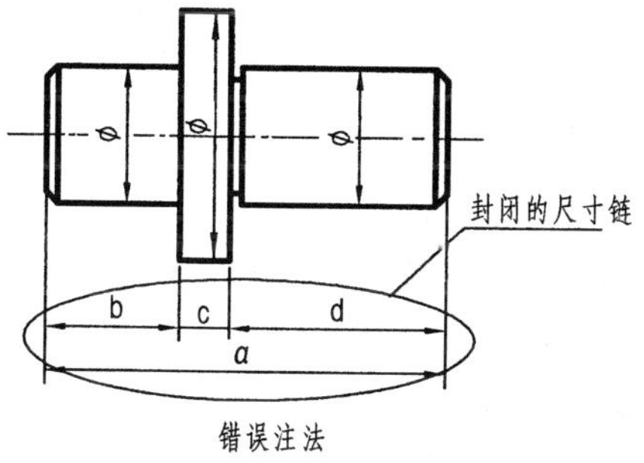

图 8-16　封闭的尺寸链

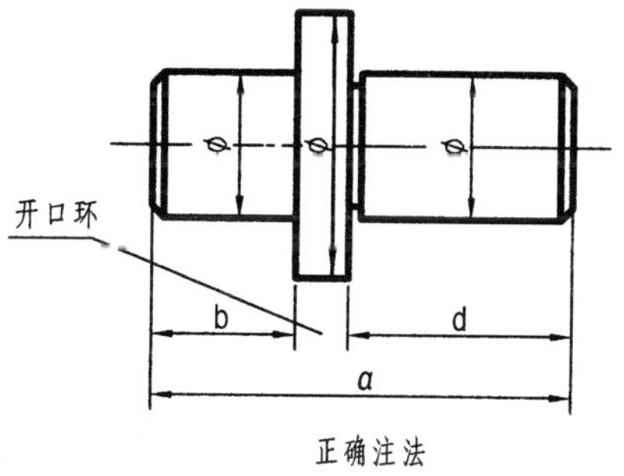

图 8-17　开口环的确定

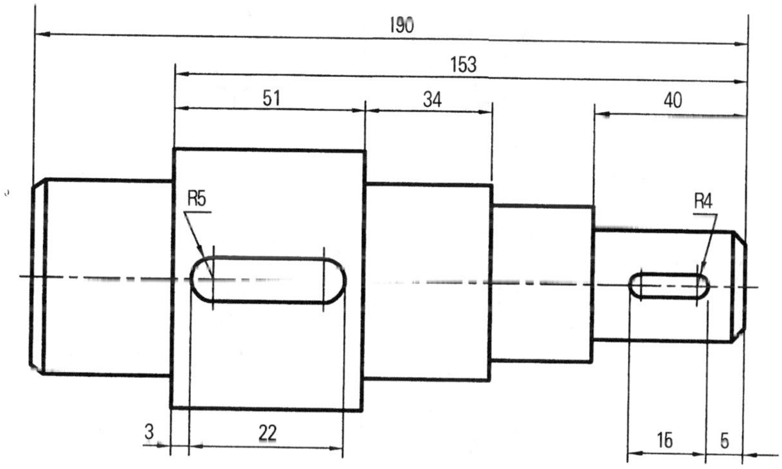

图 8-18　按加工方法标注尺寸

3. 考虑零件加工、测量和制造的要求

(1) 考虑加工看图方便。不同加工方法所用尺寸分开标注，便于看图加工，如图 8-

18 所示，就是把车削与铣削所需要的尺寸分开标注的，上方为车削加工尺寸，下方为铣削加工尺寸。

（2）考虑测量方便。尺寸标注有多种方案，但要注意所注尺寸是否便于测量，如图 8－19所示结构，两种不同标注方案中，不便于测量的标注方案是不合理的。

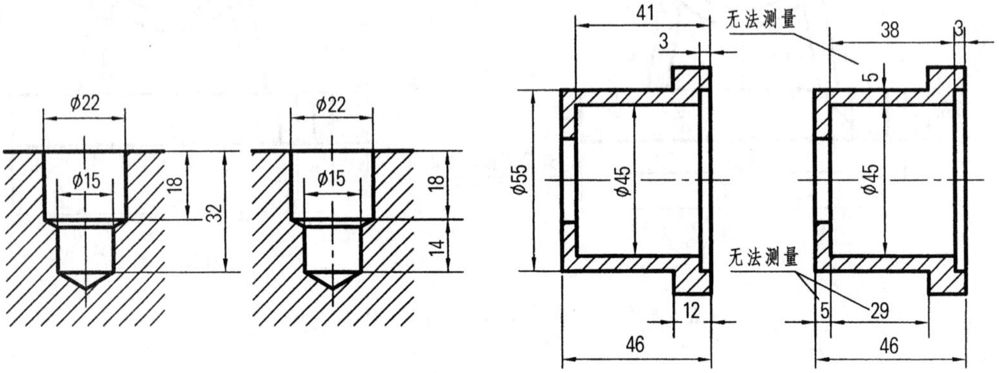

正确注法　错误注法　正确注法　错误注法

图 8－19　标注尺寸应便于测量

三、零件上常见孔的尺寸注法

零件上常见的销孔、锪平孔、沉孔、螺孔等结构，可参照表 8－2 标注尺寸。它们的尺寸标注分为普通注法和旁注法两种形式，根据图形情况及标尺寸的位置参照选用。

表 8－2　零件上常见孔的尺寸注法

类型	普通注法	旁注法		说明
光孔	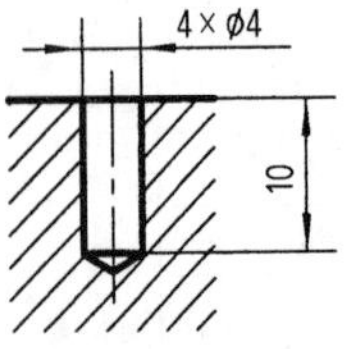	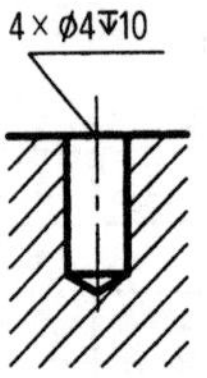	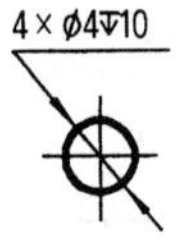	↧为深度符号
	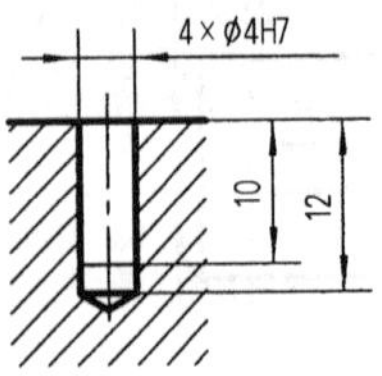	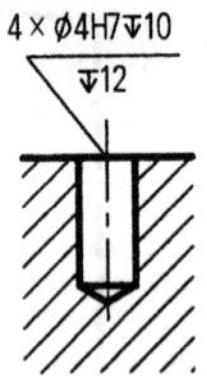	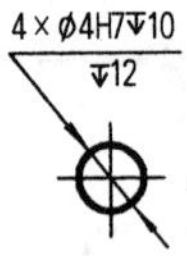	钻孔深度为 12，精加工孔（铰孔）深度为 10
	该孔无普通注法。注意：Ø4 是指与其相配的圆锥销的公称直径（小端直径）	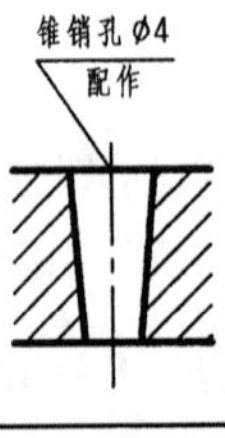		“配作”是指该孔与相邻零件的同位锥销孔一起加工

续表

类型	普通注法	旁注法		说明
锪孔	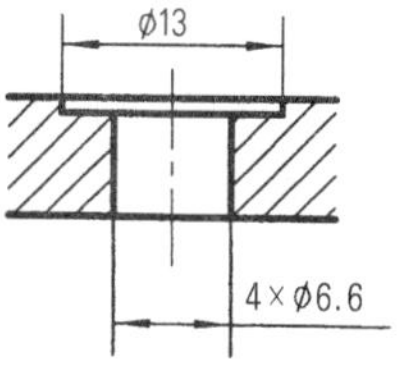	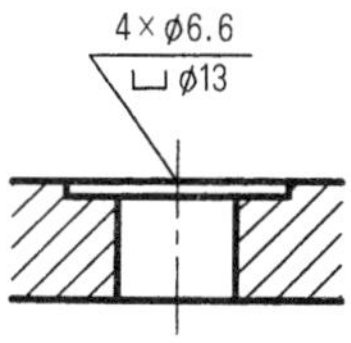	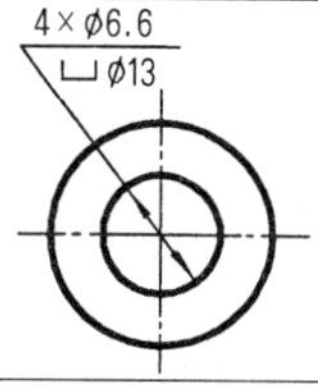	⌴为锪平符号。锪孔通常只需锪出圆平面即可，故深度一般不注
沉孔	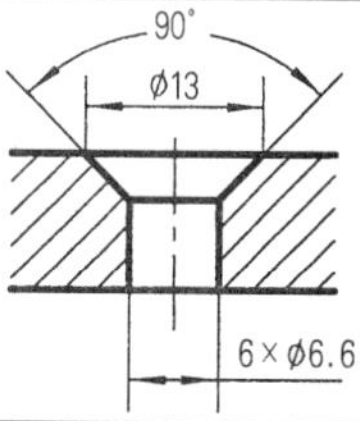	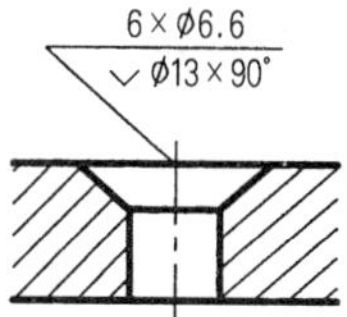	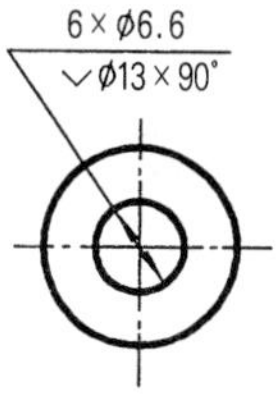	⌵为埋头孔符号。该孔为安装开槽沉头螺钉所用
	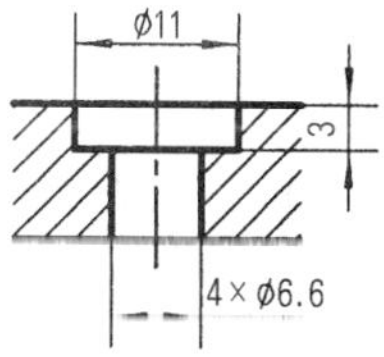	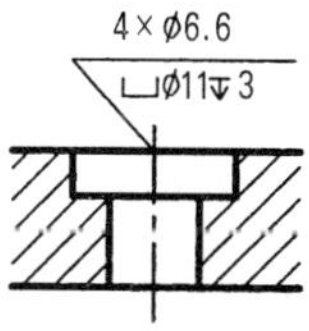	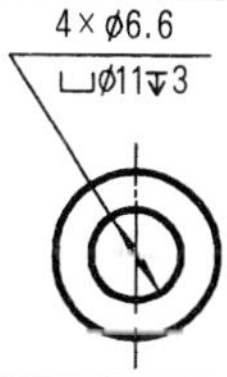	该孔为安装内六角圆柱头螺钉所用，承装头部的孔深应注出
螺孔	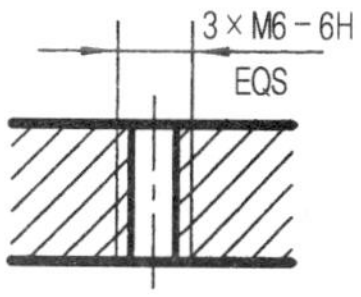	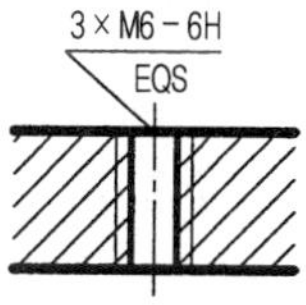	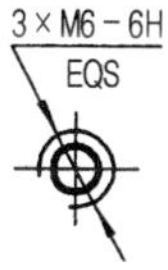	"EQS"为均布孔的缩写词
	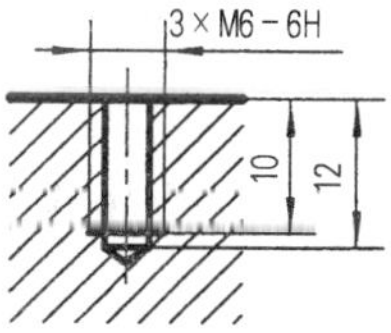	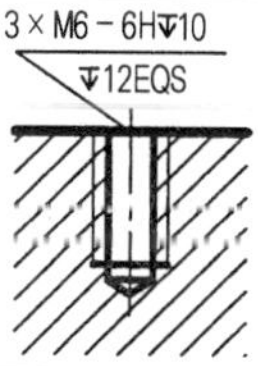	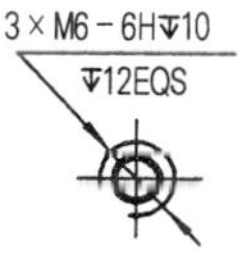	

第五节 零件图的技术要求

零件图上的技术要求主要是指零件几何精度方面的要求，如零件表面结构、极限与配合、形状和位置公差等。技术要求还包括物理、化学性能方面的要求，如对材料热处理和表面处理等方面的要求。

一、零件表面结构

零件经过机械加工后的表面看似光滑平坦，但如果在显微镜下看，会发现很多高低不平的凸峰和凹谷。零件表面具有这种较小间距的峰和谷所组成的微观几何特性，称为零件表面结构，如图 8-20

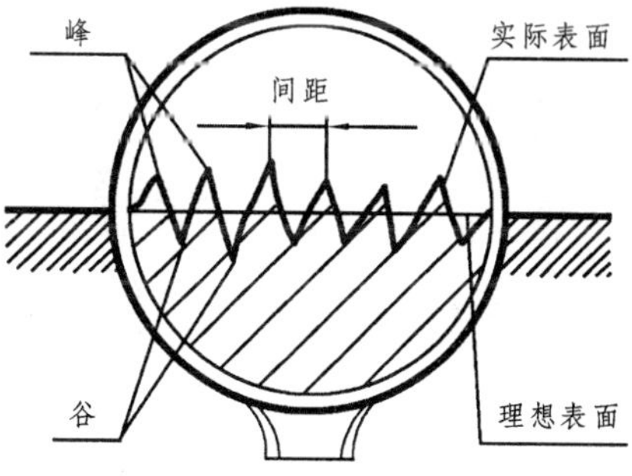

图 8-20 零件表面结构示意图

所示。零件表面结构与加工方法、所用刀具以及工件材料等因素有密切的关系。

零件表面结构是评定零件表面质量的一项重要的技术指标，对于零件的配合、耐磨性、抗腐蚀性及密封性都有显著的影响，所以零件表面结构是零件图中不可缺少的一项技术要求。国家标准《产品几何技术规范（GPS）技术产品文件中表面结构的表示法》（GB/T131—2006）中规定了零件表面结构的表示法。

1. 表面结构的图形符号

在国标 GB/T131—2006 中规定了表面结构的图形符号，见表 8-3。

表 8-3　　表面结构的图形符号

符号名称	图形符号形式	含义
基本图形符号		基本图形符号，仅用于简化代号标注，没有补充说明时不能单独使用
扩展图形符号	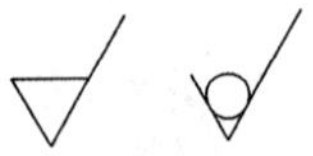	在基本图形符号上加一短划，表示指定表面是用去除材料的方法获得，如通过机械加工获得的表面 在基本图形符号上加一小圆，表示指定表面是用不去除材料的方法获得，如铸造、锻压方法获得的表面
完整图形符号	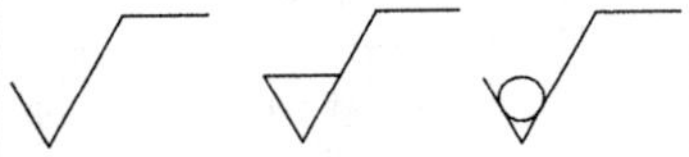	在扩展图形符号的长边上加一横线，用于注写有关参数代号和相应数值
具有共同表面结构要求的图形符号	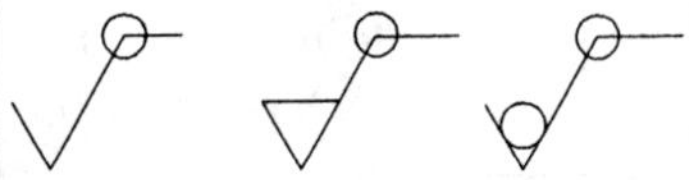	在完整图形符号上加一小圆，表示所有表面具有共同的表面结构要求

2. 表面结构图形符号的画法及有关规定

表面结构图形符号的画法如图 8-21 所示，图形符号及附加标注的尺寸见表 8-4。

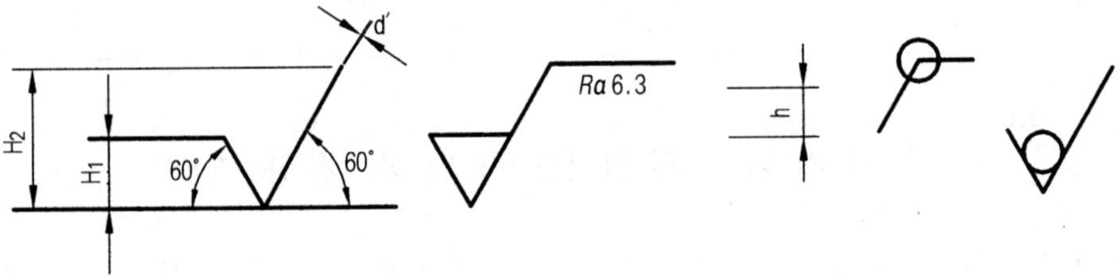

图 8-21　表面结构图形符号的画法

表 8-4　　表面结构图形符号及附加标注的尺寸

数字和字母的高度	2.5	3.5	5	7	10	14	20
符号线宽 d'	0.25	0.35	0.5	0.7	1	1.4	2
字母线宽 d	0.25	0.35	0.5	0.7	1	1.4	2
高度 H_1	3.5	5	7	10	14	20	28
高度 H_2（最小值）	7.5	10.5	15	21	30	42	60

3. 表面结构参数

给出表面结构要求时，应标注其参数代号和相应数值（单位：μm）。表面结构参数有三种，基于轮廓法定义的参数称为轮廓参数（GB/T3505—2000），包括 R 轮廓参数（粗糙度参数）、W 轮廓参数（波纹度参数）和 P 轮廓参数（原始轮廓参数），表面结构常用的评定参数是轮廓算术平均偏差 Ra 和轮廓最大高度 Rz。

（1）轮廓算术平均偏差 Ra。如图 8-22 所示，在一个取样长度内纵坐标值 $Z(x)$ 绝对值的算术平均值：

$$Ra = \frac{1}{l}\int_{0}^{l} | y(x) | \mathrm{d}x$$

（2）轮廓最大高度 Rz。如图 8-22 所示，在一个取样长度内，最大轮廓峰高 p 和最大轮廓谷深之和为轮廓最大高度 Rz。

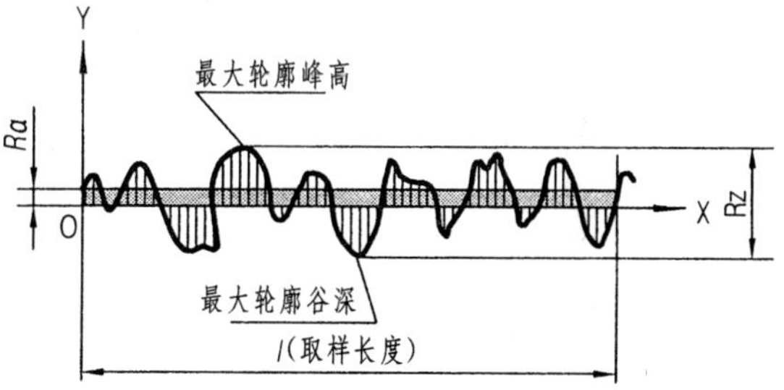

图 8-22　轮廓算术平均偏差 Ra 和轮廓最大高度 Rz

表面结构参数值的大小与加工方法、所用刀具以及工件材料等因素有密切关系，表8-5给出了常用 Ra 值与加工方法的关系。

表 8-5　　常用 *Ra* 值与加工方法的关系

表面特征		代　号	加工方法	应　用
加工面	粗加工面	√Ra100　√Ra50　√Ra25	粗车、粗铣、粗刨、钻孔等	非加工面、不重要的接触面
	半光面	√Ra12.5　√Ra6.3　√Ra3.2	精车、精铣、精刨、粗磨等	重要接触面、一般要求的配合面
	光面	√Ra1.6　√Ra0.8　√Ra0.4	精车、精磨、研磨、抛光等	重要的配合表面
	最光面	√Ra0.2　√Ra0.1　√Ra0.05　√Ra0.025　√Ra0.012	研磨、抛光等特殊加工	特别重要的配合面、特殊装饰面
毛坯面		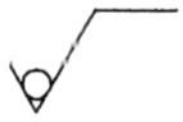	铸、锻、轧等，经表面清理	自由表面

4. 表面结构要求在图样中的标注方法

在图样中，零件表面结构要求是用代号标注的。表面结构符号中注写了具体参数代号及数值等要求后，即称为表面结构代号。

表面结构要求对每一表面一般只标注一次，并尽可能标注在相应的尺寸及其公差的同一视图上。除非另有说明，否则所标注的表面结构要求均是对完工零件表面的要求。

（1）表面结构符号、代号的标注方向。表面结构要求的注写和读取方向应与尺寸的注写和读取方向一致。

（2）表面结构要求的标注。表面结构要求在图样中的标注位置和方向见表 8-6。

表 8-6 表面结构要求在图样上的注法

方法	图例	方法	图例
注写在轮廓线或指引线上	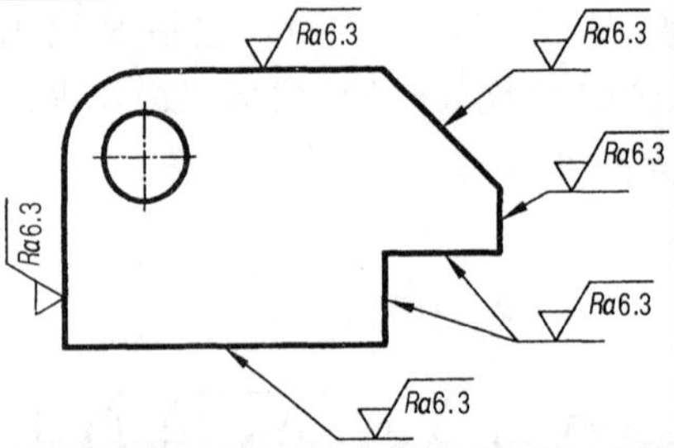	注写在轮廓线的延长线上	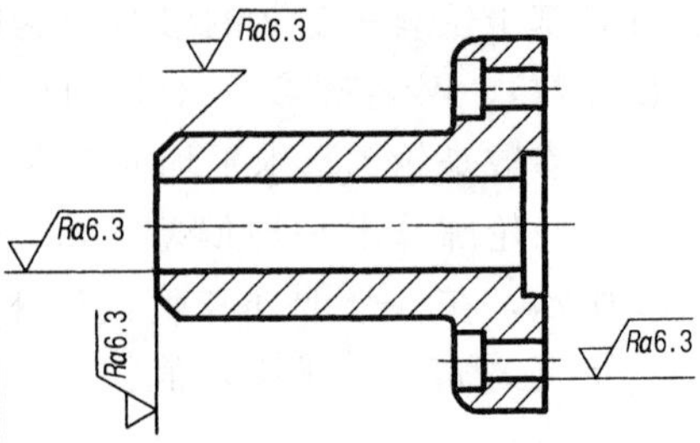
注写在尺寸线的延长线上	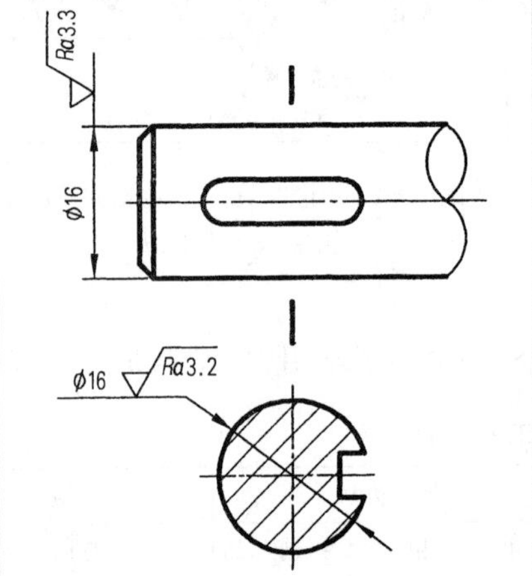	注写在形位公差框格上方	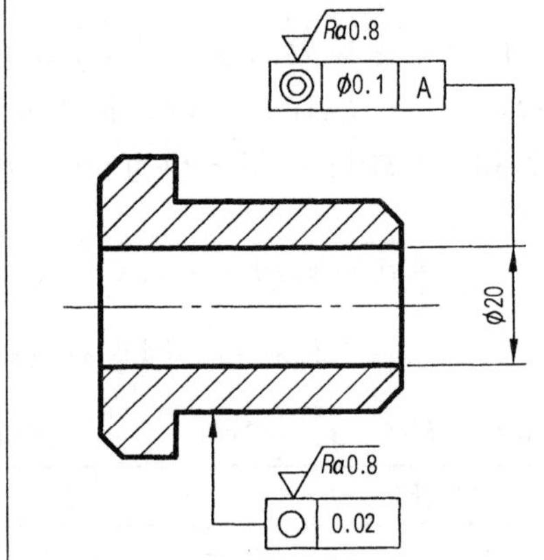

5. 表面结构要求的简化注法

（1）有相同表面结构要求的简化注法。如果在工件的多数（包括全部）表面有相同的表面结构要求时，则其表面结构要求可统一标注在图样的标题栏附近。此时，表面结构要求的符号后面应该：

1）在圆括号内给出无任何其他标注的基本符号，如图 8-23（a）所示。

2）在圆括号内给出不同的表面结构要求，如图 8-23（b）所示。

不同的表面结构要求应直接标注在图形中，如图 8-23 所示。

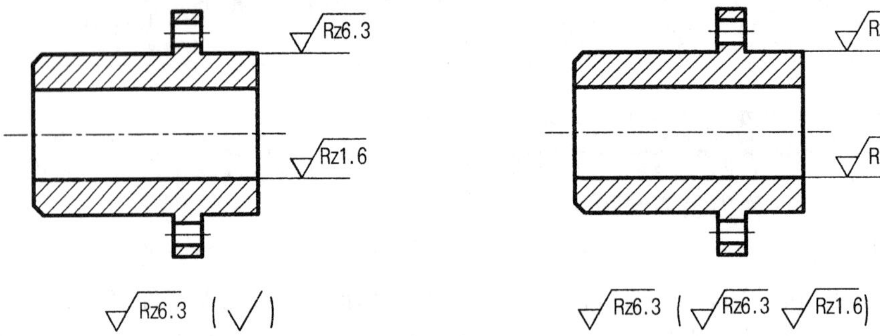

(a) (b)

图 8-23 大多数表面有相同表面结构要求的简化注法

（2）多个表面有共同要求的注法。当多个表面具有相同的表面结构要求或图纸空间有限时，可以采用简化注法。用带字母的完整符号，以等式的形式，在图形或标题栏附近，对有相同表面结构要求的表面进行简化标注，如图 8－24 所示。

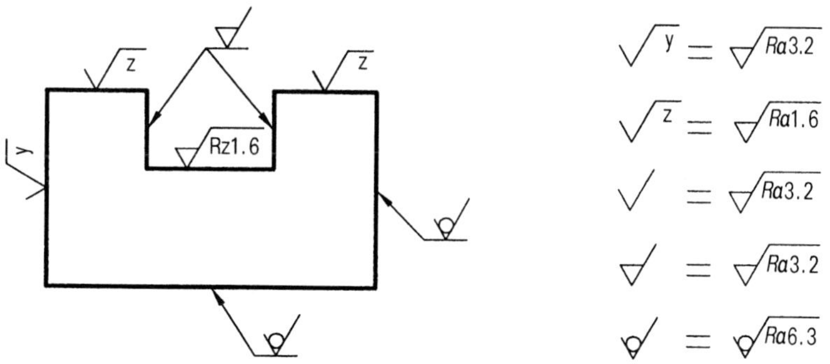

图 8－24 多个表面有共同要求的简化注法

二、极限与配合

在日常生活中，如果汽车的零件坏了，买个新的换上即可使用，这是因为这些零件具有互换性。所谓零件的互换性，就是在一批相同的零件中任取一个，不需任何挑选和修配就能装配使用，并能保证使用性能要求的性质称为互换性。零、部件具有互换性，不但给装配、修理机器带来方便，还可用专用设备生产，提高产品数量和质量，同时降低产品的成本。要满足零件的互换性，必然要求尺寸的准确性，但并不是要求零部件都准确地制成一个指定的尺寸，而只是将其限定在一个合理的范围内变动，以满足不同的使用要求，由此产生了“极限与配合”制度。

1. 基本概念

在加工过程中，不可能把零件的尺寸做得绝对准确。为了保证互换性，必须将零件尺寸的加工误差限制在一定的范围内，规定出加工尺寸的可变动量，这种规定的实际尺寸允许的变动量称为公差。

有关公差的一些常用术语见图 8－25。

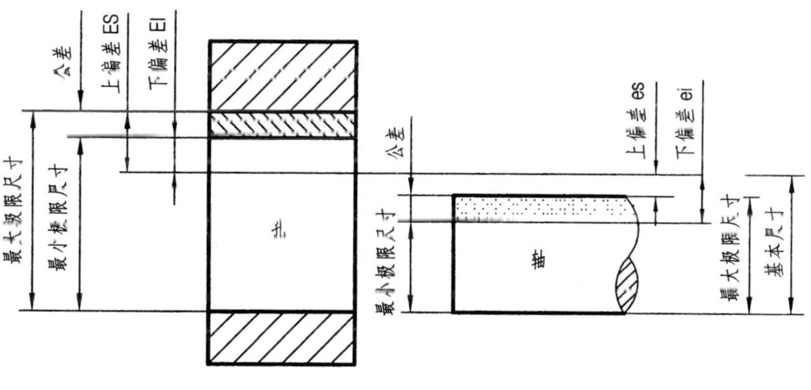

图 8－25 尺寸公差术语图解

（1）基本尺寸：根据零件强度、结构和工艺性要求，设计确定的尺寸。

（2）实际尺寸：通过测量所得到的尺寸。

（3）极限尺寸：允许尺寸变化的两个界限值。它以基本尺寸为基数来确定。两个界限值中，较大的一个称为最大极限尺寸；较小的一个称为最小极限尺寸。

（4）尺寸偏差（简称偏差）：某一尺寸减其相应的基本尺寸所得的代数差。尺寸偏差有：

上偏差＝最大极限尺寸－基本尺寸

下偏差＝最小极限尺寸－基本尺寸

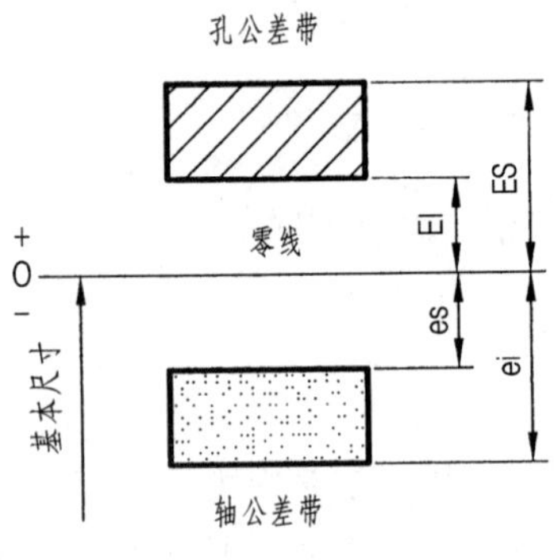

图 8-26　公差带图

上、下偏差统称极限偏差。上、下偏差可以是正值、负值或零。

国家标准规定：孔的上偏差代号为 ES，孔的下偏差代号为 EI；轴的上偏差代号为 es，轴的下偏差代号为 ei。

（5）尺寸公差（简称公差）：允许实际尺寸的变动量。

尺寸公差＝最大极限尺寸－最小极限尺寸＝上偏差－下偏差

因为最大极限尺寸总是大于最小极限尺寸，所以尺寸公差一定为正值。

（6）公差带和零线：由代表上、下偏差的两条直线所限定的一个区域称为公差带。为了便于分析，一般将尺寸公差与基本尺寸的关系，按放大比例画成简图，称为公差带图。在公差带图中，确定偏差的一条基准直线，即零偏差线，简称零线。通常零线表示基本尺寸。如图 8-26 所示。

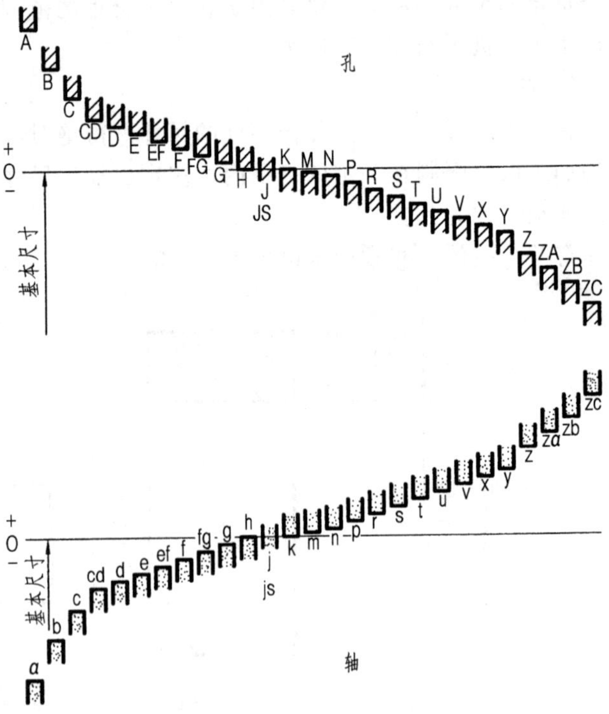

图 8-27　基本偏差系列图

（7）标准公差：用以确定公差带大小的任一公差。国家标准将公差等级分为 20 级：IT01、IT0、IT1～IT18。其中“IT”表示标准公差，公差等级的代号用阿拉伯数字表示。从 IT01～IT18，精度等级依次降低。标准公差等级数值可查附表 16。

（8）基本偏差：用以确定公差带相对于零线位置的上偏差或下偏差。一般是指靠近零线的那个偏差，如图 8-27 所示。根据实际需要，国家标准分别对孔和轴各规定了 28 个不同的基本偏差，基本偏差系列如图 8－27 所示。孔和轴的基本偏差数值见附表 12 和附表 13。

从图 8－27 可知：

基本偏差用拉丁字母表示，大写字母代表孔，小写字母代表轴。

公差带位于零线之上，基本偏差为下偏差。

公差带位于零线之下，基本偏差为上偏差。

（9）孔、轴的公差带代号：由基本偏差与公差等级代号组成，并且要用同一号字母书写。例如ϕ50H8 的含义是：基本尺寸为ϕ50，公差等级为 8 级，基本偏差为 H 的孔的公差带。又如ϕ50f7 的含义是：基本尺寸为ϕ50，公差等级为 8 级，基本偏差为 f 的轴的公差带。

2. 配合

基本尺寸相同，相互结合的孔和轴公差带之间的关系称为配合。

（1）配合的种类 根据机器的设计要求和生产实际的需要，国家标准将配合分为三类。

1）间隙配合。孔的公差带完全在轴的公差带之上，任取其中一对轴和孔相配都成为具有间隙的配合（包括最小间隙为零），如图 8－28 所示。

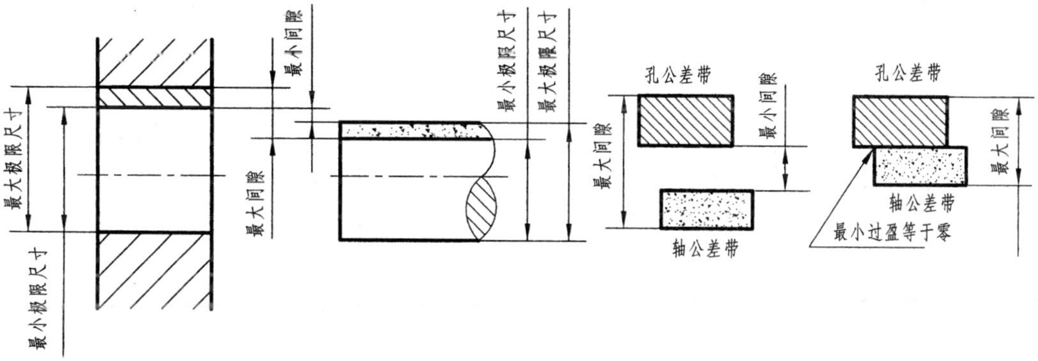

图 8－28　间隙配合

2）过盈配合。孔的公差带完全在轴的公差带之下，任取其中一对轴和孔相配都成为具有过盈的配合（包括最小过盈为零），如图 8－29 所示。

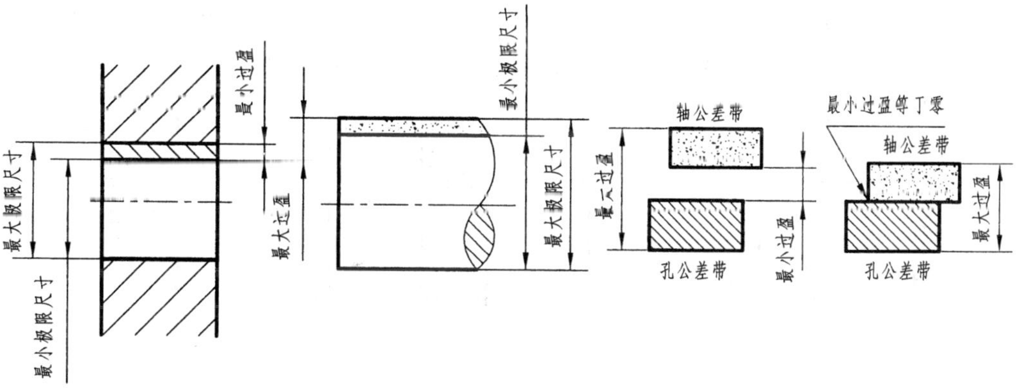

图 8－29　过盈配合

3）过渡配合。孔和轴的公差带相互交叠，任取其中一对孔和轴相配合，可能具有间隙，也可能具有过盈的配合，如图 8-30 所示。

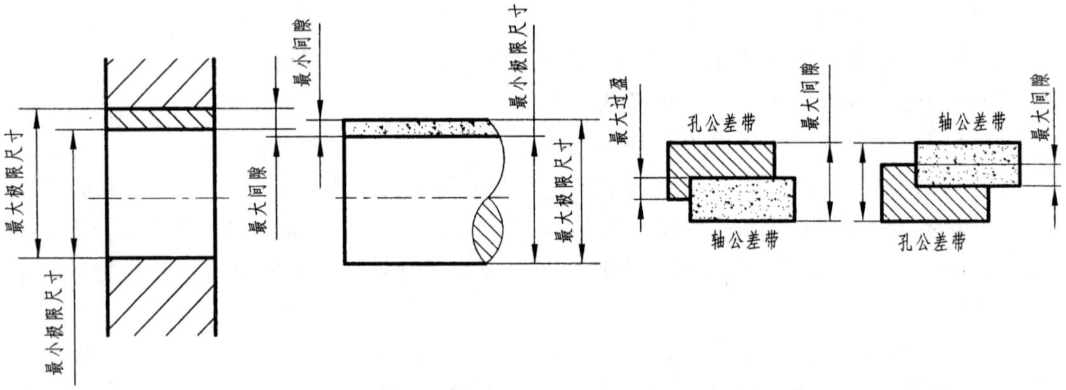

图 8-30　过渡配合

(2) 配合的基准制。国家标准规定了两种基准制：

1）基孔制。基本偏差为一定的孔的公差带，与不同基本偏差的轴的公差带构成各种配合的一种制度称为基孔制。这种制度在同一基本尺寸的配合中，是将孔的公差带位置固定，通过变动轴的公差带位置，得到各种不同的配合，如图 8-31 所示。

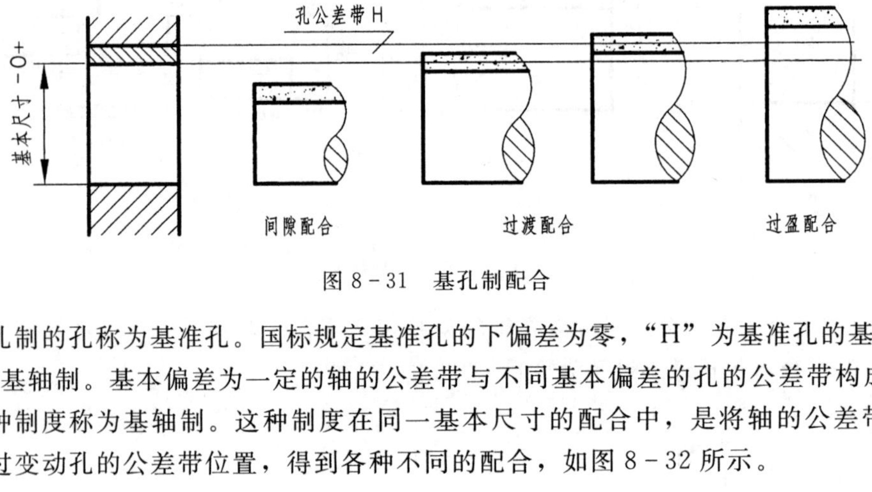

图 8-31　基孔制配合

基孔制的孔称为基准孔。国标规定基准孔的下偏差为零，“H”为基准孔的基本偏差。

2）基轴制。基本偏差为一定的轴的公差带与不同基本偏差的孔的公差带构成各种配合的一种制度称为基轴制。这种制度在同一基本尺寸的配合中，是将轴的公差带位置固定，通过变动孔的公差带位置，得到各种不同的配合，如图 8-32 所示。

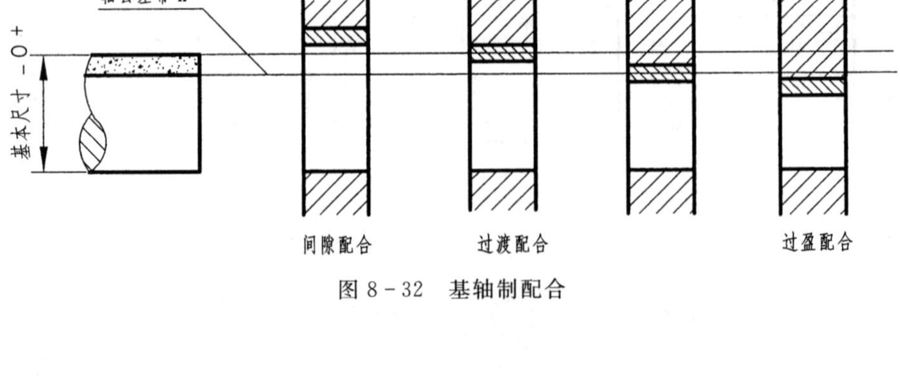

图 8-32　基轴制配合

基轴制的轴称为基准轴。国家标准规定基准轴的上偏差为零，“h”为基轴制的基本偏差。优先及常用配合孔的极限偏差见附表 14，优先及常用配合轴的极限偏差见附表 15。

3. 极限与配合在图样上的标注

（1）装配图中的标注方法。在装配图上标注极限与配合时，其代号必须在基本尺寸的右边，用分数形式标注出，分子为孔的公差带代号，分母为轴的公差带代号。其标注形式有三种，如图 8－33 所示。

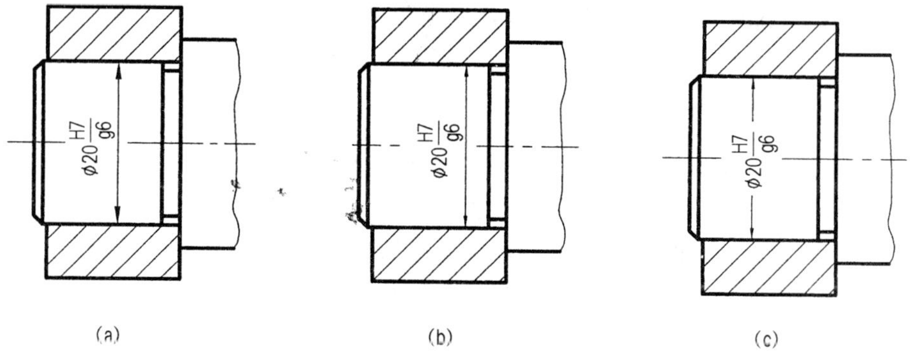

图 8－33　配合代号在装配图上标注的三种形式

（2）零件图中的标注方法。用于大批量生产零件图，可只标注公差带代号，如图 8－34（a）所示。用于中小批量生产的零件图，一般可只标注出极限偏差，如图 8－34（b）所示。如需要同时注出公差带代号和对应的偏差值时，应将偏差值加上圆括号，如图 8－34（c）所示。

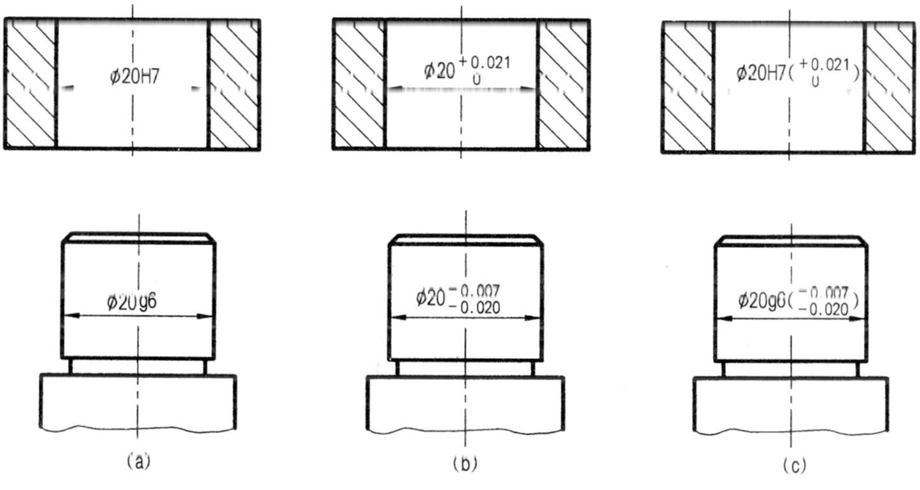

图 8－34　公差带代号、极限偏差在零件图上标注的三种形式

三、形状和位置公差

评定零件质量的因素是多方面的，不仅零件的尺寸影响零件的质量，零件的几何形状和结构的位置也大大影响零件的质量。

1. 形状和位置公差的基本概念

图 8－35（a）所示为一理想形状的销轴，而加工后的实际形状则是轴线变弯了，如图 8－35（b）所示，因而产生了直线度误差。

又如，图 8－36（a）所示为一阶梯轴，加工后出现各段的轴线不在同一直线上的情况，如图 8－36（b）所示，因而产生了同轴度误差。

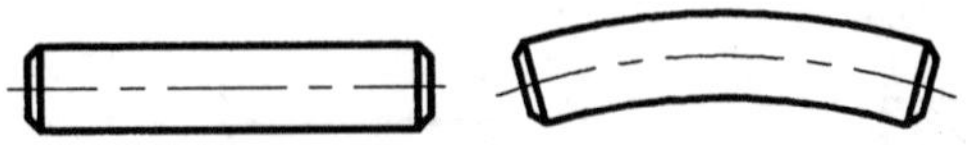

(a) (b)

图 8－35 形状误差

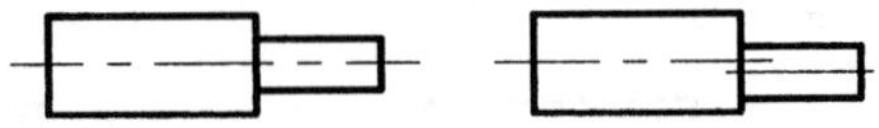

(a) (b)

图 8－36 位置误差

如果零件存在严重的形状和位置误差，将使其装配造成困难，影响机器的质量，因此，对于精度要求较高的零件，除给出尺寸公差外，还应根据设计要求，合理地确定出形状和位置误差的最大允许值，如图 8－37（b）中的ϕ0.08［即销轴轴线必须位于直径为公差值ϕ0.08 的圆柱面内，如图 8－37（a）所示］、图 8－38（b）中的 0.1［即上表面必须位于距离为公差值 0.1 且平行于基准表面 A 的两平行平面之间，如图 8－38（a）所示］。

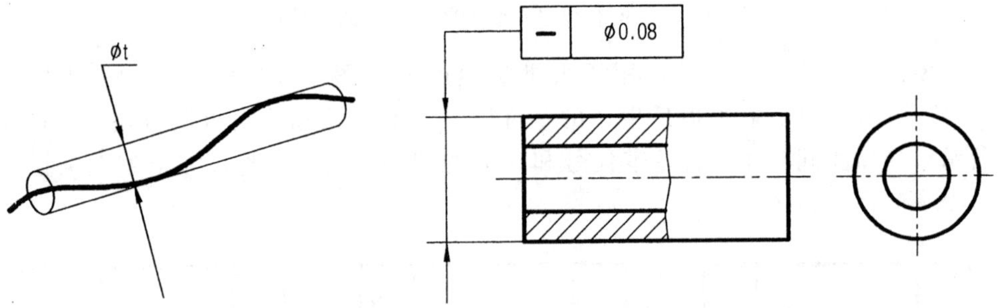

(a) (b)

图 8－37 直线度公差

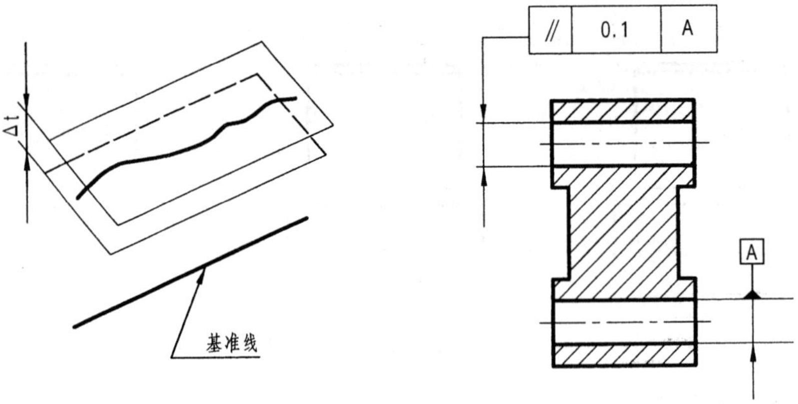

(a) (b)

图 8－38 平行度公差

2. 形状公差和位置公差的有关术语（表 8－7）

表 8－7　　形状公差和位置公差的有关术语

术语	定　　义	图 示 说 明
要素	指组成零件的点、线、面	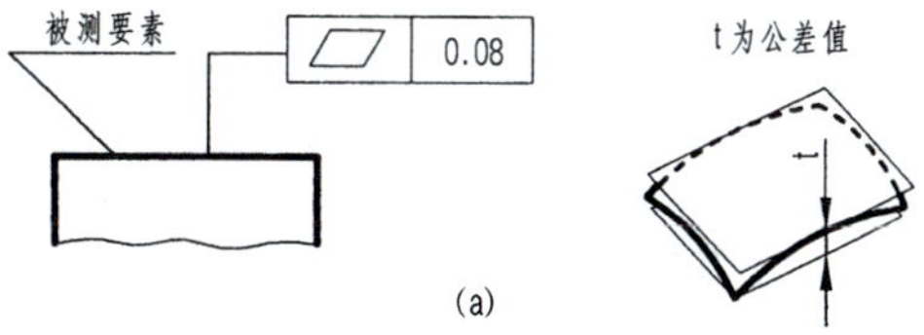(a)
形状公差	指实际要素的形状所允许的变动量［如图（a）所示］	
位置公差	指实际要素的位置对基准所允许的变动量，它包括定向公差、定位公差和跳动公差［如图（b）所示］	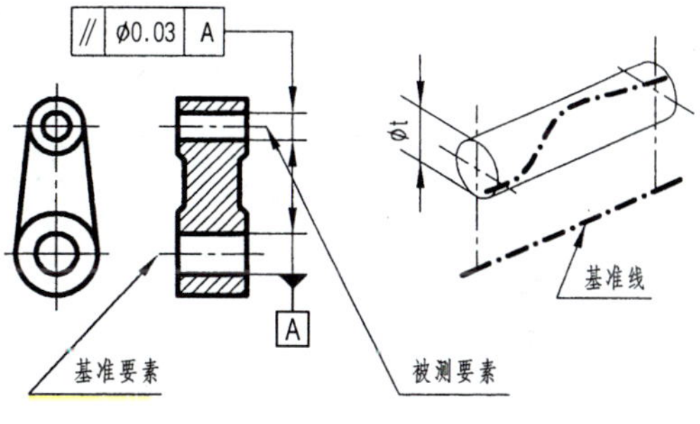(b)
被测要素	给出了形状或（和）位置公差的要素	
基准要素	用来确定理想被测要素方向或（和）位置的要素	

3. 形位公差的项目及符号

形位公差的分类、项目资料及符号见表 8－8。

表 8－8　　形位公差的分类、项目资料及符号

分　　类		项目	特征符号	有或无基准要求
形状公差	形状	直线度	—	无
		平面度	▱	无
		圆　度	○	无
		圆柱度	⌭	无
形状或位置公差	轮廓	线轮廓度	⌒	有或无
		面轮廓度	⌓	有或无
位置公差	定向	平行度	//	有
		垂直度	⊥	有
		倾斜度	∠	有
	定位	位置度	⌖	有或无
		同轴（同心）度	◎	有
		对称度	⌯	有
	跳动	圆跳动	↗	有
		全跳动	⌰	有

注　国家标准 GB/T1182—1996 规定项目特征符号线型为 $h/10$，符号高度为 h（同字高），其中，平面度、圆柱度、平行度、跳动等符号的倾斜角度为 75°。

4. 形位公差的标注

（1）公差框格。公差框格用细实线画出，可画成水平的或垂直的，框格高度是图样中尺寸数字高度的两倍，它的长度视需要而定。框格中的数字、字母、符号与图样中的数字等高。图 8－39（a）给出了形状公差和位置公差的框格形式。用带箭头的指引线将被测要素与公差框格一端相连。基准代号由基准符号、圆圈连线和字母组成，画法如图 8－39（b）所示。目前国际上用得最多的基准代号如图 8－39（c）所示。

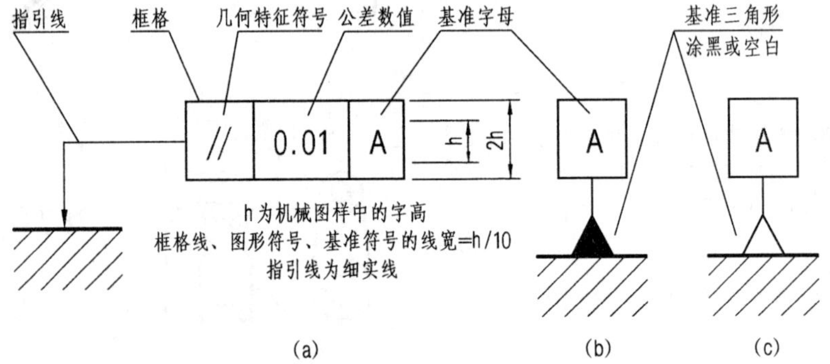

图 8－39　形位公差代号及基准符号

（2）被测要素。用带箭头的指引线将被测要素与公差框格一端相连，指引线箭头指向公差带的宽度方向或直径方向。指引线箭头所指部位可有：

1）当被测要素为整体轴线或公共中心平面时，指引线箭头可直接指在轴线或中心线上，如图 8－40（a）所示。

2）当被测要素为轴线、球心或中心平面时，指引线箭头应与该要素的尺寸线对齐，如图 8－40（b）所示。

3）当被测要素为线或表面时，指引线箭头应指在该要素的轮廓线或其引出线上，并应明显地与尺寸线错开，如图 8－40（c）所示。

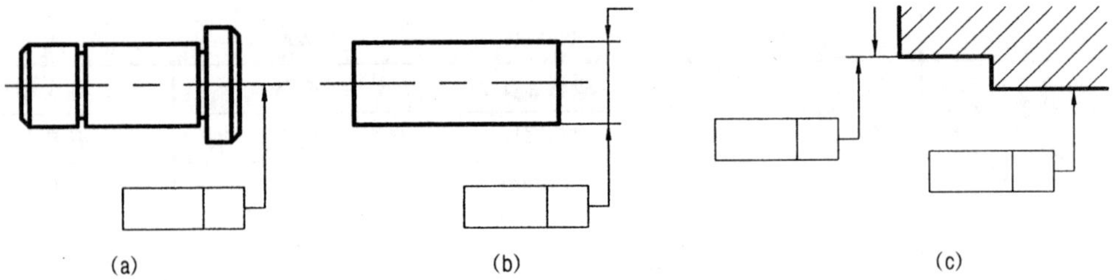

图 8－40　被测要素标注示例

（3）基准要素。

1）当基准要素为素线或表面时，基准符号应靠近该要素的轮廓线或引出线标注，并应明显地与尺寸线箭头错开，如图 8－41（a）所示。

2）当基准要素为轴线、球心或中心平面时，基准符号应与该要素的尺寸线箭头对齐，如图 8－41（b）所示。

3）当基准要素为整体轴线或公共中心面时，基准符号可直接靠近公共轴线（或公共中心线）标注，如图 8-41（c）所示。

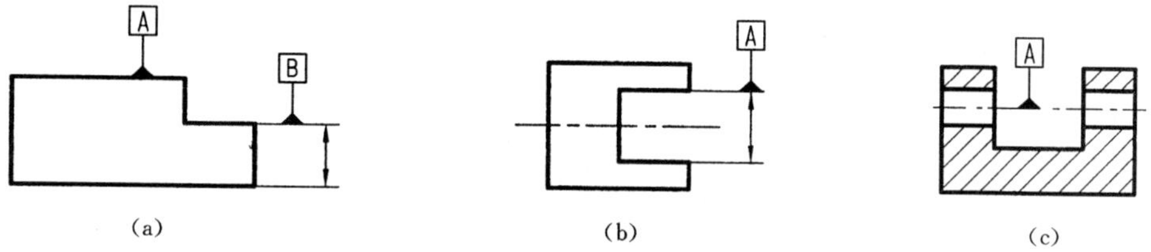

图 8-41　基准要素标注示例

5. 零件图上标注形状公差和位置公差的实例（见图 8-42）

图 8-42 中所标注的形位公差的含义见表 8-9。

表 8-9　　　　形位公差的含义

代号	公差项目	公差值	被测要素	基准要素
//	平行度	0.01mm	零件左端面	零件右端面
↗	圆跳动	0.015mm	ϕ100h6 圆柱面	ϕ45p7 孔轴线
○	圆度	0.004mm	ϕ100h6 圆柱面	

图 8-43 所标注的形位公差含义请自行分析。

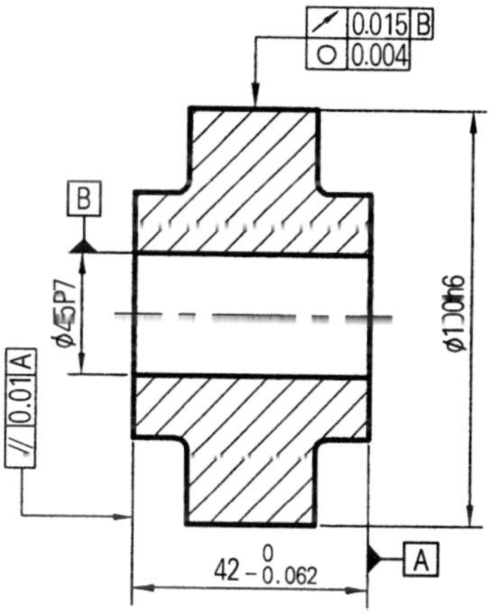

图 8-42　零件图上标注形位公差实例一

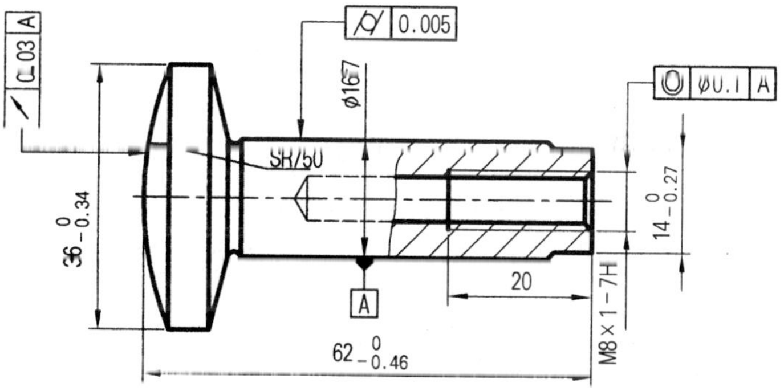

图 8-43　零件图上标注形位公差实例二

第六节　读　零　件　图

读零件图就是根据零件图想象出零件的结构形状，了解零件的尺寸和技术要求，以便指导生产和解决有关技术问题。下面以图 8-44 为例，说明读图的方法和步骤。

一、概括了解

首先通过标题栏了解零件的名称、材料、画图比例等，并粗略地看视图，大致了解该零件的作用、结构特点和大小。图 8-44 中的零件为壳体，材料为 HT200（灰铸铁），可见该零件属于箱体类零件，毛坯是铸造而得的。

二、分析视图、构思零件的结构形状

概括了解后，接着应了解零件图的视图表达方案、各视图的表达重点、采用了哪些表达方法等。

图 8-44 中，采用了主、俯、左三个基本视图和一个局部视图。主视图采用 A—A 全剖视，表达内部形状；俯视图采用两个平行平面剖切的 B—B 全剖视，同时表达内部和底板的形状；左视图主要表达左端外形，并用局部剖视表示顶面的锪平孔；C 向局部视图用于表达顶面的形状。

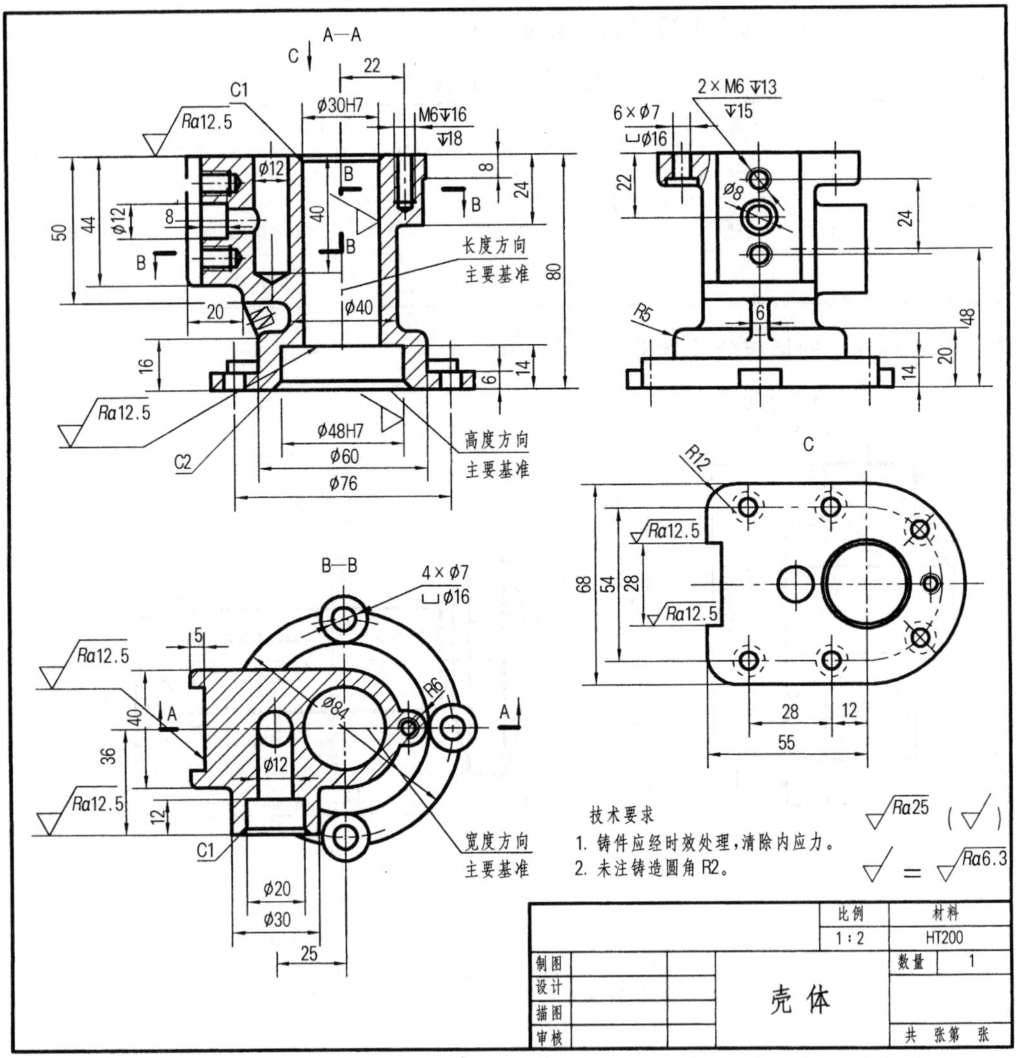

图 8-44 壳体零件图

在读懂视图表达的基础上，运用形体分析的方法，根据视图间的投影关系，逐步分析清楚零件各组成部分的结构形状和相对位置。在构思出零件主体结构形状的基础上，进一步搞清各部分细节的结构形状，最后综合想象出零件的完整结构。在图 8-44 中，按投影关系，可构思出壳体主要由上部的顶板和主体、下部的安装板以及左面的凸块组成。除凸块和顶板外，主体及底板基本上是回转体。

细部结构：顶面有ϕ30H7 的通孔、ϕ12 的盲孔和 M6 的螺纹孔；底部有ϕ48H7 的台阶孔，底板上还有锪平ϕ16 的安装孔 4×ϕ7。左侧为带有凹槽的 T 形凸块，在凹槽的左端面上有ϕ12、ϕ8 的台阶孔，与顶部ϕ12的圆柱孔相通；在此台阶孔的上下方，分别各有一个 M6 螺纹孔。在凸块前方的圆柱形凸缘（从外径ϕ30可以看出）上，有ϕ20、ϕ12 的台阶孔也与顶部ϕ12 的圆柱孔相通。从左视图与 C 向局部视图可以看出顶部有六个ϕ7 安装孔，其下端锪平ϕ14。图 8－45 为壳体的轴测图。

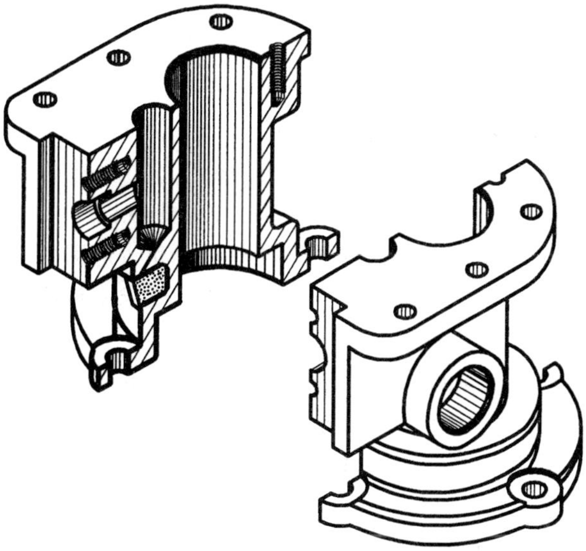

图 8－45　壳体轴测图

三、分析尺寸和技术要求

首先分析零件长、宽、高三个方向上的主要尺寸基准。然后从基准出发，通过形体分析，找出各组成部分的定形尺寸和定位尺寸，并搞清哪些是功能尺寸。

图 8－44 中的壳体，长度和宽度方向的主要基准是通过壳体主体轴线的侧平面和正平面，高度方向的主要基准是底板的底面。如从长度方向主要基准确定凸缘与台阶孔轴线的定位尺寸 25，从宽度方向主要基准确定凸缘前后端面位置尺寸 36，从高度方向主要基准确定凸缘轴线的高向定位尺寸 48。

壳体主轴孔ϕ30H7 和ϕ48H7 为有配合要求的孔，它们的基本偏差为 H，标准公差为 IT7 级。壳体的表面粗糙度除主轴孔ϕ30H7 和ϕ48H7 圆柱面 Ra 的上限值为 6.3 μm 外，其他加工面大部分的 Ra 为 25 μm，少数 Ra 为 12.5 μm，其余是不经切削加工的铸件表面，从中可看出主轴孔ϕ30H7、ϕ48H7 表面粗糙度要求最高。未注铸造圆角为 $R2$。

四、综合归纳

在以上分析的基础上，对零件的形状、大小和质量要求进行综合归纳，对零件有一个较全面的详细了解。

对于复杂的零件图，还需参考有关的技术资料和图样，包括该零件所在的装配图以及与它有关的零件图等，以便对零件进一步了解。

复习·思考·检测（单选）

1. 轴套类和盘盖类零件主视图一般按（　　）选择放置。

(A) 加工位置　　(B) 工作位置　　(C) 形状特征最明显　(D) 任意位置

2. 支架类和箱体类零件主视图一般按（　　）选择。

（A）加工位置　（B）工作位置　（C）形状特征最明显　（D）任意位置

3. 表达轴类零件形状一般需要（　　）。

（A）一个基本视图　（B）二个基本视图　（C）三个基本视图　（D）若干个

4. 表达盖类零件形状一般需要（　　）。

（A）一个基本视图　（B）二个基本视图　（C）三个基本视图　（D）若干个

5. 在零件图中，铸件的拔模斜度和铸造圆角（　　）。

（A）可以不画，必要时可在技术要求中说明

（B）必须画出

（C）按实际画出，所以技术要求中不必说明

（D）必须画出，且在技术要求中说明

6. 保证零件接触良好，合理地减少加工面积，降低加工费用，一般在机件连接处制成（　　）。

（A）退刀槽或砂轮越程槽　（B）倒角或倒圆

（C）凸台或沉孔　（D）钻孔或中心孔

7. 关于尺寸标注下列说法不正确的是（　　）。

（A）首先必须选定尺寸基准

（B）尽可能使设计基准与工艺基准一致

（C）当设计基准与工艺基准不一致时，以保证设计要求为主

（D）将重要尺寸从工艺基准注出，以便加工和测量

8. 零件图尺寸标注的基本要求中“合理”一项是指（　　）。

（A）所注尺寸符合设计要求

（B）所注尺寸既符合设计要求，又便于加工和检验

（C）所注尺寸符合工艺要求

（D）即符合设计要求月又符合工艺要求

9. 关于合理标注零件图的尺寸，下列哪个问题不需注意（　　）。

（A）结构上的重要尺寸必须直接注

（B）避免出现封闭的尺寸链

（C）要考虑零件加工、测量和制造的要求

（D）零件的类型

10. 评定表面粗糙度的主要参数有（　　）。

（A）1 个　（B）2 个　（C）3 个　（D）4 个

11. 下面列出的零件表面的粗糙度 Ra 值，最高的是（　　）。

（A）1.6　（B）6.3　（C）3.2　（D）100

12. 关于表面粗糙度标注下列说法不正确的是（　　）。

（A）标注的表面结构要求均是对完工零件表面的要求

（B）表面结构要求对每一表面一般只标注一次

（C）应与尺寸的注写和读取方向一致

(D) 对有相同表面结构要求的表面也必须标注清楚，不可简化标注

13. 在公差带图中，用来确定公差带相对零线位置的极限偏差称为（　　）。

(A) 上偏差　(B) 下偏差　(C) 基本偏差　(D) 公差

14. 在同一尺寸下，尺寸精度程度越高，则（　　）。

(A) 公差等级越高，标准公差数值越小

(B) 公差等级越低，标准公差数值越大

(C) 公差等级越高，标准公差数值越大

(D) 公差等级越低，标准公差数值越小

15. 按孔和轴公差带的相互关系，国家标准规定配合有（　　）基准制。

(A) 1种　(B) 2种　(C) 3种　(D) 4种

16. 在基轴制配合中，规定基准轴（　　）。

(A) 上偏差为零，下偏差为负值　(B) 上偏差为正值，下偏差为负值

(C) 下偏差为零，上偏差为正值　(D) 下偏差为负值，上偏差为正值

17. 极限与配合在图样上常用的标注形式有（　　）。

(A) 1种　(B) 2种　(C) 3种　(D) 4种

18. 有关形位公差标注下列说法不正确的是（　　）。

(A) 当被测要素为整体轴线或公共中心平面时，指引线箭头可直接指在轴线或中心线上

(B) 当被测要素为轴线、球心或中心平面时，指引线箭头应与该要素的尺寸线对齐

(C) 当基准要素为轴线、球心或中心平面时，基准符号应与该要素的尺寸线箭头对齐

(D) 当基准要素为素线或表面时，基准符号应靠近该要素的轮廓线或引出线标注，并应与尺寸线箭头对齐

19. 读零件图的目的与方法是（　　）

(A) 了解标题栏的内容

(B) 想象出零件的结构形状

(C) 了解零件的尺寸和技术要求

(D) 按A、B、C顺序，对零件的形状、大小和质量要求进行综合归纳，对零件有一个较全面的详细了解

第九章 装　配　图

【内容提要】

本章介绍装配图的作用与内容，讲解装配图的表达方法和画法、装配图的尺寸标注和技术要求、阅读装配图并拆画零件图的方法。

【目标要求】

（1）了解装配图的作用，熟悉装配图内容。

（2）基本掌握装配图的表达方法、尺寸注法与技术要求。

（3）基本掌握阅读装配图的方法。

（4）初步具备由装配图拆画零件图的能力。

第一节 装配图的作用与内容

一、装配图的作用

任何机器（或部件），都是由若干零件按照一定的装配关系和技术要求装配而成的。装配图是用于表示产品及其组成部分的连接、装配关系的图样。装配图和零件图一样，都是生产中的重要技术文件。零件图表达零件的形状、大小和技术要求，用于指导零件的加工制造；而装配图是表达装配体（即机器或部件）的工作原理、零件间的装配关系及基本结构形状，用于指导装配体的装配、检验、安装、使用和维修。

二、装配图的内容

图 9-1 为螺旋千斤顶装配图。从图中可看出，一张完整的装配图，具有下列内容：

（1）一组视图。用于表达机器或部件的工作原理、零件间的装配关系及主要零件的结构形状。

（2）必要的尺寸。根据装配和使用的要求，标注出反映机器的性能、规格、零件之间相对位置、配合要求和安装等所需的尺寸。

（3）技术要求。用文字或符号说明装配体在装配、检验、调试及使用等方面的要求。

（4）零（部）件序号和明细栏。根据生产和管理的需要，将每一种零件编号并列成表格，以说明各零件的序号、名称、材料、数量、备注等内容。

（5）标题栏。用以注明装配体的名称、图号、比例及责任者签字等。

第二节 装配图的表达方法

零件图的各种表达方法在装配图中同样适用。但是由于装配图所表达的对象是装配体

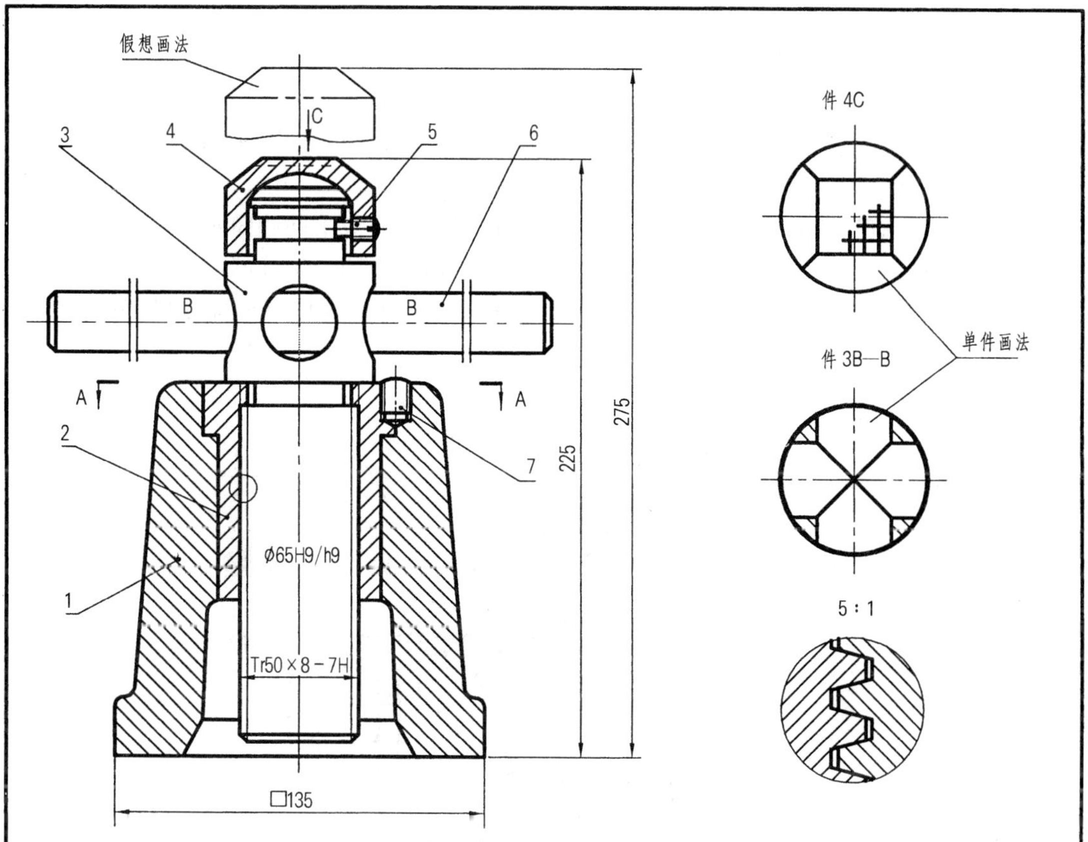

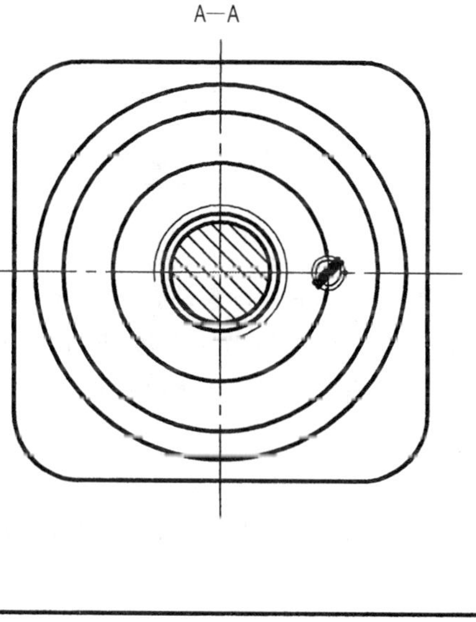

技术要求

1. 本产品的顶举高度为50mm,顶举质量为 1000kg。
2. 螺杆与底座的垂直度公差为 0.1mm。
3. 螺钉(件 7)的螺钉孔在装配时加工。

序号	代号	名称	数量	材料	备注
7	GB/T 73	螺钉 M12×16	1		
6		铰杠	1	45	
5	GB/T 75	螺钉 M12×14	1		
4		顶垫	1	Q235	
3		螺杆	1	45	
2		螺套	1	HT200	
1		底座	1	HT150	

			比例	材料
			1：1	
制图		螺旋千斤顶	质量	
设计				
描图				
审核			共　张第　张	

图 9－1　螺旋千斤顶装配图

（机器或部件），它在生产中的作用与零件图不一样，因此装配图中表达的内容、视图选择原则等与零件图不同。此外，装配图还有一些规定画法和特殊表达方法。

一、规定画法

1. 零件间接触面、配合面的画法

相邻两个零件的接触面和基本尺寸相同的配合面，只画一条轮廓线。但若相邻两个零件的基本尺寸不相同，则无论间隙大小，均要画成两条轮廓线，如图 9-2 所示。

2. 装配图中剖面符号的画法

装配图中相邻两个金属零件的剖面线，必须以不同方向或不同的间隔画出，如图9-2所示。要特别注意的是，在装配图中，所有剖视、剖面图中同一零件的剖面线方向、间隔须完全一致。另外，在装配图中，宽度不大于 2mm 的窄剖面区域可全部涂黑表示，如图 9-2 中的垫片。

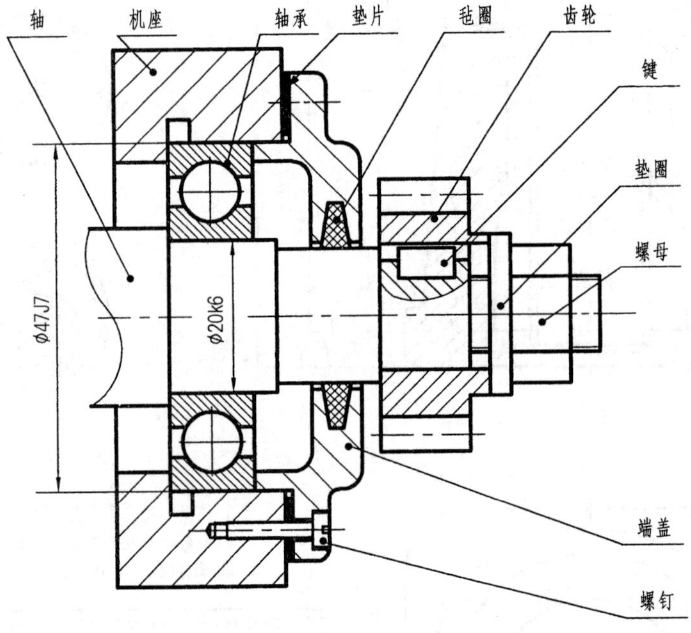

图 9-2 规定画法

在装配图中，对于紧固件及轴、球、手柄、键、连杆等实心零件，若沿纵向剖切且剖切平面通过其对称平面或轴线时，这些零件均按不剖绘制。如需表明零件的凹槽、键槽、销孔等结构，可用局部剖视表示。如图 9-2 中所示的轴、螺钉和键均按不剖绘制。为表示轴和齿轮间的键连接关系，采用局部剖视。

二、特殊画法和简化画法

为使装配图能简便、清晰地表达出部件中某些组成部分的形状特征，国家标准还规定了以下特殊画法和简化画法。

1. 特殊画法

（1）拆卸画法（或沿零件结合面的剖切画法）。在装配图的某一视图中，当某些零件遮住了需要表达的结构，或者为避免重复，简化作图，可假想将某些零件拆去后绘制，这种表达方法称为拆卸画法。

采用拆卸画法后，为避免误解，在该视图上方加注“拆去件××”。拆卸关系明显，不至于引起误解时，也可不加标注。如图 9-3 滑动轴承装配图的俯视图中，是拆去轴承盖、螺栓和螺母后画出的。

（2）沿结合面剖切画法。装配图中，可假想沿某些零件结合面剖切，结合面上不画剖面线。如图 9-4 中 A—A 剖视即是沿泵盖结合面剖切画出的。注意横向剖切的轴、螺钉及销的断面要画剖面线。

（3）假想画法。为了表示运动件的运动范围或极限位置，可用细双点画线假想画出该零件的某些位置。如图 9-1 所示，螺杆画成最低位置，而用细双点画线画出它的最高位置。

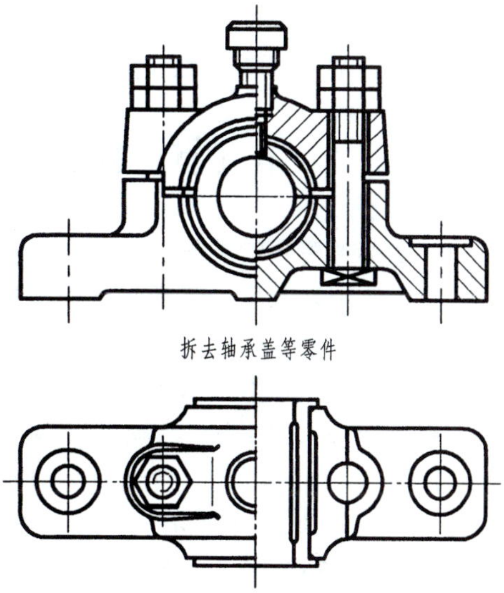

图 9-3　滑动轴承装配图

为了表示与本部件有装配关系，但又不属于本部件的其他相邻零（部）件时，也可用细双点画线画出其邻接部分的轮廓线，如图 9-4 所示。

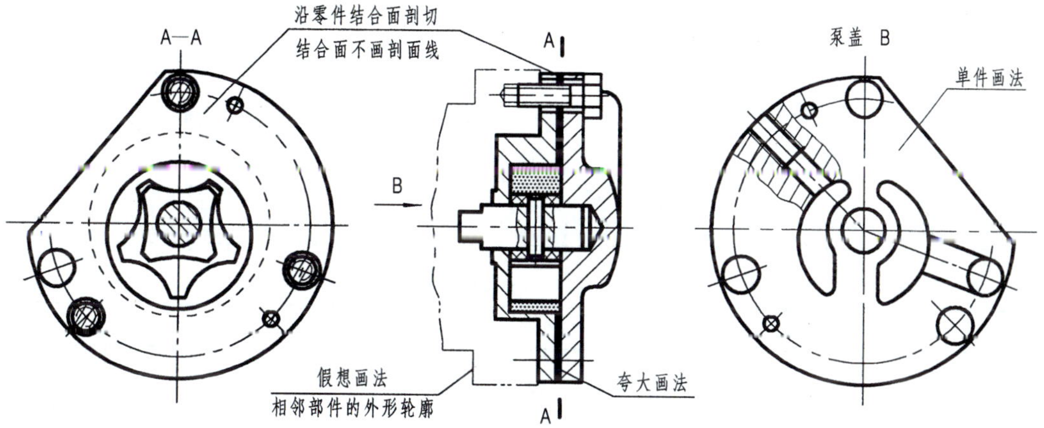

图 9-4　装配图的特殊表达方法

（4）单独表达某个零件的画法。在装配图中可以单独画出某一零件的视图。这时应在视图上方注明零件及视图名称，如图 9-1 中的“件 4 C”、“件 3 B—B”，图 9-4 中的“泵盖 B”。

（5）夸大画法。在装配图中，对一些薄、细、小零件或间隙，若无法按其实际尺寸画出时，可不按比例而适当夸大画出。厚度或直径小于 2 的薄、细零件，其剖面符号可涂黑表示，如图 9-4 所示。

2. 简化画法

（1）在装配图中，零件上的工艺结构（如倒角、小圆角、退刀槽等）可省略不画。六角螺栓头部及螺母的倒角曲线也可省略不画，如图 9-2、图 9-3、图 9-4 所示。

（2）在装配图中，对于若干相同的零件或零件组，如螺栓连接等，可仅详细地画出一处，其余只需用细点画线表示出其位置，如图 9－2、图 9－4 中的螺钉。

第三节　装配图的零部件编号与明细栏

一、零部件序号的编写

为便于读图以及生产管理，必须对所有的零部件编写序号。相同的零件（或组件）只需编一个序号。

零部件序号用指引线（细实线）从所编零件的可见轮廓线内引出，序号数字比尺寸数字大一号或两号；指引线不得相互交叉，不要与剖面线平行。装配关系清楚的零件组可采用公共指引线，如图 9－5 所示。序号应水平或垂直地排列整齐，并按顺时针或逆时针方向依次编写，如图 9－1 所示。

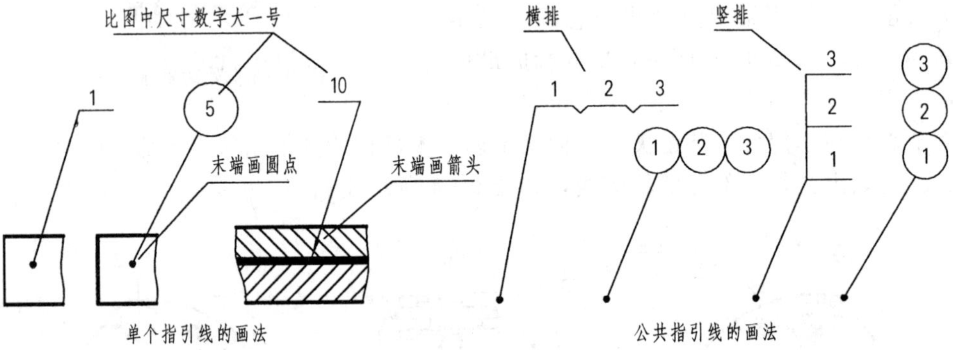

图 9－5　零部件序号

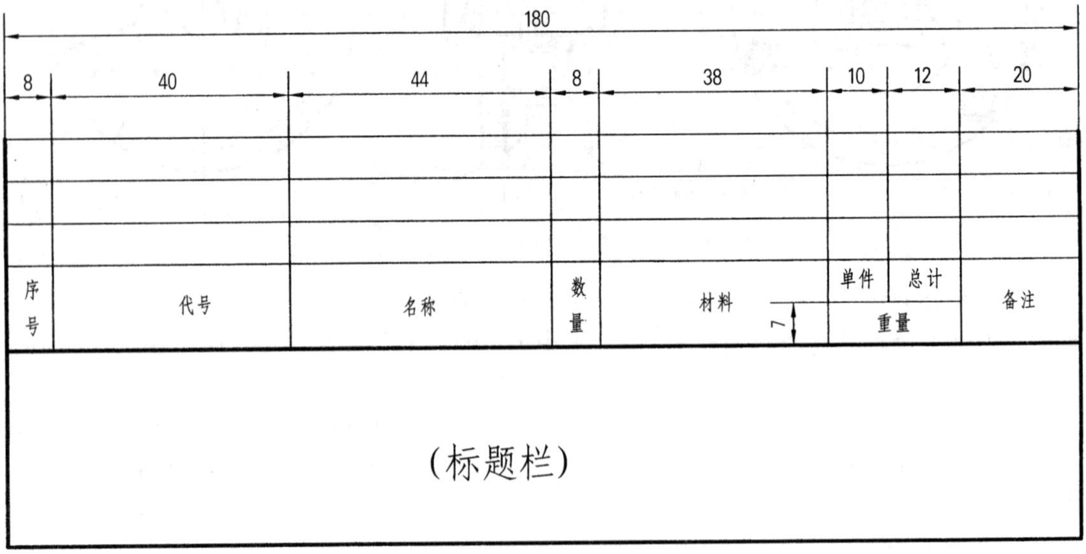

图 9－6　标题栏与明细栏

二、明细栏

装配图上除了要画出标题栏外，还要画出明细栏。明细栏绘制在标题栏上方，按零件序号由下向上填写。位置不够时，可在标题栏左边继续编写。

明细栏的内容包括零部件的序号、代号、名称、数量、材料和备注等。对于标准件，要注明标准号，并在“名称”一栏注出规格尺寸，标准件的材料可不填写。明细栏的格式见图 9-6。填写明细栏时要注意以下问题：

（1）序号按自下而上的顺序填写，如向上延伸位置不够，可在标题栏紧靠左边自下而上延续。

（2）备注栏可填写该项的附加说明或其他有关的内容。

第四节 装配图的尺寸标注和技术要求

一、装配图的尺寸标注

装配图上必要的尺寸一般包括以下几种尺寸：

（1）规格（性能）尺寸。表示装配体的性能、规格和特征的尺寸，它是设计装配体的主要依据，也是选用装配体的依据，如图 9-1 中螺杆的直径 Tr50×8 7H。

（2）装配尺寸。表示装配体中零件之间装配关系的尺寸。一是配合尺寸（表示零件间配合性质的尺寸），如图 9-1 中的ϕ65H9/h9；二是相对位置尺寸（表示零件间较重要的相对位置，在装配时必须要保证的尺寸）。

（3）安装尺寸。将部件安装到机器上或机器安装在基础上所需要的尺寸。

（4）外形尺寸。表示装配体总长、总宽、总高的尺寸。它是包装、运输、安装过程中所需空间大小的尺寸，如图 9-1 中的 225 和□135。

（5）其他重要尺寸。不包括在上述几类尺寸中的重要零件的主要尺寸。运动零件的极限位置尺寸、经过计算确定的尺寸等，都属于其他重要尺寸，如图 9-1 中高度方向的极限位置尺寸 275。

必须指出，一张装配图上有时并非全部具备上述五类尺寸，有的尺寸可能兼有多种含义。因此标注装配图尺寸时，必须视装配体的具体情况加以标注。

二、装配图的技术要求

装配图上的技术要求一般包括以下几个方面：

（1）装配要求：指装配过程中的注意事项、装配后应达到的要求等。

（2）检验要求：对装配体基本性能的检验、试验、验收方法的说明。

（3）使用要求：对装配体的性能、维护、保养、使用注意事项的说明。

由于装配体的性能、用途各不相同，因此技术要求也不相同，应根据具体的需要拟定。用文字说明的技术要求，填写在明细栏上方或图样下方空白处，如图 9-1 所示。

第五节 装 配 结 构

在设计和绘制装配图时，应考虑装配结构的合理性，以保证机器或部件的使用及零件的加工、装拆方便。

一、接触面与配合面的结构

（1）两个零件接触时，在同一方向只能有一对接触面，这种设计既可满足装配要求，同时制造也很方便，如图 9－7 所示。

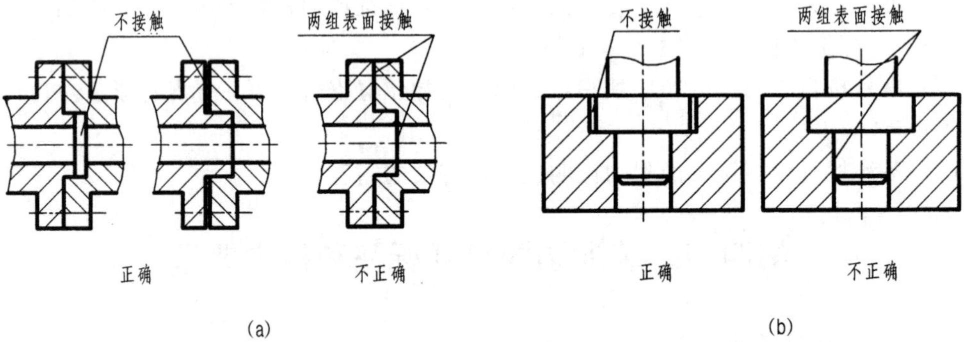

图 9－7　两个零件间的接触面

（2）轴颈和孔配合时，应在孔的接触端面制作倒角或在轴肩根部切槽，以保证零件间接触良好，如图 9－8 所示。

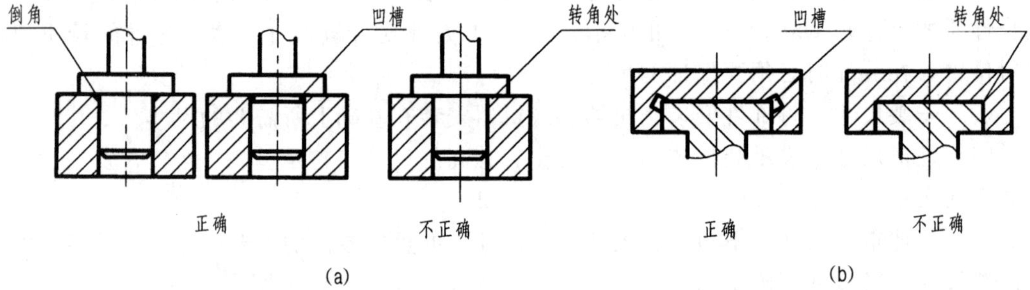

图 9－8　接触面转角处的结构

二、便于装拆的合理结构

（1）滚动轴承的内、外圈在进行轴向定位设计时，必须要考虑到拆卸的方便，如图 9－9所示。

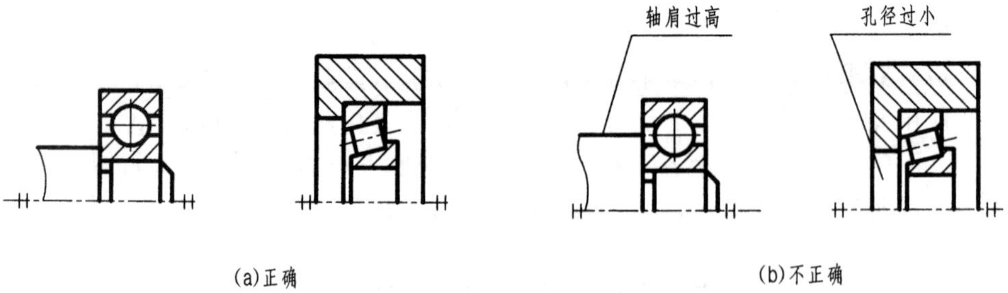

图 9－9　滚动轴承端面接触的结构

（2）用螺纹紧固件连接时，要考虑到安装和拆卸紧固件是否方便，如图 9－10 所示。

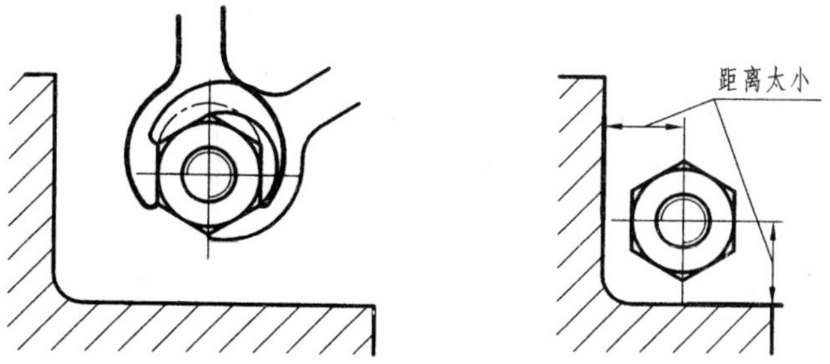

(a)合理　　(b)不合理

图 9－10　留出扳手活动空间

三、密封装置和防松装置

密封装置是为了防止机器中油的外溢或阀门、管路中气体、液体的泄漏，通常采用的密封装置如图 9－11 所示。其中在油泵、阀门等部件中常采用填料函密封装置，图 9－11（a）所示为常见的一种用填料函密封的装置。图 9－11（b）所示是管道中的管子接口处用垫片密封的密封装置。图 9－12（a）和图 9－12（b）表示的是滚动轴承的常用密封装置。

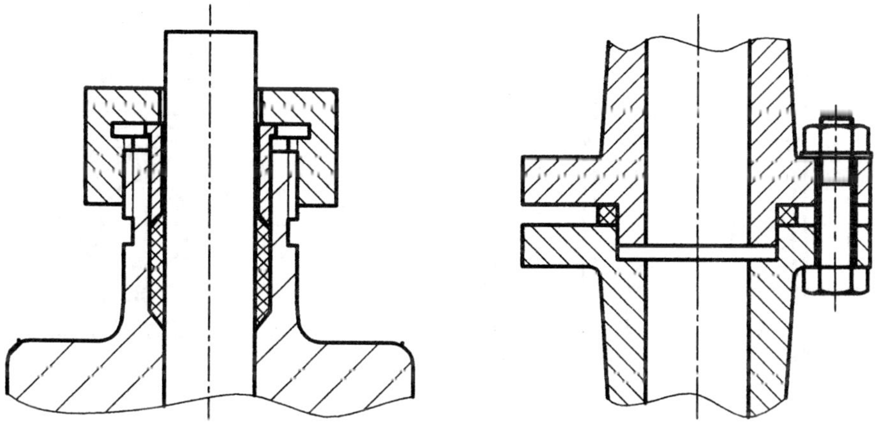

(a)填料函密封　　(b)垫片密封

图 9－11　密封装置

为防止机器因工作震动而致使螺纹紧固件松开，常采用双螺母、弹簧垫圈、止动垫圈、开口销等防松装置，如图 9－13 所示。

螺纹连接的防松，按防松的原理不同可分为摩擦防松与机械防松。如采用双螺母、弹簧垫圈的防松装置属于摩擦防松装置；采用开口销、止动垫圈的防松装置属于机械防松装置。

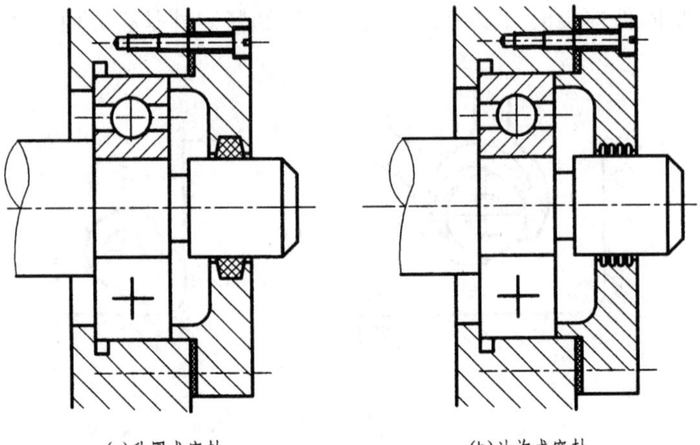

(a)毛圈式密封　　(b)油沟式密封

图 9－12　密封装置

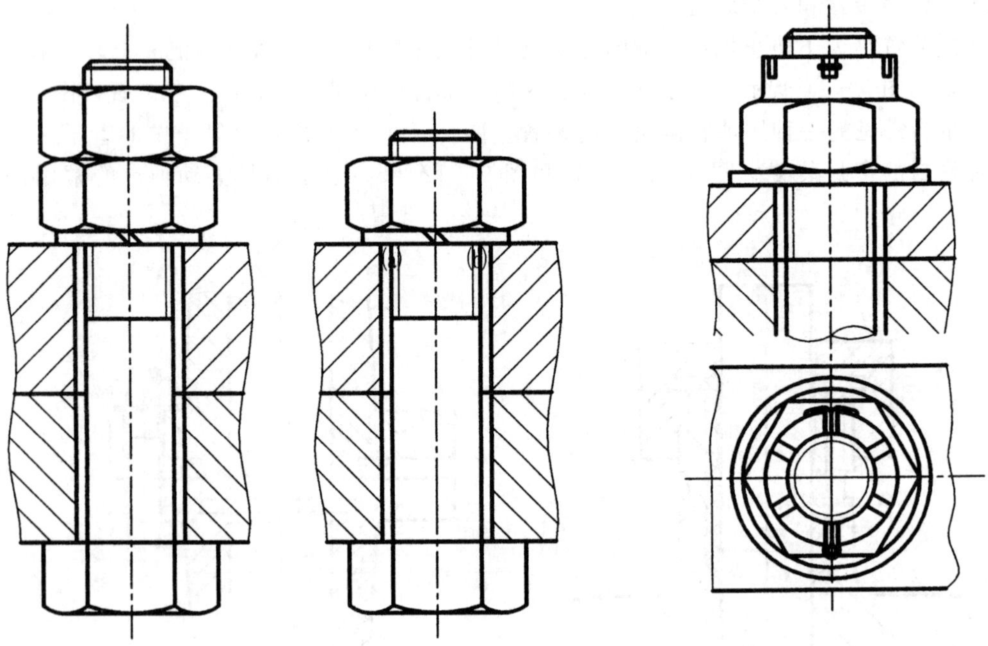

(a)摩擦防松　　(b)机械防松

图 9－13　防松装置

第六节　画　装　配　图

绘制装配图前，我们要将绘制好的装配示意图和零件草图等资料进行分析、整理，对所要绘制部件的工作原理、结构特点及各零件间的装配关系做更进一步的了解，拟定表达方案和绘图步骤，最后完成装配图的绘制。

一、装配示意图

装配示意图是用来表示部件中各零件的相互位置和装配关系的示意性图样，是重新装配部件和画装配图的参考依据。

装配示意图是用简单的线条和符号示意性的画出部件图样，如图 9－14 所示。画图时应采用国家标准所规定的符号，可参见有关技术标准。

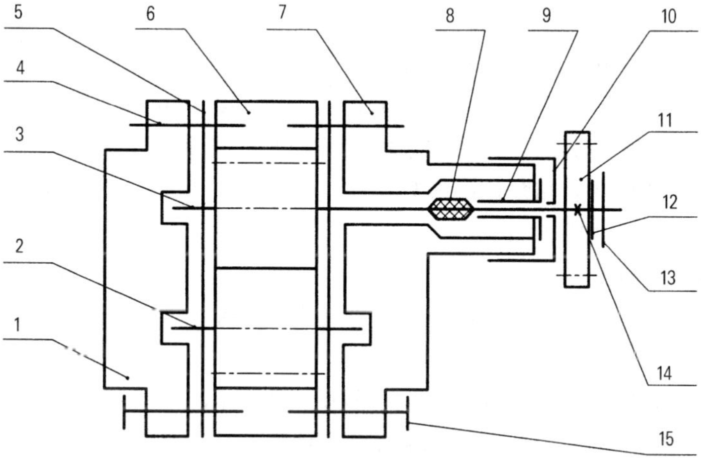

序号	代号	名称	数量	材料	单件重量	总计重量	备注
15	GB70－85	螺钉 M6×16	12	35			
14	GB1096－79	键 5×10	1	45			
13	GB6171－86	螺母 M12×1.5	1	35			
12	GB93－87	垫圈 12	1	65Mn			
11	09.01.10	传动齿轮	1	45			
10	00.01.00	压紧螺母	1	0C			
9	09.01.08	轴套	1	45			
8	09.01.07	密封圈	1	橡胶			
7	09.01.06	右端盖	1	HT200			
6	09.01.05	泵体	1	HT200			
5	09.01.04	垫片	2	纸			$\delta=1$
4	GB119－86	销 A5×18	4	45			
3	09.01.03	传动齿轮轴	1	45			
2	09.01.02	齿轮轴	1	45			
1	09.01.01	左端盖	1	HT200			

齿轮油泵装配示意图	比例	图号	09.01.00
	共 张		第 张

图 9－14 齿轮油泵的装配示意图

在初步了解部件工作原理及结构的基础上，要按照主要装配关系和装配干线依次拆卸各零件，通过对各零件的作用和结构的仔细分析进一步了解各零件间的装配关系。要特别注意零件间的配合关系，弄清其配合性质。拆卸时为了避免零件的丢失与混乱，一方面要妥善保管零件，另一方面可对各零件进行编号，并分清标准件与非标准件，作出相应的记录。标准件只要在测量尺寸后查阅标准，核对并写出规定标记，不必画零件草图和零件图。

二、拟定表达方案

1. 选择主视图

画装配图时，部件大多按工作位置放置。主视图方向应选择反映部件主要装配关系及工作原理的方位，为详细地表达零件间的装配关系，主视图的表达方法多采用剖视的方法。

齿轮油泵的主视图采用沿主要装配干线全剖视的表达方法，从而将齿轮油泵中主要零件的相互位置及装配关系等表达出来。为了表达齿轮间的啮合关系，又采用了两个局部剖视。

2. 选择其他视图

其他视图的选择以进一步准确、完整、简便地表达各零件间的结构形状及装配关系为原则，因此多采用局部剖、拆去某些零件后的视图、断面图等表达方法。

齿轮油泵在主视图采用全剖视的基础上，由于油泵结构对称，左视图采用沿结合面剖切的半剖视图，这样既清楚地表达了油泵的工作原理，同时也清楚地表明了连接泵盖和泵体的螺钉的分布情况及泵盖和泵体的内外结构。另外，为表达吸油口及安装孔的形状，左视图还采用了两个局部剖视。

三、装配图画图步骤

根据拟定的表达方案，即可按以下步骤绘制装配图。

1. 选比例、定图幅、布图

按照部件的复杂程度和表达方案，选取装配图的绘图比例和图纸幅面。布图时，要注意留出标注尺寸、编序号、明细栏和标题栏以及写技术要求的位置。在以上工作准备好后，即可画图框、标题栏、明细栏，画各视图的主要基准线，如图 9－15 所示。

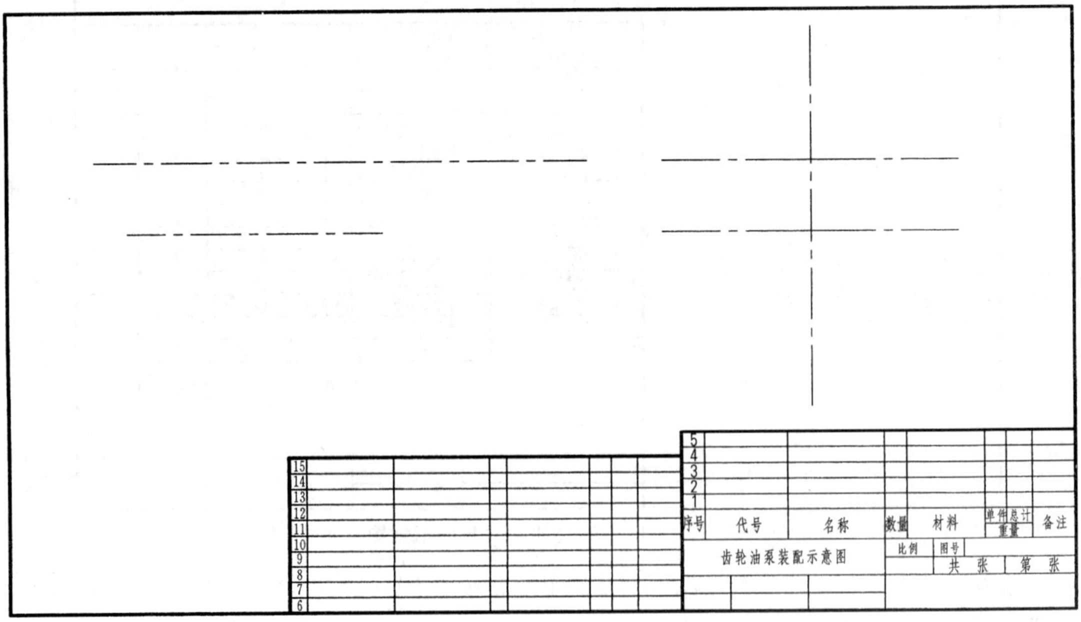

图 9－15　画图框、标题栏、明细表及各视图的主要基准线

2. 按装配关系依次绘制主要零件的投影

按齿轮油泵的主要装配干线由里往外逐个绘制主要零件的投影，如图 9－16 所示。

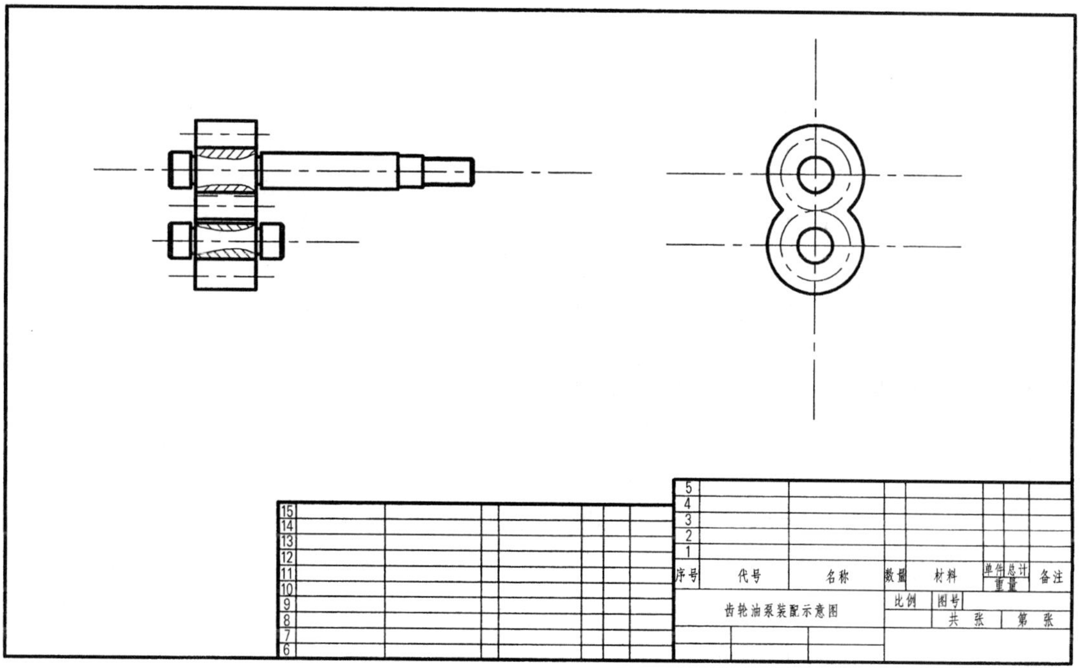

图 9－16　从主要装配干线由里往外逐个绘制零件的投影

3. 绘制部件中的连接、密封等装置的投影

继续绘制详细的连接、密封等装置的投影，如图 9－17 所示。

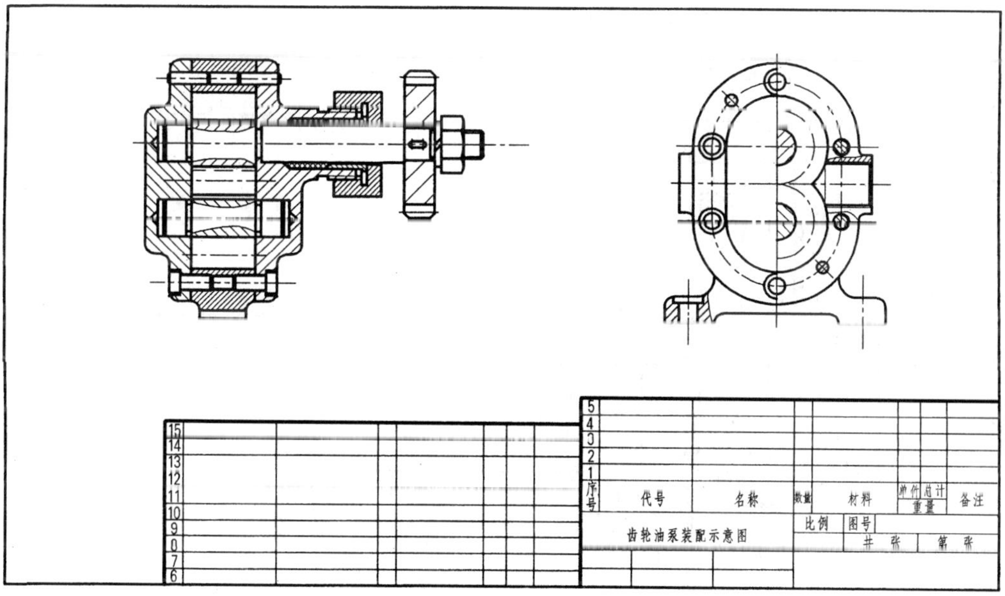

图 9－17　绘制部件中的连接、密封等装置的投影

4. 标注必要的尺寸，编序号，填写明细表和标题栏，写技术要求

图 9－18 所示为最后完成的装配图。

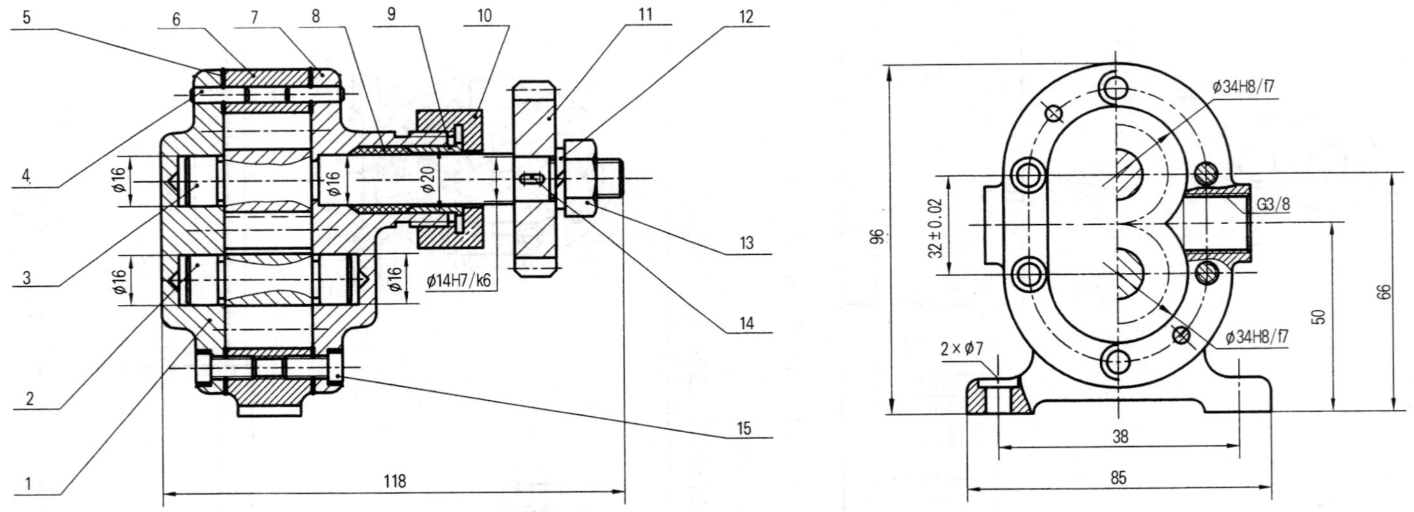

技术要求

1. 齿轮安装后，用手转动传动齿轮时，应灵活旋转。

2. 两齿轮轮齿的啮合面占齿长的 3/4 以上。

序号	代号	名称	数量	材料	单件重量	总计重量	备注
15	GB70-85	螺钉 M6×16	12	35			
14	GB1096-79	键 5×10	1	45			
13	GB6171-86	螺母 M12×1.5	1	35			
12	GB93-87	垫圈 12	1	65Mn			
11	09.01.10	传动齿轮	1	45			
10	09.01.09	压紧螺母	1	35			
9	09.01.08	轴套	1	45			
8	09.01.07	密封圈	1	橡胶			
7	09.01.06	右端盖	1	HT200			
6	09.01.05	泵体	1	HT200			
5	09.01.04	垫片	2	纸			δ=1
4	GB119-86	销 A5×18	4	45			
3	09.01.03	传动齿轮轴	1	45			
2	09.01.02	齿轮轴	1	45			
1	09.01.01	左端盖	1	HT200			

齿轮油泵装配示意图	比例	图号
	共 张	第 张

图 9-18 标注必要的尺寸，编序号，填写明细表和标题栏，写技术要求

第七节　读装配图和拆画零件图

在生产、使用、维修、管理机械设备和技术交流等工作过程中，常需要阅读装配图；在设计过程中，也经常要参阅一些装配图，以及由装配图拆画零件图。因此，作为工程界的从业人员，必须掌握读装配图以及由装配图拆画零件图的方法。

一、读装配图的基本要求

读装配图的基本要求可归纳为：

（1）了解部件的名称、用途、性能和工作原理。

（2）弄清各零件间的相对位置、装配关系和装拆顺序。

（3）弄懂各零件的结构形状及作用。

读装配图要达到上述要求，不仅要掌握制图知识，还需要具备一定的生产和相关专业知识。

二、读装配图的方法和步骤

现以图 9－19 所示球阀为例说明读装配图的一般方法和步骤。

1．概括了解

由标题栏、明细栏了解部件的名称、用途以及各组成零件的名称、数量、材料等，对于有些复杂的部件或机器还需查看说明书和有关技术资料，以便对部件或机器的工作原理和零件间的装配关系做深入的分析了解。

由图 9－19 的标题栏、明细栏可知，该图所表达的是管路附件——球阀，该阀共有十二种零件组成。球阀的主要作用是控制管路中流体的流通量。从其作用及技术要求可知，密封结构是该阀的关键部位。

2．分析各视图及其所表达的内容

图 9－19 所示的球阀共采用三个基本视图。主视图采用局部剖视图，主要反映该阀的组成、结构和工作原理。俯视图采用局部剖视图，主要反映阀盖和阀体以及扳手和阀杆的连接关系。左视图采用半剖视图，主要反映阀盖和阀体等零件的形状及阀盖和阀体间连接孔的位置和尺寸等。

3．弄懂工作原理和零件间的装配关系

图 9－19 所示的球阀有两条装配线。从主视图看，一条是水平方向，另一条是垂直方向。其装配关系是：阀盖和阀体用四个双头螺柱和螺母连接，并用合适的调整垫调节阀芯与密封圈之间的松紧程度。阀体垂直方向上装配有阀杆，阀杆下部的凸块嵌入到阀芯上的凹槽内。为防止流体泄漏，在此处装有填料垫、填料，并旋入填料压紧套将填料压紧。

球阀的工作原理：扳手在主视图中的位置时，阀门为全部开启，管路中流体的流通量最大。当扳手顺时针旋转到俯视图中双点画线所示的位置时，阀门为全部关闭，管路中流体的流通量为零。当扳手处在这两个极限位置之间时，管路中流体的流通量随扳手的位置而改变。

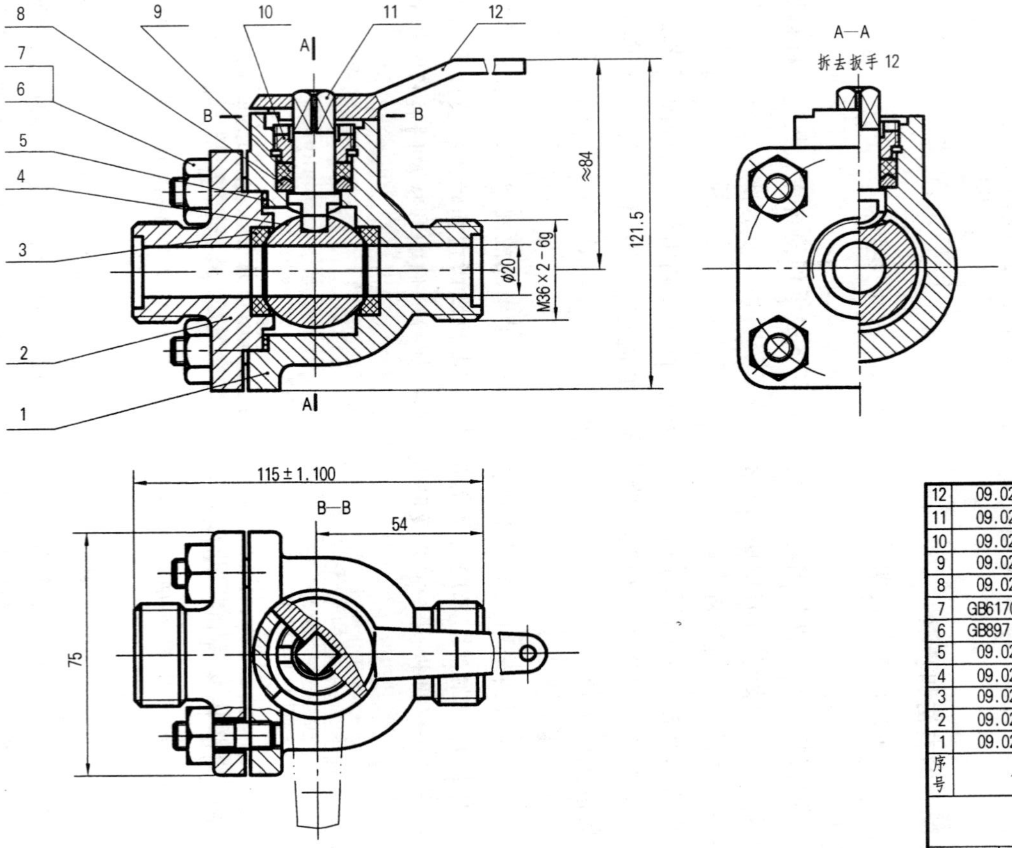

技术要求

制造与验收技术条件应符合相应的国家标准规定.

序号	代号	名称	数量	材料	单件重量	总计重量	备注
12	09.02.10	扳手	1	ZG25			
11	09.02.09	阀杆	1	40Cr			
10	09.02.08	压紧螺母	1	35			
9	09.02.07	填料	1	聚四氟乙烯			
8	09.02.06	填料垫	1	40Cr			
7	GB6170－86	螺母 M12	4	Q235A			
6	GB897－88	螺柱 AM12×30	4	35			
5	09.02.05	调整垫	1	聚四氟乙烯			$\delta=1$
4	09.02.04	阀芯	1	40Cr			
3	09.02.03	密封圈	2	聚四氟乙烯			
2	09.02.02	阀盖	1	ZG35			
1	09.02.01	阀体	1	ZG25			

球 阀	比例	图号	
		共 张	第 张

图 9－19 球阀装配图

4. 分析零件的结构形状

在弄懂部件工作原理和零件间的装配关系后，分析零件的结构形状，可有助于进一步了解部件结构特点。

分析某一零件的结构形状时，首先要在装配图中找出反映该零件形状特征的投影轮廓。接着可按视图间的投影关系、同一零件在各剖视图中的剖面线方向、间隔必须一致的画法规定，将该零件的相应投影从装配图中分离出来。然后根据分离出的投影，按形体分析和结构分析的方法，弄清零件的结构形状。

三、由装配图拆画零件图

在设计过程中，需要由装配图拆画零件图，简称拆图。拆图应在全面读懂装配图的基础上进行。

1. 拆画零件图时要注意的三个问题

（1）由于装配图与零件图的表达要求不同，在装配图上往往不能把每个零件的结构形状完全表达清楚，有的零件在装配图中的表达方案也不符合该零件的结构特点。因此，在拆画零件图时，对那些未能表达完全的结构形状，应根据零件的作用、装配关系和工艺要求予以确定并表达清楚。此外对所画零件的视图表达方案一般不应简单地按装配图照抄。

（2）由于装配图上对零件的尺寸标注不完全，因此在拆画零件图时，除装配图上已有的与该零件有关的尺寸要直接照搬外，其余尺寸可按比例从装配图上量取。标准结构和工艺结构，可查阅相关国家标准来确定。

（3）标注表面粗糙度、尺寸公差、形位公差等技术要求时，应根据零件在装配体中的作用，参考同类产品及有关资料确定。

2. 拆图实例

以图 9－19 所示球阀的阀盖为例，介绍拆画零件图的一般步骤。

（1）确定表达方案。由装配图上分离出阀盖的轮廓，如图 9－20 所示。

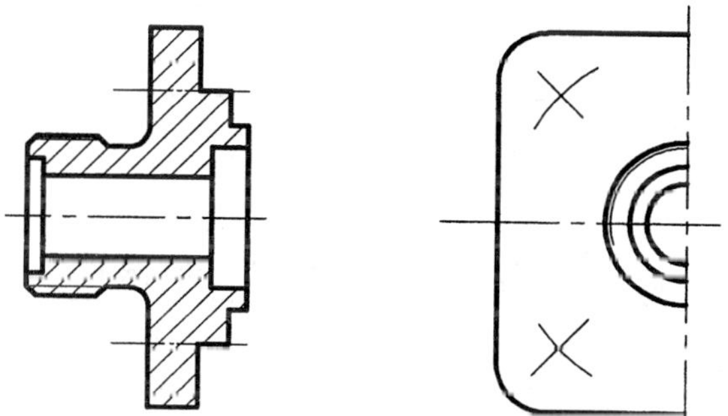

图 9－20　由装配图上分离出阀盖的轮廓

根据端盖类零件的表达特点，决定主视图采用沿对称面的全剖，侧视图采用一般视图。

（2）尺寸标注。对于装配图上已有的与该零件有关的尺寸要直接照搬，其余尺寸可按比例从装配图上量取。标准结构和工艺结构，可查阅相关国家标准确定，标注阀盖的尺寸。

(3) 技术要求标注。根据阀盖在装配体中的作用，参考同类产品的有关资料，标注表面粗糙度、尺寸公差、形位公差等，并注写技术要求。

填写标题栏，核对检查，完成后的全图如图 9－21 所示。

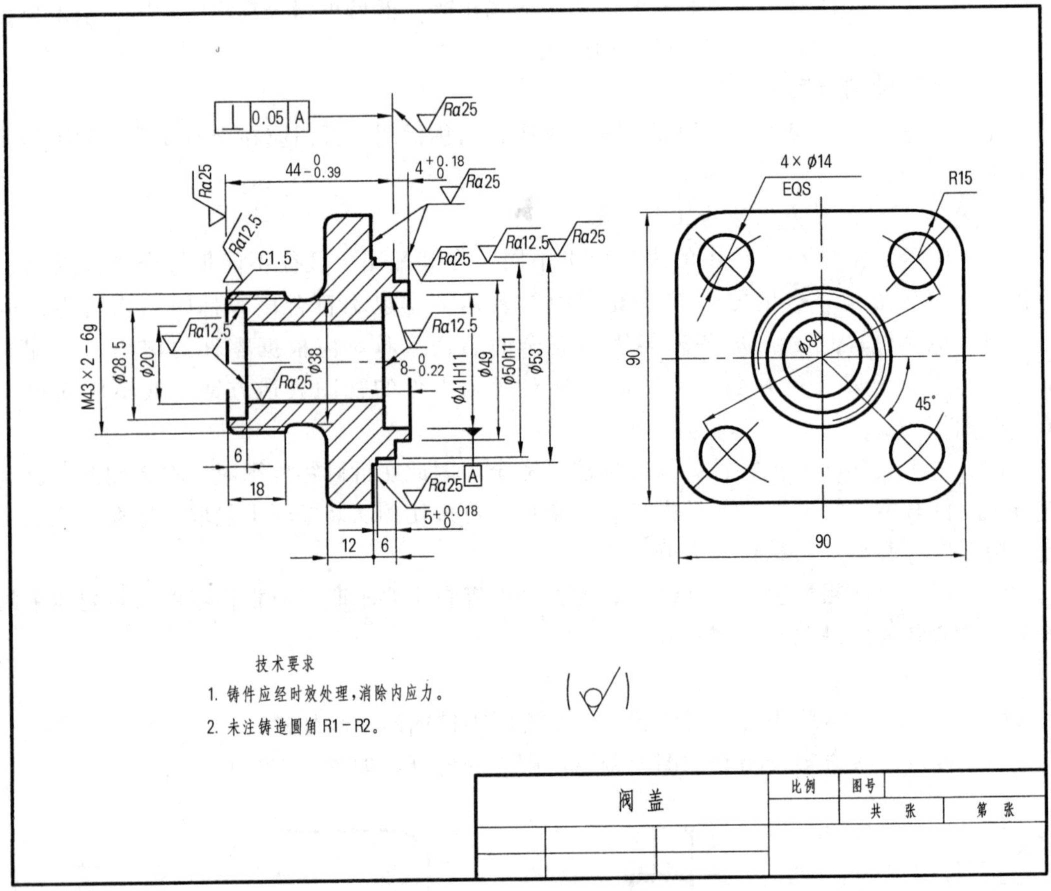

图 9－21　阀盖零件图

复习·思考·检测（单选）

1. 一张完整的装配图主要包括一组视图、必要的尺寸、技术要求以及（　　）。

(A) 零（部）件序号　　(B) 明细栏

(C) 标题栏　　(D) 前三项

2. 装配图中沿零件结合面剖切，在剖视图中只画出切断零件的剖面线的画法（　　）。

(A) 规定画法　　(B) 拆卸画法　　(C) 特殊画法　　(D) 半剖视图

3. 在装配图中，当两个不同零件间隙很小时（　　）。

(A) 画一条粗实线　　(B) 必须画成两条线

（C）涂黑　　　　　　　　　　　　　　（D）画成一条细实线

4. 关于装配图画法下列说法不正确的是（　　）。

（A）相邻两个零件的接触面和基本尺寸相同的配合面，只画一条轮廓线

（B）相邻两个金属零件的剖面线，必须以不同方向或不同的间隔画出

（C）所有剖视、断面图中同一零件的剖面线方向、间隔须完全一致

（D）零件上的工艺结构（如倒角、小圆角、退刀槽等）也需表达清楚

5. 装配图中零件序号的编排方法是（　　）。

（A）按水平排列整齐

（B）按垂直整齐排列

（C）按逆时针方向排列整齐

（D）沿水平或垂直方向排列整齐，并按顺时针或逆时针方向依次编写

6. 明细栏中按零件序号（　　）填写。

（A）自上而下　　　　　　　　　　　（B）自下而上

（C）由左向右　　　　　　　　　　　（D）根据布图要求确定

7. 装配图中在水平线上或圆内注写的零件序号字高比尺寸数字字高一般（　　）。

（A）大一号或小一号　　　　　　　　（B）大两号或小两号

（C）小一号　　　　　　　　　　　　（D）大一号或大两号

8. 装配图中的尺寸包括规格性能尺寸、装配尺寸、外形尺寸、其他重要尺寸及（　　）。

（A）定形尺寸　　（B）定位尺寸　　（C）安装尺寸　　（D）总体尺寸

9. 下列（　　）一般不列入装配图中的技术要求。

（A）装配要求　　（B）检验要求　　（C）使用要求　　（D）加工工艺要求

10. 读装配图时主要是了解装配体的工作原理、各零件间的相对位置、装配关系以及（　　）。

（A）结构形状　　（B）安装尺寸　　（C）装配尺寸　　（D）技术要求

第十章　零部件测绘

【内容提要】

本章介绍零部件测绘的方法与步骤、零件尺寸的测量方法；着重讲解典型零件测绘方法。

【目标要求】

(1) 掌握零部件测绘的方法与步骤。

(2) 初步掌握典型零件的测绘方法与技能。

(3) 熟悉减速器测绘的方法。

机器零部件测绘就是对现有的机器或部件进行实物拆卸与分析，并选择合适的表达方案，画出全部零件的草图和装配示意图，然后根据装配示意图和部件实际装配关系，对测得的零件尺寸和数据进行圆整与标准化，并确定零件的材料及技术要求，最后根据零件草图画出装配工作图和零件工作图的过程。部件测绘对机器设备的改造、维修、仿制和技术的引进、革新等方面有着重要的意义，是工程技术人员应掌握的基本技能。

第一节　零部件测绘方法与步骤

1. 了解测绘部件

通过观察实物，参阅相关图纸资料，全面细致地了解测绘部件的用途、工作性能、工作原理、结构特点以及装配关系等，了解测绘内容和任务，组织好人员分工，准备好有关参考资料、拆卸工具、测量工具和绘图工具等。

2. 拆卸部件

分析了解部件后，要进行部件拆卸。拆卸过程一般按零件组装的反顺序逐个拆卸，所以在拆卸之前要弄清零件组装次序、部件的工作原理、零件结构形状、相互位置和装配关系，对拆下的零件要进行登记、分类、编号，弄清各零件的名称、作用、材料和结构特点等。

3. 画装配示意图

为了便于部件拆卸后组装复原和画装配工作图，采用简单的线条和图例符号画出部件大致轮廓形状和装配关系的图样称为装配示意图。它主要表达各零件之间的相对位置、装配与连接关系、传动路线及工作原理等内容，是画装配工作图的重要依据。

4. 画零件草图

根据拆卸的零件，按照大致比例，用目测的方法徒手画出具有完整零件图内容的图样称零件草图。零件草图应采用坐标纸（方格纸）画，也可采用一般图纸画。标准件一般不需画草图。

5. 测量零件尺寸

对拆卸后的零件进行测量，将测得的尺寸和相关数据标注在零件草图上。标注尺寸时要注意零件之间的配合尺寸、关联尺寸应一致。工艺结构尺寸、标准结构尺寸以及极限配合尺寸要根据所测的尺寸进行圆整、查表和参考有关零件图样资料，使所测得尺寸标准化、规格化。

6. 画装配工作图

根据装配示意图和零件草图画装配工作图（简称装配图），这是部件测绘的主要任务。装配图不仅要表达出部件的工作原理、装配关系、相关尺寸、主要零件的结构形状及相互位置关系和技术要求等，还是检查零件草图中的零件结构是否合理、尺寸是否准确的依据。

7. 画零件工作图

根据零件草图并结合有关零部件的图纸资料，用尺规或计算机画出零件工作图。

第二节 零件尺寸的测量

零件尺寸的测量是零部件测绘中的一项重要内容。采用正确的测量方法可以减少测量误差，提高测绘效率，保证测得尺寸的精确度。测量方法与测量工具有关，因此需要了解常用的测量工具，掌握正确的使用方法和测量技术。

常用的测量工具有钢直尺、外卡钳和内卡钳、游标卡尺和千分尺、螺纹规等。

一、尺寸测量注意事项

测量尺寸时必须注意以下几点：

（1）根据零件尺寸的精确程度，要选用相应的测量工具测量。如普通加工尺寸或低精度尺寸可直接采用钢直尺或外卡钳、内卡钳测量读出数值。而精度较高的尺寸则需要游标卡尺或千分尺测量。

（2）有配合关系的尺寸，如孔与轴的配合尺寸，一般要用游标卡尺先测出直径尺寸（通常测量轴比较容易），再根据测得的直径尺寸查阅有关手册确定标准的基本尺寸或公称直径。

（3）没有配合关系的尺寸或不重要的尺寸，可将测得的尺寸作圆整（调整到整数）。

（4）对于螺纹、键与销、齿轮等标准零件尺寸，应根据测得的尺寸再查表与标准值核对，取相近似的标准尺寸。

二、测量工具与测量方法

1. 线性尺寸的测量

（1）钢直尺测量。钢直尺是用不锈钢薄板制成的一种刻度尺，尺面上刻有公制的刻度，最小单位为1mm，部分直尺最小单位为0.5mm。钢直尺可以直接测量线性尺寸，但误差比较大，常用来测量不重要的或一般精度尺寸。钢直尺的测量方法如图10-1所示。

（2）游标卡尺测量。游标卡尺是一种测量精度较高的量具，可以测得毫米的小数值。除测量线性尺寸外，还常用来测量内径、外径。带有深度尺的游标卡尺还可以测量孔和槽

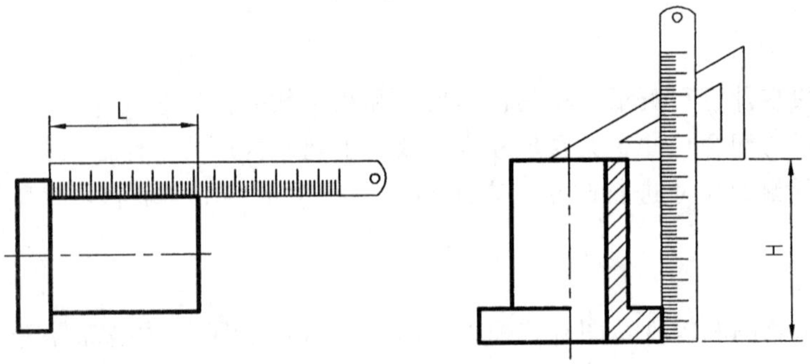

(a)测量长度尺寸　　(b)测量高度尺寸

图 10-1　用钢直尺测量线性尺寸

的深度及台阶高度尺寸。游标卡尺测量方法如图 10-2 所示。

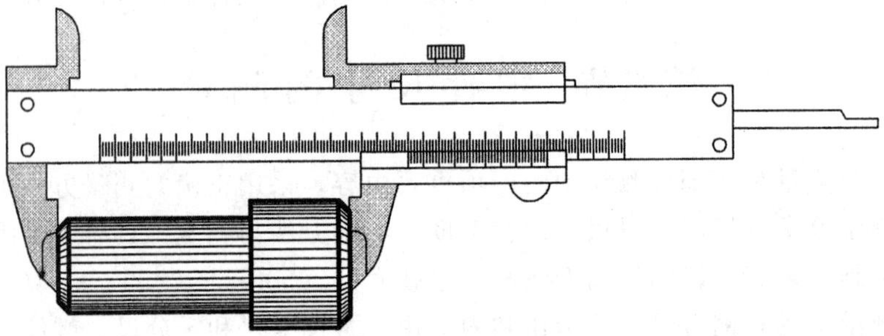

图 10-2　用游标卡尺测量长度尺寸

游标卡尺的读数精度有 0.02mm、0.05mm、0.10mm 三个等级。以精度为 0.02mm 等级为例，刻度和读数方法如图 10-3 所示，主尺上每小格 1mm，每大格 10mm，副尺上每小格 0.98mm，共 50 格，主、副尺每格之差为 0.02mm。

读数值时，先在主尺上读出副尺零线左面所对应的尺寸整数值部分，再找出副尺上与主尺刻度对准的那一根刻线，读出副尺的刻线数值，乘以精度等级，所得的乘积即为小数值部分，整数与小数之和就是被测零件的尺寸。如图 10-3 所示，读数为：74＋18×0.02＝74.36mm。

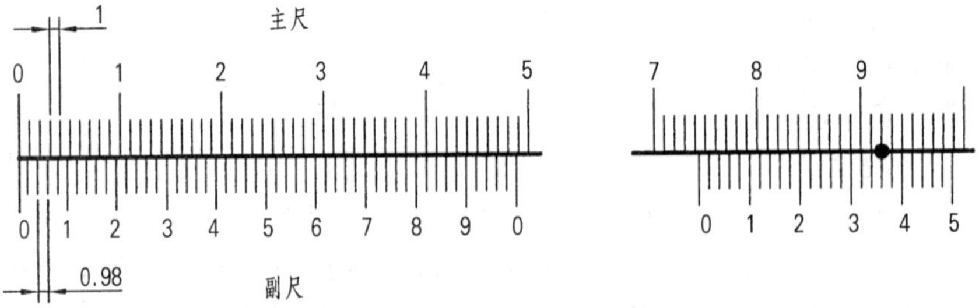

(a)刻线原理　　(b)读数方法

图 10-3　游标卡尺的刻线原理和读数方法

2. 直径尺寸的测量

（1）用卡钳测量直径。卡钳是间接测量工具，必须与钢直尺或其他带有刻数的量具配合使用读出尺寸。卡钳有内卡钳和外卡钳两种，内卡钳用来测量内径，外卡钳用来测量外径。由于其测量误差较大，常用来测量一般精度的直径尺寸。测量方法如图 10－4 所示。

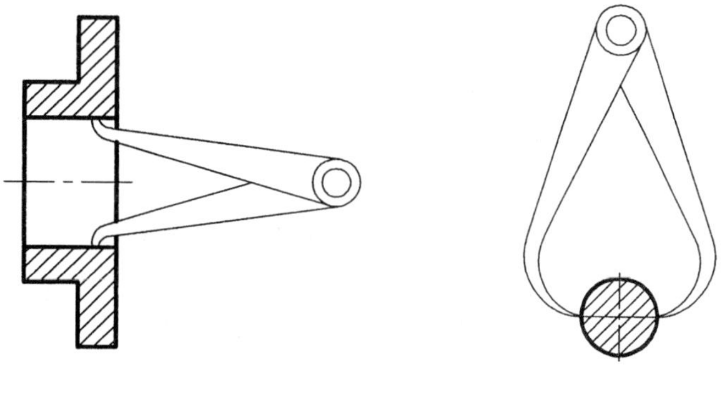

(a)用内卡钳测量圆内径　　(b)用外卡钳测量圆外径

图 10－4　用卡钳测量直径尺寸

（2）用游标卡尺测量直径。游标卡尺有上下两对卡脚，上卡脚称内测量爪，用来测量内径；下卡脚称外测量爪，用来测量外径。测得的直径尺寸可以在游标卡尺上直接读出，读数方法如图 10－3（b）所示，测量方法如图 10－5 所示。

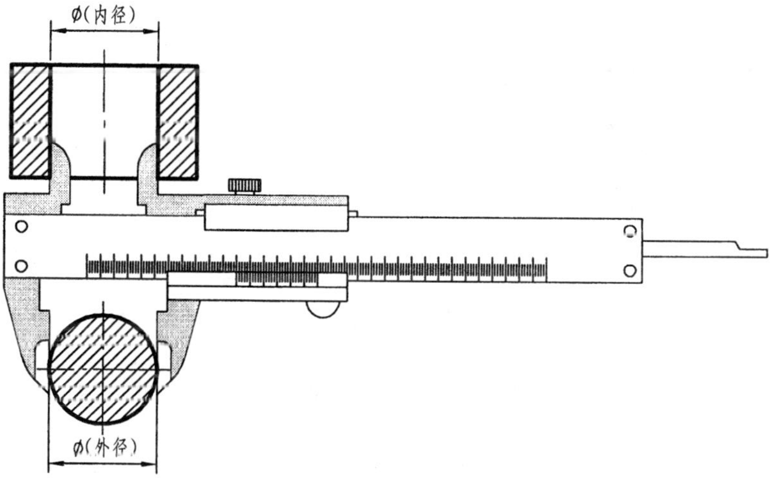

图 10－5　用游标卡尺测量直径尺寸

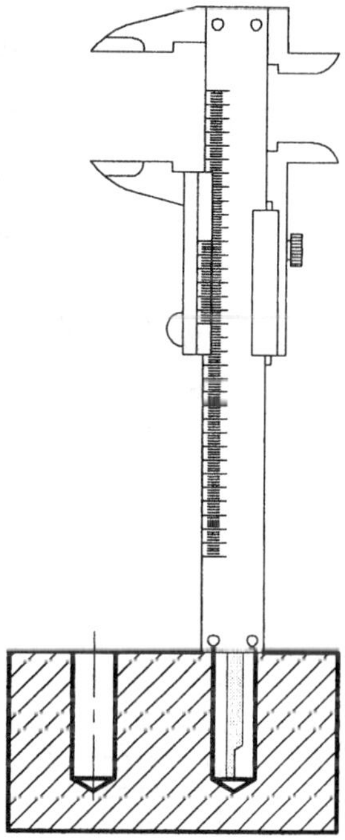

图 10－6　用游标卡尺深度尺测量孔深

带有深度尺的游标卡尺还可以测量孔和槽的深度及孔内台阶高度尺寸，其尺身固定在游标卡尺的背面，可随主尺背面的导槽移动。测量深度时，把主尺端面紧靠在被测工件的表面上，再向工件的孔或槽内移动游标尺身，使深度尺与孔或槽的底部接触，然后拧紧螺钉，锁定游标，取出卡尺读取数值，测量方法如图 10－6 所示。

3. 两孔中心距、孔中心高度的测量

(1) 两孔中心距的测量。精度较低孔的中心距可用卡钳和钢直尺配合测量，测量方法如图 10－7 所示。精度较高孔的中心距可用游标卡尺测量，测量方法如图 10－8 所示。

(2) 孔中心高度的测量。孔的中心高度可用卡钳配合钢直尺或者用游标卡尺测量，图 10－9 所示为用卡钳和钢直尺测量孔的中心高度的方法，游标卡尺也可采用这种办法测量。

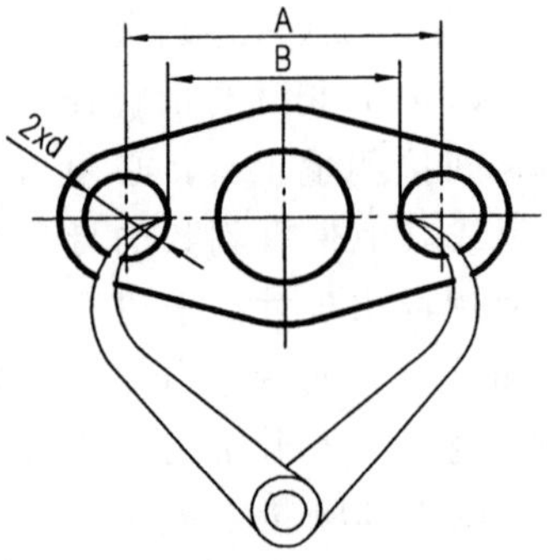

孔中心距 $A=B+d$

图 10－7　用卡钳测量孔的中心距

4. 壁厚的测量

零件的壁厚可用钢直尺或者卡钳和钢直尺配合测量，也可用游标卡尺和量块配合测量，测量方法如图 10－10 所示。

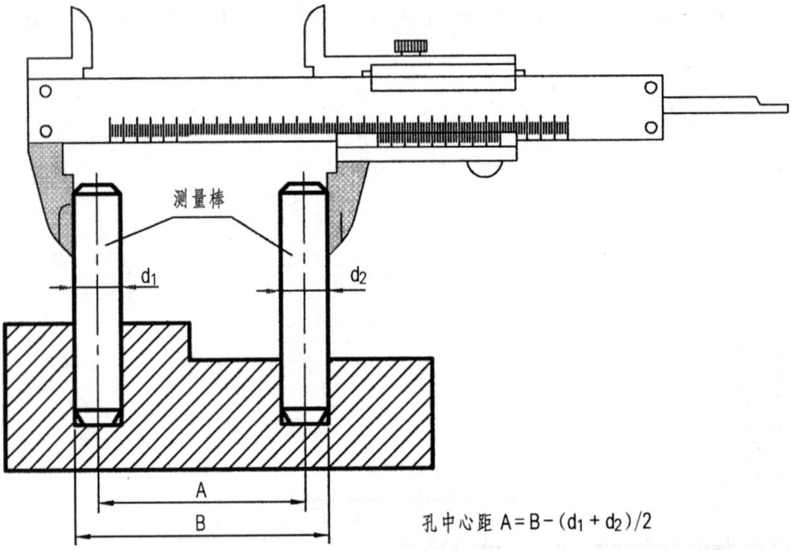

孔中心距 $A=B-(d_1+d_2)/2$

图 10－8　用游标卡尺测量孔的中心距

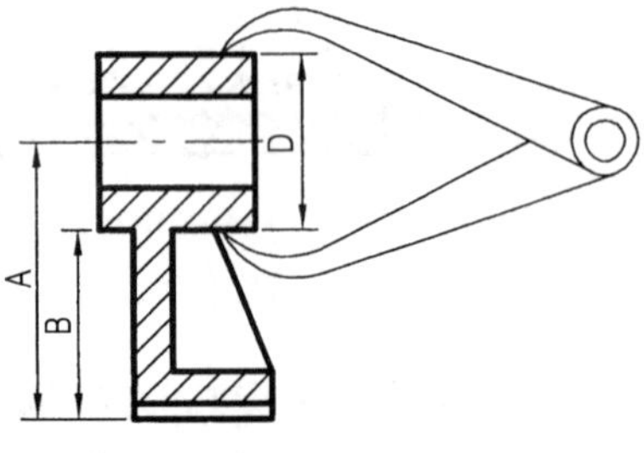

孔中心高 $A=B+D/2$

图 10－9　测量孔的中心高度

5. 标准件和常用件的测量

(1) 螺纹的测量。螺纹可直接使用螺纹量规测量螺距，测量方法如图 10－11 所示。也可用游标卡尺先测量出螺纹大径，再用薄纸压痕法测出螺距，判断出螺纹的线数和旋向后，根据牙型、大径、螺距查标准螺纹表，取最接近的标准值。测量方法如图 10－12 所示。

(2) 圆柱齿轮的测。圆柱齿轮的测量方法，按下列步骤进行：

1）先测量齿顶圆直径（d_a），如 $d_a=59.5$。

2）数出齿轮齿数，如 $z=16$。

3）根据齿轮计算公式计算出模数，如 $m=d_a/z+2=59.5/16+2=3.3$。

4）修正模数，因为模数是标准值，需要查标准模数表取最接近的标准值。根据计算出的模数值 3.3，查表取得最接近的标准值 3.5。

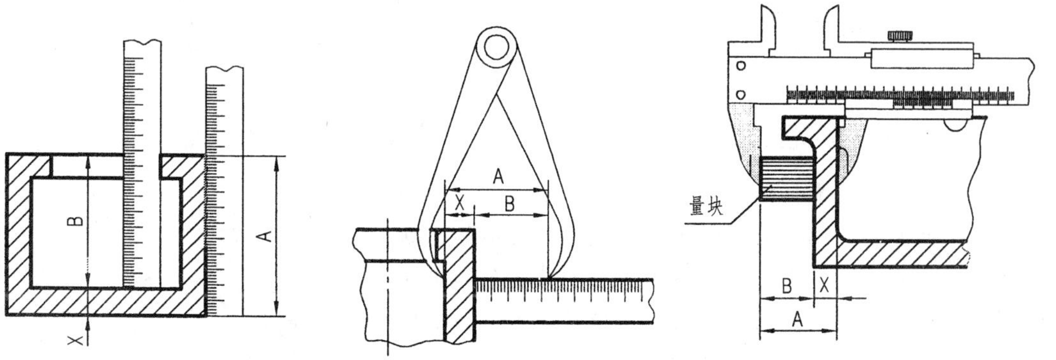

(a)钢直尺测量壁厚 X=A-B　　(b)卡钳和钢直尺测量壁厚 X=A-B　　(c)游标卡尺测量壁厚 X=A-B

图 10-10　测量零件壁厚

5）根据齿轮计算公式计算出齿轮各部分尺寸。齿顶圆 d_a、齿根圆 d_f、分度圆 d 计算公式：$d_a=m(z+2)$；$d_f=m(z-2.5)$；$d=mz$。

圆柱齿轮部分结构尺寸的测量如图 10-13 所示。

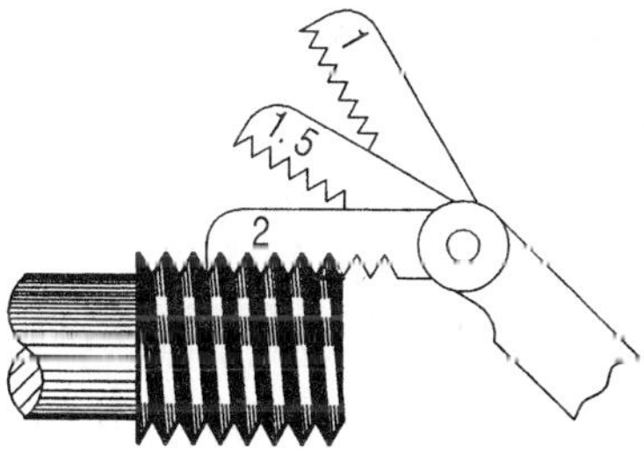

图 10-11　用螺纹量规测量螺距

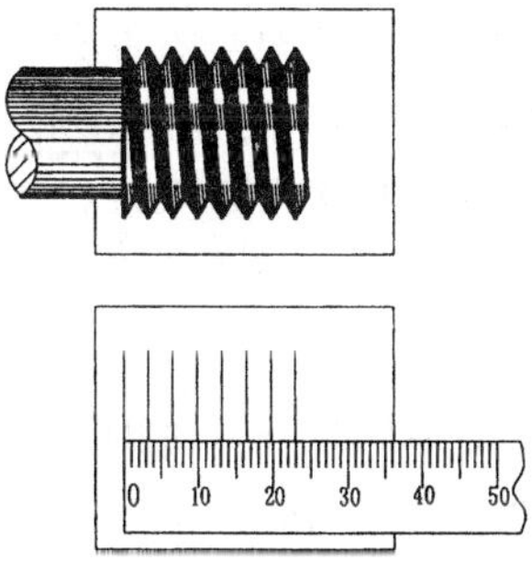

图 10-12　用压痕法测量螺距

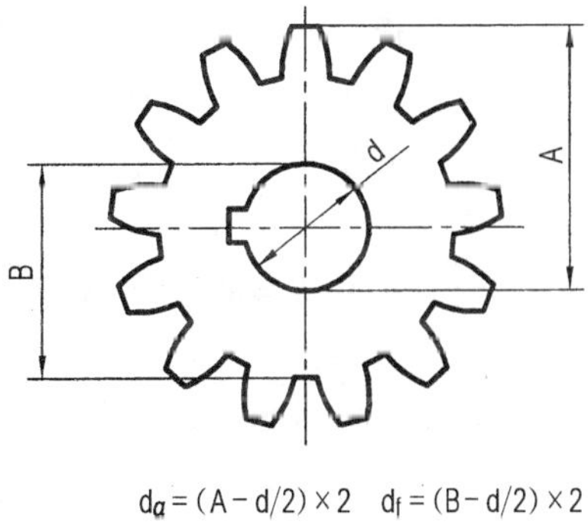

图 10-13　圆柱齿轮齿顶圆和齿根圆的测量

6. 曲面、曲线和圆角的测量

（1）用拓印法测量曲面。具有圆弧连接性质的曲面曲线可采用拓印法。先将零件被测部位的端面涂上红泥，再放在白纸上拓印出其轮廓，然后分析圆弧连接情况，测量半径，找出圆心后按圆弧连接的方法画出轮廓曲线，如图 10-14 所示。

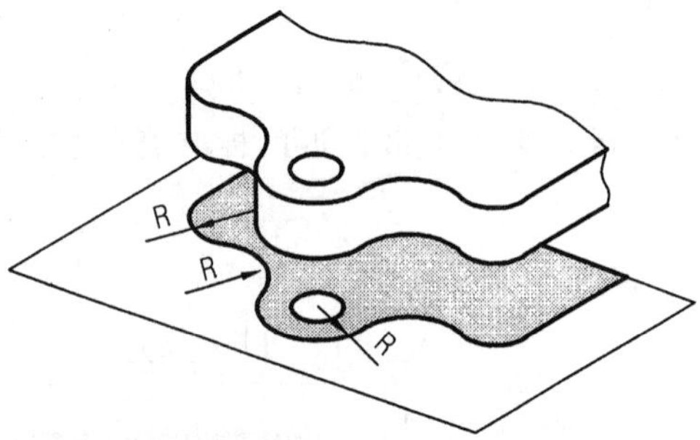

图 10－14　用拓印法测量曲面

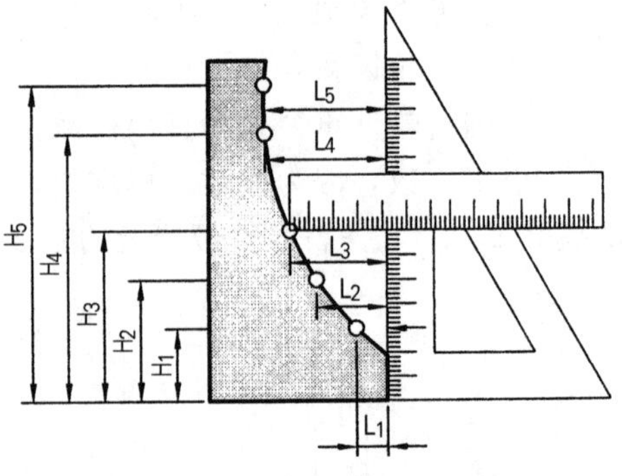

图 10－15　用坐标法测量曲面

（2）用坐标法测量曲线。将被测表面上的曲线部分平行放在纸上，先用铅笔描画出曲线轮廓，在曲线轮廓上确定一系列均等的点，然后逐个求出曲线上各点的坐标值，再根据点的坐标值确定各点的位置，最后按点的顺序用曲线板画出被测表面轮廓曲线，如图 10－15 所示。

（3）用圆角规测量圆弧半径。零件上的圆角可采用圆角规测量圆弧半径，如图 10－16 所示。

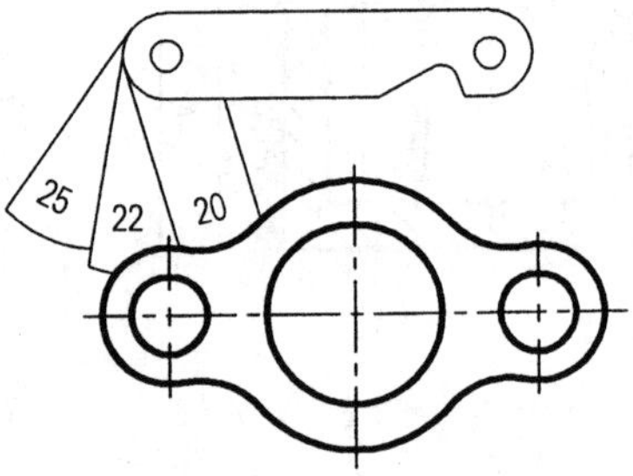

图 10－16　用圆角规测量圆弧半径

第三节　典型零件测绘方法

虽然零件的形状结构多种多样，加工方法各不相同，但零件之间有许多共同之处。根据零件的作用、主要结构形状以及在视图表达方法上有着共同的特点和一定的规律性，我们将零件分为轴套类零件、盘盖类零件、叉架类零件和箱体类零件共四大类，这四类零件通常称为典型零件。本节介绍这些典型零件的作用、形状结构分析、视图表达方法的选择、零件测绘方法和步骤、零件的材料和技术要求选择等内容。

一、轴套类零件的测绘

（一）轴套类零件的作用

轴套类零件是机器部件中的重要零件之一。轴的主要作用是安装、支承回转零件，如齿轮、轴承、带轮的安装，并传递动力，同时又通过轴与机器的机架连接起到定位作用。套类零件主要作用是定位、支承、导向和传递动力。

（二）轴套类零件的结构分析

轴类零件的基本形状是同轴回转体，通常由圆柱体、圆锥体、内孔等组成，在轴上常加工有键槽、销孔、螺纹等标准件结构。为方便加工和安装，有退刀槽、倒角与倒圆、中心孔等工艺结构，如图 10－17 所示。

套类零件通常是长圆筒状，内孔和外表面常加工有越程槽、油孔、键槽等结构，端面有倒角。

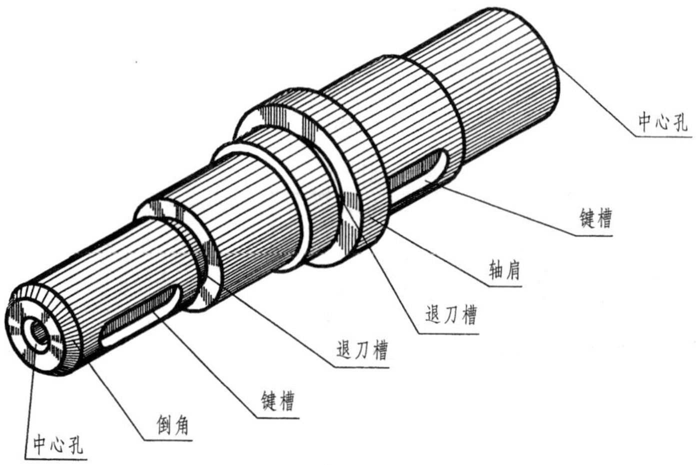

图 10－17　轴类零件及其结构分析

（三）轴套类零件的视图选择

轴套类零件在工作状态中通常是沿轴线水平放置，在车床和磨床上加工装夹时也是沿轴线水平放置，因此轴套类零件常按工作位置或加工位置安放，即把轴线放成水平来选择主视图的投影方向。常结合断面图、局部剖视图、局部放大图来表达轴套零件上的键槽、内孔、退刀槽等局部结构。如图 10－18 所示为轴的零件图。

（四）轴套类零件的尺寸标注

1. 轴向尺寸与径向尺寸标注

轴套类零件主要有轴向尺寸和径向尺寸两类（即轴的长度尺寸和直径尺寸）。重要的轴向尺寸要以轴的安装端面（一般是轴肩面）为主要尺寸基准，其他尺寸可以以轴的两头端面或是其他轴肩面作为辅助尺寸基准。径向尺寸（即轴的直径尺寸）是以轴的中轴线为主要尺寸基准。

轴的各段长度尺寸一般为非功能尺寸，可用钢直尺、游标卡尺直接测量各段的长度和总长度，然后圆整成整数。轴套类零件的总长度尺寸应直接度量出数值，不可用各段轴的长度累加计算。

轴的径向尺寸多为配合尺寸，先用游标卡尺或千分尺测量出各段轴径后，根据配合类型、表面粗糙度等级查阅轴或孔的极限偏差表比照，选择相对应的基本尺寸和极限偏差值。

2. 标准件尺寸标注

轴套零件上的螺纹主要起定位和锁紧作用，一般以普通三角形螺纹较多。普通螺纹的大径和螺距可用螺纹量规直接测量，也可以采用综合测量法测量出大径和螺距，然后查阅标准螺纹表选用接近的标准螺纹尺寸。

键的作用是连接并传递扭矩。键槽尺寸主要有槽宽 b、槽深 t 和长度 L，从键槽的外形就可以判断键的类型。根据测量所得出的 b、t、L 值，结合键槽所在轴段的基本直径尺寸，根据键的类型查表找出键槽和键各部分的标准尺寸。

例：测得圆头普通平键槽宽度为 9.96，槽深为 5.5，长度为 36.5，查阅键与键槽国

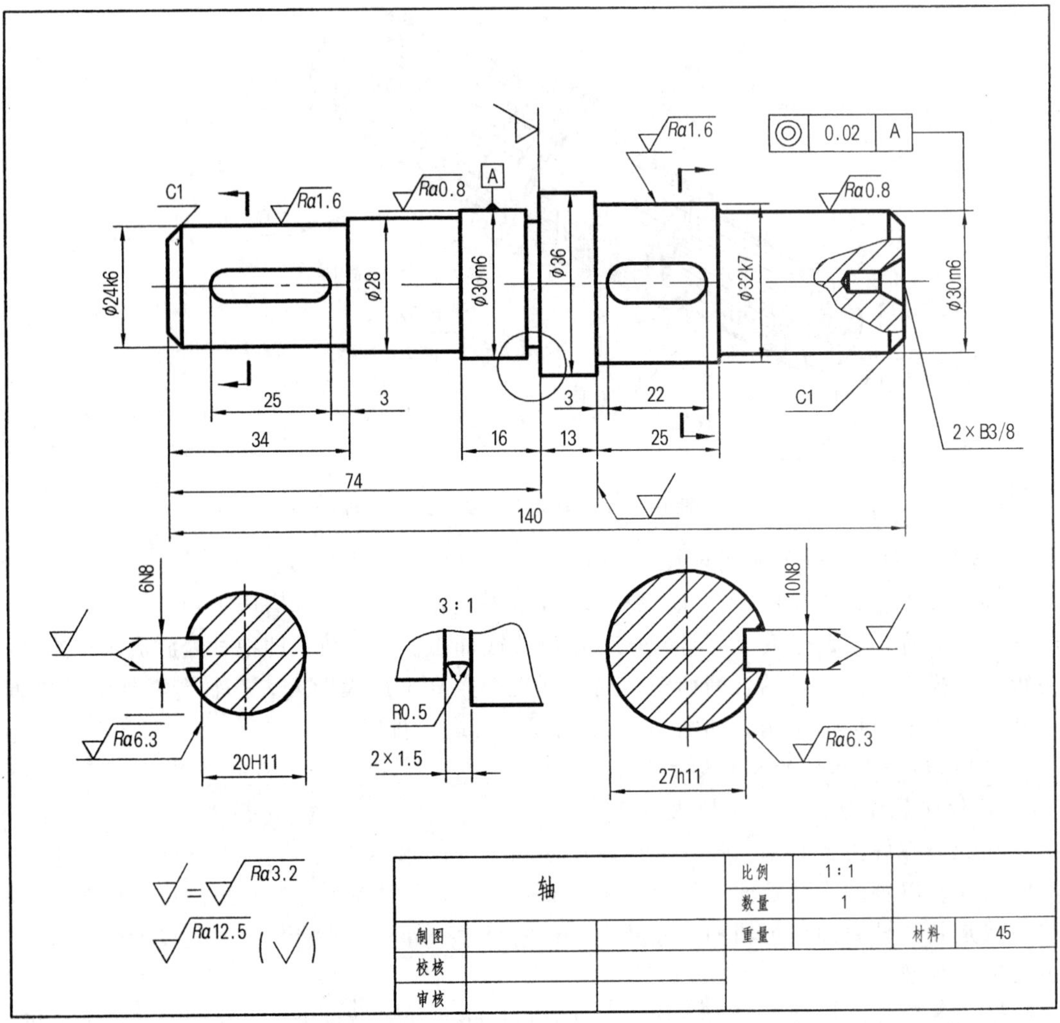

图 10-18　轴的零件图

家标准，与其最接近的标准尺寸是 $b=10$，$t=5$，$L=36$，与其配合的圆头普通平键标准尺寸为：10×8×36。

销的作用是定位，常用的销有圆柱销和圆锥销。先用游标卡尺或千分尺测出销的直径和长度（圆锥销测量小头直径），然后根据销的类型查表确定销的公称直径和销的长度。

3. 工艺结构尺寸标注

轴套类零件上常见的工艺结构有退刀槽、倒角和倒圆、中心孔等，先测得这些结构的尺寸，然后查阅有关工艺结构的画法与尺寸，按照工艺结构规定方法统一标注，如常见倒角标注为C1（C代表45°倒角），退刀槽尺寸标注为2×1（2表示槽宽尺寸，1表示槽的两端中较低一端的轴肩高度尺寸）。

（五）轴套类零件的技术要求及选择

1. 尺寸公差的选择

轴与其他零件有配合要求的尺寸，应标注尺寸公差。根据轴的使用要求参考同类型的零件图，用类比法确定极限尺寸。轴的主要配合尺寸公差等级一般为 IT5～IT9 级，相对运动的或经常拆卸的配合尺寸其公差等级要高一些，相对静止的配合尺寸其公差等级相应要低一些。如轴与轴承的配合尺寸，其公差带可选为 f6，与带轮、齿轮的配合尺寸其公差带可选 k7。

对于阶梯轴的各段长度尺寸可按使用要求给定尺寸公差，或者按装配尺寸链要求分配公差。

轴套类零件的外圆表面通常是支承表面，常采用过盈配合或过渡配合与机架上的孔配合，外径尺寸公差一般为 IT6～IT7 级。如果外径尺寸不作配合要求，可直接标注直径尺寸。轴套类零件的孔径尺寸公差一般为 IT7～IT9 级（为便于加工，通常孔的尺寸公差要比轴的尺寸公差低一等级），精密轴套孔尺寸公差为 IT6 级。

轴套类零件的公差等级和基本偏差的选用可参考附录表 12 和附录表 14。

2. 形状公差的选择

轴套类零件通常是由轴承支承在两段轴颈上，这两个轴颈是装配基准，其几何精度（圆度、圆柱度）要有形状公差要求。对精度要求一般的轴颈，其形状公差应限制在直径公差范围内，即按包容要求在直径公差后标注。如轴颈精度要求较高，则可直接标注起允许的公差值，并根据轴承的精度选择公差等级，一般为 IT6～IT7 级。

套类零件有配合要求的外表面，其圆度公差应控制在外径尺寸公差范围内，精密轴套孔的圆度公差一般为尺寸公差的 1/3～1/2。对较长的套筒零件，除圆度公差要求之外，还应标注圆孔轴线的直线度公差。

3. 位置公差的选择

轴类零件的配合轴径相对于支承轴径的同轴度是相互位置精度的普遍要求，常用径向圆跳动来要求。一般配合精度的轴径，其支承轴径的径向圆跳动公差一般为 IT6～IT7 级，高精度的轴为 IT5～IT6 级，此外，还应标注轴向定位端面与轴线的垂直度，对轴上键槽两工作面应标注对称度。

套类零件内外圆的同轴度要根据加工方法不同选择精度高低，如果套类零件的孔是将轴套装入机座后进行加工的，套的内外圆的同轴度要求较低，若是在装配前加工完成的，则套的内孔对套的外圆的同轴度要求较低，公差值一般为ϕ0.01～0.05mm。

4. 表面结构参数的标注

轴套类零件都是机械加工表面，在一般情况下，轴的支承轴颈表面结构参数等级较高，常选择 Ra0.8～3.2，其他配合轴径的表面结构参数值为 Ra3.2～6.3，非配合表面结构参数值为 Ra12.5。

套类零件有配合要求的外表面结构参数值为 Ra0.8～1.6，孔的表面结构参数值一般为 Ra0.8～3.2，要求较高的精密套可达 Ra0.1。

5. 材料与热处理的选择

轴类零件材料的选择与工作条件和使用要求不同有关，所选择的热处理方法也不同。轴的材料常采用合金钢制造，如 35 号、45 号合金钢，常采用调质、正火、淬火等热处理方法，以获得一定的强度、韧性和耐磨性。

套类零件也常用合金钢制造，采用退火、正火、调质和表面淬火等热处理方法。轴套类零件的材料和热处理方法可参考附录表 17 和附录表 18。

二、盘盖类零件的测绘

1. 盘盖类零件的作用

盘盖类零件是机器、部件上的常见零件，盘类零件的主要作用是连接、支承、轴向定位和传递动力等，如齿轮、带轮、、阀门手轮等。盖类零件的主要作用是定位、支承和密封等，如电机、水泵、减速器的端盖等。

2. 盘盖类零件的结构分析

盘盖类零件的主体结构一般由同一轴线多个扁平的圆柱体组成，直径明显大于轴或轴孔，形似圆盘状。为加强结构连接的强度，常有肋板、轮辐等连接结构。为便于安装紧固，沿圆周均匀分布有螺栓孔或螺纹孔，此外还有销孔、键槽等标准件结构，如图 10－19 所示的端盖零件。

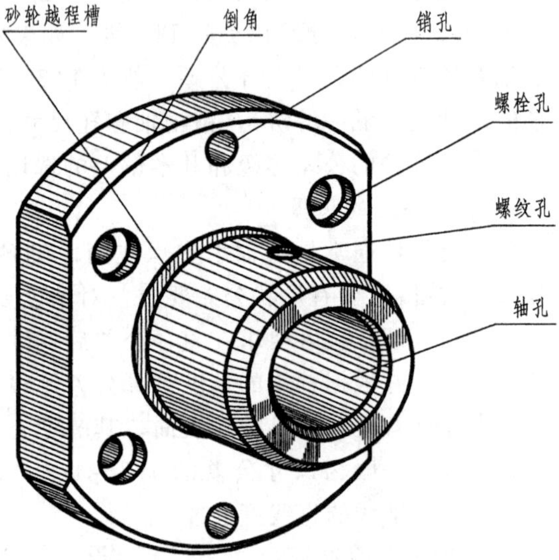

图 10－19　端盖零件及其结构分析

3. 盘盖类零件的视图选择

盘盖类零件加工以车削为主，一般按工作位置或加工位置放置，以轴线的水平方向投影来选择主视图。视结构形状及位置再选用一个左视图（或右视图）来表达盘盖零件的外形和螺栓孔或螺纹孔的分布情况。主视图常采用全剖视来表达轴孔内部结构。有肋板、轮辐结构的，可采用断面图来表达其断面形状，细小结构可采用局部放大图表达，如图 10－20 所示为端盖零件图。

4. 盘盖类零件的尺寸标注

盘盖零件尺寸测量方法如下：

（1）盘盖零件的配合孔或轴的尺寸要用游标卡尺或千分尺测量出圆的直径，再查表选用符合国家标准推荐的基本尺寸系列，如轴与轴孔尺寸、销孔尺寸、键槽尺寸等。

（2）测量螺栓孔直径，并且确定各螺栓孔的中心定位尺寸。

（3）一般性的尺寸，如盘盖零件的厚度、铸造结构尺寸，可直接度量。

（4）标准件尺寸，如螺纹、键槽、销孔等，要根据测出的尺寸查表确定接近的标准尺寸。

（5）工艺结构尺寸，如退刀槽和越程槽、油封槽、倒角和倒圆等，尽量要按照规定方法标注。

盘盖类零件在标注尺寸时，通常以重要的安装端面或定位端面（配合或接触表面）作为轴向尺寸主要基准。以中轴线作为径向尺寸主要基准，如图 10－20 中标注的 $\phi 60H11$、$\phi 30H7$ 等尺寸。

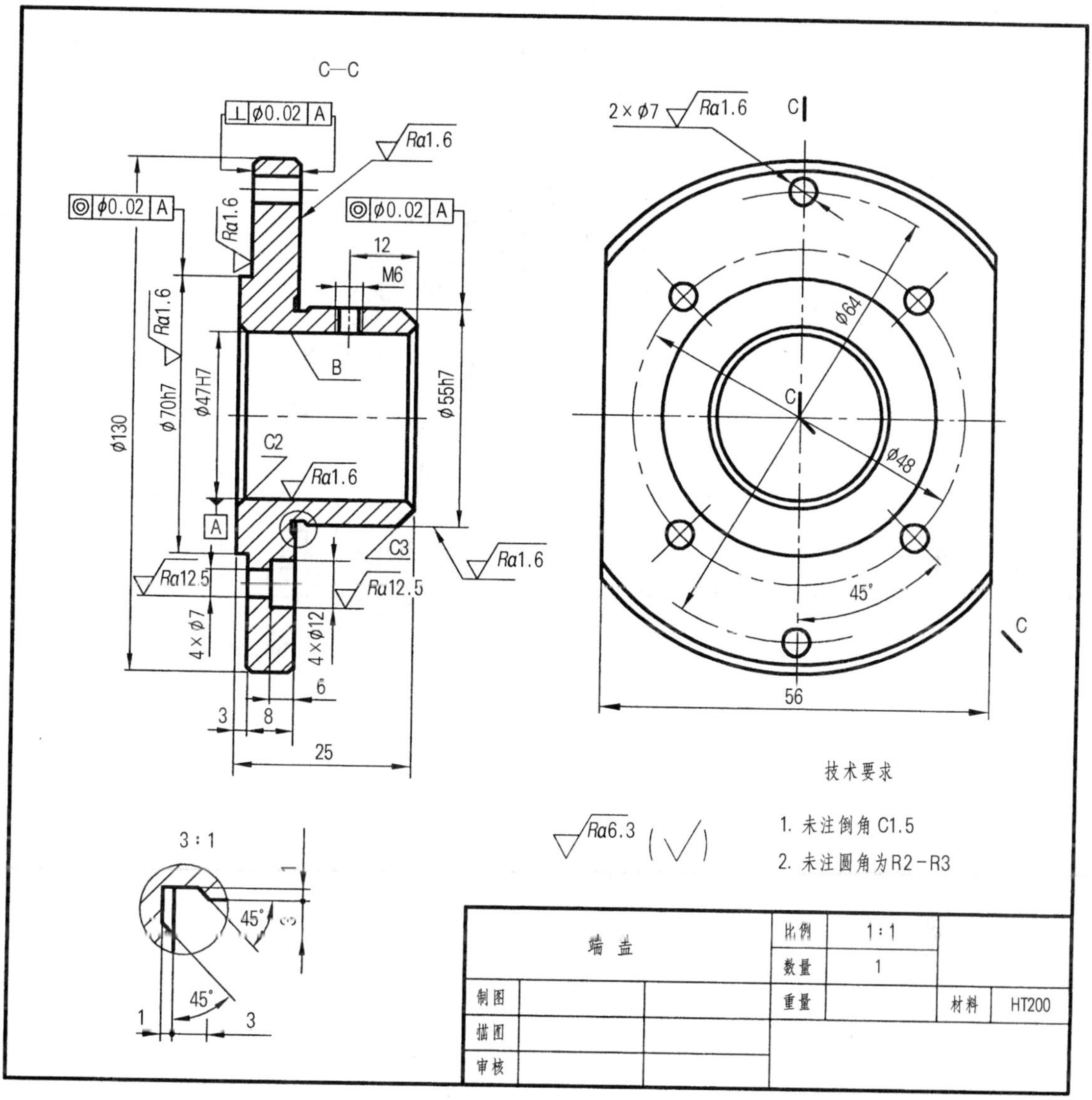

图 10-20 端盖零件图

5. 盘盖类零件的技术要求及选择

(1) 尺寸公差的选择。盘盖零件有配合要求的轴与孔要标注尺寸公差，根据配合性质和要求选择基本偏差代号，公差等级一般为 IT6～9 级。也可在附录表中选择，如图 10-20 泵盖零件右端轴孔ϕ30H7、轴径ϕ70k6。

(2) 形位公差的选择。盘盖零件与其他零件接触到的表面应有平面度、平行度、垂直度要求。外圆柱面与内孔表面应有同轴度要求，一般为 IT7～9 级精度。

(3) 表面结构参数的标注。在一般情况下，盘盖零件重要配合的表面结构参数值为 *Ra*0.8～1.6，一般配合的表面结构参数值 *Ra*3.2～6.3，一般接触或非接触表面结构参数值 *Ra*6.3～12.5。盘盖零件外露表面一般都是铸造表面，如电机、水泵、减速器的端盖外表面只标注表面结构符号，则不需要标注参数值。

(4) 材料与热处理的选择。盘盖零件可用类比法或检测法确定零件材料和热处理方法。盘盖零件坯料多为铸锻件，材料为 HT150～200，一般不需要进行热处理。但重要的、受力较大的锻造件常用正火、调质、渗碳和表面淬火等热处理方法，参看附录表 18。

三、叉架类零件的测绘

1. 叉架类零件的作用

叉架类零件如拨叉、连杆、杠杆、摇臂、支架和轴承座等，常用在变速机构、操纵机构、支承机构和传动机构中，起到拨动、连接和支承传动作用。

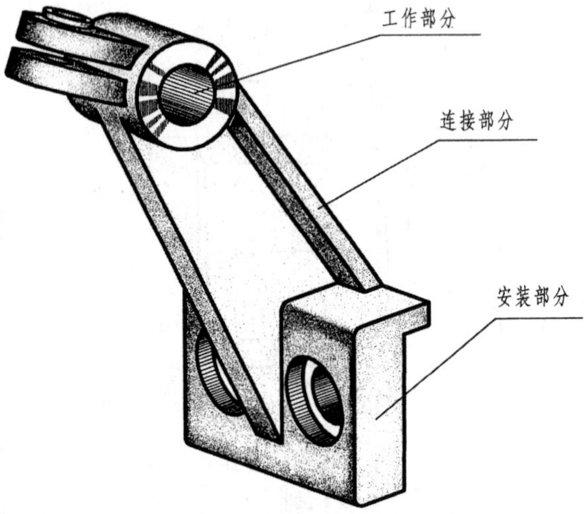

图 10-21　支架零件及其结构分析

2. 叉架类零件的结构分析

叉架类零件一般是由连接部分、工作部分和安装部分三部分组成，多为铸造件和锻造件，表面多为铸锻表面，而内孔、配合面、安装面则是机加工面。连接部分是由工字形、⊥形或∪形肋板结构组成。工作部分常是圆筒状，上面有较多的细小结构，如油孔、油槽、螺孔等。安装部分一般为板状，上面布有安装孔，常有凸台和凹坑等工艺结构，如图 10-21 所示的支架零件。

3. 叉架类零件的视图选择

叉架类零件结构比较复杂，加工位置多有变化，有很多叉架零件在工作中是运动的，其工作位置也不固定，所以这类零件主视图一般按照工作位置、安装位置或形状特征位置综合考虑来确定主视图投影方向，加上一至二个其他的基本视图组成。由于叉架零件的连接结构常是倾斜或不对称的，还需要采用斜视图、局部视图、局部剖视图、断面图等方法表达，如图 10-22 所示的支架零件图。

4. 叉架类零件的尺寸标注

叉架零件的尺寸较复杂，在标注尺寸时，一般是选择零件的安装基面或零件的对称面作为主要尺寸基准。如图 10-22 所示，该零件选用表面粗糙度等级较高的安装底板的右端面作为长度方向尺寸主要基准，来定位圆筒圆心的位置和其他主要结构尺寸。选用安装底板中间的水平面作为高度方向尺寸主要基准，来确定圆筒圆心的高度定位和其他结构尺寸。由于支架的宽度方向是对称结构，故选用了对称面作为宽度方向尺寸基准。另外工作部分上的各个细部结构，是以圆筒（支承体）轴线作为辅助尺寸基准标注圆筒直径尺寸和细部结构的定位尺寸。

由于支架的支承孔和安装底板是重要的配合结构，支承孔的圆心位置和直径尺寸，底板及底板上的安装孔尺寸应采用游标卡尺或千分尺精确测量，测出尺寸后加以圆整或查表选择标准尺寸，其余一般尺寸可直接度量取值标注。

工艺结构、标准件如螺纹、退刀槽和越程槽、倒角和倒圆等，测出尺寸后还要按照规

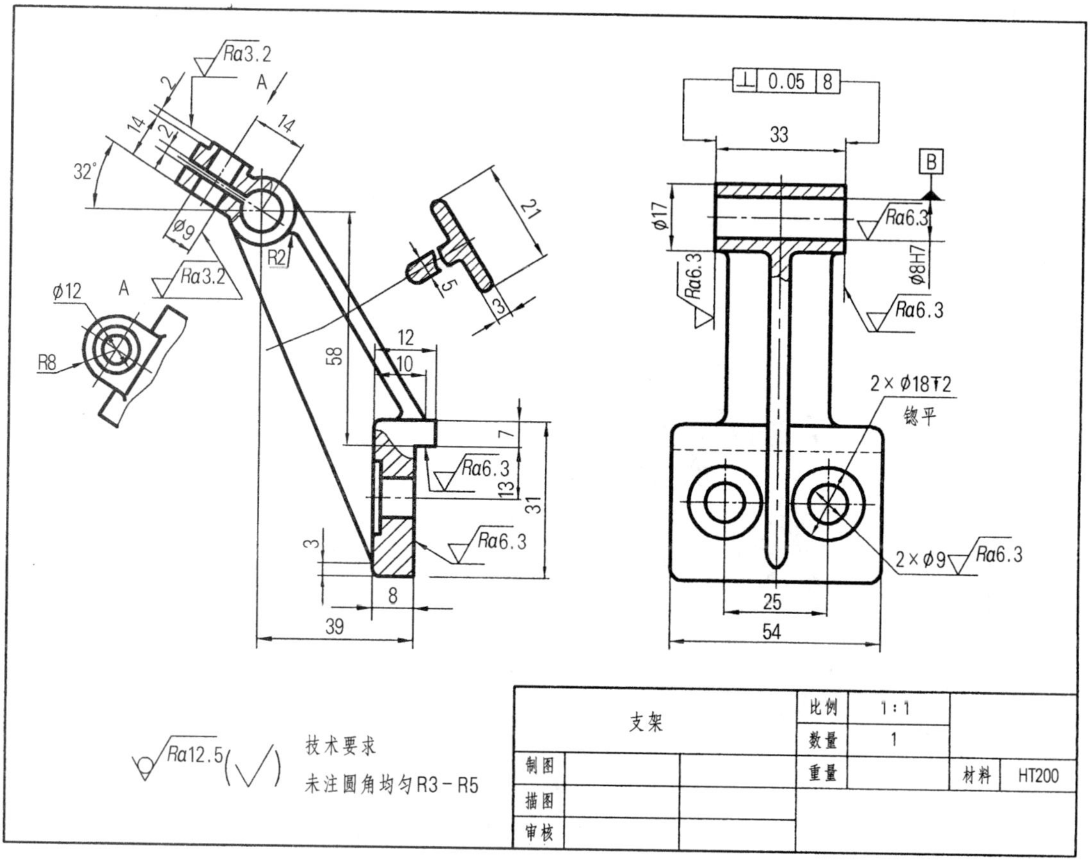

图 10-22 支架零件图

定方法标注，螺纹等标准件还需查表确定标准尺寸。

5. 叉架类零件的技术要求及选择

（1）尺寸公差的选择。叉架零件工作部分有配合要求的孔要标注尺寸公差，按照配合性质和要求选择基本偏差代号，公差等级一般为 IT7～9 级。配合孔的中心定位尺寸常标注有尺寸公差，如图 10－22 所示支架零件上端的孔φ20H8、螺纹孔 M10－7H 等。

（2）形位公差的选择。叉架零件安装底板与其他零件接触到的表面应有平面度、垂直度要求，支承内孔轴线应有平行度要求，一般为 IT7～9 级精度，可参考同类型的叉架零件图选择。

（3）表面结构参数的标注。在一般情况下，叉架零件支承孔表面结构参数为 *Ra*3.2～6.3，安装底板的表面结构参数为 *Ra*3.2～6.3，非配合表面结构参数为 *Ra*6.3～12.5，其余表面都是铸造面，只标注表面结构符号，不作参数值要求。

（4）材料与热处理的选择。叉架零件可用类比法或检测法确定零件材料和热处理方法。叉架零件坯料多为铸锻件，材料为 HT150～200，一般不需要进行热处理，但重要的、作周期运动且受力较大的锻造件常用正火、调质、渗碳和表面淬火等热处理方法。

四、箱体类零件的测绘

（一）箱体类零件的作用

箱体类零件的主要作用是连接、支承和封闭包容其他零件，一般为整个部件的外壳，如减速器箱体、齿轮油泵泵体、阀门阀体等。

（二）箱体类零件的结构分析

箱体类零件的内腔和外形结构都比较复杂，箱壁上带有轴承孔、凸台、肋板等结构，安装部分还有安装底板、安装孔和螺孔。为符合铸件制造工艺特点，安装底板和箱壁、凸台外形常有拔模斜度、铸造圆角、壁厚等铸造件工艺结构，如图 10－23 所示的泵体零件。

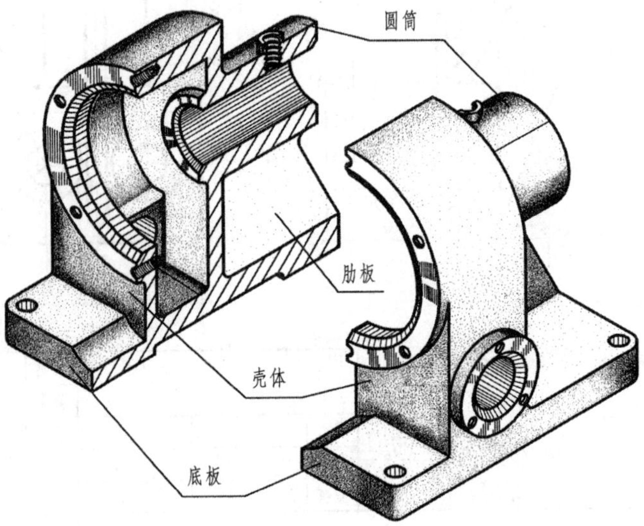

图 10－23　泵体零件及其结构分析

（三）箱体类零件的视图选择

由于箱体零件结构复杂，加工工序方法较多，加工位置多有变化，在选择主视图时，主要是根据箱体零件的工作位置加形状特征原则综合考虑。通常需要三个到四个基本视图，并采用全剖视、局部剖视来表达箱体的内部结构。局部外形还常用局部视图、斜视图和规定画法来表达。如图 10－24 所示泵体零件图，按泵体工作位置放置，沿轴线水平方向作主视图投影，共采用了三个基本视图。根据结构形状及表达范围的大小，主视图采用全剖视，俯视图采用半剖视，左视图采用局部剖视来表达内部结构。局部外形还采用 A、B、E、F 四个局部视图表达，其中安装底板底部的 E 局部视图采用了简化画法。

（四）箱体类零件的尺寸标注

由于箱体类零件结构复杂，在标注尺寸时，确定各部分结构的定位尺寸很重要，因此要选择好各个方向尺寸基准。一般是以安装面、主要支承孔轴线和主要接触端面作为长度和高度尺寸方向主要尺寸基准，当各结构的定位尺寸确定后，其余定形尺寸才能确定，具有对称结构的以对称面作为尺寸基准。如图 10－24 泵体零件图中以泵体左端面作为长度方向主要尺寸基准，标注了 136、64、14、32 等主要结构尺寸，以安装底板底部为高度方向主要尺寸基准，标注了高度定位尺寸 108 和 148，宽度则以对称面为主要基准，标注了

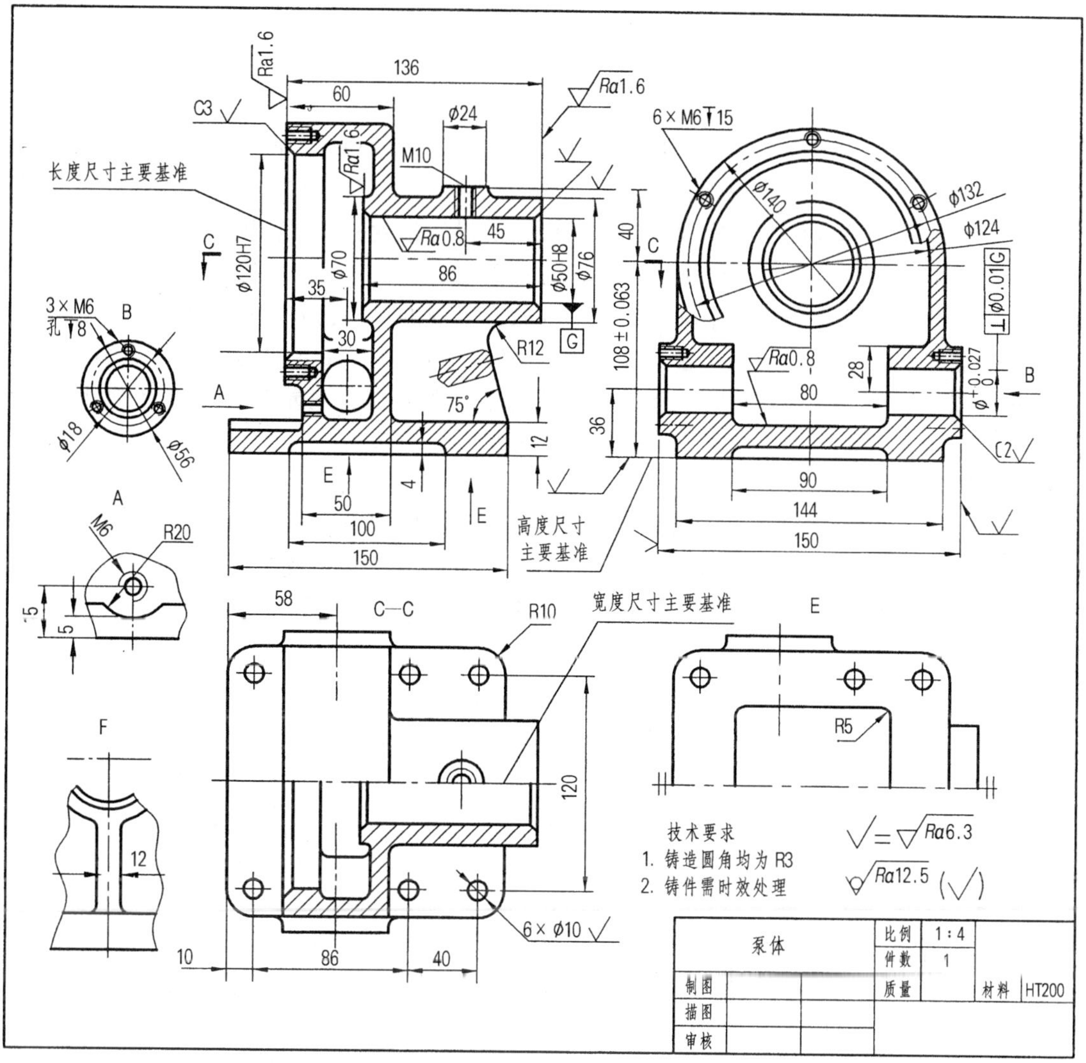

图 10-24 泵体零件图

150、144、90、80 等尺寸，以主轴孔轴线为辅助基准标注其他细部结构尺寸，如φ50H8、φ76、40 等。

箱体类零件的测量方法应根据各部位的形状和精度要求来选择，对于一般要求的线性尺寸可直接用钢直尺或钢卷尺度量，如泵体的总长、总高和总宽等外形尺寸。对于泵休上的光孔和螺孔深度可用游标卡尺上的深度尺来测量。

对于有配合要求的支承孔及其定位尺寸，要用游标卡尺或千分尺精确度量，以保证尺寸的准确、可靠。

工艺结构、标准件，如螺纹、退刀槽和越程槽、倒角和刀倒圆等，测出尺寸后还要按照规定方法标注，螺纹、销孔等标准件还要查表确定其标准尺寸。

不能直接测量到的尺寸，可利用其他工具间接测量，参见第二节测量工具与测量方法。测量不到的尺寸可采用类比法参照同类型的零件尺寸选用，如壁厚、空腔内的非配合尺寸。

（五）箱体类零件的技术要求及选择

1. 尺寸公差的选择

箱体零件是支承、包容、安装其他零件的，本身的制造和加工误差直接影响其他零件的装配质量，为了保证机器或部件的性能和精度，对箱体零件就要标注一系列的技术要求，主要包括：箱体零件上各支承孔和安装平面的尺寸精度、形位精度、表面粗糙度要求以及热处理、表面处理和有关装配、试验等方面要求。

箱体零件上有配合要求的主轴承孔要标注较高等级的尺寸公差，根据配合性质和要求选择基本偏差代号，公差等级一般为IT6、IT7级，如图10－8箱体零件上轴孔ϕ120H7。其他轴承孔一般为IT8级，如ϕ50H8。轴承孔的中心距精度为允差±0.063。在实际测绘中，尺寸公差也可采用类比法参照同类型零件的尺寸公差选用。

2. 形位公差的选择

箱体零件结构形状比较复杂，要标注形位公差来控制加工零件形体的误差。在测量中可先测出箱体零件上的形位公差值，再参照同类型零件的形位公差来确定，测量方法如下：

箱体上支承孔的圆度或圆柱度误差，可采用千分尺测量，位置度误差可采用坐标测量装置测量。

箱体上孔与孔的同轴度误差，可采用千分表配合检验心轴测量。孔与孔的平行度误差，先采用游标卡尺（或量块、百分表）测出两检验心轴的两端尺寸后，再通过计算求得。

箱体上孔中心线与孔端面的垂直度误差，可采用塞尺和心轴配合测量，也可采用千分尺配合检验心轴测量。

3. 表面结构参数的标注

箱体零件加工面较多，在一般情况下，箱体零件主要支承孔表面结构参数等级较高，为Ra0.8～1.6，一般配合表面结构参数Ra3.2～6.3，非配合表面结构参数Ra6.3～12.5，其余表面都是铸造面，可不作参数值要求。

4. 材料与热处理的选择

由于箱体零件形状结构比较复杂，其制造过程先铸造成毛坯，然后再进行切削加工。根据使用要求，箱体材料可选用HT100～300之间各种牌号的灰口铸铁，常用牌号有HT150、HT200。某些负荷较大的箱体，有时采用铸钢件铸造而成。

为避免箱体加工变形，提高尺寸的稳定性，改善切削性能，箱体零件毛坯要进行时效处理。箱体零件的材料和热处理可参考附录表18。

第四节　减速器测绘方法

一、减速器的作用与工作原理

减速器是介于原动机和工作机之间的一种机械传动装置，是用来将高速旋转运动变为低速旋转运动的减速机构。

减速器的类型很多，按传动零件不同，可分为齿轮减速器、蜗杆减速器和行星减速器，其中一级圆柱齿轮减速器是最简单的一种，用途较为广泛。减速器是一种专用部件，已经标准化、通用化，如图 10-25 所示为一级圆柱齿轮减速器。它的工作原理是由电动机通过皮带轮带动主动齿轮轴（输入轴，为小齿轮）转动，再由主动齿轮带动从动轴上的大齿轮转动，将动力传递到大齿轮轴（输出轴），由于主动齿轮的齿数比从动齿轮的齿数少，从而达到降低转速的目的。

图 10-25 圆柱齿轮减速器

由于减速器包括了齿轮、轴、轴承、键销连接、螺纹连接等通用件和标准件，还有减速器的底座、机盖等一些较复杂的零件，因此是比较典型的测绘部件。

二、齿轮减速器的拆卸顺序及装配示意图画法

1. 齿轮减速器的拆卸顺序

拆卸齿轮减速器首先要了解它们的基本结构，其基本结构是由传动零件（如齿轮）、连接零件（如螺栓、键、销）、支承零件（如箱体、箱盖）及润滑和密封装置等组成。

减速器的底座、机盖是由几个螺栓连接，先拆下螺栓，将机盖拿走，里面所有的包容零件便展现出来。再从外向里拆卸两根轴及轴系零件，即可完成拆卸工作。装配时把拆卸顺序倒过来即可。

2. 画装配示意图

为了能够说明齿轮减速器的工作原理，并使减速器拆开后能装配复原，并且作为画装配工作图的依据，所以要画装配示意图，如图 10-26 所示。

三、减速器零件草图画法

（一）轴的零件草图画法

1. 轴的作用与结构特点

轴是减速器的主要零件，其作用是支承和连接轴上的零件，如齿轮、带轮、滚动轴

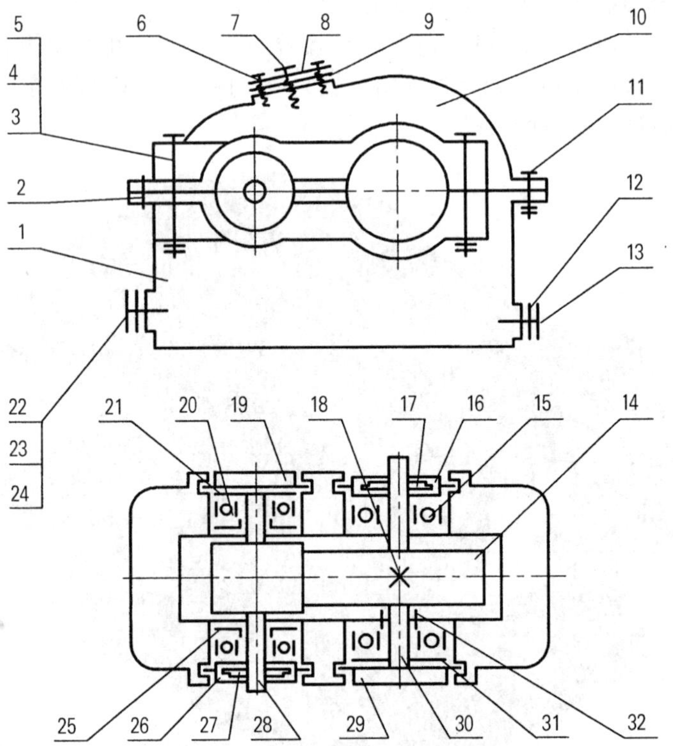

32	支承环	1	Q235-A		13	油塞	1	Q235-A	
31	调整环	1	Q235-A		12	垫圈	1	石棉	
30	从动轴	1	45		11	螺栓	2	Q235-A	M8×25
29	大闷盖	1	Q235-A		10	箱盖	1	HT200	
28	主动齿轮轴	1	45		9	垫片	1	石棉	
27	毛粘圈	1	毛粘圈		8	视孔盖	1	Q235-A	
26	小透盖	1	Q235-A		7	透气塞	1	Q235-A	
25	挡油环	2	Q235-A		6	螺钉	4	Q235-A	M3×10
24	橡胶垫圈	1	耐油橡胶		5	螺母	4	Q235-A	M8
23	支承片	1	Q235-A		4	垫片	4	Q235-A	A8
22	油标	1	有机玻璃		3	螺栓	4	Q235-A	M8×65
21	调整环	2	Q235-A		2	定位销	2	35	A4×18
20	轴承	2			1	箱座	1	HT200	
19	小闷盖	1	Q235-A		序号	名称	数量	材料	备注
18	键	1	35	10×10	减速器装配示意图		比例	1:1	
17	毛粘圈	1	毛粘圈				数量	1	
16	大透盖	1	Q235-A		制图		重量		材料 HT200
15	轴承	2			描图				
14	从动齿轮	1	45		审核				

图 10－26 减速器装配示意图

承、密封圈等，使轴系零件具有确定的位置并传递运动和密封的作用。轴的结构特点是同轴回转体，通常由圆柱体、圆锥体、孔等组成，在轴上常加工有键槽、销孔、螺纹等的连接定位结构和中心孔、退刀槽、倒角与倒圆等工艺结构。

轴的形状取决于轴系零件在轴上的安装固定位置、轴在底座中的安装位置以及轴在加工和装配中的工艺要求。

轴的长度尺寸主要取决于轴系零件的尺寸和功能尺寸，轴的径向尺寸主要取决于对轴的强度和刚度的要求。

2. 轴的零件草图画法

分析好轴的结构特点后，要根据轴画出零件草图，如图 10－27 所示减速器齿轮轴的零件草图，画法步骤如下：

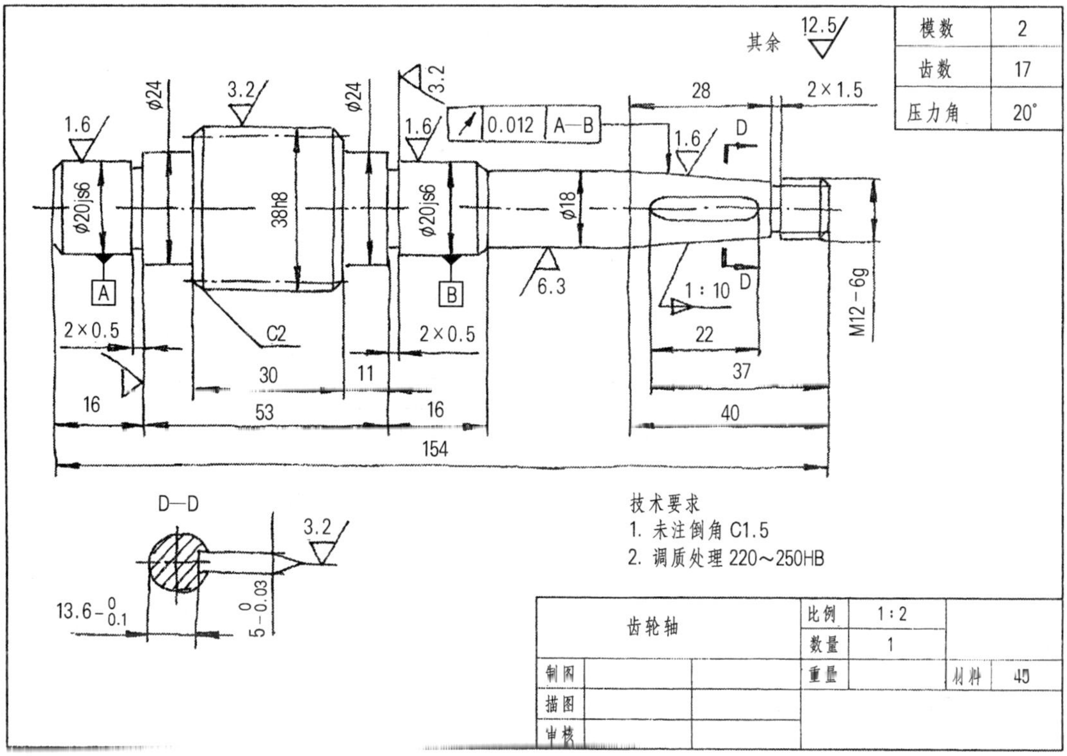

图 10－27　减速器齿轮轴零件草图

（1）确定表达方案。根据轴的结构特点，通常选择一个以轴向位置（轴线为水平方向）投影的主视图来表达轴的主要结构形状，轴上的键槽、销孔、润滑油孔可采用移出断面图表达，中心孔可采用局部剖视图表达，退刀槽、倒角倒圆等细小结构可采用局部放大图来表达。轴的草图应优先采用 1∶1 比例。

（2）标注零件尺寸。零件草画好以后，应标注尺寸，首先分析确定尺寸基准。轴向尺寸基准一般选择以轴的定位端面（与齿轮的接触面）为主要基准，根据结构和工艺要求，选择轴的两头端面或轴肩面为辅助基准。轴的径向尺寸是以轴线为主要基准。

螺纹、键槽、销等标准零件尺寸测出之后，要查表选用接近的标准值，并按照规定方法进行标注。工艺结构如退刀槽、砂轮越程槽、倒角倒圆的尺寸尽量要按照常见结构标注方法标注或在技术要求中用文字说明。

由于轴的很多结构尺寸精度要求较高，要采用游标卡尺或千分尺测量，测出的尺寸要圆整。凡轴与孔的配合尺寸，其基本尺寸应相同，各径向尺寸应与相配合零件的关联尺寸一致。

（3）标注技术要求。轴的尺寸精度、形位精度、表面质量要求直接关系到减速器的传动精度和工作性能，因此要标注相应的技术要求。

1）尺寸公差。主动轴、从动轴与滚动轴承的配合，一般选用 js6 和 js7，轴上的连接件如齿轮、带轮一般选用 k6 配合，其次还要标注键槽两工作面的尺寸公差。具有配合要求轴的尺寸公差一般选用 IT5～9 级。

2）形位公差。形状公差可由位置公差限定，不提出专门要求，其位置公差可选择各配合部分的轴线相对整体轴线有径向圆跳动要求，其公差值一般选 0.03mm。

轴的形位公差项目的选择可参考表 10－1、表 10－2，也可参考同类型的零件图选择。

表 10－1　　轴的形状公差参考表

内容	项　　目	符号	公差数值	对工作性能的影响
形状公差	与传动零件、轴承配合直径的圆度	○	IT6～IT7	影响传动零件、轴承与轴配合的传动效率、松紧程度及对中性
	与传动零件、轴承配合直径的圆柱度	⌭		

表 10－2　　轴的位置公差参考表

内容	项　　目	符号	公差数值	对工作性能的影响
位置公差	与传动零件、轴承配合直径相对于轴心线的径向圆跳动或全跳动	↗ ⌰	IT5～IT6	导致传动件、轴承的运动偏心
	齿轮、轴承的定位端面相对于轴心线端面圆跳动或全跳动	↗ ⌰	IT6～IT7	影响齿轮、轴承的定位及受载的均匀性
	键槽对轴心线的对称度	⌯	IT6	影响键受载的均匀性及键的拆卸

3）表面结构参数。主动轴、从动轴的配合表面一般选用 *Ra*1.6，与齿轮的配合表面可选用 *Ra*3.2，轴的定位端面可选用 *Ra*3.2，键槽的工作面选用 *Ra*3.2，其余加工表面一般选择 *Ra*6.3～12.5。

轴的表面结构参数可参考表 10－3 选用，也可参考同类型的零件图选择。

表 10－3　　轴的表面结构参数参考表

表 面 结 构 要 求	高 度 参 数 值
与传动件、联轴器等零件的配合表面	*Ra*0.4～1.6
与普通精度等级的滚动轴承配合表面	*Ra*0.8，1.6
与传动件、联轴器等零件的轴肩端面	*Ra*1.6，3.2
与滚动轴承配合的轴肩端面	*Ra*0.8 ，1.6
平键键槽	*Ra*1.6～3.2（工作面），*Ra*6.3（非工作面）
其他表面	*Ra*3.2～6.3（工作面），*Ra*12.5～25（非工作面）

4）材料与热处理。轴的材料一般采用 45 号钢，加工成形后常采用调质处理，以增加材料的硬度，在技术要求中用文字说明，如：调质硬度 220～250HBS。

（4）填写标题栏。标题栏格式可参考有关零件图，要填写清楚、完整。

（二）底座的零件草图画法

1. 底座的作用与结构特点

底座是减速器的一个重要零件，它的作用是支承和固定轴及轴系零件，保证齿轮的正确啮合达到最佳传动效果，并使底座内的零件具有良好的润滑和密封性能。

底座是剖分式结构，在与机盖的结合面上均匀布置有若干个螺栓孔和销孔，用来与机盖的连接定位。底座的两侧面加工有对称的两对半圆形轴承孔（与机盖轴承孔相配合），轴承孔里有密封沟槽。

减速器的齿轮采用浸油润滑，因此底座下部为存放机油的油池，从动齿轮的轮齿部分浸泡在机油中，转动时起到润滑作用。在底座端头的下方加工有测油孔，利用油标测量控制机油的油量，在另一端头底部加工有放油孔。

底座的左右两边各有钩状的加强肋，作为吊装运输用。

2. 底座的零件草图画法

减速器底座零件草图画法如图 10－28 所示，画法步骤如下：

（1）确定表达方案。由于底座属箱体类零件，其内外结构形状都比较复杂，因而所组成的一组视图也比较复杂，通常齿轮减速器底座零件图应选择三个基本视图。主视图的选择应按照齿轮减速器工作位置时放置，选择外形特征较明显的一面作为投影方向。为表达底座的内部结构情况同时又保留外部形状，故采用了几个局部剖视表达方法。俯视图采用了沿底座结合面投影的表达方法，表达出轴系各零件的装配位置，以及在结合面上的螺栓孔和销孔的分布情况。左视图采用沿主动轴孔轴线、底座内腔、从动轴孔轴线不同位置剖切的阶梯剖视表达方法，未能表达清楚的内外细部结构可分别采用较小范围的局部剖视和局部视图来表达，如测油孔、放油孔内部结构及其端面形状。画草图时，零件上一些工艺结构，如铸造圆角、拔模斜度、倒角等都要表达清楚。

齿轮减速器底座是铸造零件，零件上常有砂眼、气孔等铸造缺陷，以及长期使用后造成的磨损、碰伤使得零件变形、缺损等，画草图时要修正恢复原形后表达清楚。

（2）标注零件尺寸。箱体的尺寸较多，首先要分析确定各个方向的尺寸基准。一般情况下底座的长度方向尺寸基准应选择主动轴或从动轴的轴线为主要基准；宽度尺寸方向的底座结构一般是对称的，其主要尺寸基准应选择底座的对称面；高度方向尺寸主要基准应选择底座安装底板的底面，辅助基准一般选择轴线。

零件上标准结构尺寸要按照规定方法标注，测出后的尺寸，如螺纹、销孔尺寸，还要查阅相应的国家标准选用标准值。

底座两轴孔中心距尺寸精度要求较高，其尺寸误差直接影响齿轮传动精度和工作性能，要采用游标卡尺或千分尺测量。凡轴与孔的配合尺寸，其基本尺寸应相同，各径向尺寸应与相配合零件的关联尺寸应一致。

（3）标注技术要求。底座上的尺寸公差、表面结构参数、形位公差等技术要求可采用类比法参考同类型的零件图进行选择。

1）尺寸公差。主要尺寸应保证其精度，如箱体的两轴线距离、轴线至底板底面高度，有配合关系轴孔的尺寸都要标注尺寸公差，公差等级的选用可参阅附录附表 6、附表 7。

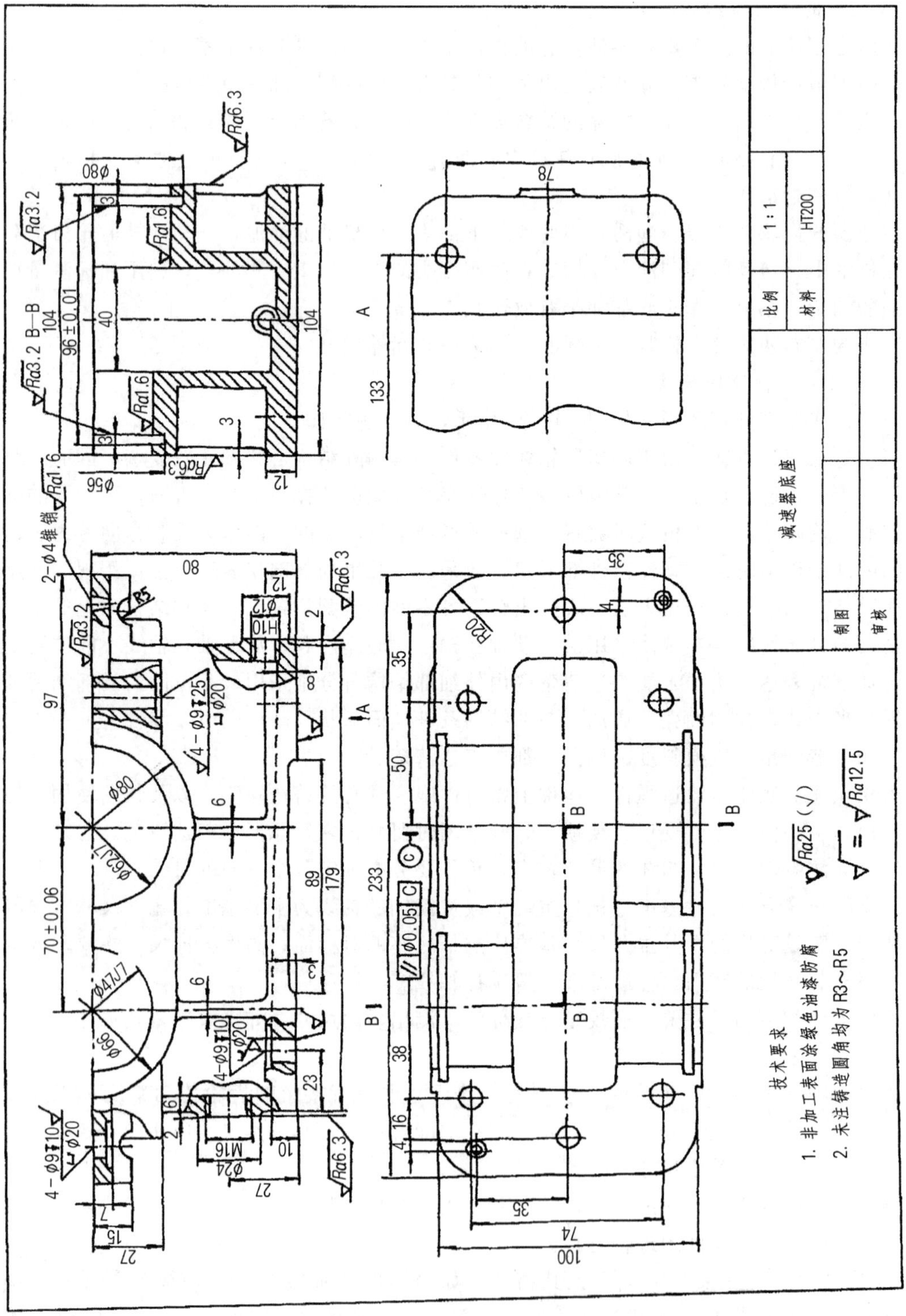

图10-28　减速器底座零件草图

2）形位公差。有相互配合的零件形状、位置要有形位公差，如为了保证两齿轮正确啮合运转，底座上两轴轴线应有平行度要求。

表 10-4 所示为减速器底座的形位公差参考表。

表 10-4　减速器底座形位公差参考表

形位公差		公差等级
形状公差	轴承孔的圆度或圆柱度	IT6～7
	对称面的平行度	IT7～8
位置公差	轴承孔中心线间的平行度	IT6～7
	两轴承孔中心线的同轴度	IT6～8
	轴承孔端面对中心线的垂直度	IT7～8
	两轴承孔中心线间的垂直度	IT7～8

3）表面结构参数。有配合要求和经常拆卸的表面结构参数要求较高，如轴与孔的配合表面结构参数一般选用 Ra1.6～3.2，轴系零件如齿轮、带轮表面结构参数可选用 Ra3.2，其他加工表面如螺栓孔、倒角圆角等表面结构参数可选用 Ra6.3～12.5，毛坯面结构参数只标注符号，可不作参数值要求，底座零件的表面结构参数的选用可参考表 10-5。

表 10-5　减速器底座表面结构参数参考表

加工表面	参数值 Ra	加工表面	参数值 Ra
减速器上下盖接合面	1.6～3.2	减速器底面	6.3～12.5
轴承座孔表面	1.6～3.2	轴承座孔外端面	3.2～6.3
圆柱销孔表面	1.6～3.2	螺栓孔端面	6.3～12.5
嵌入盖凸缘槽面	3.2～6.3	油塞孔端面	6.3～12.5
探视孔盖接合面	12.5	其余端面	12.5

4）材料与热处理。底座是铸造零件，一般采用 HT200 材料（200 号灰铸铁），其毛坯应经过时效热处理，这些内容可在技术要求中用文字注写。

（4）填写标题栏。

（三）机盖的零件草图画法

1. 机盖的作用与结构特点

机盖也是减速器的一个重要零件，它的作用是与底座结合，用来支承和固定轴系零件，并和底座共同包容轴系零件。支承孔内加工有密封沟槽，与密封件配合起到密封作用。

机盖也是剖分式结构。机盖的结合面上均匀布置和底座相同位置和相同数量螺栓孔和销孔，与此连接定位。机盖两壁上加工有对称的两对半圆轴承孔（与底座轴承孔配合），轴承孔里有密封沟槽。

机盖的顶部设计有窥视孔。窥视孔盖一般采用透明材料制作，用于检查齿轮传动的啮合情况、润滑状态等，机油也由此注入。

2. 机盖的草图画法

减速器机盖草图画法如图 10-29 所示，画法步骤如下：

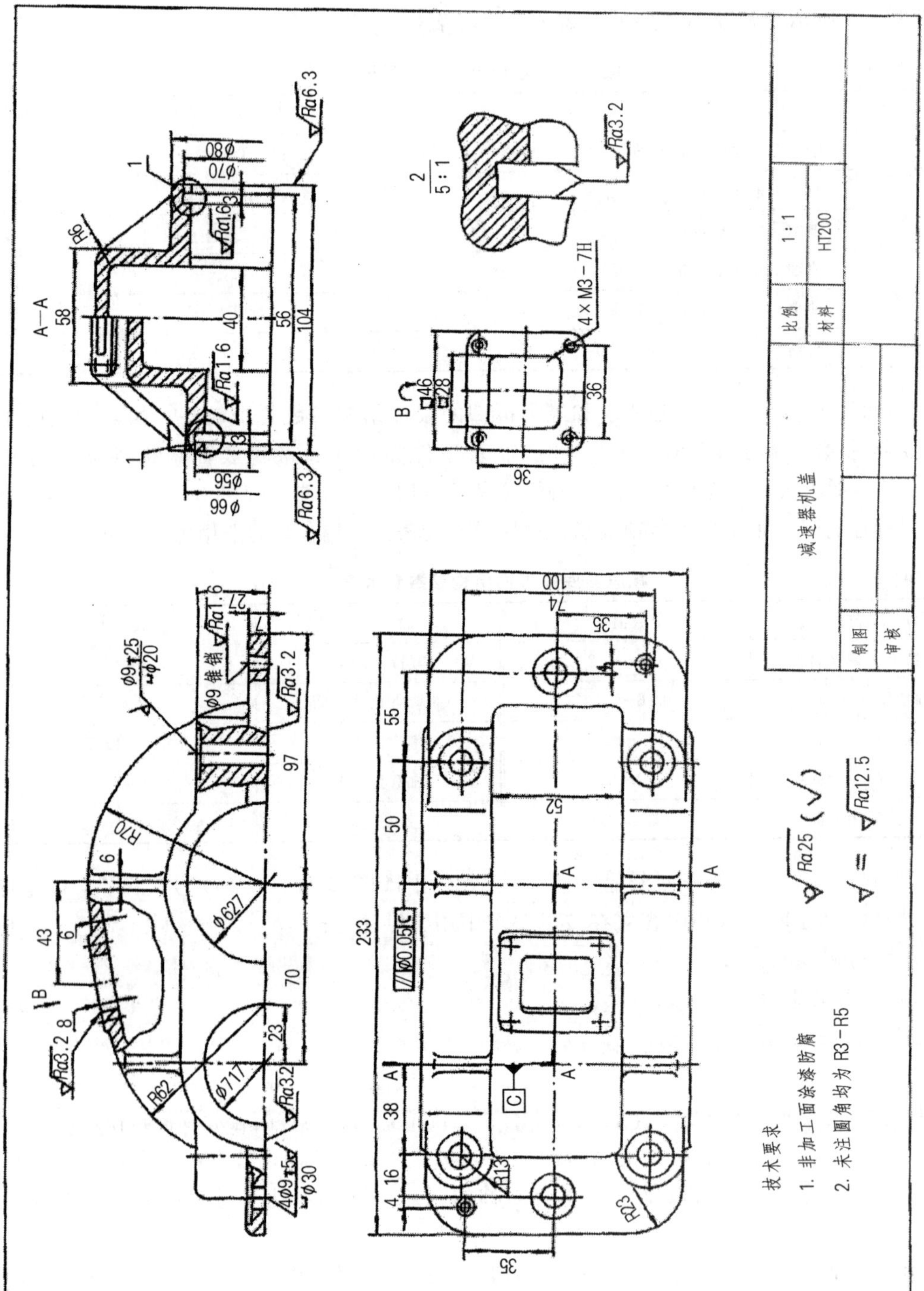

图 10-29　减速器机盖草图

（1）确定表达方案。由于机盖内外结构都比较复杂，因而表达方法也比较复杂。通常机盖视图应选择三个基本视图。主视图的选择按照齿轮减速器工作位置放置，选择外形特征较明显的一面作为投影方向。为表达机盖的内部结构情况同时又保留外形，故采用了几个局部剖视表达方法。俯视图表达机盖顶部和窥视孔的外部形状，以及在机盖凸缘上的螺栓孔和销孔的分布情况。左视图采用沿主动轴孔轴线、机盖内腔、从动轴孔轴线几个不同位置剖切的阶梯剖视。未能表达清楚的内外细部结构可分别采用较小范围的局部剖视和局部视图来表达，如窥视孔、销孔等。画草图时，零件上一些工艺结构，如铸造圆角、拔模斜度、倒角等都要表达清楚。

减速器机盖是铸造零件，零件上常有砂眼、气孔等铸造缺陷，以及长期使用后造成的磨损、碰伤使得零件变形、缺损等，画草图时要修正恢复原形后表达清楚。

（2）标注零件尺寸。减速器机盖结构比较复杂，尺寸也较多，首先要分析确定尺寸基准。机盖的长度方向尺寸基准应选择轴线为主要基准；宽度尺寸方向的机盖结构也是对称的，其主要尺寸基准应选择机盖的对称面；高度方向尺寸主要基准应选择机盖与底座的结合面。

（3）注写技术要求。机盖两轴孔中心距尺寸精度要求较高，其尺寸误差直接影响齿轮传动精度和工作性能，要采用游标卡尺或千分尺测量。凡轴与孔的配合尺寸，其基本尺寸应相同，各径向尺寸应与相配合零件的关联尺寸应一致。

机盖零件的其他技术要求与底座零件的技术要求基本相同，这里就不再赘述。

（4）写标题栏。

四、减速器装配图画法

1．减速器装配图的表达方案

图 10－30 为减速器的装配图。从图中看出，减速器选择了三个基本视图，即采用主、俯、左视图表达其内外结构形状。将减速器以工作位置放置，选择了能够较多反映出减速器的外部形状特征和各零件的装配位置作为主视图投影方向。在主视图上采用几个局部剖视方法表达出窥视孔、测油孔、放油孔的内部结构以及螺栓、圆柱销的连接情况。俯视图采用沿底座与机盖结合面的剖切画法，表达出两齿轮的啮合情况及轴系零件的装配位置和配合关系，同时也表达出螺栓孔和销孔沿底座凸缘处的分布情况。左视图只表达减速器外形，部分未表达清楚的细小结构可分别采用局部剖视或局部视图表达。

2．减速器装配图画法

减速器装配图画法步骤如图 10－31 所示。

（1）定比例、选图幅、布置视图。图形比例大小及图纸幅面大小应根据减速器的整体大小、复杂程度，同时还要考虑尺寸标注、序号和明细表所占的位置综合考虑来确定。视图布置是通过画各个视图的中心线、基准位置线和对称线来安排，如图 10－31（a）所示。

（2）首先画出底座各视图的轮廓线，如图 10－31（b）所示。

（3）按照零件的形状、大小和装配关系画出机盖和轴及轴系零件三个视图的轮廓线，如图 10－31（c）所示。

（4）在主视图上画出窥视孔、测油孔、放油孔和螺栓、圆柱销连接的局部剖视图以及在其他视图上的投影。未表达清楚的油塞采用 D 向局部视图表达，如图 10－31（d）所示。

（5）画完视图之后，要进行检查修正，确定无误后按照图线的粗细要求和规格类型将

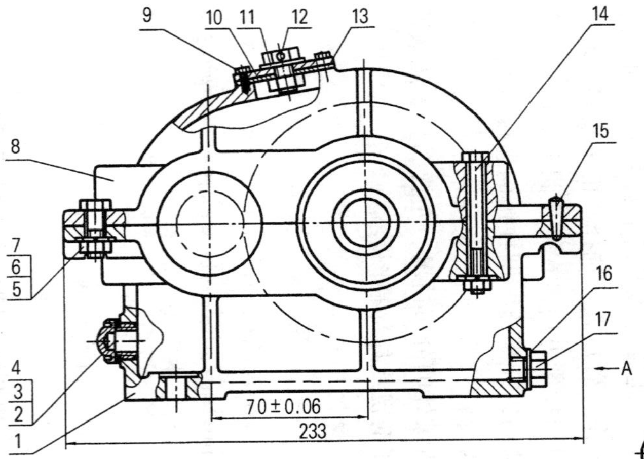

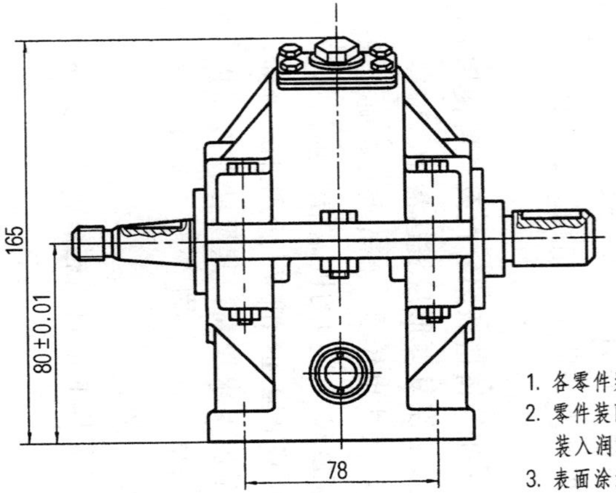

技术要求

1. 各零件装配前需用煤油清洗干净。
2. 零件装配好后，机箱内按规定高度装入润滑油。
3. 表面涂油漆防腐。
4. 减速比 55/15＝3.67。

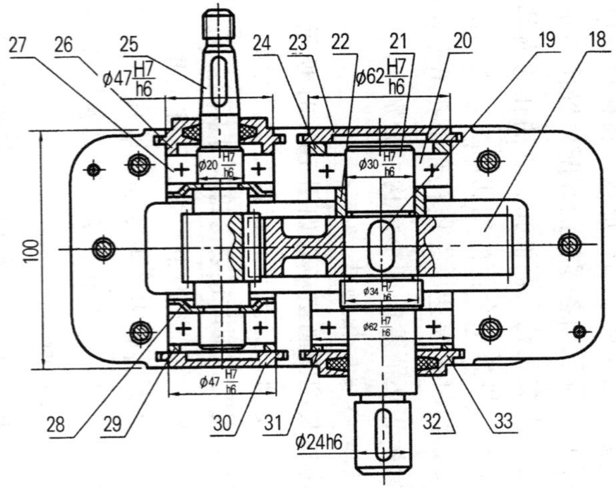

序号	名称	数量	材料	备注
33	大闷盖	1	Q235－A	
32	密封填料		毛粘	
31	调整环	1	Q235－A	
30	小闷盖	1	Q235－A	
29	调整环	2	Q235－A	
28	挡油环	2	Q235－A	
27	滚动轴承 204	2		GB2733-88
26	小透盖		Q235－A	
25	主动齿轮轴	1	45	m=2 z=15
24	调整环	2	Q235－A	
23	大闷盖	1	Q235－A	
22	调整环	1	Q235－A	
21	从动轴	1	45	
20	滚动轴承 206	2		GB2733-88
19	键	1	35	A10×22
18	从动齿轮	1	45	m=2 z=55
17	油塞	1	Q235－A	
16	垫圈	1	耐油橡胶	
15	定位销	2	35	A4×18
14	螺栓	4	Q235－A	M8×65
13	垫片	1	石棉	
12	透气塞	1	Q235－A	
11	垫圈	1	35	
10	视孔盖	1	Q235－A	
9	螺钉	4	Q235－A	M3×10
8	机盖	1	HT200	
7	垫圈	2	35	
6	螺栓	2	Q235－A	M8×25
5	螺母	2	Q235－A	M8
4	橡胶垫圈	1	耐油橡胶	
3	支承片	1	Q235－A	
2	油标	1	有机玻璃	
1	机座	1	HT200	

减速器装配图		比例	1:1		
		数量	1		
制图		重量		材料	HT200
日期					
审核					

图 10－30　减速器装配图

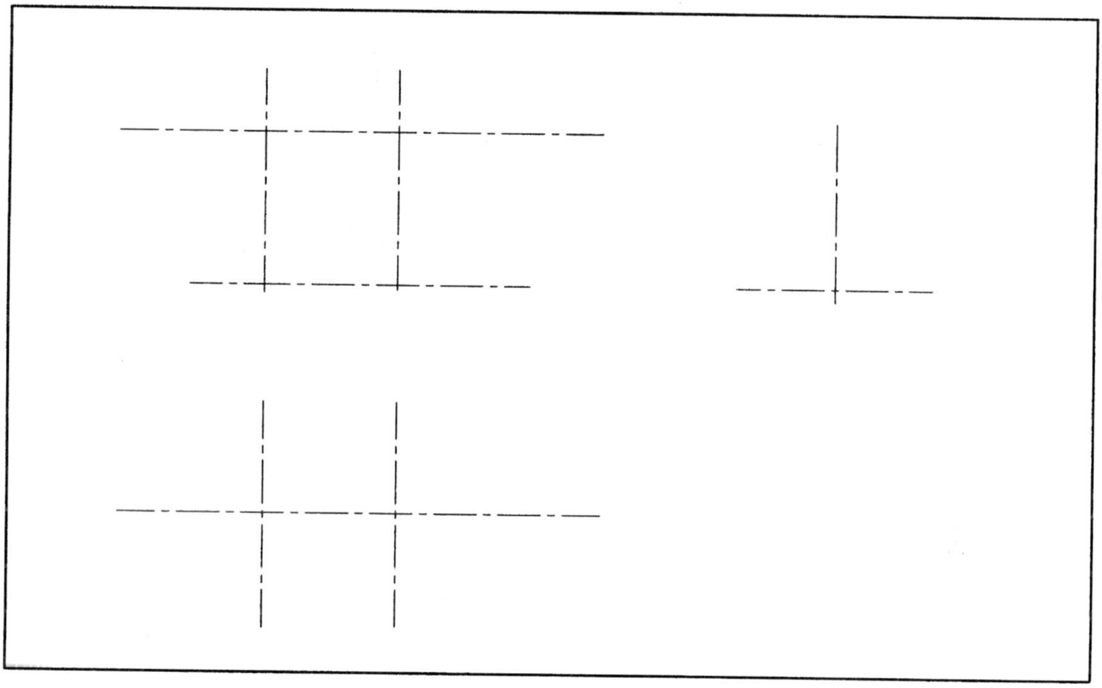

(a)布局定位，画各视图基准位置线

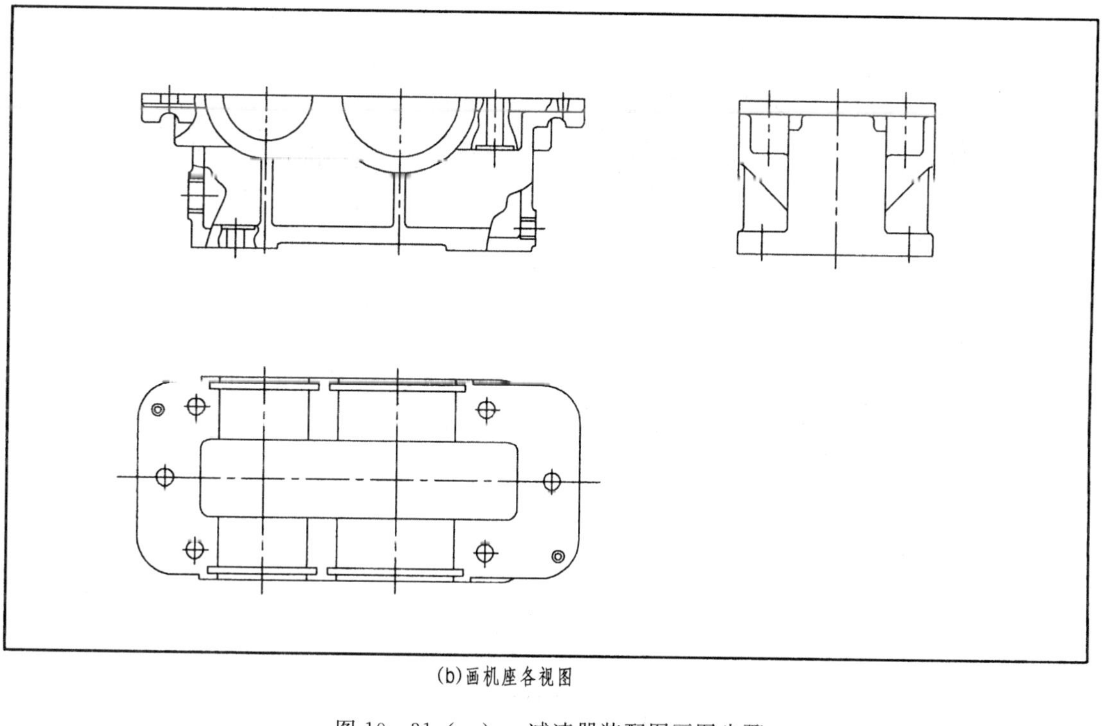

(b)画机座各视图

图 10-31（一）　减速器装配图画图步骤

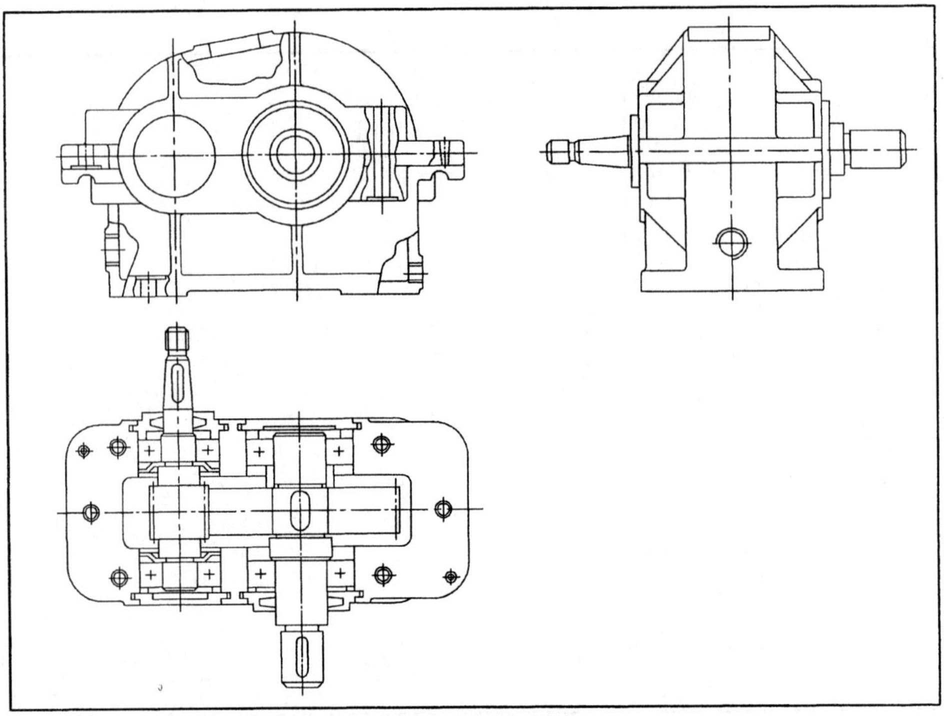

(c)画机盖、轴、齿轮等轴系零件

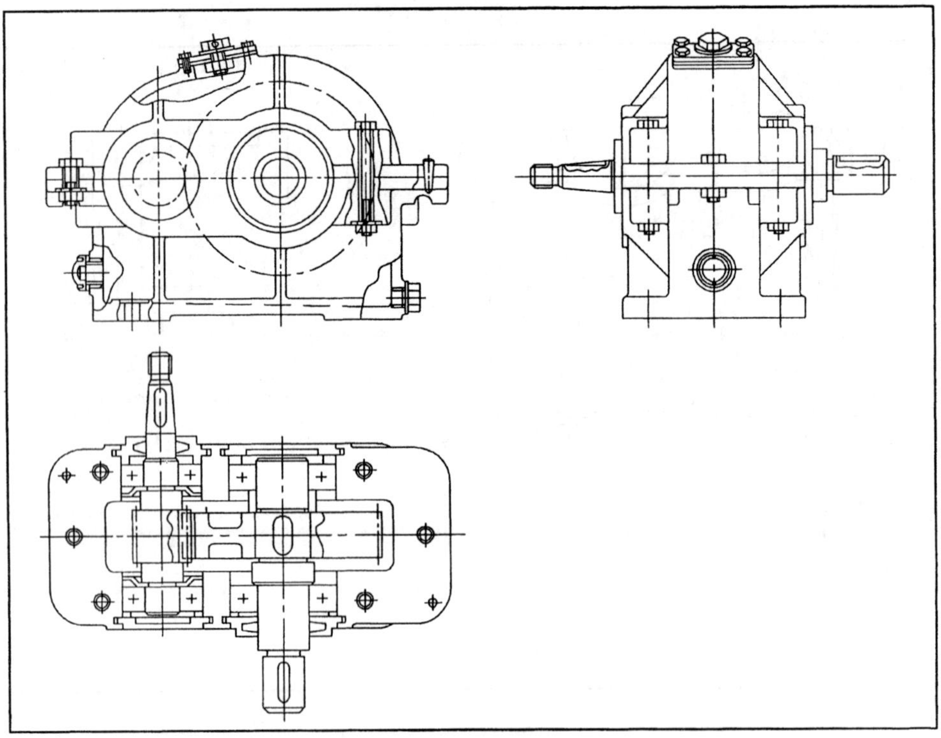

(d)画其他零件及细部结构

图 10-31（二）　减速器装配图画图步骤

图线描深加粗。

（6）标注尺寸，注写技术要求，编写零件序号，填写标题栏和明细表，完成减速器装配图，如图 10－30 所示。

五、减速器附属零件画法

减速器有很多附属零件，在装配画法中，应考虑这些附属零件表达的准确性和合理性，以保证部件的工作性能要求和装拆的方便。

表 10－6 是减速器上常见的附属零件及其画法。

表 10－6　　减速器附属零件画法

名称	装配画法	作用
窥视孔及窥视孔盖	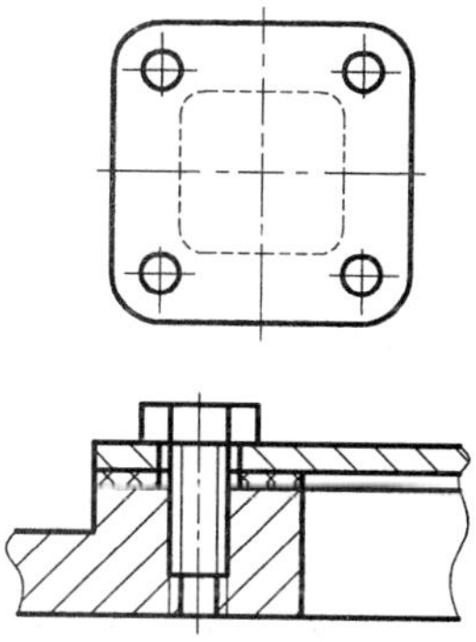	窥视孔用于观察检查减速器齿轮传动的啮合情况、润滑状态、接触斑点及齿轮间隙，机箱里的润滑油也由此注入。窥视孔一般设计在机盖顶部。 窥视孔盖用螺钉连接在机盖上，之间加有密封垫片
透气塞	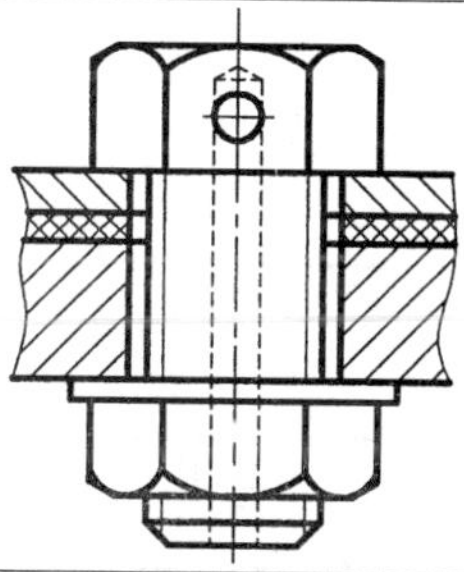	减速器运转气压增大时，可从透气塞中及时排出气体，保证机箱内压力均衡。透气塞常采用六角螺栓式，中间有气孔，在窥视孔盖板与机盖中间加有密封垫片
油标	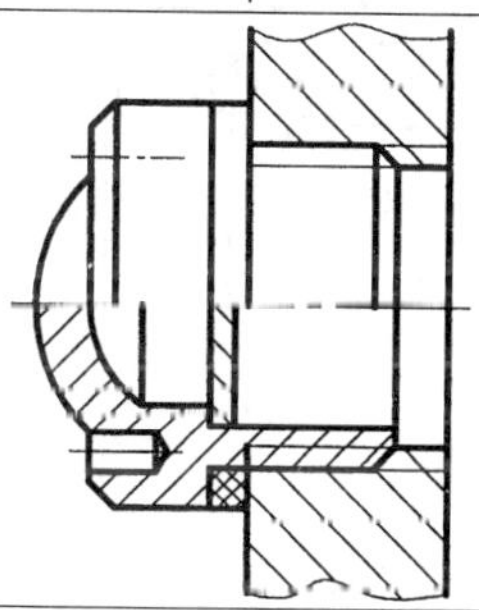	油标用于检查减速器内油面高度，设计在机箱下部。常见油标有圆形油标、管式油标和杆式油标等
油塞	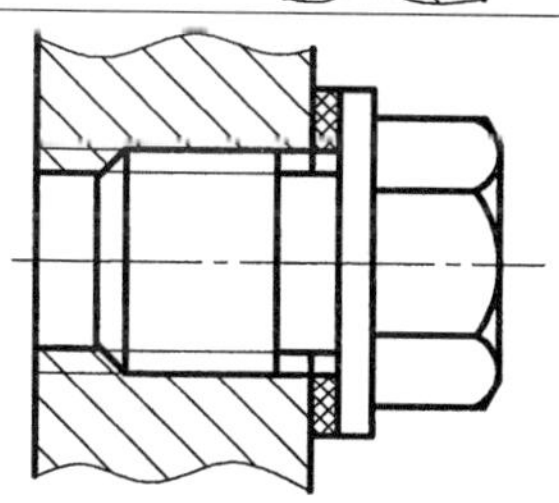	排油孔处装配油塞，常用六角螺栓式，与机座面接触处加有橡胶垫片

续表

名称	装配画法	作用
挡油环 轴承 闷盖	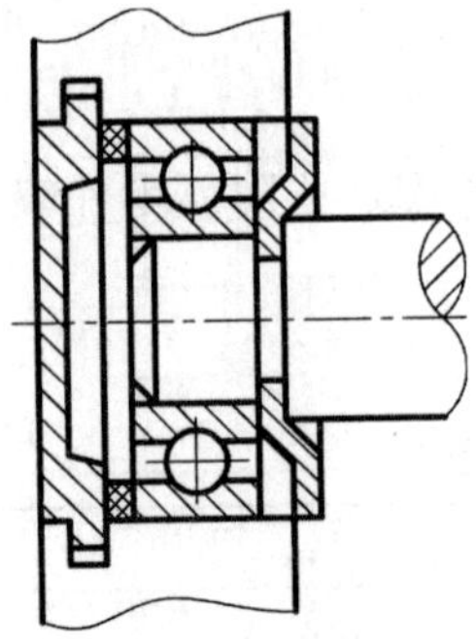	装配挡油环、闷盖和橡胶垫圈，用来固定轴承外圈，并起到密封作用
毛粘密封	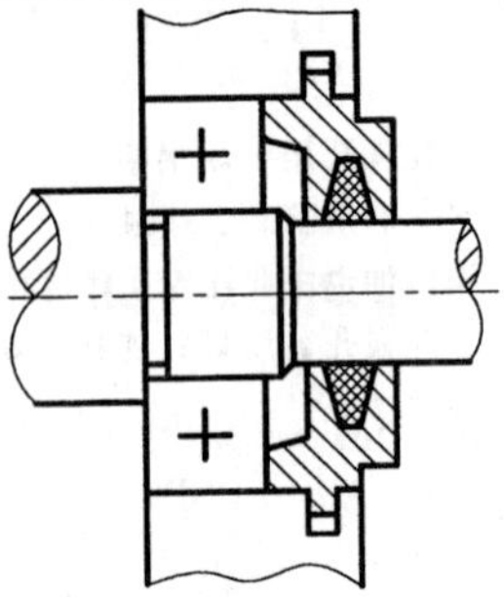	将毛粘或石棉嵌入闷盖的沟槽里达到密封作用

六、减速器零件工作图画法

根据零件草图和装配图，用尺规或计算机画出来的零件图称为零件工作图。画零件

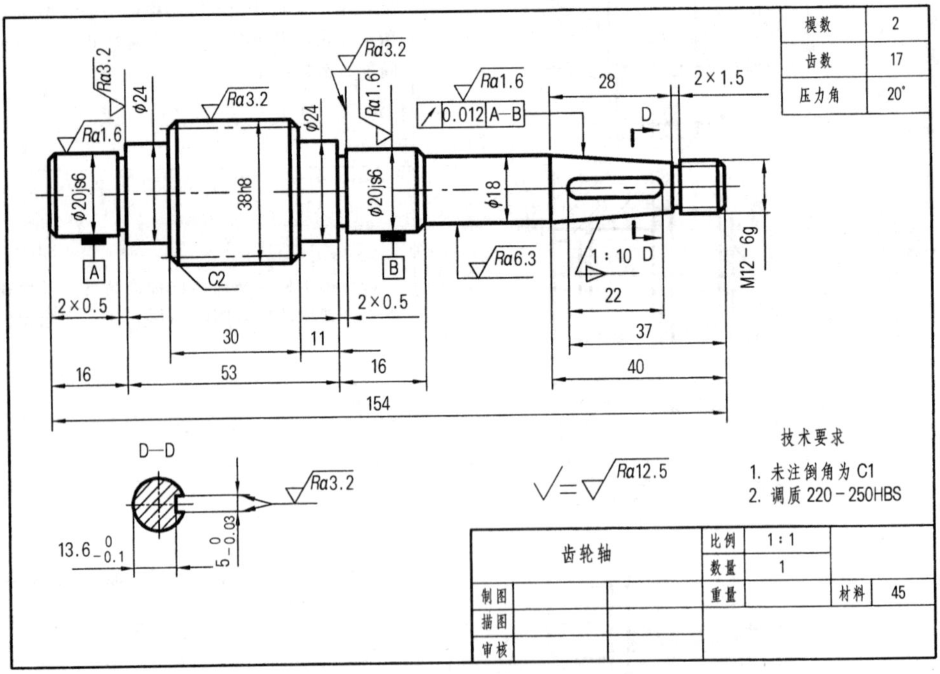

图 10-32　减速器齿轮轴零件工作图

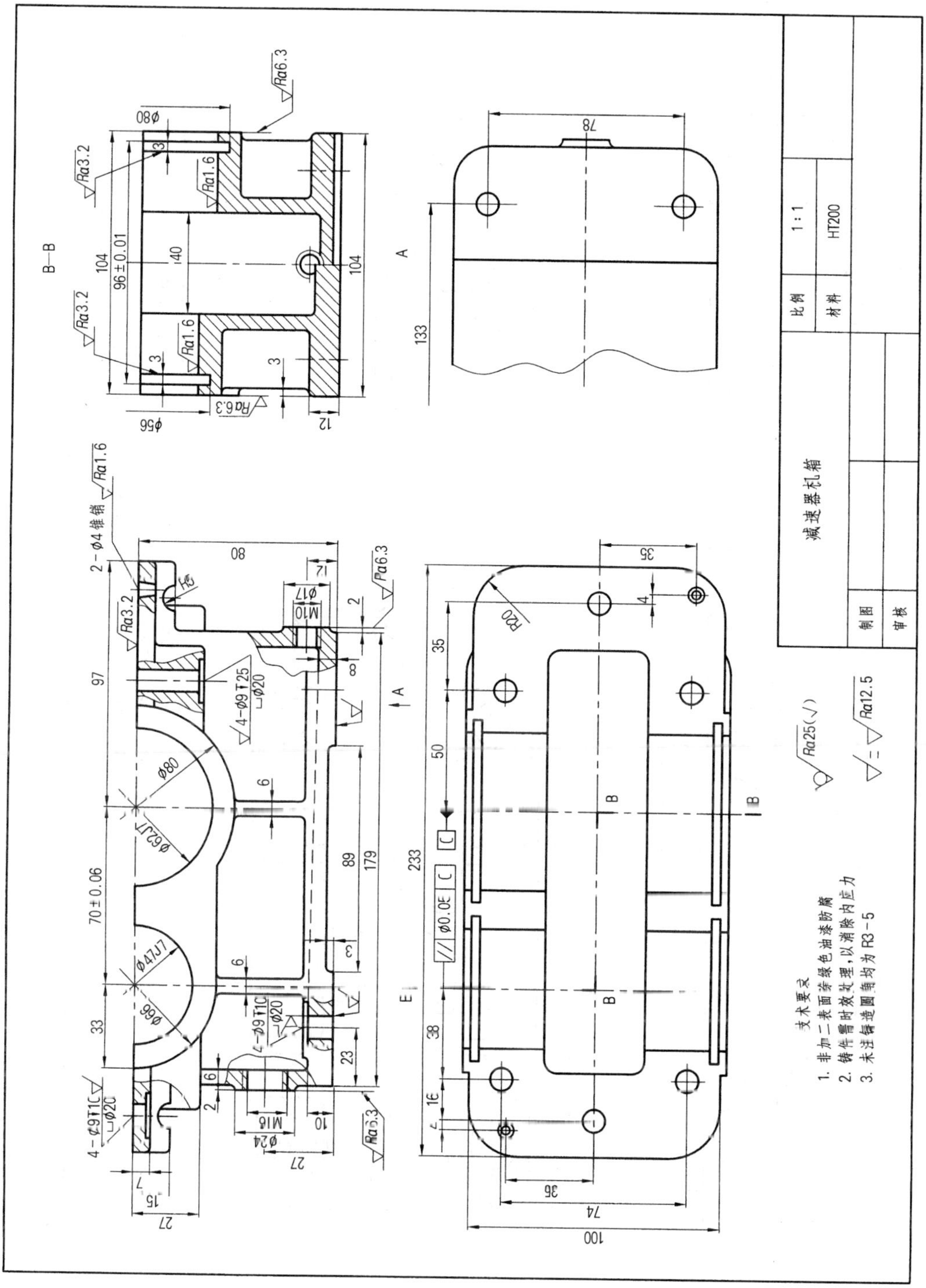

图10-33 减速器底座零件工作图

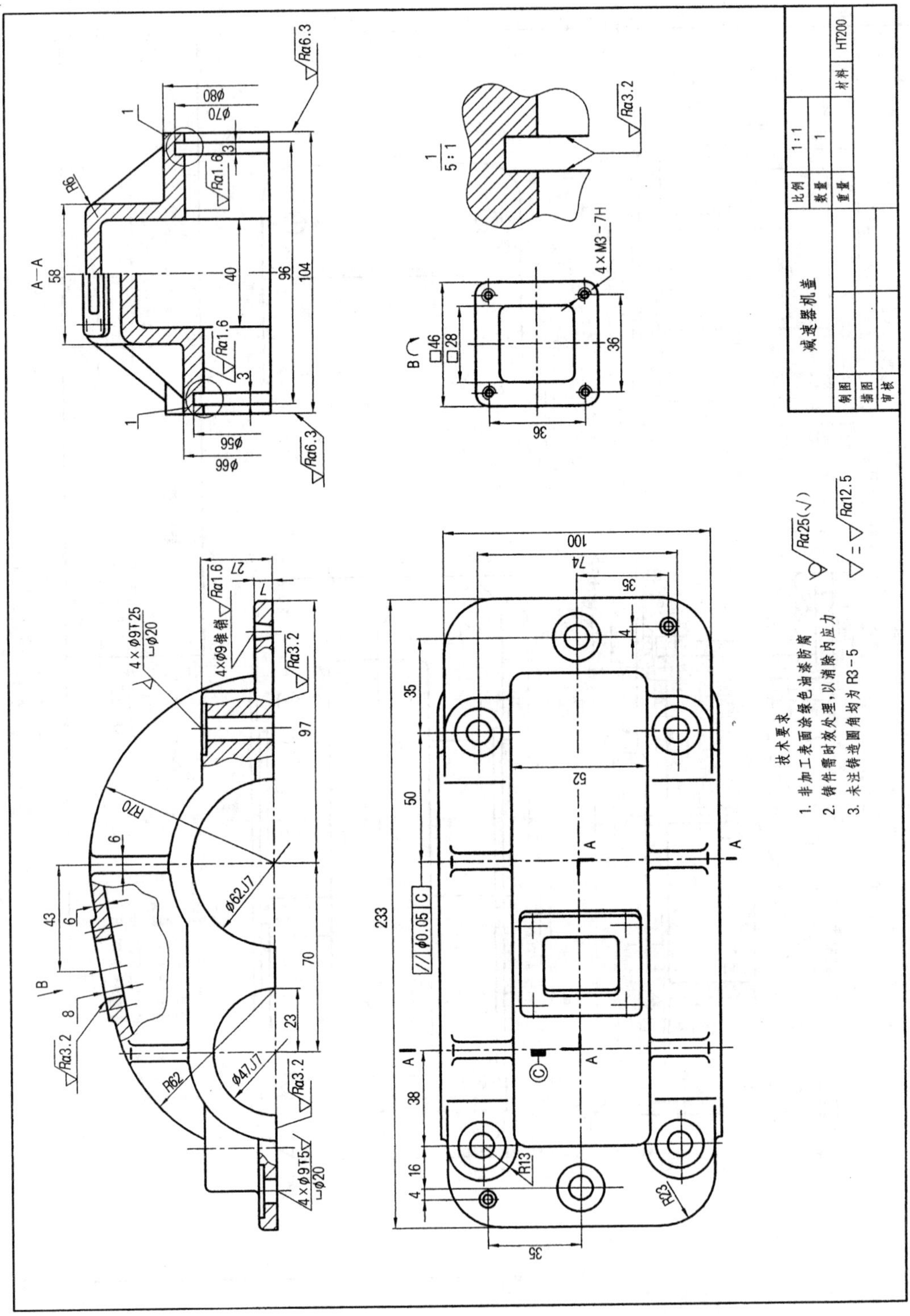

图 10－34　减速器箱盖零件工作图

工作图不是简单地抄画零件草图，因为零件工作图是制造零件的依据，它要求比零件草图更加准确、完善，所以针对零件草图中视图表达、尺寸标注和技术要求注写存在不合理、不完整的地方，在画零件工作图时要加以调整和修改。

画零件工作图中，要注意配合尺寸、关联尺寸及其他重要尺寸必须保持一致，要反复认真检查校核，直至无误后减速器测绘工作才告结束。如图 10－32、图 10－33、图 10－34 所示。

复习·思考·检测（单选）

1. 有关零部件测绘下列说法不正确的是（　　）。

（A）根据零件尺寸的精确程度，选用相应的测量工具测量

（B）为保证测绘准确性，没有配合关系的尺寸或不重要的尺寸，也要精确测量

（C）对于螺纹等标准零件，应根据测得的尺寸查表与标准值核对，取相近似的标准尺寸

（D）先了解测绘部件，然后拆卸部件、画装配示意图、画零件草图、测量零件尺寸、画装配工作图、画零件工作图

2. 根据零件尺寸的精确程度，选用相应的测量工具，对精度较高的尺寸应选择（　　）测量。

（A）钢直尺　　（B）卡钳配合钢直尺

（C）内、外卡钳　　（D）游标卡尺或千分尺

3. 轴套类零件图下列说法不正确的是（　　）。

（A）一般把轴线放成水平位置来选择主视图的投影方向

（B）一般把轴线放成垂直位置来选择主视图的投影方向

（C）一般按工作位置和加工位置选择主视图的投影方向

（D）常结合断面图、局部剖视图、局部放大图来表达轴套零件上的退刀槽等局部结构

4. 下列（　　）不属于轴套类零件上的工艺结构。

（A）退刀、越程槽　　（B）倒角、倒圆

（C）中心孔　　（D）铸造圆角、拔模斜度

5. 在孔轴配合中公差等级的选定一般为（　　）。

（A）孔比轴高一级　　（B）孔比轴低一级

（C）孔比轴低二级　　（D）孔与轴相同

6. 关于盘盖类零件图下列说法不正确的是（　　）。

（A）一般按工作位置或加工位置放置，以轴线的垂直方向投影来选择主视图

（B）视结构形状及位置再选用一个左视图或右视图来表达盘盖零件的外形和螺栓孔等

（C）主视图常采用全剖视来表达轴孔内部结构

（D）有肋板、轮辐结构的可用断面图来表达其断面形状，细小结构可采用局部放大

图表达

7. 盘盖类零件在标注尺寸时，通常以（　　）作为轴向尺寸基准。

（A）重要的安装端面　　（B）重要的定位端面

（C）重要的配合或接触表面　　（D）盖顶端面

第十一章　表面展开图

【内容提要】

本章主要介绍表面展开图的基本知识；讲解平面立体的表面展开图的画法、回转立体的表面展开图的画法以及圆接头的表面展开图的画法。

【目标要求】

(1) 掌握平面立体的表面展开画法。

(2) 掌握回转立体的表面展开画法。

(3) 掌握圆接头的表面展开画法。

将物体的表面按照其实际形状和大小，依次摊平在同一平面上，称为表面展开。展开后所画得的平面图形，称为表面展开图。

表面展开图在电力、化工、冶金、石油等工业设备的制造、安装工程中应用广泛，如图 11-1 所示的煤粉分离器是一个金属薄板制件，其制造过程就是根据展开图下料、弯曲成形，最后焊接或铆接而成。

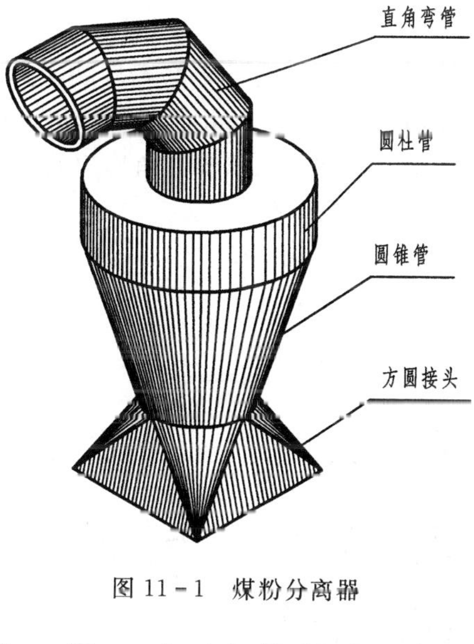

图 11-1　煤粉分离器

第一节　平面立体的表面展开

平面立体的表面都是由平面多边形组成。平面立体表面展开是先求出平面的实形后，按一定的排列顺序摊平，即可得到其表面展开图。最常见的为棱柱体和棱锥体的表面展开。

一、棱柱表面的展开

图 11－2 所示为斜头四棱柱管表面展开图画法。根据图 11－2（a）、（b）分析，由于围成四棱柱管的四个表面（即棱面）分别平行于正面和侧面，因此正面投影和侧面投影均反映该表面的实形，由此可直接度量各表面的边长，并按各表面的排列顺序画出展开图，如图 11－2（c）所示。

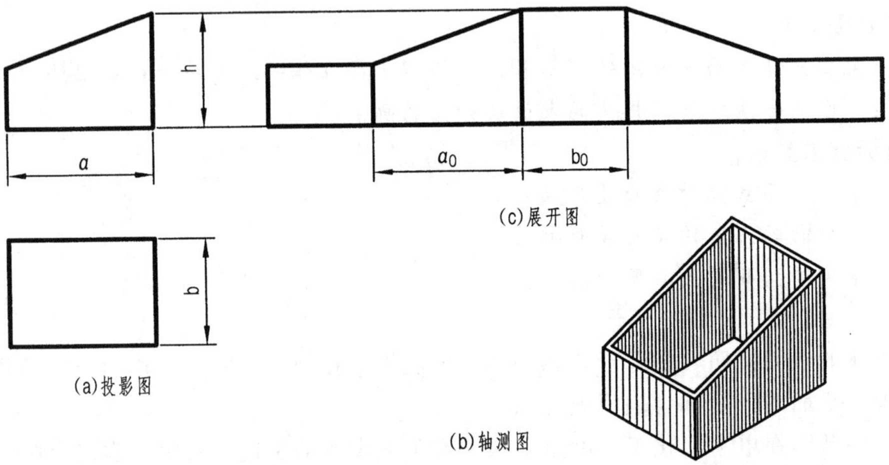

(c)展开图

(a)投影图

(b)轴测图

图 11－2　斜头四棱柱管表面展开图画法

二、棱锥表面的展开

图 11－3 所示为四棱锥管表面展开图画法。根据图 11－3（a）、（b）分析，四棱锥管的表面是由四个等腰梯形平面组成，他们的投影都不反映实形。为了作出它们的展开图，必须先求出四个等腰梯形平面的实形。为此可将各个梯形平面用对角线连接分成两个三角形，用前面所介绍的直角三角法或旋转法求出各三角形边的实长，最后按照平面的排列顺序画出四棱锥管的表面展开图。

画法步骤如下：

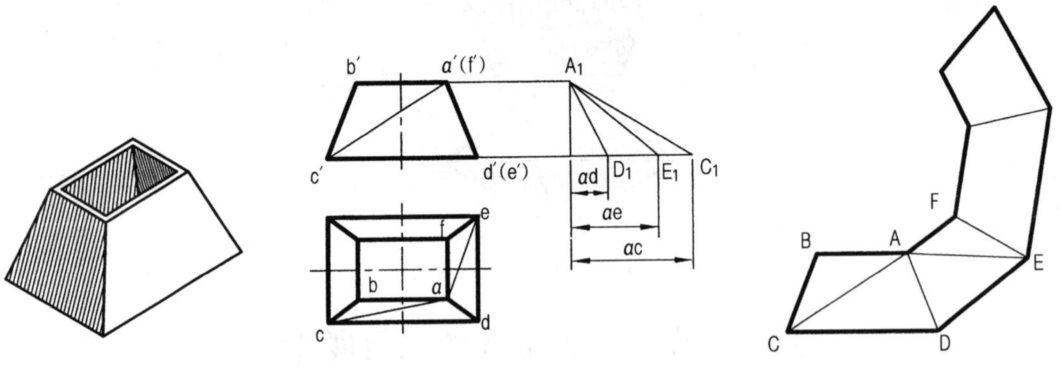

(a)轴测图　(b)投影图　(c)求棱线实长　(d)展开图

图 11－3　四棱锥管表面展开图画法

（1）用直线连接 $a'c'$、ac、df，分成△ACD 和△ADF，见图 11－3（b）。

（2）用直角三角形法求得△ACD 中 AC、AD 边和△ADF 中 DF 边的实长，得到两个三角形的真形，见图 11－3（c）。

（3）按三角形的排列顺序依次将其展开摊平，即得到四棱锥管表面展开图，见图 11－3（d）。

第二节　回转立体的表面展开

回转立体的表面常见的是圆柱面和圆锥面，或者是两者组合的表面。

一、圆柱表面的展开

1. 圆柱管表面的展开

圆柱管的表面展开图为一矩形，矩形的长度等于圆柱管的周长，即 πD（D 为直径）。矩形的高度为 H，以此可画出圆柱管的表面展开图，如图 11－4 所示。

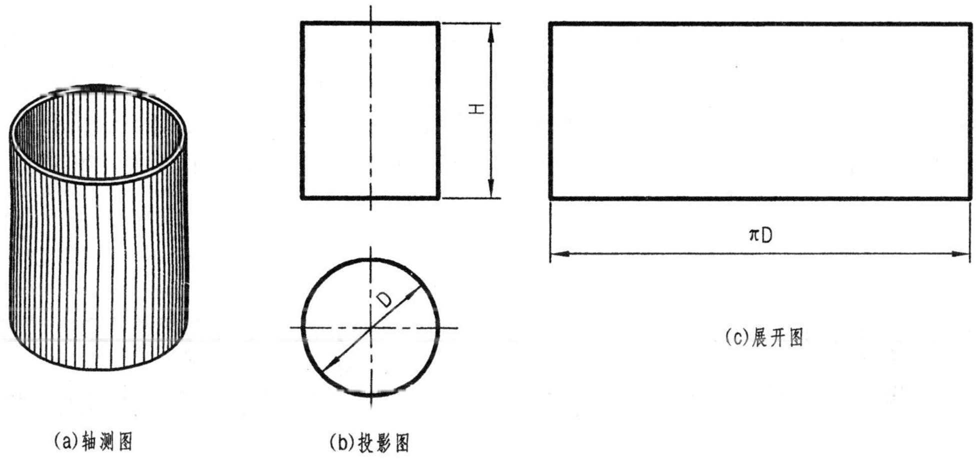

图 11－4　圆柱管表面展开图画法

2. 斜口圆柱管表面的展开

图 11－5（b）所示为一斜口圆柱管，根据图 11－5（a）投影图分析，斜口圆柱管表面上的各条素线长度不等，但这些素线都反映实长，依据这些素线的长度和间距，可画出斜口圆柱管的表面展开图。

画法步骤：

（1）将投影图的圆周分为若干等份（例图中为 12 等份），并在正面投影上将各等份点的素线画出来，见图 11－5（a）。

（2）度量 12 等份圆周，完成圆柱管的表面展开图（为一矩形），并画出 12 条素线。

（3）在圆柱管展开图作出各条素线的实长，见图 11－5（c）。

（4）用曲线光滑地连接各条素线的上端点，即完成斜头圆柱管的表面展开图，见图 11－5（c）。

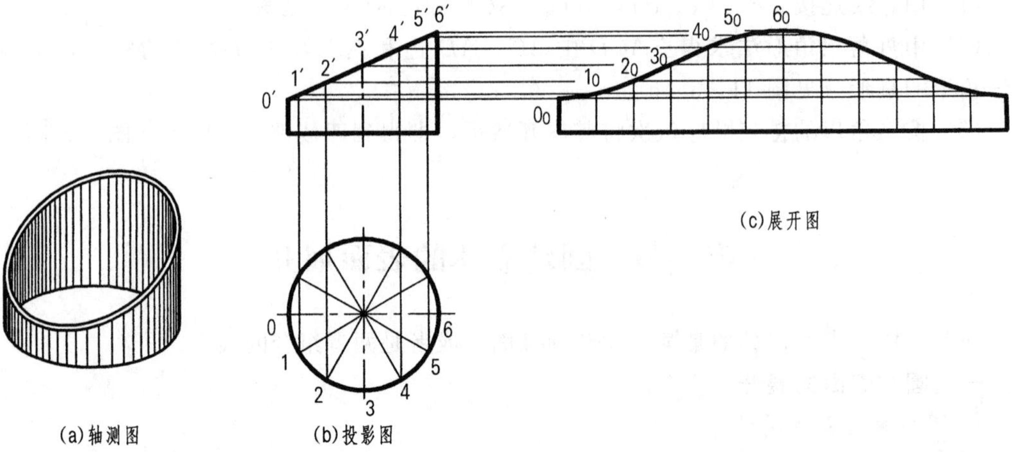

图 11-5　斜口圆柱管表面展开图画法

3. 三通管表面的展开

图 11-6 所示为三通管表面展开图画法，根据图 11-6（a）、（b）分析，三通管以相贯线为界分为Ⅰ、Ⅱ两个圆柱管，因此要分别画出两个圆柱管的展开图。圆柱管Ⅰ表面素线的长度沿相贯线而变化，素线的正面投影均反映实长，展开图的画法与斜头圆管的方法相同。画圆柱管Ⅱ表面展开图时，需将相贯线范围内的部分截去，因此要画出相贯线的展开图。

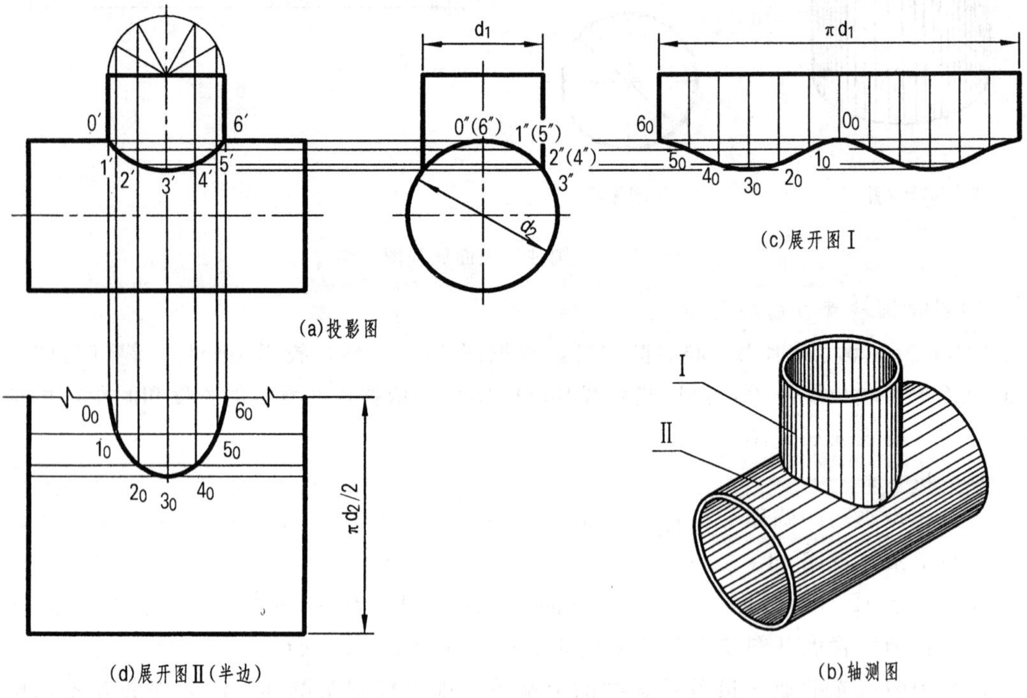

图 11-6　三通管表面展开图画法

画法步骤：

（1）将圆柱管Ⅰ的圆周作若干等份（例图中为 12 等份），并在正面投影上将各等份点的素线画出来，与相贯线相交点（相贯点）的长度即为素线的实长，见图 11－6（a）。

（2）按照斜头圆柱管展开图画法画出圆柱管Ⅰ的表面展开图，见图 11－6（c）。

（3）画出圆柱管Ⅱ表面展开图（为一矩形）。

（4）在圆柱管Ⅱ表面展开图对应的素线上求出各相贯点，用曲线依次将相贯点光滑地连接起来，即完成相贯线的展开图，其形状是一个椭圆孔，见图 11－6（d）。

4. 直角弯管表面的展开

图 11－7 所示为直角弯管表面展开图画法，根据图 11－7（a）、（b）分析，直角弯管是用四节斜头圆柱管焊接而成，所以直角弯管展开图画法与斜口圆柱管画法相同。

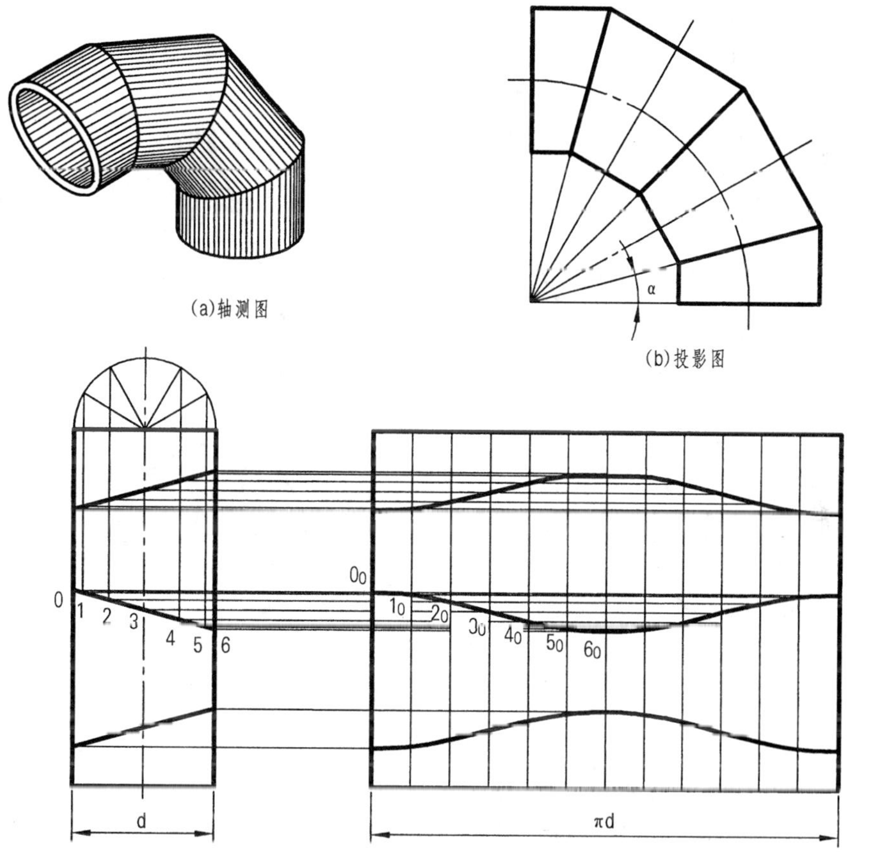

(a)轴测图　(b)投影图

(c)叠合成圆柱管　(d)拼合在一起画展开图

图 11－7　直角弯管表面展开图画法

画法步骤：

（1）由于直角弯管中各节圆柱管的管径和斜口的倾斜角 α 相同，可把各节斜口圆柱管叠合成一个完整的圆柱管，用拼合方法完成展开图，见图 11－7（c）。

（2）逐个画出各节斜口圆柱管的展开图，即完成直角弯管表面展开图，见图 11－6（d）。

二、圆锥表面的展开

1. 正圆锥表面的展开

正圆锥表面的展开图是扇形。扇形圆弧的半径等于正圆锥素线的长度 R，弧长等于正圆锥底圆的周长，扇形角 $\alpha=180°d/R$，如图 11-8（a）所示。

画正圆锥表面展开图时，可将正圆锥的表面分成若干个相等的等腰三角形，每一个等腰三角形看成是一个等腰三角形平面，求得等腰三角形平面的实形后，依次将这些三角形平面展开摊平即得到正圆锥的表面展开图，如图 11-8（b）所示。

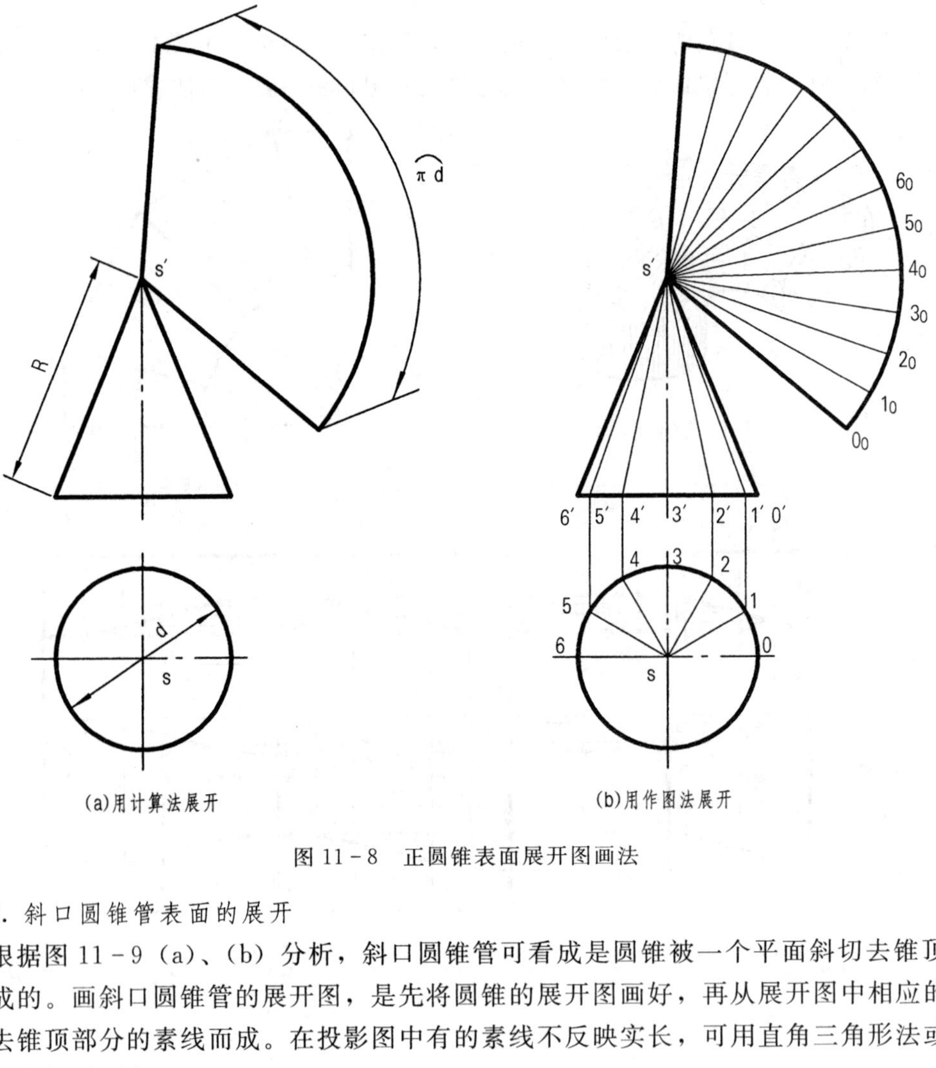

图 11-8　正圆锥表面展开图画法

2. 斜口圆锥管表面的展开

根据图 11-9（a）、（b）分析，斜口圆锥管可看成是圆锥被一个平面斜切去锥顶部分而形成的。画斜口圆锥管的展开图，是先将圆锥的展开图画好，再从展开图中相应的素线上截去锥顶部分的素线而成。在投影图中有的素线不反映实长，可用直角三角形法或旋转法求得实长后画出。

画法步骤：

（1）将正圆锥水平投影的圆周分成若干等份（例图中分成 8 等份），在正面投影上作出各等份素线的投影，按照正圆锥表面展开的画法，先画出正圆锥的表面展开图，见图 11-9（a）。

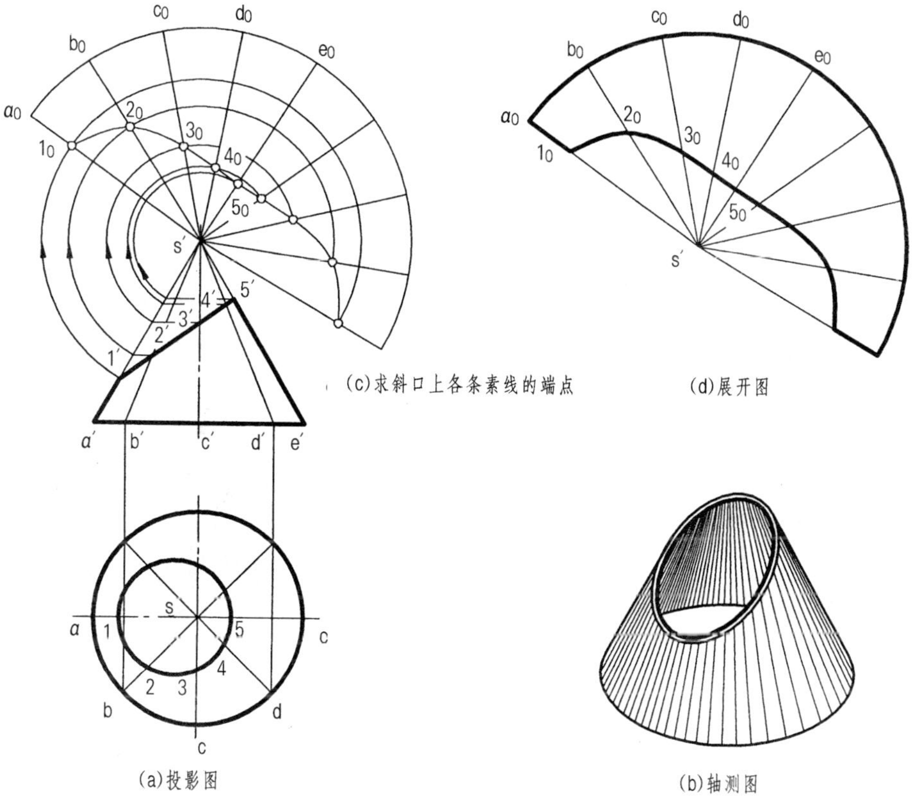

(c)求斜口上各条素线的端点

(d)展开图

(a)投影图

(b)轴测图

图 11－9　斜口圆锥管表面展开图画法

（2）用旋转法或直角三角形法求得斜口圆锥管上各素线的实长，并在圆锥展开图中相应的素线上找到斜口上的各点，见图 11－9（c）。

（3）用曲线光滑地连接斜口素线上的上端点，即得到斜口圆锥管的表面展开图，见图 11－9（d）。

第三节　方圆接头的表面展开

根据图 11－10（a）、（b）分析，方圆接头的形状是上圆下方，它的表面是由四个全等的等腰三角形平面和四个相等的斜圆锥面组成。画展开图时，等腰三角形平面的底边为实长，但两腰边不反映实长，需要求出实长后才能画出。对于斜圆锥面，可以将其分成若干个三角形平面，求得这些三角形平面各边的实长后画出。最后按其排列顺序依次展开拼合成方圆接头的表面展开图。

画法步骤：

（1）用直角三角形法求得等腰三角形腰边 L 和斜圆锥面上素线 M 的实长，见图 11－10（c）。

（2）用求得的实长依次拼合画出等腰三角形和斜圆锥面上三角形（近似看成平面），见图 11－10（d）。

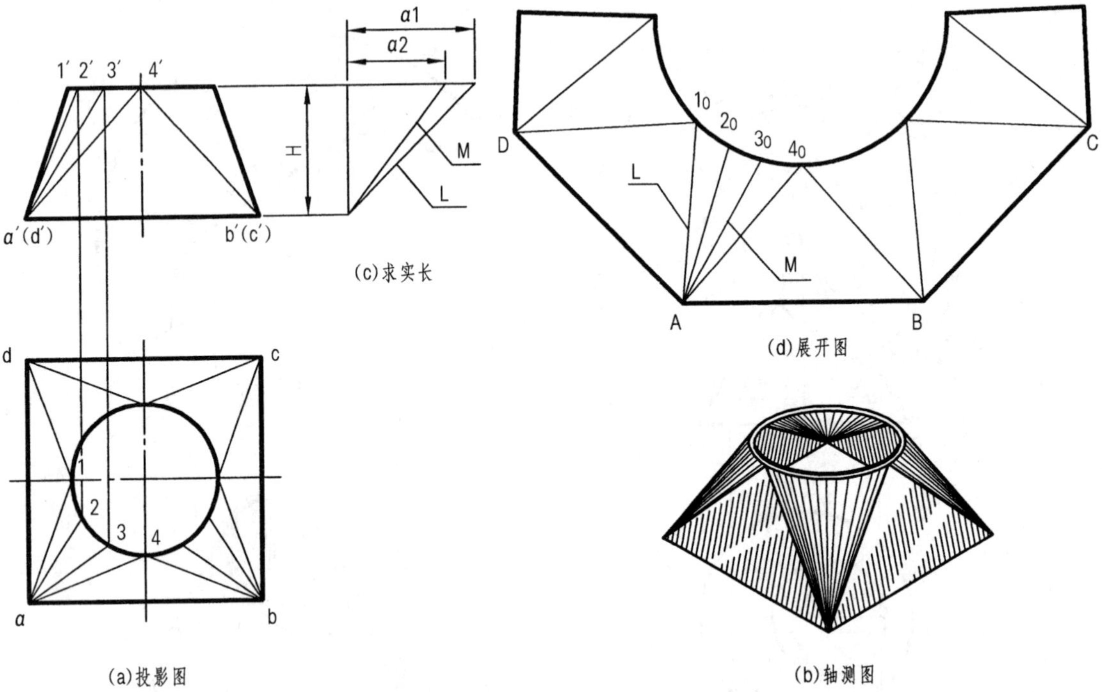

图 11－10　方圆接头表面展开图画法

（3）用曲线光滑地连接圆口上的各点，即得到方圆接头的表面展开图，见图 11－10（e）。

复习·思考·检测（单选）

1. 画立体表面的展开图实质上就是求作（　　）。

（A）立体各表面的投影　　（B）立体各表面的类似形

（C）立体各表面的实形　　（D）立体任意一个表面的实形

2. 等径直角弯管的表面展开图一般按（　　）。

（A）四个棱柱管表面展开图绘制　　（B）四个圆柱管表面展开图绘制

（C）两个斜头圆柱管表面展开图绘制　　（D）四个斜头圆管表面展开图绘制

3. 方圆接头的表面是由（　　）。

（A）四个全等的等腰三角形平面和四个相等的斜圆锥面组成

（B）四个扇形平面和四个圆柱管面组成

（C）四个等腰三角形平面和斜头圆管面组成

（D）四个任意平面和四个圆锥面组成

第十二章 金属焊接图

【内容提要】

本章主要介绍金属焊接图的基本知识，讲解焊缝的图示法和焊缝的标注方法。

【目标要求】

（1）了解焊缝的表示法，掌握常见焊缝代号的标注方法。

（2）掌握金属焊接图的读图方法。

将两件或两件以上的金属构件用焊接的方法连接成一个整体，该构件就称为金属焊接件。用来表达金属焊接件的工程图样称为金属焊接件图（简称焊接图）。焊接是设备制造和安装工艺中最常见的连接方法，焊缝是工业生产中常见的工艺结构。

第一节 焊缝的图示法

国家标准《焊缝符号表示法》（GB/T324）和《技术制图 焊缝符号的尺寸、比例及简化画法》（GB/T12212）规定，在工程图样中表示焊缝有两种方法，即图示法和标注法。

一、焊缝的规定画法

（1）用视图表示焊缝时，当焊缝面（或带坡口的一面）处于可见时，焊缝用栅线（一系列细实线）表示，此时表示两个被焊接件相接的轮廓线应保留，如图 12-1 所示。

（2）当焊缝面（或带坡口的一面）处于不可见时，表示焊缝的栅线省略不画。

（3）在垂直于焊缝的断面或剖视中，当比例较大时，应按照规定的焊缝横截面形状，画出焊缝的断面并涂黑。

（4）用视图、剖视图或断面图表示焊缝接头或坡口的形状时，用粗实线表示熔焊区的焊缝轮廓，用细实线画出焊接前的接头或坡口形状，见表 12-1 中的“示意图”。

二、焊缝符号

根据国家标准《焊缝符号表示法》的规定，焊缝符号一般由基本符号与指引线组成。必要时还可以加上辅助符号、补充符号和焊缝尺寸符号。

1. 焊缝的基本符号

焊缝的基本符号是表示焊缝横截面形状的符号，用粗实线绘制。常见焊缝的基本符号见表 12-1。

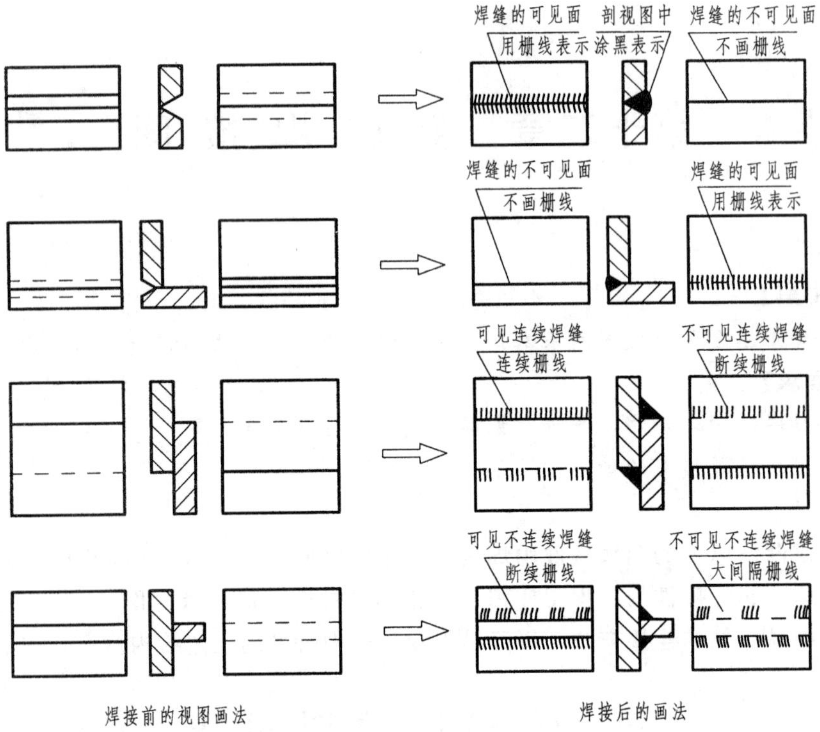

图 12-1　焊缝的规定画法

表 12-1　常见焊缝的基本符号

名　称	图形符号	示　意　图	名　称	图形符号	示　意　图
I 形焊缝	||		带钝边单边 V 形焊缝	Y	
V 形焊缝	V		带钝边 U 形焊缝	Y	
单边 V 形焊缝	V		带钝边 J 形焊缝	P	
带钝边 V 形焊缝	Y		角焊缝	◺	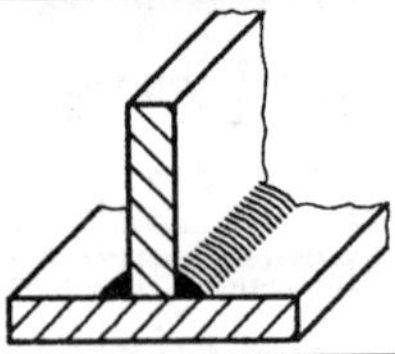

2. 焊缝的辅助符号

焊缝的辅助符号是表示焊缝表面形状特征的符号，用粗实线绘制，如图 12-2 所示。不需要确切说明焊缝的表面形状时，可以不用辅助符号。

3. 焊缝的补充符号

焊缝的补充符号是补充说明焊缝的某些特征而采用的符号，用粗实线绘制（尾部符号

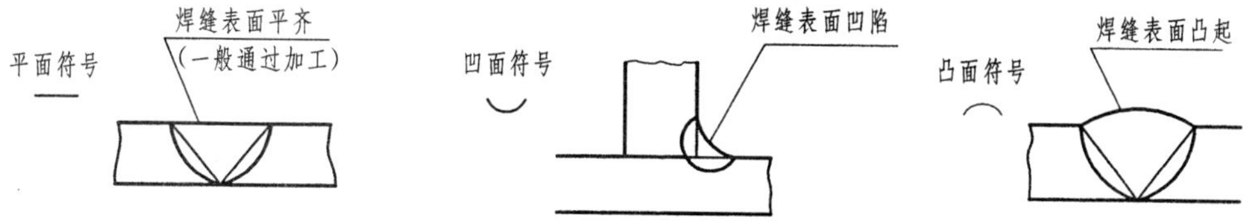

图 12－2 焊缝的辅助符号

除外），如图 12－3 所示。

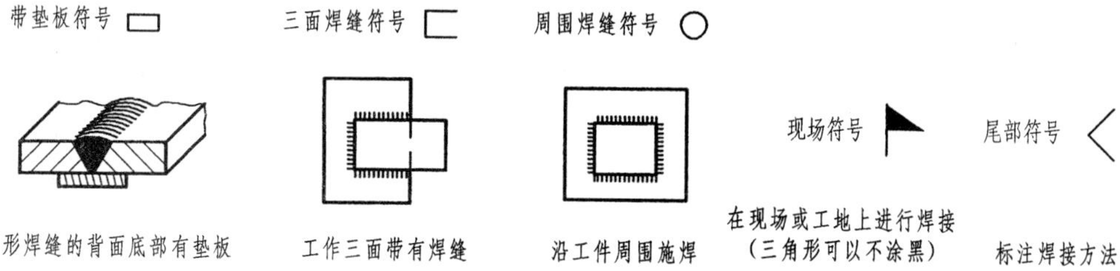

图 12－3 焊缝的补充符号

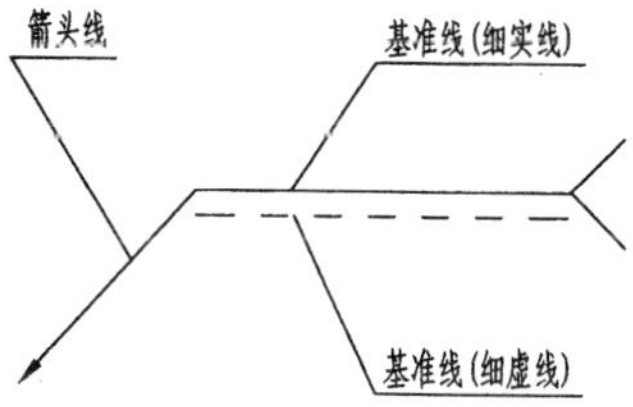

图 12－4 焊缝标注指引线

4. 指引线

指引线一般由带箭头的指引线（简称箭头线）和两条基准线（一条为细实线，另一条为细虚线）两部分组成，如图 12－4 所示。基准线一般与主标题栏平行。指引线有箭头的一端指向有关焊缝，细虚线表示焊缝在接头的非箭头侧。在需要表示焊接方法等说明时，可在基准线末端加一尾部符号。

5. 焊缝尺寸符号

焊缝尺寸主要是指焊缝横截面形状的尺寸。必要时基本符号可以附带尺寸符号及数据，尺寸符号见表 12－2。

表 12－2 **焊缝尺寸符号的含义及标注位置**

名 称	符号	标 注 位 置
工件厚度	δ	
坡口角度	α	
坡口面角度	β	
根部间隙	b	
钝 边	p	
坡口深度	H	
焊缝宽度	c	
余 高	h	
焊缝有效厚度	S	
根部半径	R	
焊脚尺寸	K	
焊缝长度	l	
焊缝间距	e	
焊缝段数	n	
相同焊缝数量	N	

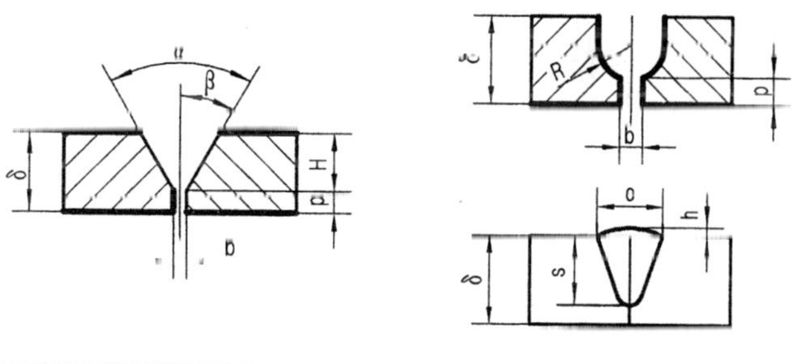

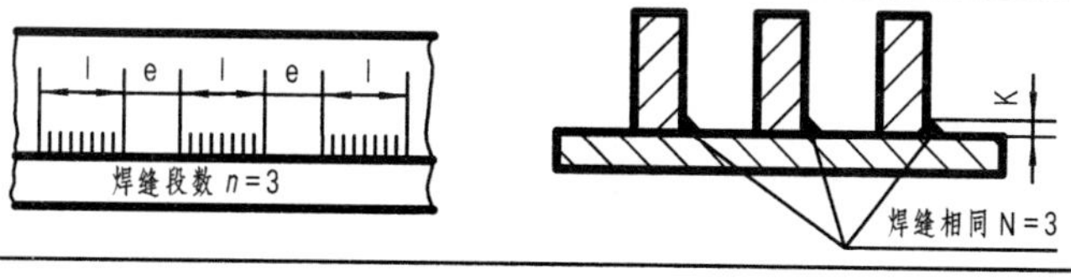

6. 焊接方法代号

按焊接过程中金属所处的状态不同，焊接方法分为熔化焊接、压力焊接和钎焊三大类。由于焊接技术、焊接能源、焊接工艺、焊接设备等不断发展和提高，焊接方法现已有几十种之多。

《金属焊接及钎焊方法在图样上的表示代号》（GB/T5185）规定：用阿拉伯数字代号来表示各种焊接方法，并可在图样上标出。常用焊接方法及代号，参见表 12-3。

表 12-3　　常用焊接方法及代号（摘自 GB/T5185）

代号	焊接方法	代号	焊接方法	代号	焊接方法	代号	焊接方法
111	手工电弧焊	21	点 焊	321	空气一乙炔焊	751	激光焊
12	埋弧焊	22	缝 焊	42	摩擦焊	91	硬钎焊
121	丝极埋弧焊	25	电阻对焊	43	锻 焊	912	火焰硬钎焊
122	带极埋弧焊	291	高频电阻焊	441	爆炸焊	916	感应硬钎焊
15	等离子弧焊	311	氧一乙炔焊	72	电渣焊	94	软钎焊
181	碳弧焊	312	氧一丙烷焊	74	感应焊	942	火焰软钎焊

第二节　焊缝的标注方法

为了使图样清晰和减轻绘图工作量，可按国家标准《焊缝符号表示法》中规定的焊缝符号表示焊缝，即标注法。

一、焊缝符号、箭头线、焊接方法与基准线的关系

箭头线相对焊缝的位置一般没有特殊要求，箭头线可以标在有焊缝一侧，也可以标在没有焊缝一侧。

（1）如果箭头线位于焊缝一侧，则将基本符号标在基准线的细实线上；如果箭头线位于非焊缝一侧，则将基本符号标在基准线的细虚线上，如图 12-5 所示。

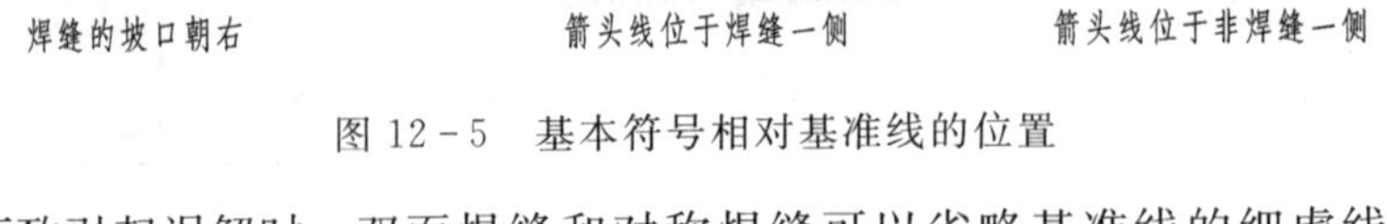

图 12-5　基本符号相对基准线的位置

（2）在不致引起误解时，双面焊缝和对称焊缝可以省略基准线的细虚线，如图 12-6 所示。

（3）在指引线的尾部，标注表示焊接方法的数字代号或相同焊缝的个数，手工电弧焊或没有特殊要求的焊缝，可省略尾部符号和标注。

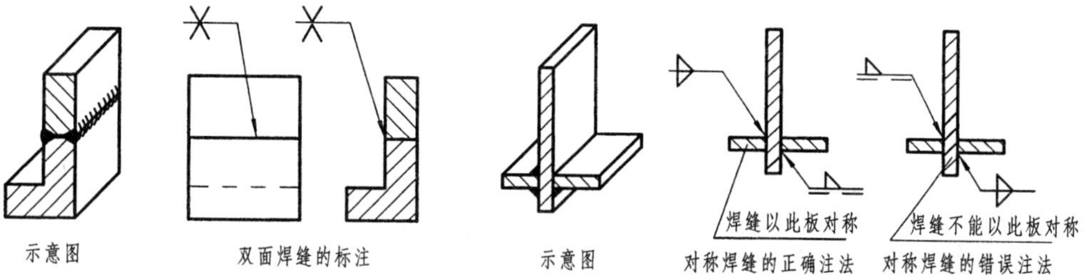

图 12－6 双面焊缝和对称焊缝的注法

二、焊缝符号与尺寸符号的关系

焊缝尺寸符号及数据的标注原则是：焊缝横截面上的尺寸数据，标在基本符号的左侧；焊缝长度方向的尺寸数据，标在基本符号的右侧；坡口角度、坡口面角度、根部间隙等尺寸数据，标在基本符号的上侧或下侧；相同焊缝数量及焊接方法代号标在尾部；当需要标注的尺寸数据较多又不易分辨时，可在数据前面增加相应的尺寸符号。焊缝符号与尺寸符号的关系，如图 12－7 所示。

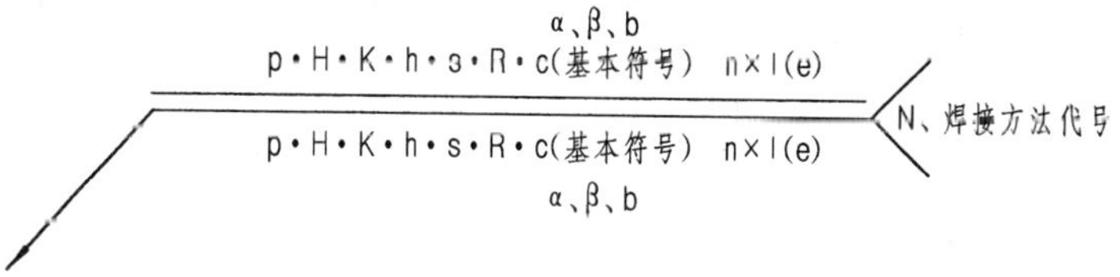

图 12－7 焊缝尺寸的标注位置

三、常见焊缝的标注示例

常见焊缝的标注示例，见表 12－4。

表 12－4 **常见焊缝的标注示例**

接头型式	焊缝型式	标注示例	说 明
对接接头	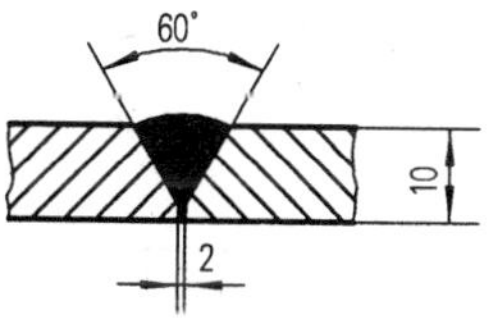	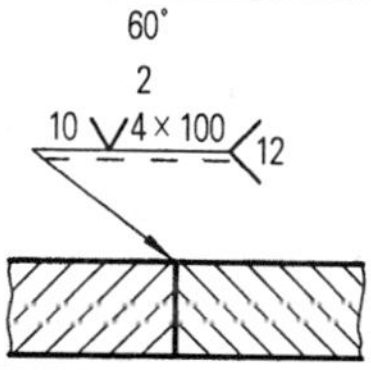	表示板厚 10，对接缝隙 2，坡口角度 60°，4 条焊缝，每条焊缝长 100，采用埋弧焊
T 型接头	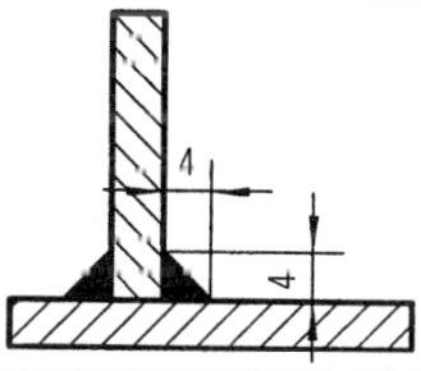	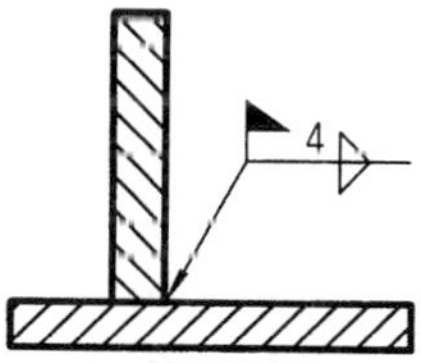	表示双面角焊缝，焊角尺寸为 4，在现场装配时进行焊接
	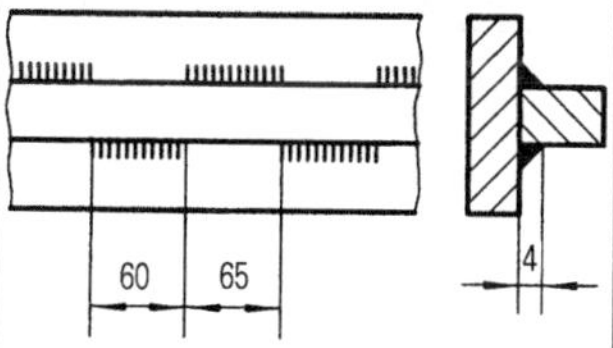	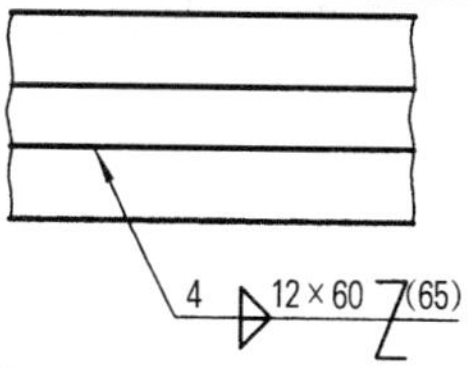	焊脚尺寸为 4 的双面角焊缝，有 12 条断续焊缝，每段焊缝长度为 60，焊缝间隙为 65，“Z”表示两面断续焊缝交错

四、焊接图实例

图 12－8 为某化工设备的支座焊接图。

件 1（垫板）与设备吻合，与设备之间吊装现场焊接，四周全部焊接，采用焊脚尺寸为 8 的角焊缝。

件 2（支承板）与件 1（垫板）之间采用四周全部焊接，焊脚尺寸为 8 的角焊缝。

件 3（底板）与件 2（支承板）之间采用双面角焊缝焊接，焊脚尺寸为 6 的角焊缝。

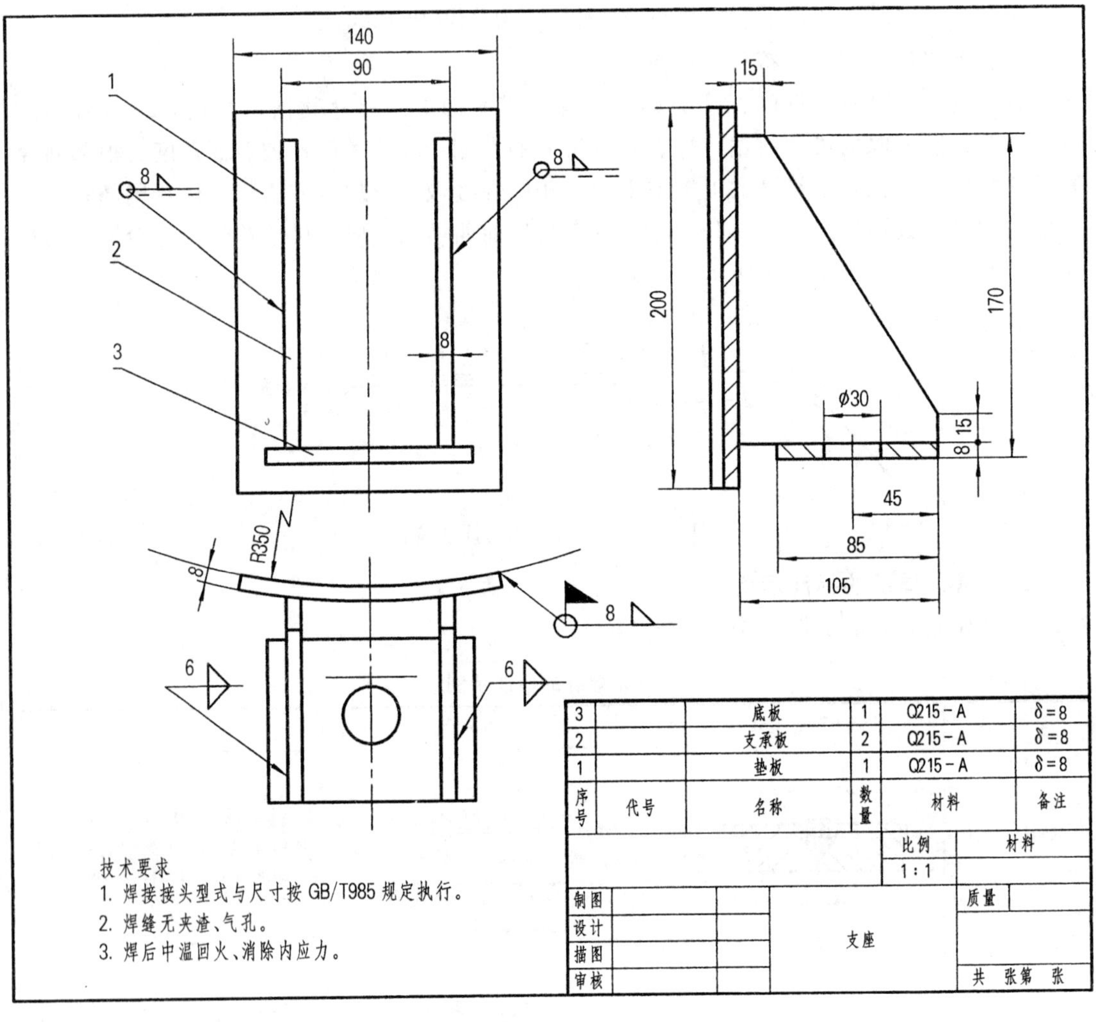

图 12－8　支座焊接图

复习·思考·检测（单选）

1. 在工程图样中表示焊缝有（　　）。

(A) 1 种方法　　(B) 2 种方法　　(C) 3 种方法　　(D) 4 种方法

2. 用视图、剖视图或断面图表示焊缝接头或坡口的形状时，用（　　）表示熔焊区的焊缝轮廓。

（A）粗实线　（B）细实线　（C）细点画线　（D）细虚线

3. 用视图、剖视图或断面图表示焊缝接头或坡口的形状时，用（　）画出焊接前的接头或坡口形状。

（A）粗实线　（B）细实线　（C）细点画线　（D）细虚线

4. 焊缝的基本符号是表示焊缝横截面形状的符号，用（　）绘制。

（A）粗实线　（B）细实线　（C）细点画线　（D）细虚线

5. 在焊缝标注法中，如果箭头线位于非焊缝一侧，则将基本符号标在基准线的（　）上。

（A）粗实线　（B）细实线　（C）细点画线　（D）细虚线

6. 在焊缝标注法中，焊缝横截面上的尺寸数据，标在基本符号的（　）。

（A）左侧　（B）右侧　（C）上侧　（D）下侧

7. 在焊缝标注法中，焊缝长度方向的尺寸数据，标在基本符号的（　）。

（A）左侧　（B）右侧　（C）上侧　（D）下侧

附　　录

一、螺纹

附表 1　　　**普通螺纹直径与螺距（摘自 GB/T 192、193、196—2003）**　　　单位：mm

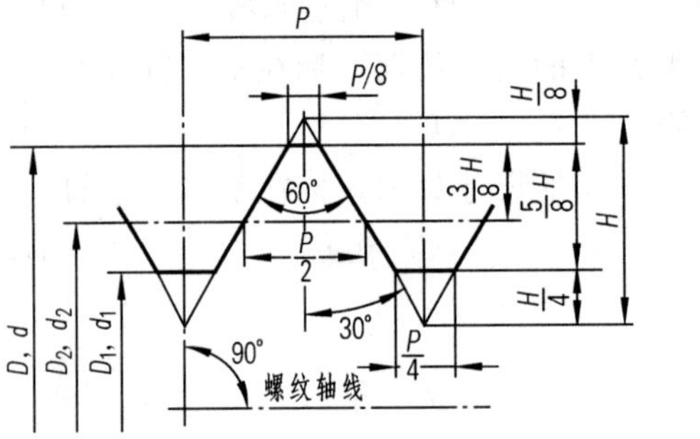

D——内螺纹大径
d——外螺纹大径
D_2——内螺纹中径
d_2——外螺纹中径
D_1——内螺纹小径
d_1——外螺纹小径
P——螺距

标记示例：
M10－6g（粗牙普通外螺纹，公称直径 d=10mm，右旋，中径及大径公差带代号均为 6g，中等旋合长度）
M10×1－6H－LH（细牙普通内螺纹，公称直径 D=10mm，螺距 P=1mm，左旋，中径及小径公差带代号均为 6H，中等旋合长度）

公称直径 D、d		螺　　距 P		粗牙中径 D_2、d_2	粗牙小径 D_1、d_1
第一系列	第二系列	粗　牙	细　　牙		
4		0.7	0.5	3.545	3.242
5		0.8		4.480	4.134
6		1	0.75，(0.5)	5.350	4.917
8		1.25	1，0.75，(0.5)	7.188	6.647
10		1.5	1.25，1，0.75，(0.5)	9.026	8.376
12		1.75	1.5，(1.25)，1，(0.75)，(0.5)	10.863	10.106
	14	2	1.5，(1.25)，1，(0.75)，(0.5)	12.701	11.835
16			1.5，1，(0.75)，(0.5)	14.701	13.835
	18	2.5	2，1.5，1，(0.75)，(0.5)	16.376	15.294
20				18.376	17.294
	22			20.376	19.294
24		3	2，1.5，1，(0.75)	22.051	20.752
	27			25.051	23.752
30		3.5	(3)，2，1.5，1，(0.75)	27.727	26.211
	33		(3)，2，1.5，(1)，(0.75)	30.727	29.211
36		4	3，2，1.5，(1)	33.402	31.670

注　1. 优先选用第一系列，第三系列未列入。
2. 括号内的尺寸尽可能不用。
3. M14×1.25 仅用于火花塞。

附表 2-1　　　　　　　　　　　　　管　螺　纹

55°密封管螺纹(摘自 GB/T 7306.1—2000、GB/T 7306.2—2000)

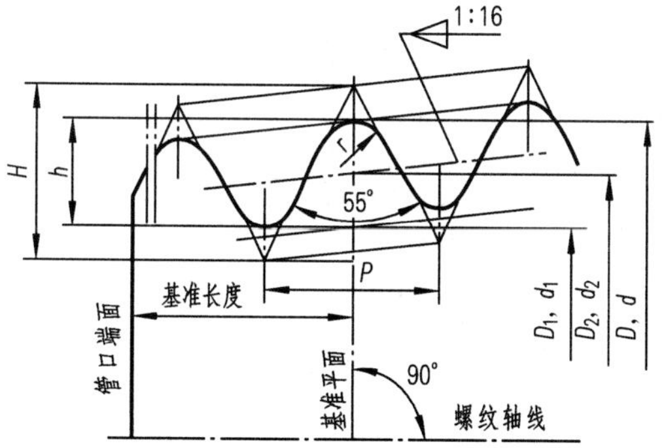

55°非密封管螺纹(摘自 GB/T 7307—2001)

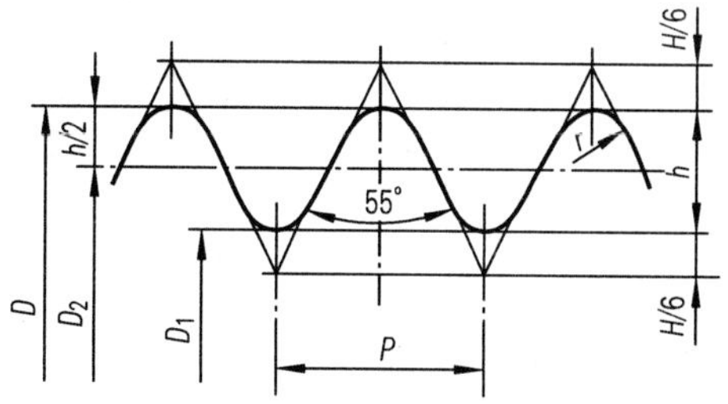

标记示例：

R_1½（尺寸代号 1½，右旋圆锥外螺纹）

Rc1¼LH（尺寸代号 1¼，左旋圆锥内螺纹）

Rp2（尺寸代号 2，右旋圆柱内螺纹）

标记示例：

G1½LH（尺寸代号 1½，左旋圆柱内螺纹）

G1¼A（尺寸代号 1¼，A 级右旋圆柱外螺纹）

G2B-LH（尺寸代号 2，B 级左旋圆柱外螺纹）

尺寸代号	基面上的直径（GB/T 7306.1—2000）基本直径（GB/T 7307—2000）			螺距 P/mm	牙高 h/mm	圆弧半径 r/mm	每 25.4mm 内的牙数 n	有效螺纹长度 /mm (GB/T 7306.1—2000)	基准距离 /mm (GB/T 7306.1—2000)
	大　径 $d=D$/mm	中　径 $d_2=D_2$/mm	小　径 $d_1=D_1$/mm						
1/16	7.723	7.142	6.561	0.907	0.581	0.125	28	6.5	4.0
1/8	9.728	9.147	8.566						
1/4	13.157	12.301	11.445	1.337	0.856	0.184	19	9.7	6.0
3/8	16.662	15.806	14.950					10.1	6.4
1/2	20.955	19.793	18.631	1.814	1.162	0.249	14	13.2	8.2
3/4	26.441	25.279	24.117					14.5	9.5
1	33.249	31.770	30.291	2.309	1.479	0.317	11	16.8	10.4
1¼	41.910	40.431	38.952					19.1	12.7
1½	47.803	46.324	44.845						
2	59.614	58.135	56.656					23.4	15.9
2½	75.184	73.705	72.226					26.7	17.5
3	87.884	86.405	84.926					29.8	20.6
4	113.030	111.551	110.072					35.8	25.4
5	138.430	136.951	135.472					40.1	28.6
6	163.830	162.351	160.872						

附表 2-2　　梯形螺纹（摘自 GB/T 5796.1～5796.4—2005）

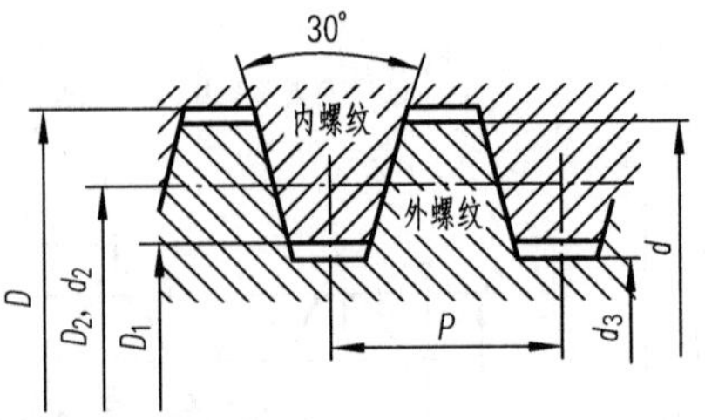

d——外螺纹大径（公称直径）
d_3——外螺纹小径
D——内螺纹大径
D_1——内螺纹小径
d_2——外螺纹中径
D_2——内螺纹中径
P——螺距
a_c——牙顶间隙

标记示例：

Tr40×7-7H（单线梯形内螺纹、公称直径 D=40mm、螺距 P=7mm、左旋、中径公差带代号为 7H、中等旋合长度）

Tr60×18（P9）-8e-L-LH（双线梯形外螺纹、公称直径 d=60mm、导程 P_h=18mm、螺距 P=9mm、左旋、公差带代号为 8e、长旋合长度）

梯 形 螺 纹 的 公 称 尺 寸

d 公称系列		螺距	中径	大径	小径		d 公称系列		螺距	中径	大径	小径	
第一系列	第二系列	P	$d_2=D_2$	D_4	d_3	D_1	第一系列	第二系列	P	$d_2=D_2$	D_4	d_3	D_1
8		1.5	7.25	8.3	6.2	6.5	32		6	29.0	33	25	26
	9	2	8.0	9.5	6.5	7		34		31.0	35	27	28
10			9.0	10.5	7.5	8	36			33.0	37	29	30
	11		10.0	11.5	8.5	9		38	7	34.5	39	30	31
12		3	10.5	12.5	8.5	9	40			36.5	41	32	33
	14		12.5	14.5	10.5	11		42		38.5	43	34	35
16		4	14.0	16.5	11.5	12	44			40.5	45	36	37
	18		16.0	18.5	13.5	14		46	8	42.0	47	37	38
20			18.0	20.5	15.5	16	48			44.0	49	39	40
	22	5	19.5	22.5	16.5	17		50		46.0	51	41	42
24			21.5	24.5	18.5	19	52			48.0	53	43	44
	26		23.5	26.5	20.5	21		55	9	50.5	56	45	46
28			25.5	28.5	22.5	23	60			55.5	61	50	51
	30	6	27	31	23	24		65	10	60	66	54	55

注 1. 优先选用第一系列的直径。

2. 表中所列的螺距直径，是优先选择的螺距及与之对应的直径。

二、常用的标准件

附表 3 六 角 头 螺 栓 单位：mm

六角头螺栓 C级
（摘自GB/T 5780—2016）

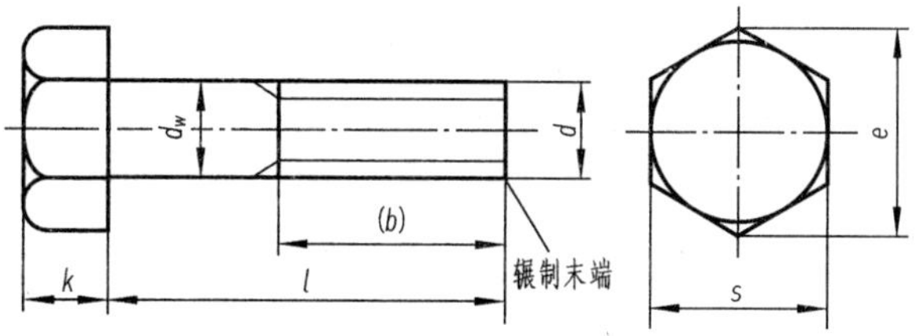

六角头螺栓 全螺纹 C级
（摘自GB/T 5781—2016）

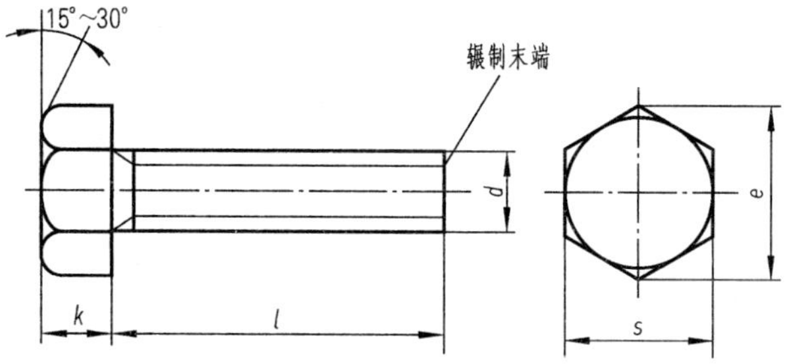

标记示例：

螺栓 GB/T 5780 M20×100（螺纹规格 d=M20、公称长度 l=100mm、性能等级为 4.8 级、不经表面处理、杆身半螺纹、C 级的六角头螺栓）

螺栓 GB/T 5781 M12×80（螺纹规格 d=M12、公称长度 l=80mm、性能等级为 4.8 级、不经表面处理、全螺纹、C 级的六角头螺栓）

螺纹规格 d		M5	M6	M8	M10	M12	M16	M20	M24	M30	M36	M42	M48
$b_{参考}$	l≤125	16	18	22	26	30	38	46	54	66	—	—	—
	125<l≤1200	22	24	28	32	36	44	52	60	72	84	96	108
	l>200	35	37	41	45	49	57	65	73	85	97	109	121
$k_{公称}$		3.5	4.0	5.3	6.4	7.5	10	12.5	15	18.7	22.5	26	30
s_{max}		8	10	13	16	18	24	30	36	46	55	65	75
e_{min}		8.63	10.89	14.2	17.59	19.85	26.17	32.95	39.55	50.85	60.79	71.3	82.6
d_{max}		5.48	6.48	8.58	10.58	12.7	16.7	20.84	24.84	30.84	37.0	43.0	49.0
$l_{范围}$	GB/T 5780—2016	25～50	30～60	35～80	40～100	45～120	55～160	65～200	80～240	90～300	110～300	160～420	180～480
	GB/T 5781—2016	10～40	12～50	16～65	50～80	25～100	35～100	40～100	50～100	60～100	70～100	80～420	90～480
$l_{系列}$		10、12、16、20～50（5 进位）、（55）、60、（65）、70～160（10 进位）、180、220～500（20 进位）											

注 1. 括号内的规格尽可能不用。

2. 螺纹公差：8g（GB/T 5780—2016）；6g（GB/T 5781—2016）；性能等级为 4.6 级、4.8 级；产品等级为 C 级。

附表 4　　双头螺柱（摘自 GB/T 897、900—1988 和 GB 898、899—1988）　　单位：mm

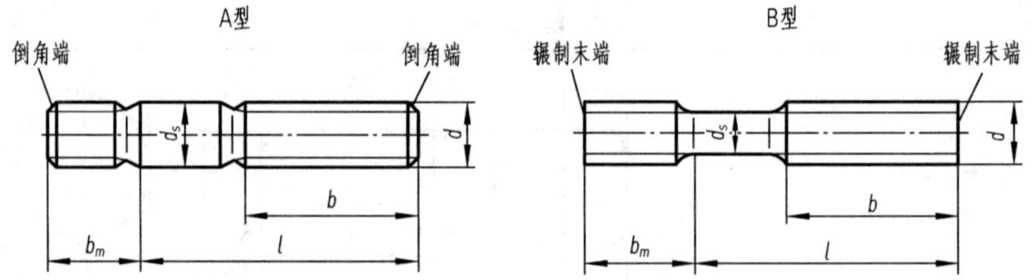

标记示例：

螺柱　GB/T 897　M10×50（两端均为粗牙普通螺纹、d=10mm、l=50mm、性能等级为 4.8 级、不经表面处理、B 型、$b_m=d$ 的双头螺柱）

螺柱　GB/T 897　A　M10－M10×1×50（旋入机件一端为粗牙普通螺纹、旋螺母一端为螺距 P=1mm 的细牙普通螺纹，d=10mm、l=50mm、性能等级为 4.8 级、不经表面处理、A 型、$b_m=d$ 的双头螺柱）

螺柱规格	b_m（公称）				l/b
	$b_m=d$（GB/T 897—1988）	$b_m=1.25d$（GB 898—1988）	$b_m=1.5d$（GB 899—1988）	$b_m=2d$（GB/T 900—1988）	
M3	—	—	4.5	6	(16～20)/6、(25～40)/12
M4	—	—	6	8	(16～20)/8、(25～40)/14
M5	5	6	8	10	(16～20)/10、(25～50)/16
M6	6	8	10	12	20/10、(25～30)/14、(35～75)/18
M8	8	10	12	16	20/12、(25～30)/16、(35～90)/22
M10	10	12	15	20	25/14、(30～35)/16、(40～120)/26、130、32
M12	12	15	18	24	(25～30)/16、(35～40)/20、(45～120)/30、(130～180)/36
M16	16	20	24	32	(30～35)/20、(40～50)/30、(60～120)/38、(130～200)/44
M20	20	25	30	40	(35～40)/25、(45～60)/35、(70～120)/46、(130～200)/52
(M24)	24	30	36	48	(45～50)/30、(60～70)/45、(80～120)/54、(130～200)/60
(M30)	30	38	45	60	60/40、(70～90)/50、(100～120)/66、(130～200)/72、(210～250)/85
M36	36	45	54	72	70/45、(80～110)/60、120/78、(130～200)/84、(210～300)/97
M42	42	52	63	84	(70～80)/50、(90～110)/70、120/90、(130～200)/96、(210～300)/109
M48	48	60	72	96	(80～90)/60、(100～110)/80、120/102、(130～200)/108、(210～300)/121
$l_{系列}$	12、16、20、25、30、35、40、45、50、60、70、75、80、90、100～260（10 进位）、280、300				

注　1. 尽量不用括号内的规格。

2. $b_m=d$，一般用于钢对钢；$b_m=$（1.25～1.5）d，一般用于钢对铸铁；$b_m=2d$，一般用于钢对铝合金。

六 角 螺 母

单位：mm

Ⅰ型六角螺母（摘自 GB/T 6170—2015）
Ⅰ型六角螺母 细牙（摘自 GB/T 6171—2016）六角螺母 C级（摘自GB/T 41—2016）

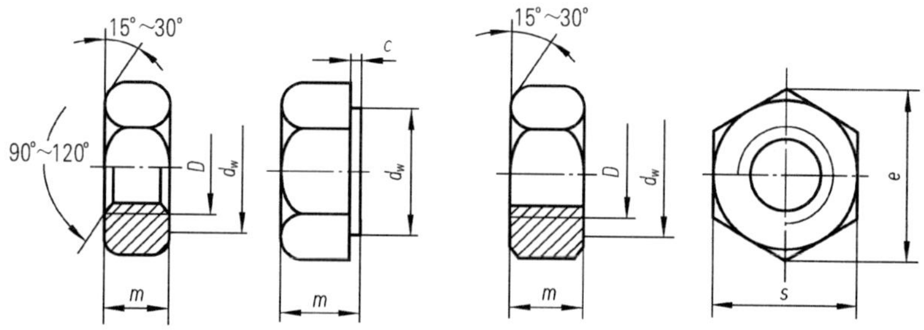

标记示例：

螺母 GB/T 41 M12（螺纹规格 D=M12、性能等级为 5 级、不经表面处理、C 级的Ⅰ型六角螺母）

螺母 GB/T 6171 M24×2（螺纹规格 D=M24、螺距 P=2、性能等级为 10 级、不经表面处理、B 级的Ⅰ型细牙六角螺母）

螺纹规格														
螺纹规格	D	M4	M5	M6	M8	M10	M12	M16	M20	M24	M30	M36	M42	M48
	$D\times P$	—	—	—	M8×1	M10×1	M12×1.5	M16×1.5	M20×2	M24×2	M30×2	M36×3	M42×3	M48×3
c		0.4	0.5		0.6			0.8					1	
s_{max}		7	8	10	13	16	18	24	30	36	46	55	65	75
e_{min}	A、B级	7.66	8.79	11.05	14.38	17.77	20.03	26.75	32.95	39.95	39.55	60.79	71.3	82.6
	C级	—	8.63	10.89	14.2	17.59	19.85	26.17						
m_{max}	A、B级	3.2	4.7	5.2	6.8	8.4	10.8	14.8	18	21.5	25.6	31	34	38
	C级	—	5.6	6.4	7.9	9.5	12.2	15.9	19	22.3	26.4	31.9	34.9	38.9
d_{min}	A、B级	5.9	6.9	8.9	11.63	14.63	16.63	22.49	27.7	33.25	42.75	51.11	59.95	69.45
	C级	—	6.7	8.7	11.5	14.5	16.5	22		33.3	42.8	51.1	60.0	69.5

注 1. P 为螺距。

2. A 级用于 $D\leqslant16$mm 的螺母；B 级用于 $D>16$mm 的螺母；C 级用于 $D\geqslant5$mm 的螺母。

3. 螺纹公差：A、B 级为 6H，C 级为 7H。性能等级：A、B 级为 6、8、10 级，C 级为 4、5 级。

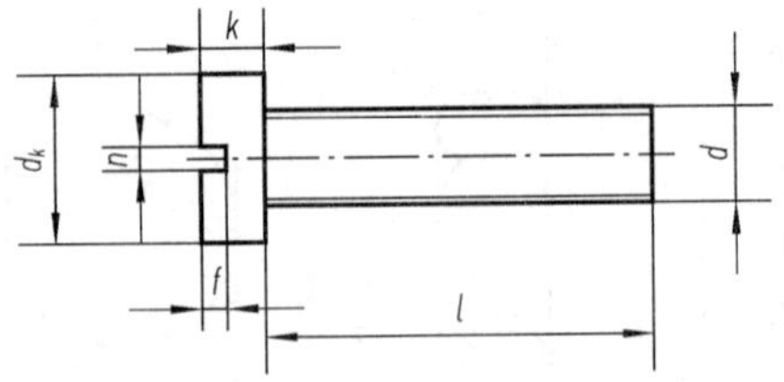

(a) 开槽圆柱头螺钉（GB/T 65—2016）

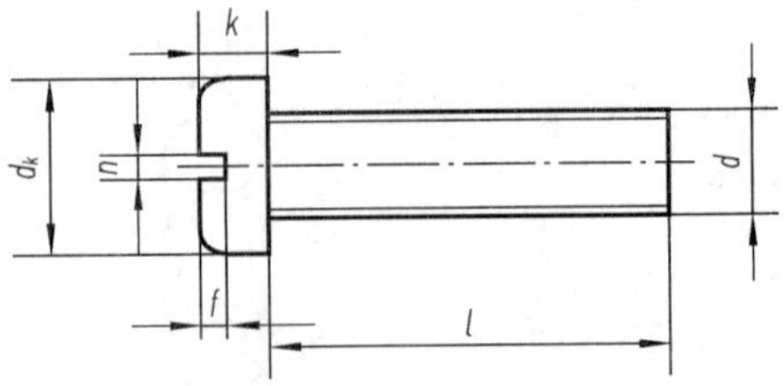

(b) 开槽盘头螺钉（GB/T 67—2016）

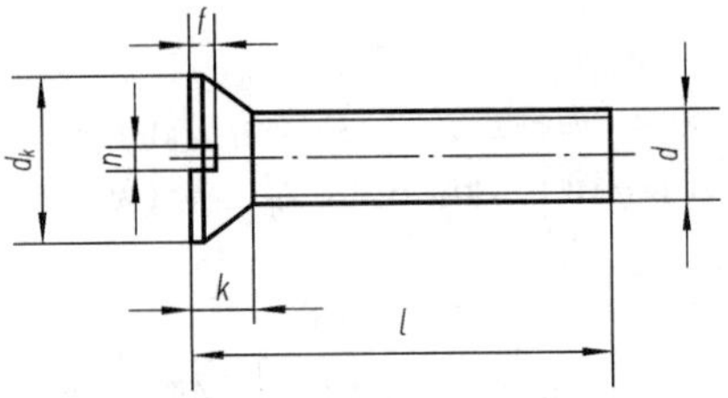

(c) 开槽沉头螺钉（GB/T 68—2016）

标记示例：

螺钉　GB/T 67　M5×60（螺纹规格 d=M5、l=60mm、性能等级为 4.8 级、不经表面处理的开槽盘头螺钉）

螺纹规格 d		M1.6	M2	M2.5	M3	(M3.5)	M4	M5	M6	M8	M10
n（公称）		0.4	0.5	0.6	0.8	1	1.2	1.2	1.6	2	2.5
GB/T 65	$d_{k\max}$	3	3.8	4.5	5.5	6	7	8.5	10	13	16
	$k_{\max}$	1.1	1.4	1.8	2	2.4	2.6	3.3	3.9	5	6
	$t_{\min}$	0.45	0.6	0.7	0.85	1	1.1	1.3	1.6	2	2.4
	$l_{范围}$	2～16	3～20	3～25	4～30	5～35	5～40	6～50	8～60	10～80	12～80
GB/T 67	$d_{k\max}$	3.2	4	5	5.6	7	8	9.5	12	16	20
	$k_{\max}$	1	1.3	1.5	1.8	2.1	2.4	3	3.6	4.8	6
	$t_{\min}$	0.35	0.5	0.6	0.7	0.8	1	1.2	1.4	1.9	2.4
	$l_{范围}$	2～16	2.5～20	3～25	4～30	5～35	5～40	6～50	8～60	10～80	12～80
GB/T 68	$d_{k\max}$	3	3.8	4.7	5.5	7.3	8.4	9.3	11.3	15.8	18.3
	$k_{\max}$	1	1.2	1.5	1.65	2.35	2.7	2.7	3.3	4.65	5
	$t_{\min}$	0.32	0.4	0.5	0.6	0.9	1	1.1	1.2	1.8	2
	$l_{范围}$	2.5～16	3～20	4～25	5～30	6～35	6～40	8～50	8～60	10～80	12～80
$l_{系列}$		2、2.5、3、4、5、6、8、10、12、(14)、16、20、25、30、35、40、45、50、(55)、60、(65)、70、(75)、80									

注　螺纹公差为 6g；性级等级为 4.8、5.8；产品等级为 A。

附表 7　　　圆柱销　不淬硬钢和奥氏体不锈钢（摘自 GB/T 119.1—2000）

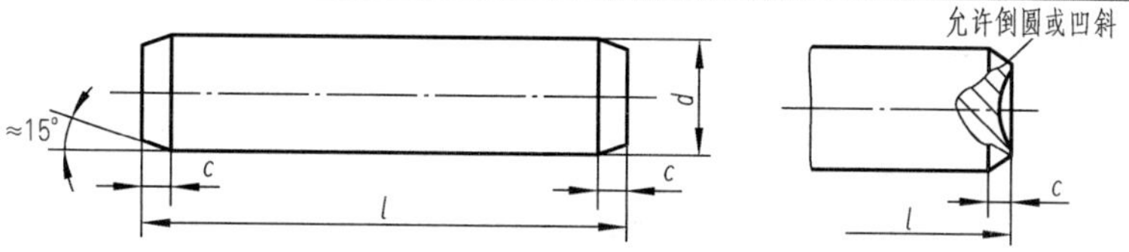

标记示例：

销　GB/T 119.1　6　m6×30（公称直径 d=6mm、公差为 m6、公称长度 l=30mm、材料为钢、不经淬火、不经表面处理的圆柱销）

d（公称）	2	3	4	5	6	8	10	12	16	20	25	30
c	0.35	0.5	0.63	0.8	1.2	1.6	2	2.5	3	3.5	4	5
$l_{范围}$	6～20	8～30	8～40	10～50	12～60	14～80	18～95	22～100	26～180	35～200	60～200	60～200
$l_{系列}$	2、3、4、5、6～32（按 2 递增）、35～100（按 5 递增）、120～≥200（按 20 递增）											

注　公称直径 d 的公差为 m6 和 h8。

附表 8　　　圆锥销（摘自 GB/T 117—2000）

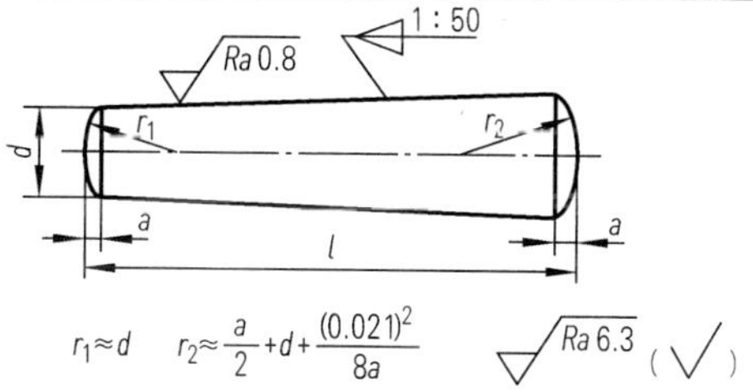

标记示例：

销　GB/T 117　10×60（公称直径 d=10mm、长度 l=60mm、材料为 35 钢、热处理硬度 HRC28～38、表面氧化处理的 A 型圆锥销）

d（公称）	2	2.5	3	4	5	6	8	10	12	16	20	25	30
a≈	0.25	0.3	0.4	0.5	0.63	0.8	1.0	1.2	1.6	2.0	2.5	3.0	4
$l_{范围}$	10～35	10～35	12～45	14～55	18～60	22～90	22～120	26～160	32～180	40～200	45～200	50～200	55～200
$l_{系列}$	2、3、4、5、6～32（按 2 递增）、35～100（按 5 递增）、120～≥200（按 20 递增）												

附表 9－1　　　平　垫　圈　　　单位：mm

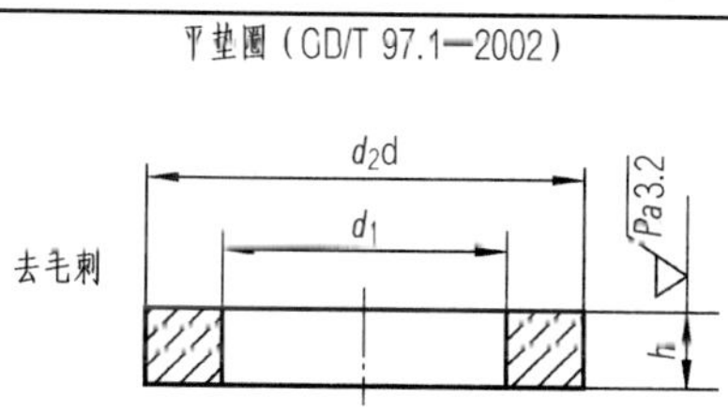

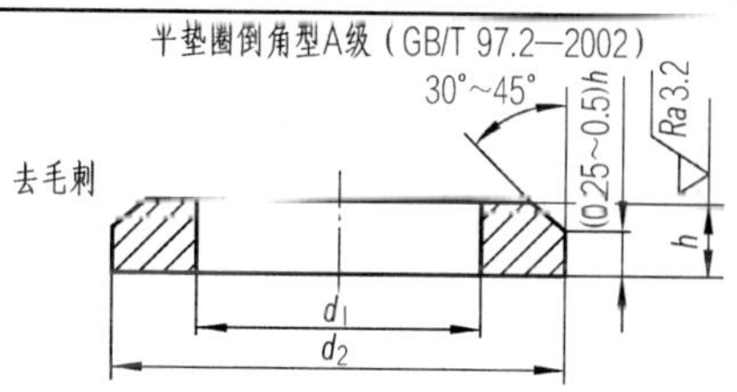

标记示例：

垫圈　GB/T 97.1　8（标准系列，公称规格 d=8mm、钢制性能等级为 200HV 级、不经表面处理产品等级为 A 级的平垫圈）

规格（螺纹大径）	2	2.5	3	4	5	6	8	10	12	16	20	24	30
d_1	2.2	2.7	3.2	4.3	5.3	6.4	8.4	10.5	13	17	21	25	31
d_2	5	6	7	9	10	12	16	20	24	30	37	44	56
h	0.3	0.5	0.5	0.8	1	1.6	1.6	2	2.5	3	3	4	4

注　1. A 级适用于精装配系列，C 级适用于中等装配系列。

2. C 级垫圈没有 $Ra3.2\mu m$ 和去毛刺的要求。

3. GB/T 848—2002 主要用于圆柱头螺钉，其他用于标准的六角头螺栓、螺母和螺钉。

附表 9-2　标准型弹簧垫圈（摘自 GB/T 93—1987）和轻型弹簧垫圈（摘自 GB/T 859—1987）　单位：mm

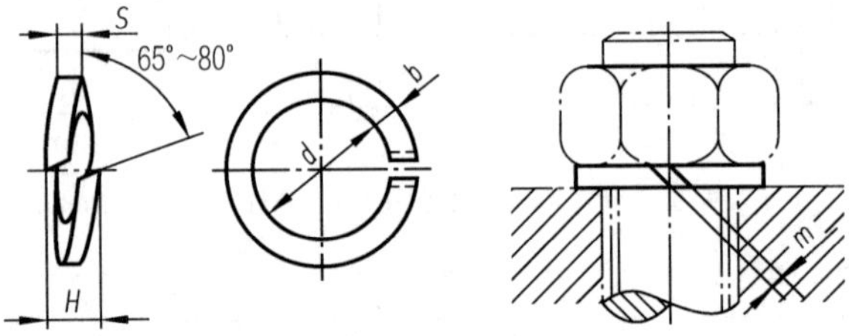

标记示例：

垫圈　GB/T 93　16（规格 16mm、材料为 65Mn、表面氧化的标准型弹簧垫圈）

垫圈　GB/T 859　16（规格 16mm、材料为 65Mn、表面氧化的轻型弹簧垫圈）

规格（螺纹大径）			2	2.5	3	4	5	6	8	10	12	16	20	24	30	36	42	48
d	min		2.1	2.6	3.1	4.1	5.1	6.1	8.1	10.2	12.2	16.2	20.2	24.5	30.5	36.5	42.5	48.5
	max		2.35	2.85	3.4	4.4	5.4	6.68	8.68	10.9	12.9	16.9	21.04	25.5	31.5	37.7	43.7	49.7
$S=b_{公称}$	GB/T 93—1987		0.5	0.65	0.8	1.1	1.3	1.6	2.1	2.6	3.1	4.1	5	6	7.5	9	10.5	12
$S_{公称}$	GB/T 859—1987		—	—	0.6	0.8	1.1	1.3	1.6	2	2.5	3.2	4	5	6	—	—	—
$b_{公称}$	GB/T 859—1987		—	—	1	1.2	1.5	2	2.5	3	3.5	4.5	5.5	7	9	—	—	—
H	GB/T 93—1987	min	1	1.3	1.6	2.2	2.6	3.2	4.2	5.2	6.2	8.2	10	12	15	18	21	24
		max	1.25	1.63	2	2.75	3.25	4	5.25	6.5	7.75	10.25	12.5	15	18.75	22.5	26.25	30
	GB/T 859—1987	min	—	—	1.2	1.6	2.2	2.6	3.2	4	5	6.4	8	10	12	—	—	—
		max	—	—	1.5	2	2.75	3.25	4	5	6.25	8	10	12.5	15	—	—	—
m	GB/T 93—1987		0.25	0.33	0.4	0.55	0.65	0.8	1.05	1.3	1.55	2.05	2.5	3	3.75	4.5	5.25	6
	GB/T 859—1987		—	—	0.3	0.4	0.55	0.65	0.8	1	1.25	1.6	2	2.5	3	—	—	—

附表 10　平键及键槽各部分尺寸（摘自 GB/T 1095—2003、GB/T 1096—2003）　单位：mm

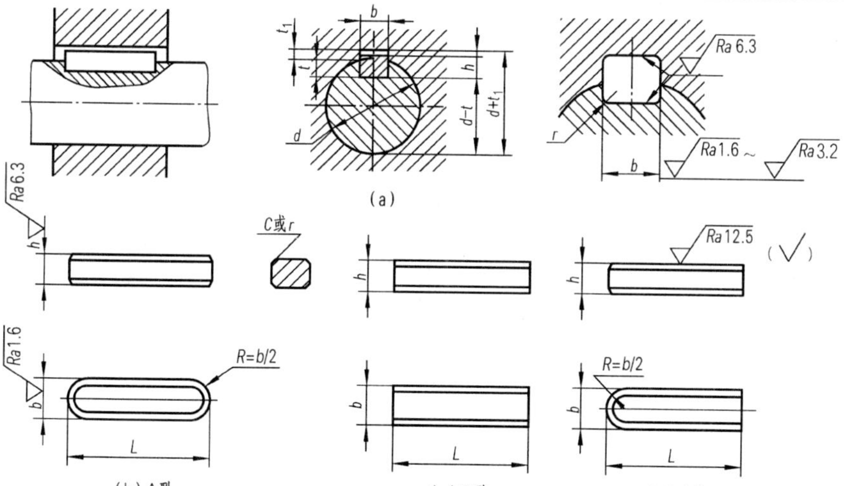

(b) A型　(c) B型　(d) C型

标记示例：

GB/T 1096　键　16×100（圆头普通平键，b=16mm、h=10mm、L=100mm）

GB/T 1096　键　B16×100（平头普通平键，b=16mm、h=10mm、L=100mm）

GB/T 1096　键　C16×100（单圆头普通平键，b=16mm、h=10mm、L=100mm）

轴	键		键槽											
公称直径 d	公称尺寸 $b\times h$ (h9)	长度 L (h11)	宽度 b						深度				半径 r	
			公称尺寸 b	极限偏差					轴 t		毂 t_1			
				较松键联结		一般键联结		较紧键联结	公称尺寸	极限偏差	公称尺寸	极限偏差		
				轴 H9	毂 D10	轴 N9	毂 JS9	轴和毂 P9					最大	最小
>10~12	4×4	8~45	4	+0.030 0	+0.078 +0.030	0 −0.030	±0.015	−0.012 −0.042	2.5	+0.1 0	1.8	+0.1 0	0.088	0.16
>12~17	5×5	10~56	5						3.0		2.3		0.16	0.25
>17~22	6×6	14~70	6						3.5		2.8			
>22~30	8×7	18~90	8	+0.036 0	+0.098 +0.040	0 −0.036	±0.018	−0.015 −0.051	4.0	+0.2 0	3.3	+0.2 0		
>30~38	10×8	22~110	10						5.0		3.3		0.25	0.40
>38~44	12×8	28~140	12	+0.043 0	+0.120 +0.050	0 −0.043	±0.022	−0.018 −0.061	5.0		3.3			
>44~50	14×9	36~160	14						5.5		3.8			
>50~58	16×10	45~180	16						6.0		4.3			
>58~65	18×11	50~200	18						7.0		4.4			
>65~75	20×12	56~220	20	+0.052 0	+0.149 +0.065	0 −0.052	±0.026	−0.022 −0.074	7.5		4.9		0.40	0.60
>75~85	22×14	63~250	22						9.0		5.4			
>85~95	25×14	70~280	25						9.0		5.4			
>95~110	28×16	80~320	28						10		6.4			

注　1. ($d-t$) 和 ($d+t_1$) 两个组合尺寸的极限偏差，按相应的 t 和 t_1 的极限偏差选取，但 ($d-t$) 极限偏差应取负号（−）。

2. L 系列：6～22（2 进位）、25、28、32、36、40、45、50、56、63、70、80、90、100、110、125、140、160、180、200、220、250、280、320、360、400、450、500。

3. 键 b 的极限偏差为 h9，键 h 的极限偏差为 h11，键长 L 的极限偏差为 h14。

附表 11　　　　球轴承和圆锥滚子轴承

深沟球轴承
（GB/T 276—2013）

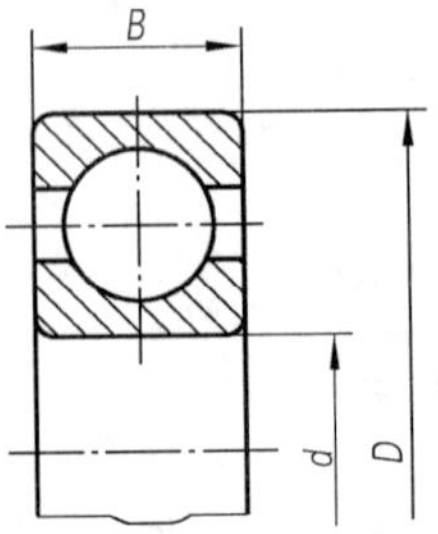

标记示例：

滚动轴承 6310 GB/T 276—2013

圆锥滚子轴承
（GB/T 297—2015）

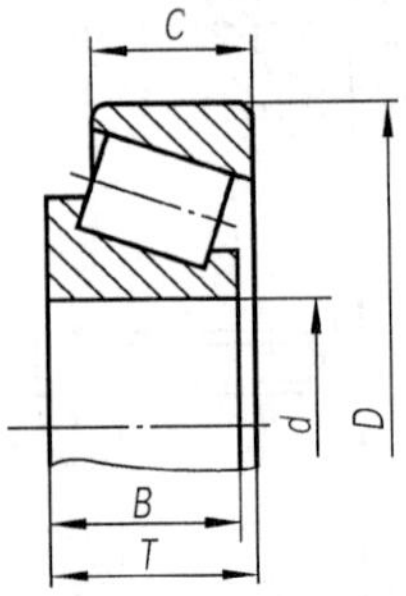

标记示例：

滚动轴承 30212 GB/T 297—2015

推力球轴承
（GB/T 28697—2012）

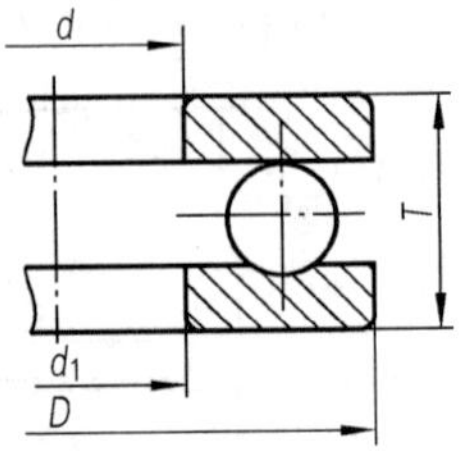

标记示例：

滚动轴承 51305 GB/T 28697—2012

轴承型号	尺寸/mm			轴承型号	尺寸/mm					轴承型号	尺寸/mm			
	d	D	B		d	D	B	C	T		d	D	T	d_1
尺寸系列［（0）2］				尺寸系列［02］						尺寸系列［12］				
6202	15			30203	17	40	12	11	13.25	51202	15	32	12	17
6203	17			30204	20	47	14	12	15.25	51203	17	35	12	19
6204	20			30205	25	52	15	13	16.25	51204	20	40	14	22
6205	25			30206	30	62	16	14	17.25	51205	25	47	15	27
6206	30			30207	35	72	17	15	18.25	51206	30	52	16	32
6207	35			30208	40	80	18	16	19.75	51207	35	62	18	37
6208	40			30209	45	85	19	16	20.75	51208	40	68	19	42
6209	45			30210	50	90	20	17	21.75	51209	45	73	20	47
6210	50			30211	55	100	21	18	22.75	51210	50	78	22	52
6211	55			30212	60	110	22	19	23.75	51211	55	90	25	57
6212	60			30213	65	120	23	20	24.75	51212	60	95	26	62
尺寸系列［（0）3］				尺寸系列［03］						尺寸系列［13］				
6302	15	42	13	30302	15	42	13	11	14.25	51304	20	47	18	22
6303	17	47	14	30303	17	47	14	12	15.25	51305	25	52	18	27
6304	20	52	15	30304	20	52	15	13	16.25	51306	30	60	21	32
6305	25	62	17	30305	25	62	17	15	18.25	51307	35	68	24	37
6306	30	72	19	30306	30	72	19	16	20.75	51308	40	78	26	42
6307	35	80	21	30307	35	80	21	18	22.75	51309	45	85	28	47
6308	40	90	23	30308	40	90	23	20	25.25	51310	50	95	31	52
6309	45	100	25	30309	45	100	25	22	27.25	51311	55	105	35	57
6310	50	110	27	30310	50	110	27	23	29.25	51312	60	110	35	62
6311	55	120	29	30311	55	120	29	25	31.50	51313	65	115	36	67
6312	60	130	31	30312	60	130	31	26	33.50	51314	70	125	40	72

注　圆括号中的尺寸系列代号在轴承代号中可以省略。

三、极限与配合

附表 12　　尺寸小于等于500mm的轴的基本偏差数值（摘自GB/T 1800.2—2020）

公称尺寸/mm	基本偏差/μm																														
	上偏差 es												下偏差 ei																		
	a	b	c	cd	d	e	ef	f	fg	g	h	js	j			k		m	n	p	r	s	t	u	v	x	y	z	za	zb	zc
	所有公差等级												IT5和IT6	IT7	IT8	IT4～IT7	≤IT3 >IT7	所有公差等级													
≤3	−270	−140	−60	−34	−20	−14	−10	−6	−4	−2	0	偏差等于 $\pm\frac{IT}{2}$	−2	−4	−6	0	0	−2	+4	+6	+10	+14	—	+18	—	+20	—	+26	+32	+40	+60
>3～6	−270	−140	−70	−46	−30	−20	−14	−8	−6	−4	0		−2	−4	—	+1	0	−4	+8	+12	+15	+19	—	+23	—	+28	—	+35	+42	+50	+80
>6～10	−280	−150	−80	−56	−40	−25	−18	−13	−8	−5			−2	−5	—	+1	0	−6	+10	+15	+19	+23	—	+28	—	+34	—	+42	+52	+67	+97
>10～14	−290	−150	−95	—	−50	−32	—	−16	—	−6	0		−3	−6	—	+1	0	+7	+12	+18	+23	+28	—	+33	—	+40	—	+50	+64	+90	+130
>14～18																									+39	+45	—	+60	+77	+108	+150
>18～24	−300	−160	−110	—	−65	−40	—	−20	—	−7	0		−4	−8	—	+2	0	+8	+15	+22	+28	+35	—	+41	+47	+54	+63	+73	+98	+136	+188
>24～30																							+41	+48	+55	+64	+75	+88	+118	+160	+218
>30～40	−310	−170	−120	—	−80	−50	—	−25	—	−9	0		−5	−10	—	+2	0	+9	−17	+26	+34	+43	+48	+60	+68	+80	+94	+112	+148	+200	+274
>40～50	−320	−180	−130																				+54	+70	+81	−97	+114	+136	+180	+242	+325
>50～65	−340	−190	−140	—	−100	−60	—	−30	—	−10	0		−7	−12	—	+2	0	+11	+20	+32	+41	+53	+66	+87	+102	+122	+144	+172	+226	+300	+405
>65～80	−360	−200	−150																		+43	+59	+75	+102	+120	+146	+174	+210	+274	+360	+480
>80～100	−380	−220	−170	—	−120	−72	—	−36	—	−12	0		−9	−15	—	+3	0	+13	+23	+37	+51	+71	+91	+124	+146	+178	+214	+258	+335	+445	+585
>100～120	−410	−240	−180																		+54	+79	+104	+144	+172	+210	+254	+310	+400	+525	+690
>120～140	−460	−260	−200	—	−145	−85	—	−43	—	−14	0		−11	−18	—	+3	0	+15	+27	+43	+63	+92	+122	+170	+202	+248	+300	+365	+470	+620	+800
>140～160	−520	−280	−210																		+65	+100	+134	+190	+228	+280	+340	+415	+535	+700	+900
>160～180	−580	−310	−230																		+68	+108	+146	+210	+252	+310	+380	+465	+600	+780	+1000
>180～200	−660	−340	−240	—	−170	−100	—	−50	—	−15	0		−13	−21	—	+3	0	+17	+31	+50	+77	+122	+166	+236	+284	+350	+425	+520	+670	+880	+1150
>200～225	−740	−380	−260																		+80	+130	+180	+258	+310	+385	+470	+575	+740	+960	+1250
>225～250	−820	−420	−280																		+84	+140	+196	+284	+340	+425	+520	+640	+820	+1050	+1350
>250～280	−920	−480	−300	—	−190	−110	—	−56	—	−17	0		−16	−26	—	+4	0	+20	+34	+56	+94	+158	+218	+315	+385	+475	+580	+710	+920	+1200	+1550
>280～315	−1050	−540	−330																		+98	+170	+240	+350	+425	+525	+650	+790	+1000	+1300	+1700
>315～355	−1200	−600	−360	—	−210	−125	—	−62	—	−18	0		−18	−28	—	+4	0	+21	+37	+62	+108	+190	+268	+390	+475	+590	+730	+900	+1150	+1500	+1900
>355～400	−1350	−680	−400																		+114	+208	+294	+435	+532	+660	+820	+1000	+1300	+1650	+2100
>400～450	−1500	−760	−440	—	−230	−135	—	−68	—	−20	0		−20	−32	—	+5	0	+23	+40	+68	+126	+232	+330	+490	+595	+740	+920	+1100	+1450	+1850	+2400
>450～500	−1650	−840	−480																		+132	+252	+360	+540	+660	+820	+1000	+1250	+1600	+2100	+2600

注　1. 公称尺寸小于1mm时，各级的a和b均不采用。

2. js的数值：对IT7～IT11，若IT的数值（μm）为奇数，则取js=±(IT_n−1)/2

附表 13　　**尺寸小于等于 500mm 的孔的基本偏差数值（摘自 GB/T 1800.2—2020）**

公称尺寸/mm	基本偏差/μm																																		Δ/μm					
	下极限偏差 *EI*											上极限偏差 *ES*																												
	A	B	C	D	D	E	EF	F	FG	G	H	JS	J			K		M		N		P~ZC	P	R	S	T	U	V	X	Y	Z	ZA	ZB	ZC						
	所有的公差等级												6	7	8	≤8	>8	≤8	>8	≤8	>8	≤7	>7												3	4	5	6	7	8
≤3	+270	+140	+60	+34	+20	+14	+10	+6	+4	+2	0	偏差等于 $\pm\frac{IT}{2}$	+2	+4	+6	0	—	—	-2	-4	4	在>7级的相应数值上增加一个Δ值	-6	-10	-14	—	-18	—	-20	—	-26	-32	-40	-60	0					
>3~6	+270	+140	+70	+46	+30	+20	+14	+10	+6	+4	0		+5	+6	+10	-1+Δ	—	-4+Δ	-4	-8+Δ	0		-12	-15	-19	—	-23	—	-28	—	-35	-42	-50	-80	1	2	1	3	4	6
>6~10	+280	+150	+80	+56	+40	+25	+18	+13	+8	+5	0		+5	+8	+12	-1+Δ	—	-6+Δ	-6	-10+Δ	0		-15	-19	-23	—	-28	—	-34	—	-42	-52	-67	-97	1	2	2	3	6	7
>10~14	+290	+150	+95	—	+50	+32	—	+16	—	+6	0		+6	+10	+15	-1+Δ	—	-7+Δ	-7	-12+Δ	0		-18	-23	-28	—	-33	—	-40	—	-50	-64	-90	-130	1	2	3	3	7	9
>14~18																												-39	-45	—	-60	-77	-108	-150						
>18~24	+300	+160	+110	—	+65	+40	—	+20	—	+7	0		+8	+12	+20	-2+Δ	—	-8+Δ	-8	-15+Δ	0		-22	-28	-35	—	-41	-47	-54	-63	-73	-98	-136	-188	2	2	3	4	8	12
>24~30																										-41	-48	-55	-64	-75	-88	-118	-160	-218						
>30~40	+310	+170	+120	—	+80	+50	—	+25	—	+9	0		+10	+14	+24	-2+Δ	—	-9+Δ	-9	-17+Δ	0		-26	-34	-43	-48	-60	-68	-80	-94	-112	-148	-200	-274	2	3	4	5	9	14
>40~50	+320	+180	+130																							-54	-70	-81	-97	-114	-136	-180	-242	-325						
>50~65	+340	+190	+140	—	+100	+60	—	+30	—	+10	0		+13	+18	+28	-2+Δ	—	-11+Δ	-11	-20+Δ	0		-32	-41	-53	-66	-87	-102	-122	-144	-172	-226	-300	-400	2	3	5	5	11	16
>65~80	+360																							-43	-59	-75	-102	-120	-146	-174	-210	-274	-360	-480						
>80~100	+380	+220	+170	—	+120	+72	—	+36	—	+12	0		+16	+22	+34	-3+Δ	—	-13+Δ	-13	-23+Δ	0		-37	-51	-71	-91	-124	-146	-178	-214	-258	-335	-445	-585	2	4	5	7	13	19
>100~120	+410																							-54	-79	-104	-144	-172	-210	-254	-310	-400	-525	-690						
>120~140	+460	+260	+200	—	+145	+85	—	+43	—	+14	0		+18	+26	+41	-3+Δ	—	-15+Δ	+15	-27+Δ	0		-43	-63	-92	-122	-170	-202	-248	-300	-365	-470	-620	-800	3	4	6	7	15	23
>140~160	+520	+280	+210																					-65	-100	-134	-190	-228	-280	-340	-415	-535	-700	-900						
>160~180	+580	+310	+230																					-68	-108	-146	-210	-252	-310	-380	-465	-600	-780	-1000						
>180~200	+660	+340	+240	—	+170	+100	—	+50	—	+15	0		+22	+30	+47	-4+Δ	—	-17+Δ	-17	-31+Δ	0		-50	-77	-122	-166	-236	-284	-350	-425	-520	-670	-880	-1150	3	4	6	9	17	26
>200~225	+740	+380	+260																					-80	-130	-180	-258	-310	-385	-470	-575	-740	-960	-1250						
>225~250	+820	+420	+280																					-84	-140	-196	-284	-340	-425	-520	-640	-820	-1050	-1350						
>250~280	+920	+480	+300	—	+190	+110	—	+56	—	+17	0		+25	+36	+55	-4+Δ	—	-20+Δ	-20	-34+Δ	0		-56	-94	-158	-218	-315	-385	-475	-580	-710	-920	-1200	-1550	4	4	7	9	20	29
>280~315	+1050	+540	+330																					-98	-170	-240	-350	-425	-525	-650	-790	-1000	-1300	-1700						
>315~355	+1200	+600	+360	—	+210	+125	—	+62	—	+18	0		+29	+39	+60	-4+Δ	—	-21+Δ	-21	-37+Δ	0		-62	-108	-190	-268	-390	-475	-590	-730	-900	-1150	-1500	-1900	4	5	7	11	21	32
>355~400	+1350	+680	+400																					-114	-208	-294	-435	-530	-660	-820	-1000	-1300	-1650	-2100						
>400~450	+1500	+760	+440	—	+230	+135	—	+68	—	+20	0		+33	+43	+66	-5+Δ	—	-23+Δ	-23	-40+Δ	0		-68	-126	-232	-330	-490	-595	-740	-920	-1100	-1450	-1850	-2400	5	5	7	13	23	34
>450~500	+1650	+840	+480																					-132	-252	-360	-540	-660	-820	-1000	-1250	-1600	-2100	-2600						

注　1. 公称尺寸小于 1mm 时，各级的 A 和 B 及大于 8 级的 N 均不采用。

2. JS 的数值：对 IT7～IT11，若 IT 的数值（μm）为奇数，则取 $JS=\pm\frac{IT-1}{2}$。

3. 特殊情况：当公称尺寸为 250～315mm 时，M6 的 *ES* 等于 −9（不等于 −11）。

附表 14

优先及常用配合中轴的极限偏差（摘自 GB/T 1800.2—2020）

单位：μm

代号		a	b	c	d	e	f	g	h								js	k	m	n	p	r	s	t	u	v	x	y	z
公称尺寸/mm		公差等级																											
大于	至	11	11	*11	*9	8	*7	*6	5	*6	*7	8	*9	10	*11	12	6	*6	6	*6	*6	6	*6	6	*6	6	6	6	6
—	3	-270 -330	-140 -200	-60 -120	-20 -45	-14 28	-6 -16	-2 -8	0 -4	0 -6	0 -10	0 -14	0 -25	0 -40	0 -60	0 -100	±3	+6 0	+8 +2	+10 +4	+12 +6	+16 +10	+20 +14	—	+24 +18	—	+26 +20	—	+32 +26
3	6	-270 -345	-140 -215	-70 -145	-30 -60	-20 -38	-10 -22	-4 -12	0 -5	0 -8	0 -12	0 -18	0 -30	0 -48	0 -75	0 -120	±4	+9 +1	+12 +4	+16 +8	+20 +12	+23 +15	+27 +19	—	+31 +23	—	+36 +28	—	+43 +35
6	10	-280 -338	-150 -240	-80 -170	-40 -76	-25 -47	-13 -28	-5 -14	0 -6	0 -9	0 -15	0 -22	0 -36	0 -58	0 -90	0 -150	±4.5	+10 +1	+15 +6	+19 +10	+24 +15	+28 +19	+32 +23	—	+37 +28	—	+43 +34	—	+51 +42
10	14	-290 -400	-150 -260	-95 -205	-50 -93	-32 -59	-16 -34	-6 -17	0 -8	0 -11	0 -18	0 -27	0 -43	0 -70	0 -110	0 -180	±5.5	+12 +1	+18 +7	+23 +12	+29 +18	+34 +23	+39 +28	—	+44 +33	—	+51 +40	—	+61 +50
14	18																									+50 +39	+56 +45	—	+71 +60
18	24	-300 -430	-160 -290	-110 -240	-65 -117	-40 -73	-20 -41	-7 -20	0 -9	0 -13	0 -21	0 -33	0 -52	0 -84	0 -130	0 -210	±6.5	+15 +2	+21 +8	+28 +15	+35 +22	+41 +28	+48 +35	—	+54 +41	+60 +47	+67 +54	+76 +63	+86 +73
24	30																							+54 +41	+61 +48	+68 +55	+77 +64	+88 +75	+101 +88
30	40	-310 -470	-170 -330	-120 -280	-80 -142	-50 -89	-25 -50	-9 -25	0 -11	0 -16	0 -25	0 -39	0 -62	0 -100	0 -160	0 -250	±8	+18 +2	+25 +9	+33 +17	+42 +26	+50 +34	+59 +43	+64 +48	+76 +60	+84 +68	+96 +80	+110 +94	+128 +112
40	50	-320 -480	-180 -340	-130 -290																				+70 +54	+86 +70	+97 +81	+113 +97	+130 +114	+152 +136
50	65	-340 -530	-190 -380	-140 -330	-100 -174	-60 -106	-30 -60	-10 -29	0 -13	0 -19	0 -30	0 -46	0 -74	0 -120	0 -190	0 -300	±9.5	+21 +2	+30 +11	+39 +20	+51 +32	+60 +41	+72 +53	+85 +66	+106 +87	+121 +102	+141 +122	+163 +144	+191 +172
65	80	-360 -550	-200 -390	-150 -340																		+62 +43	+78 +59	+94 +75	+121 +102	+139 +120	+165 +146	+193 +174	+229 +210
80	100	-380 -600	-220 -440	-170 -390	-120 -207	-72 -126	-36 -71	-12 -34	0 -15	0 -22	0 -35	0 -54	0 -87	0 -140	0 -220	0 -350	±11	-25 +3	+35 +13	+45 +23	+59 +37	+73 +51	+93 +71	+113 +91	+146 +124	+168 +146	+200 +178	+236 +214	+280 +258
100	120	-410 -630	-240 -460	-180 -400																		+76 +54	+101 +79	+126 +104	+166 +144	+194 +172	+232 +210	+276 +254	+332 +310

续表

代号		a	b	c	d	e	f	g	h								js	k	m	n	p	r	s	t	u	v	x	y	z
公称尺寸/mm		公差等级																											
大于	至	11	11	*11	*9	8	*7	*6	5	*6	*7	8	*9	10	*11	12	6	*6	6	*6	*6	6	*6	6	*6	6	6	6	6
120	140	−460 −710	−260 −510	−200 −450																		+88 +63	+117 +92	+147 +122	+195 +170	+227 +202	+273 +248	+325 +300	+390 +365
140	160	−520 −770	−280 −530	−210 −460	−145 −245	−85 −148	−43 −83	−14 −39	0 −18	0 −25	0 −40	0 −63	0 −100	0 −160	0 −250	0 −400	±12.5	+28 +3	+40 +15	+52 +27	+68 +43	+90 +65	+125 +100	+159 +134	+215 +190	+253 +228	+305 +280	+365 +340	+440 +415
160	180	−580 −830	−310 −560	−230 −480																		+93 +68	+133 +108	+171 +146	+235 +210	+277 +252	+335 +310	+405 +380	+490 +465
180	200	−660 −950	−340 −630	−240 −530																		+106 +77	+151 +122	+195 +166	+265 +236	+313 +284	+379 +350	+454 +425	+549 +520
200	225	−740 −1030	−380 −670	−260 −550	−170 −285	−100 −172	−50 −96	−15 −44	0 −20	0 −29	0 −46	0 −72	0 −115	0 −185	0 −290	0 −460	±14.5	+33 +4	+46 +17	+60 +31	+79 +50	+109 +80	+159 +130	+209 +180	+287 +258	+339 +310	+414 +385	+499 +470	+604 +575
225	250	−820 −1110	−420 −710	−280 −570																		+113 +84	+169 +140	+225 +196	+313 +284	+369 +340	+454 +425	+549 +520	+669 +640
250	280	−920 −1240	−480 −800	−300 −620	−190 −320	−110 −191	−56 −108	−17 −49	0 −23	0 −32	0 −52	0 −81	0 −130	0 −210	0 −320	0 −520	±16	+36 +4	+52 +20	+66 +34	+88 +56	+126 +94	+190 +158	+250 +218	+347 +315	+417 +385	+507 +475	+612 +580	+742 +710
280	315	−1050 −1370	−540 −860	−330 −650																		+130 +98	+202 +170	+272 +240	+382 +350	+457 +425	+557 +525	+682 +650	+322 +790
315	355	−1200 −1560	−600 −960	−360 −720	−210 −350	−125 −214	−62 −119	−18 −54	0 −25	0 −36	0 −57	0 −89	0 −140	0 −230	0 −360	0 −570	±18	+40 +4	+57 +21	+73 +37	+98 +62	+144 +108	+226 +190	+304 +268	+426 +390	+511 +475	+626 +590	+766 +730	+936 +900
355	400	−1350 −1710	−680 −1040	−400 −760																		+150 +114	+244 +208	+330 +294	+471 +435	+566 +530	+696 +660	+856 +820	+1036 +1000
400	450	−1500 −1900	−760 −1160	−440 −840	−230 −385	−135 −232	−68 −131	−20 −60	0 −27	0 −40	0 −63	0 −97	0 −155	0 −250	0 −400	0 −630	±20	+45 +5	+63 +23	+80 +40	+108 +68	+166 +126	+272 +232	+370 +330	+530 +490	+635 +595	+780 +740	+960 +920	+1140 +1100
450	500	−1650 −2050	−840 −1240	−480 −880																		+172 +132	+292 +252	+400 +360	+580 +540	+700 +660	+860 +820	+1040 +1000	+1290 +1250

注 带*者为优先选用的，其他为常用的。

附表 15 　　**优先及常用配合中孔的极限偏差（摘自 GB/T 1800.2—2020）** 　　单位：μm

代号		A	B	C	D	E	F	G	H							JS		K			M		N		P	R	S	T	U
公称尺寸/mm		公差等级																											
大于	至	11	11	*11	*9	8	*8	*7	6	*7	*8	*9	10	*11	12	6	7	6	*7	8	7	6	*7	6	*7	7	*7	7	*7
—	3	+330 +270	+200 +140	+120 +60	+45 +20	+28 +14	+20 +6	+12 +2	+60	+100	+110	+250	+400	+600	+1000	±3	±5	0 −6	0 −10	0 −14	−2 −12	−4 −10	−4 −14	−6 −12	−6 −16	−10 −20	−14 −24	—	−18 −28
3	6	+345 +270	+215 +140	+145 +70	+60 +30	+38 +20	+28 +10	+16 +4	+80	+120	+130	+300	+480	+750	+1200	±4	±6	+2 −6	+3 −9	+5 −13	0 −12	−5 −13	−4 −16	−9 −17	−8 −20	−11 −23	−15 −27	—	−19 −31
6	10	+370 +280	+240 +150	+170 +80	+76 +40	+47 +25	+35 +13	+20 +5	+90	+150	+220	+350	+580	+900	+1500	±4.5	±7	+2 −7	+5 −10	+6 −16	0 −15	−7 −16	−4 −19	−12 −21	−9 −24	−13 −28	−17 −32	—	−22 −37
10	14	+400 +290	+260 +150	+205 +95	+93 +50	+59 +32	+43 +16	+24 +6	+110	+180	+270	+430	+700	+1100	+1800	±5.5	±9	+2 −9	+6 −12	+8 −19	0 −18	−9 −20	−5 −23	−15 −26	−11 −29	−16 −34	−21 −39	—	−26 −44
14	18																												
18	24	+430 +300	+290 +160	+240 +110	+117 +65	+73 +40	+53 +20	+28 +7	+130	+210	+330	+520	+840	+1300	+2100	±6.5	±10	+2 −11	+6 −15	+10 −23	0 −21	−11 −24	−7 −28	−18 −31	−14 −35	−20 −41	−27 −48	—	−33 −54
24	30																											−33 −54	−40 −61
30	40	+470 +310	+330 +170	+280 +120	+142 +80	+89 +50	+64 +25	+34 +9	+160	+250	+330	+620	+1000	+1600	+2500	±8	±12	+3 −13	+7 −18	+12 −27	0 −25	−12 −28	−8 −33	−21 −37	−17 −42	−25 −50	−34 −59	−39 −64	−51 −76
40	50	+480 +320	+340 +180	+290 +130																								−45 −70	−61 −86
50	65	+530 +340	+380 +190	+330 +140	+174 +100	+106 +60	+76 +30	+40 +10	+190	+300	+430	+710	+1200	+1900	+3000	±9.5	±15	+4 −15	+9 −21	+14 −32	0 −30	−14 −33	−9 −39	−26 −45	−21 −51	−30 −60	−42 −72	−55 −85	−76 −106
65	80	+550 +360	+390 +200	+340 +150																						−32 −62	−48 −78	−64 −94	−91 −121
80	100	+600 +380	+440 +220	+390 +170	+207 +120	+125 +72	+90 +36	+47 +12	+220	+350	+540	+870	+1400	+2200	+3500	±11	±17	+4 −18	+10 −25	+16 −38	0 −35	−16 −38	−10 −45	−30 −52	−24 −59	−38 −73	−58 −93	−78 −113	−111 −146
100	120	+630 +410	+460 +240	+400 +180																						−41 −76	−66 −101	−91 −126	−131 −166

续表

代号		A	B	C	D	E	F	G	H							JS		K			M		N		P	R	S	T	U
公称尺寸/mm		公差等级																											
大于	至	11	11	* 11	* 9	8	* 8	* 7	6	* 7	* 8	* 9	10	* 11	12	6	7	6	* 7	8	7	6	* 7	6	* 7	7	* 7	7	* 7
120	140	+710 +460	+510 +260	+450 +200																						−48 −88	−77 −117	−107 −147	−155 −195
140	160	+770 +520	+530 +280	+460 +210	+245 +145	+148 +85	+106 +43	+54 +14	+250	+400	+630	+1000	+1600	+2500	+4000	±12.5	±20	+4 −21	+12 −28	+20 −43	0 −40	−20 −45	−12 −52	−36 −61	−28 −68	−50 −90	−85 −125	−119 −159	−175 −215
160	180	+830 +580	+560 +310	+480 +230																						−53 −93	−93 −133	−131 −171	−195 −235
180	200	+950 +660	+630 +340	+530 +240																						−60 −106	−105 −151	−149 −195	−219 −265
200	225	+1030 +740	+670 +380	+550 +260	+285 +170	+172 +100	+122 +50	+61 +15	+290	+460	+720	+1150	+1850	+2900	+4600	±14.5	±23	+5 −24	+13 −33	+22 −50	0 −46	−22 −51	−14 −60	−41 −70	−33 −79	−63 −109	−113 −159	−163 −209	−241 −287
225	250	+1110 +820	+710 +420	+570 +280																						−67 −113	−123 −169	−179 −225	−267 −313
250	280	+1240 +920	+800 +480	+620 +300	+320 +190	+191 +110	+137 +56	+69 +17	+320	+520	+810	+1300	+2100	+3200	+5200	±16	±26	+5 −27	+16 −36	+25 −56	0 −52	−25 −57	−14 −66	−47 −79	−36 −88	−74 −126	−138 −190	−198 −250	−295 −347
280	315	+1370 +1050	+860 +540	+650 +330																						−78 −130	−150 −202	−220 −272	−330 −382
315	355	+1560 +1200	+960 +600	+720 +360	+350 +210	+214 +125	+151 +62	+75 +18	+360	+570	+890	+1400	+2300	+3600	+5700	±18	±28	+7 −29	+17 −40	+28 −61	0 −57	−26 −62	−16 −73	−51 −87	−41 −98	−87 −144	−169 −226	−247 −304	−369 −426
355	400	+1710 +1350	+1040 +680	+760 +400																						−93 −150	−187 −244	−273 −330	−414 −471
400	450	+1900 +1500	+1160 +760	+840 +440	+385 +230	+232 +135	+165 +68	+83 +20	+400	+630	+970	+1550	+2500	+4000	+6300	±20	±31	+8 −32	+18 −45	+29 −68	0 −63	−27 −67	−17 −80	−55 −95	−45 −108	−103 −166	−209 −272	−307 −370	−467 −530
450	500	+2050 +1650	+1240 +840	+880 +480																						−109 −172	−229 −292	−337 −400	−517 −580

注 带“*”者为优先选用的，其他为常用的。

附表 16

标准公差值（公称尺寸小于3150mm）（摘自GB/T 1800.2—2020）

公称尺寸/mm		标准公差等级																			
		IT01	IT0	IT1	IT2	IT3	IT4	IT5	IT6	IT7	IT8	IT9	IT10	IT11	IT12	IT13	IT14	IT15	IT16	IT17	IT18
大于	至	标准公差值																			
		μm													mm						
—	3	0.3	0.5	0.8	1.2	2	3	4	6	10	14	25	40	60	0.1	0.14	0.25	0.4	0.6	1	1.4
3	6	0.4	0.6	1	1.5	2.5	4	5	8	12	18	30	48	75	0.12	0.18	0.3	0.48	0.75	1.2	1.8
6	10	0.4	0.6	1	1.5	2.5	4	6	9	15	22	36	58	90	0.15	0.22	0.36	0.58	0.9	1.5	2.2
10	18	0.5	0.8	1.2	2	3	5	8	11	18	27	43	70	110	0.18	0.27	0.43	0.7	1.1	1.8	2.7
18	30	0.6	1	1.5	2.5	4	6	9	13	21	33	52	84	130	0.21	0.33	0.52	0.84	1.3	2.1	3.3
30	50	0.6	1	1.5	2.5	4	7	11	16	25	39	62	100	160	0.25	0.39	0.62	1	1.6	2.5	3.9
50	80	0.8	1.2	2	3	5	8	13	19	30	46	74	120	190	0.3	0.46	0.74	1.2	1.9	3	4.6
80	120	1	1.5	2.5	4	6	10	15	22	35	54	87	140	220	0.35	0.54	0.87	1.4	2.2	3.5	5.4
120	180	1.2	2	3.5	5	8	12	18	25	40	63	100	160	250	0.4	0.63	1	1.6	2.5	4	6.3
180	250	2	3	4.5	7	10	14	20	29	46	72	115	185	290	0.46	0.72	1.15	1.85	2.9	4.6	7.2
250	315	2.5	4	6	8	12	16	23	32	52	81	130	210	320	0.52	0.81	1.3	2.1	3.2	5.2	8.1
315	400	3	5	7	9	13	18	25	36	57	89	140	230	360	0.57	0.89	1.4	2.3	3.6	5.7	8.9
400	500	4	6	8	10	15	20	27	40	63	97	155	250	400	0.63	0.97	1.55	2.5	4	6.3	9.7
500	630			9	11	16	22	32	44	70	110	175	280	440	0.7	1.1	1.75	2.8	4.4	7	11
630	800			10	13	18	25	36	50	80	125	200	320	500	0.8	1.25	2	3.2	5	8	12.5
800	1000			11	15	21	28	40	56	90	140	230	360	560	0.9	1.4	2.3	3.6	5.6	9	14
1000	1250			13	18	24	33	47	66	105	165	260	420	660	1.05	1.65	2.6	4.2	6.6	10.5	16.5
1250	1600			15	21	29	39	55	78	125	195	310	500	780	1.25	1.95	3.1	5	7.8	12.5	19.5
1600	2000			18	25	35	46	65	92	150	230	370	600	920	1.5	2.3	3.7	6	9.2	15	23
2000	2500			22	30	41	55	78	110	175	280	440	700	1100	1.75	2.8	4.4	7	11	17.5	28
2500	3150			26	35	50	68	96	135	210	330	540	860	1350	2.1	3.3	5.4	8.6	13.5	21	33

四、常用材料及热处理

附表 17　　　　常用的金属材料与非金属材料

名称		牌号	说明	用途
黑色金属	灰铸铁 (GB/T9439)	HT150	HT—“灰铁”代号 150—抗拉强度(MPa)	用于制造端盖、带轮、轴承座、阀壳、管子及管子附件、机床底座、工作台等
		HT200		用于较重要铸件，如气缸、齿轮、机器、飞机、床身、阀壳、衬筒等
	球墨铸铁 (GB/T1438)	QT450－10 QT500－7	QT—“球铁”代号 450—抗拉强度(MPa) 10—伸长率(%)	具有较高的强度和塑性，广泛用于机械制造业中受磨损和受冲击的零件，如曲轴、气缸套、活塞环、磨擦片、中低压阀门、千斤顶座等
	铸　钢 (GB/T11352)	ZG200－400 ZG270－500	ZG—“铸钢”代号 200—屈服强度(MPa) 400—抗拉强度(MPa)	用于各种形状的零件，如机座、变速箱座、飞轮、重负荷机座、水压机工作缸等
	碳素结构钢 (GB/T700)	Q215－A Q235－A	Q—“屈”字代号 215—屈服点数值(MPa) A—质量等级	有较高的强度和硬度，易焊接，是一般机械上的主要材料，用于制造垫圈、铆钉、轻载齿轮、键、拉杆、螺栓、螺母、轮轴等
	优质碳素结构钢 (GB/T699)	15	15—平均含碳量(万分之几)	塑性、韧性、焊接性和冷冲性能均良好，但强度较低，用于制造螺钉、螺母、法兰盘及化工贮器等
		35		用于强度要求较高的零件，如汽轮机叶轮、压缩机、机床主轴、花键轴等
		15Mn 65Mn	15—平均含碳量(万分之几) Mn—含锰量较高	其性能与 15 号钢相似，但其塑性、强度比 15 号钢高
				强度高，适宜作大尺寸的各种扁、圆弹簧
	低合金结构钢 (GB/T1591)	15MnV	15—平均含碳量(万分之几) Mn—含锰量较高 V—合金元素钒	用于制作高中压石油化工容器、桥梁、船舶、起重机等
		16Mn		用于制作车辆、管道、大型容器、低温压力容器、重型机械等
有色金属	普通黄铜 (GB/T5232)	H96	H—“黄”铜的代号 96—基体元素铜的含量	用于导管、冷凝管、散热器管、散热片等
		H59		用于一般机器零件、焊接件、热冲及热轧零件等
	铸造锡青铜 (GB/T1176)	ZCuSn10Zn2	Z—“铸”造代号 Cu—基体金属铜元素符号 Sn10—锡元素符号及名义含量(%)	在中等及较高载荷下工作的重要管件，以及阀、旋塞、泵体、齿轮、叶轮等
	铸造铝合金 (GB/T1173)	ZAlSi5Cu1Mg	Z—“铸”造代号 Al—基体元素铝元素符号 Si5—硅元素符号及名义含量(%)	用于水冷发动机的气缸体、气缸头、气缸盖、空冷发动机头和发动机曲轴箱等

名　　称		牌　　号	说　　明	用　　途
非金属	耐油橡胶板（GB/T5574）	3707 3807	37、38—顺序号 07—扯断强度（kPa）	硬度较高，可在温度为－30～＋100℃的机油、变压器油、汽油等介质中工作，适于冲制各种形状的垫圈
	耐油橡胶板（GB/T5574）	4708 4808	47、48—顺序号 08—扯断强度（kPa）	较高硬度，具有耐热性能，可在温度为－30～＋100℃且压力不大的条件下，在蒸汽、热空气等介质中工作，用作冲制各种垫圈和垫板
	油浸石棉盘根（JC68）	YS350 YS250	YS—"油石"代号 350—适用的最高温度	用于回转轴、活塞或阀门杆上做密封材料，介质为蒸汽、空气、工业用水、重质石油等
	橡胶石棉盘根（JC67）	XS550 XS350	XS—"橡石"代号 550—适用的最高温度	用于蒸汽机、往复泵的活塞和阀门杆上做密封材料
	聚四氟乙烯（PTFE）			主要用于耐腐蚀、耐高温的密封元件，如填料、衬垫、涨圈、阀座，也用作输送腐蚀介质的高温管路、耐腐蚀衬里、容器的密封圈等

附表 18　　常见热处理和表面处理的方法、应用

热处理方法	说　　明	应　　用
退火	将钢件加热到临界温度以上（一般是710～715℃，个别合金钢800～900℃）30～50℃，保温一段时间，然后缓慢冷却（一般在炉中冷却）	用来消除铸、锻、焊零件的内力，降低硬度，便于切削加工，细化金属晶粒，改善组织，增加韧性
正火	将钢件加热到临界温度以上，保温一段时间，然后在空气中冷却，冷却速度比退火速度快	用来处理低碳和中碳结构钢及渗碳零件，使其组织细化，增加强度与韧性，减少内应力，改善切削性能
淬火	将钢件加热到临界温度以上，保温一段时间，然后在水、盐水或油中（个别材料在空气中）急速冷却，使其得到高硬度	用来提高钢的硬度和强度极限。但淬火会引起内应力使钢变脆，所以淬火后必须回火
回火	回火是将淬火的钢件加热到临界点以下的温度，保温一段时间，然后在空气中或油中冷却下来	用来消除淬火后的脆性和内应力，提高钢的塑性和冲韧性
调质	淬火后在450～650℃进行高温回火，称为调质	用来使钢获得高的韧性和足够的强度。重要的齿轮、轴及丝杆等零件是调质处理的
表面淬火	用高频电流或火焰将零件表面迅速加热至临界温度以上，急速冷却	使零件表面获得高硬度，而心部保持一定的韧性，使零件既耐磨又能承受冲击。表面淬火常用来处理齿轮等
渗碳淬火	在渗碳剂中将钢件加热到900～950℃，停留一定时间，将碳渗入钢表面，深度约为0.5～2mm，再淬火后回火	增加钢件的耐磨性能、表面强度、抗拉强度及疲劳极限。适用于低碳、中碳结构钢的中小型零件

续表

热处理方法	说　明	应　用
渗氮	氮化是在 500～600℃ 通入氨的炉子内加热，向钢的表面渗入氮原子的过程。氮化层为 0.025～0.8mm，氮化时间需 40～50h	增加钢件的耐磨性能、表面硬度、疲劳极限和抗蚀能力。适用于合金钢、碳钢、铸铁件，如机床主轴、丝杆以及在潮湿碱水和燃烧气体介质的环境中工作的零件
碳氮共渗	在 820～860℃ 炉内通入碳和氮，保温 1～2h，使钢件的表面同时渗入碳、氮原子，可得到 0.2～0.5mm 的氰化层	增加表面硬度、疲劳强度、耐磨性和耐蚀性。用于要求硬度高、耐磨的中、小型及薄片零件和刀具等
固溶处理，时效	低温回火后，精加工之前，加热到 100～160℃，保持 10～40h。对铸件也可用天然时效（放在露天中一年以上）	使工件消除内应力和稳定形状，用于量具、精密丝杆、床身导轨、床身等
发黑发蓝	将金属零件放在很浓的碱和氧化剂溶液中加热火氧化，使金属表面形成一层氧化铁所组成的保护性薄膜	美观、防腐蚀。用于一般连接的标准件和其他电子类零件

五、常见名词术语中英文对照表

名词术语	英文对照	名词术语	英文对照
阿基米德蜗杆	Archimedes worm	齿数比	Gear ratio
安全系数	Safety factor	齿条	Rack
安全载荷	Safe load	齿条传动	Rack gear
扳手	Wrench	传动比	Transmission ratio，speed ratio
板簧	Flat leaf spring	传动角	Transmission angle
半剖视图	Half sect ion	传动系统	Driven system
半圆键	Woodruff key	传动轴	Transmission shaft
比例尺	Scale	传动装置	Gearing；transmission gear
闭链机构	Closed chain mecnanism	创新设计	Creation design
变形	Deformation	垂直	Perpendicular
标准	Standard	垂直度	Squareness
标准比例	Standard scales	粗糙度	Roughness
标准齿轮	Standard gear	粗实线	Full line
标准公差	Standard tolerance	粗牙螺纹	Coarse thread
标准模数	Standard module	带轮	Belt pulley
标准直齿轮	Standard spur gear	单列轴承	Single row bearing
表面粗糙度	Surface roughness	单位	Unit
波浪线	Break line	单向推力轴承	Single－direction thrust bearing
不可见轮廓线	Invisible outline	弹簧	Spring
槽轮	Geneva wheel	导程	Lead

续表

名词术语	英　文　对　照	名词术语	英　文　对　照
侧垂面	W—Perpendicular plane	导键	Feather key
侧垂线	W—Perpendicular line	倒角	Chamter
侧平面	Profile plane	第一角投影	Principal projection
侧平线	Profile line	点	Point
长	Length	点画线	Center line
尺寸	Dimension	垫片密封	Gasket seal
尺寸界限	Extension line	垫圈	Gasket
尺寸系列	Dimension series	丁字尺	T—square
尺寸线	Dimension line	顶隙	Bottom clearance
齿槽	Tooth space	端面	Transverse plane
齿槽宽	Space width	对称度	Symmetry
齿侧间隙	Backlash	多边形	Polygon
齿顶高	Addendum	多面体	Polyhedron
齿顶圆	Addendum circle	额定寿命	Rating life
齿根高	Dedendum	额定载荷	Load rating
齿根圆	Dedendum circle	法面	Normal plane
齿厚	Tooth thickness	法向力	Normal force
齿距	Circular pitch	范成法	Generating cutting
齿宽	Face width	分度线	Reference line
齿廓	Tooth profile	分度圆	Reference circle
齿廓曲线	Tooth curve	分规	Divider
齿轮	Gear	高	Height
齿轮变速箱	Speed-changing gear boxes	高度系列	Height series
齿数	Tooth number	公差	Tolerance
公差带	Tolerance zone	渐开线	In volute
公称尺寸	Nominal diameter	键	Key
公称直径	Nominal diameter	键槽	Keyway
公法线	Common normal line	角	Angle
功率	Power	阶梯剖视图	Offset section
共轭齿廓	Conjugate proflles	阶梯轴	Multi—diameter shaft
钩头楔键	Gib head key	径向	Radial direction
构件	Link	局部剖视图	Broken—out section
固定构件	Fixed link；frame	矩形	Rectangle
固体润滑剂	Solid lubricant	锯齿形螺纹	Buttress thread
滚针轴承	Needle roller bearing	开口销	Cotter pin

续表

名词术语	英　文　对　照	名词术语	英　文　对　照
滚子	Roller	可见轮廓线	Visible outline
滚子半径	Radius of roller	宽	Width
滚子轴承	Roller bearing	宽度系列	Width series
过渡配合	The transition fit	棱形	Rhombus
过盈配合	The interference fit	棱柱	Prism
弧	Arc	连接	Fastening
花键	Spline	联轴器	Coupling shaft coupling
滑键	Feather key	零线	Zero line
滑块	Slider	六面基本视图	Six Principal views
环	Torus	螺钉	Screws
绘图铅笔	Drawing Pencils	螺杆	Screw
机构	Mechanism	螺距	Thread pitch
机架	Frame，fixed link	螺帽	Screws cap
机架变换	Kinematic inversion	螺母	Screws nut
机器	Machine	螺栓	Bolts
机械	Machinery	螺纹	Thread（of a screw）
机械创新设计	Mechanical creation design，MCD	螺纹导程	Lead
机械设计	Machine design；mechanical design	铆钉	Rivet
机械系统设计	Mechanical system design，MSD	密封	Seal
机械效率	Mechanical efficiency	密封装置	Sealing arrangement
机械原理	Theory of machines and mechanisms	面	Plane
机械制图	Mechanical drawing	面轮廓度	Profile of a surface
基本尺寸	Basic size	内齿轮	Internal gear
基本偏差	Basic deviation	内齿圈	Ring gear
基本体	Basic polyhedrons	内圈	Inner ring
基孔制	Basic hole system	耐腐蚀性	Corrosion resistance
基圆	Base circle	耐磨性	Wear resistance
基圆半径	Radius of base circle	抛光	Polish
基圆齿距	Base pitch	配合	Fits
基轴制	Basic shaft system	配合公差	Tolerance on fit
极限尺寸	Limits of size	疲劳极限	Fatigue limit
几何公差	Geometric tolerance	疲劳强度	Fatigue strength
几何作图	Geometrical construction	偏差	Deviations of size
间隙	Backlash	平面度	Flatness
间隙配合	The clearance fit	平头螺钉	Flat bead screw

续表

名词术语	英 文 对 照	名词术语	英 文 对 照
减速器	Speed reducer	平行	Parallel
平行度	Parallelism	外齿轮	External gear
平行投影	Parallel projection	外力	External force
剖面线	Section line	外圈	Outer ring
剖视图	Sectional views	弯矩	Bending moment
普通平键	Parallel key/Flat key	位置度	Position
铅垂面	H—Perpendicular plane	蜗杆	Worm
铅垂线	H—Perpendicular line	铣削	Milling
切平面	Cutting plane	细实线	Thin line
切线	Tangent	下偏差	The lower deviation
倾斜	Oblique	线	Line
倾斜度	Angularity	线轮廓度	Profile of a line
球	Sphere	相交	Intersect
球轴承	Ball bearing	橡皮擦	Eraser
曲面	Curved surface	小径	Minor diameter
曲线	Curve	斜齿圆柱齿轮	Helical gear
全剖视图	Full section	虚线	Dashed line
全跳动	Total runout	旋转剖视图	Aligned section
容许偏差	Tolerance deviation	移出断面图	Removed section
润滑	Lubrication	阴影线	Cross—hatching
润滑剂	Lubricant	引出线	Leader
三角板	Triangle 或 Set square	原动件	Driving link
三角形	Triangle	圆	Circle
三角形螺纹	V thread screw	圆带	Round belt
三视图	Three views	圆带传动	Round belt drive
上偏差	The upper deviation	圆度	Roundness
实际尺寸	Actual size	圆规	Compass
示意图	Pictorial drawing	圆角半径	Fillet radius
视图	Views	圆跳动	Circular runout
双点画线	Phantom line	圆头螺钉	Button bead cap screw
双头螺杆	Studs	圆柱	Cylinder
水平面	Horizontal plane	圆柱度	Cylindricity
水平线	Horizontal line	圆柱副	Cylindric pair
速度	Velocity	圆柱滚子	Cylindrical roller
套筒	Sleeve	圆柱滚子轴承	Cylindrical roller bearing

续表

名词术语	英 文 对 照	名词术语	英 文 对 照
梯形螺纹	Trapezoidal thread	圆柱凸轮	Cylindrical cam
同轴度	Concentricity	圆锥	Cone
投影	Projection	圆锥齿轮机构	Bevel gears
透视投影	Perspective projection	圆锥滚子	Tapered roller
凸轮	Cam	圆锥滚子轴承	Tapered roller bearing
图板	Drawing board	圆锥销	Taper pin
图解法	Graphical method	正垂面	V—Perpendicular plane
图纸	Drawing sheet	正垂线	V—Perpendicular line
推力球轴承	Thrust ball bearing	正平面	Frontal Plane
推力轴承	Thrust bearing	正平线	Frontal line
退刀槽	Tool withdrawal groove	正投影	Orthographic projection
退火	Anneal	正投影视图	Orthographic views
椭圆	Ellipse	直观图	Pictorial drawing
直径系列	Diameter series	轴承宽度	Bearing width
直径系数	Diametral quotient	轴承内径	Bearing bore diameter
直线度	Straightness	轴承外径	Bearing outside diameter
直线运动	Linear motion	轴承座	Bearing block
指引线	Leader	轴端挡圈	Shaft end ring
中径	Mean diameter	轴环	Shaft collar
中心距	Center distance	轴肩	Shaft shoulder
中心投影	Perspective projection	轴颈	Journal
中心线	Center line	轴瓦（轴承衬）	Bearing bush
重合断面图	Revolved section	轴线	Axis of cylinder
轴	Shaft	轴向	Axial direction
轴承代号	Bearing identification code	锥齿轮	Bevel gear
轴承盖	Bearing cup	组合体	Geometric combination

参 考 文 献

［1］ 中华人民共和国国家标准：机械制图［S］．北京：中国标准出版社，2004.

［2］ 中华人民共和国国家标准：技术制图［S］．北京：中国标准出版社，1999.

［3］ 李学京．机械制造业技术产品文件标准应用指导丛书［M］．北京：中国标准出版社，2008.

［4］ 谭建荣．图学基础教程［M］．第2版．北京：高等教育出版社，2007.

［5］ 胡建生．机制制图［M］．北京：机械工业出版社，2009.

［6］ 曾令宜．机制制图［M］．郑州：黄河水利出版社，2002.